Dorn-Bader

Physik

Oberstufe

Band O

HERMANN SCHROEDEL VERLAG KG

Dorn-Bader
Physik-Oberstufe
Band O

Herausgegeben von:
Professor Friedrich Dorn
Professor Dr. Franz Bader
(Seminar für Studienreferendare II, Stuttgart)

Bearbeitet von:
Studiendirektor Dr. Helmut Bergold – Professor Friedrich Dorn – Professor Fritz Raith – Studiendirektor Gottfried Staiger
unter Mitwirkung von:
Prof. Dr. Bader – Oberstudiendirektor Heise – Studiendirektor Kraemer – Oberschulrat Umland – Oberstudienrat Zeier
sowie der Verlagsredaktion Physik

Illustrationen:
Günter Schlierf, Hannover

Titelbild:
Interferenzbild eines Michelson-Interferometers mit einer Flamme im Strahlengang. Am unteren Bildrand ist noch der Docht zu sehen. Wir erhalten ein solches Bild, wenn wir in Versuch 106 (Seite 134) anstelle der Kammer eine brennende Kerze anbringen. In der Umgebung ihrer heißen Flamme erhält die Brechungszahl der Luft unterschiedliche Werte.
Foto: Physik Instrumente (PI) GmbH., München

ISBN 3-507-**86162**-3

Reproduktion: Claus Offset-Repro, Großburgwedel (Hann.)
Satz, Druck, Einband: Universitätsdruckerei H. Stürtz AG, Würzburg

815

Inhaltsübersicht

Schwingungen und Wellen

Mechanische Schwingungen

Spezielle Relativitätstheorie

Mathematische Ergänzungen

Bildquellenverzeichnis:

Education Development Center, Newton/Mass., USA: 19.1, 72.2 – *G. Hutschenreiter, Max-Planck-Institut für Radioastronomie, Bad Münstereiffel-Effelsberg (Aufnahme Hamburger Aero-Lloyd, Freigabe durch Reg.-Präs. Düsseldorf 73/3602):* 65.1 – *Leybold-Heraeus, Köln:* 16.1, 19.2, 89.2, 89.4, 145.1 – *Uwe Noldt, Hannover:* 114.2 – *PHYWE AG, Göttingen:* 146.1 – *Ulrich Staiger, Stuttgart:* 24.2, 36.2, 90.2, 90.3, 101.1, 109.1, 114.1, 115.1, 127.1 – *Struve, Astronomie, Verlag Walter de Gruyter, Berlin 1962:* 166.2

Vorwort

Der vorliegende Band O ist der Optik im weitesten Sinne, sowie der speziellen Relativitätstheorie gewidmet. Wie im vorangegangenen Band E wurde wieder eine Differenzierung vorgenommen: Die durch gefüllte rote Marken eingeschlossenen Abschnitte enthalten als *Grundgerüst* die unabdingbaren Grundlagen. Weiterführende und mehr theoretische Zusätze sowie spezielle Vertiefungen sind für *Leistungskurse* bestimmt. Sie werden durch offene rote Marken gekennzeichnet.

Der Band baut auf der grundlegenden Behandlung der mechanischen Schwingungen und Wellen aus Band MS (bzw. Ergänzungsheft S) auf und vertieft zunächst die dort gewonnenen Erkenntnisse. Der fortgeschrittenen Reife der Schüler entsprechend erfolgt diese Vertiefung vor allem auch auf mathematischen Gebiet. Insbesondere werden hier zum ersten Mal kursgemäß – und nicht nur im mathematischen Anhang, wie im Band E – an geeigneten Stellen Differentialgleichungen benutzt. Zur Lösung von Differentialgleichungen wird heute in der Praxis meist der Computer eingesetzt. Wir hielten es deshalb bei einem Leistungskurs für angemessen, am Beispiel der Differentialgleichung der gedämpften Schwingung ein einfaches numerisches Verfahren anzugeben, das sich mit einem Taschenrechner durchführen läßt und das Verständnis für diese Art der Lösung weckt.

In enger Anlehnung an die Art der Gedankenführung bei den mechanischen Schwingungen und Wellen werden darauf die elektromagnetischen Schwingungen und Wellen behandelt, wobei immer wieder die Gleichheit der Strukturen der beiden Gebiete deutlich wird. Um einen nahtlosen Übergang zur Wellenoptik zu gewährleisten, wurde bei den elektromagnetischen Wellen, besonders bei den dafür geeigneten Mikrowellen, Nachdruck auf die Experimente gelegt, die trotz des großen Unterschieds in den Wellenlängen gleichartige Ergebnisse bringen wie die optischen Versuche. Die experimentellen Möglichkeiten hierfür haben sich, vor allem durch geeignete Geräte zur Erzeugung von Mikrowellen und den Einsatz des Lasers, in den letzten Jahren so verbessert, daß es nahe lag, die Wellenoptik im Anschluß an die elektromagnetische Welle zu behandeln. Dies geschah unter dem Gesichtspunkt, daß es sich um gleichartige Naturvorgänge handelt, die sich nur in der Wellenlänge unterscheiden. Dieser Weg spart Zeit und erleichtert dem Schüler das Verständnis. Der alte Weg der nachträglichen Identifizierung muß nach dem heutigen Stand als Umweg angesehen werden, der dem Schüler das Verständnis der wellenoptischen Eigenschaften erschwert. Nach der Quantentheorie entspricht zudem das kohärente Laserlicht der von einem Sender erzeugten klassischen elektromagnetischen Welle in viel höheren Maße als das inkohärente Licht natürlicher Lichtquellen.

Um die Vorstellung zu festigen, daß es sich bei Licht- und Mikrowellen um Gleichartiges handle, haben wir die Gebiete nicht vollständig getrennt, sondern ließen in der Optik gelegentlich Versuche mit dem Zentimeterwellensender einfließen, z.B. bei der Behandlung der Kohärenz, der einiger Raum gewidmet ist. Bei den Experimenten zur Lehre von den Schwingungen und Wellen wird auch der auf diesem Gebiet erfahrene Lehrer manche Neuheiten finden. Alle diese Versuche stammen aus der Praxis und haben sich bewährt. Häufig wird der t-y-Schreiber eingesetzt. Natürlich können die Punkte der so gewonnenen Kurven auch einzeln mit herkömmlichen Geräten aufgenommen werden. In vielen Fällen sind aber originale t-y-Diagramme ins Buch aufgenommen worden, die als Anschauungsmaterial dienen können, so daß häufig das Nachmessen einzelner Punkte in der Schule genügen dürfte. Ein schuleigener Schreiber hat den Vorzug, daß rasch mehrere Diagramme gefertigt werden können, die den Schülern zur Auswertung übergeben werden.

Als Schalter werden bei den Versuchen durchweg Transistoren benutzt. Ihre Daten sind angegeben, so daß die Versuche leicht nachzuvollziehen sind.

Den Band beschließt eine Einführung in die spezielle Relativitätstheorie. In der historischen Entwicklung war ein optischer Versuch Ausgangspunkt der neuen Theorie und mehrere Länder koppeln wegen der inneren Zusammenhänge Optik und Relativitätstheorie in ihren Plänen. Die praxiserprobte Art der gewählten Darstellung, in der sich der algebraische und der geometrische Weg in ihrer jeweils einfachsten Durchführung ergänzen, und eingestreute Angaben über Versuche, die die Richtigkeit der Gedankengänge bestätigen, kommen den Bedürfnissen der Schüler entgegen. An vielen Aufgaben kann das erworbene Verständnis getestet werden.

An geeigneten Stellen sind „Rückblicke“ in das Buch eingearbeitet. Sie reflektieren an Hand von Zusammenfassungen über die Arbeitsmethoden der Physik und bringen so eine wichtige Ergänzung zum Stofflichen. Auch in der übrigen Gestaltung, den gekennzeichneten Merksätzen, der Art der Abbildungen – bei denen besonderer Wert darauf gelegt wurde, daß aus ihnen auch die Versuchsdurchführung klar hervorgeht – und den Aufgaben, die die Paragrafen abschließen, haben wir uns an den schon vorliegenden bewährten Bänden orientiert.

Für interessierte Schüler bieten die mathematischen Ergänzungen tiefergehende Betrachtungen zu den Differentialgleichungen und der Theorie der Beugung an.

Spezielle experimentelle und methodische Hinweise gibt ein Lehrerheft, das in Vorbereitung ist (Bestellnummer 86163).

Stuttgart, im April 1977
Die Herausgeber

Schwingungen und Wellen

Mechanische Schwingungen

§ 1 Die harmonische mechanische Schwingung und ihre Differentialgleichung

1. Das lineare Kraftgesetz bei harmonischen Schwingungen

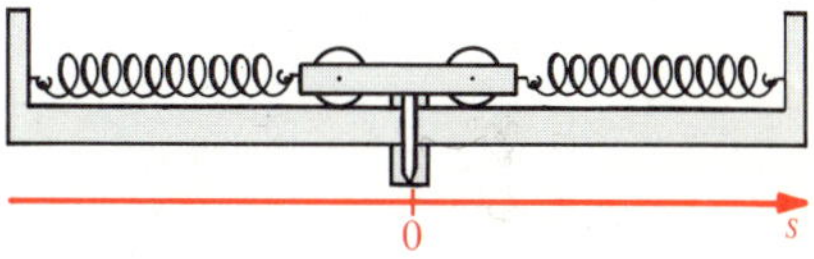

7.1 Ein Wagen in Nullage zwischen zwei gespannten Schraubenfedern. D_1 muß nicht gleich D_2 sein.

Ein Wagen der Masse m, der sich längs einer Fahrbahn bewegen kann, sei zwischen zwei Schraubenfedern mit den Federkonstanten D_1 und D_2 eingespannt *(Abb. 7.1)*. Parallel zur Fahrbahn denken wir uns eine s-Achse; als Nullpunkt wählen wir den Punkt 0, an dem sich der Schwerpunkt des Wagens befindet, wenn statisches Gleichgewicht herrscht. Aus dieser „*Nullage*" gibt es verschiedene Möglichkeiten der *Elongation:* Wir können den Wagen zum Beispiel 3 cm nach rechts schieben. Dann verabreden wir, es sei $s_1 = +0{,}03$ m. Eine Elongation um 3 cm nach links bezeichnen wir mit $s_2 = -0{,}03$ m.

In dieser *eindimensionalen* Bewegung treten bei Elongationen *Rückstellkräfte* nach links und rechts auf. Wir berücksichtigen dies, indem wir verabreden: Eine Kraft, die in positiver Wegrichtung wirkt, ist positiv, eine entgegengesetzt wirkende Kraft ist negativ.

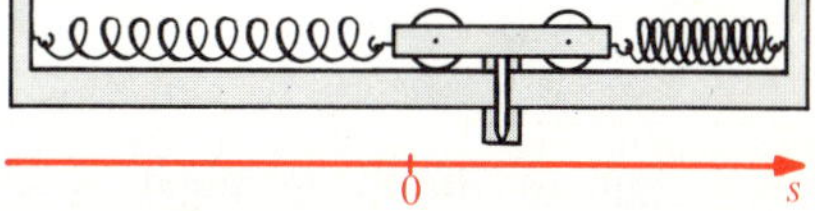

7.2 Der Wagen wird nach rechts ausgelenkt. Dabei tritt eine von beiden Federn resultierende Rückstellkraft auf.

In der Nullage zieht die linke Feder mit der Kraft F_1 nach links ($F_1 < 0$), die rechte Feder mit der Kraft F_2 nach rechts ($F_2 > 0$) am Wagen. Die Kräfte halten sich das Gleichgewicht, also ist $F_1 = -F_2$ und daher $F_1 + F_2 = 0$. Bei der Elongation $s > 0$ *(Abb. 7.2)* zieht die linke Feder mit der Kraft $F_1^* = F_1 - D_1 \cdot s$ (stärker nach links), die rechte Feder mit der Kraft $F_2^* = F_2 - D_2 \cdot s$ (weniger stark nach rechts). Die resultierende Rückstellkraft beträgt

$$F = F_1^* + F_2^* = F_1 + F_2 - D_1 \cdot s - D_2 \cdot s.$$

Da $F_1 + F_2 = 0$ ist, folgt

$$F = -(D_1 + D_2) \cdot s.$$

Für eine Elongation $s < 0$ liefert eine entsprechende Überlegung dasselbe Ergebnis. Mit der konstanten Summe $D_1 + D_2 = D > 0$ lautet also das Kraft-Weg-Gesetz für unseren Versuch

$$F = -D \cdot s.$$

(D ist eine positive Konstante, *Federkonstante* oder *Richtgröße* genannt.)

2. Die Differentialgleichung der harmonischen Schwingung

Versuch 1: Wir lenken den Wagen um etwa 10 cm aus und geben ihn dann frei. Durch das Zusammenwirken der Trägheit des Wagens und der Rückstellkraft der Federn schwingt er nun hin und her. Allerdings klingt diese Schwingung verhältnismäßig rasch ab. Daran ist die unvermeidliche Reibung schuld, die mechanische Arbeit als Wärme aus dem System herausführt. Ohne Reibung würde der Wagen unaufhörlich hin und her pendeln. Diesen Idealfall der Reibungslosigkeit wollen wir in der nun folgenden mathematischen Betrachtung voraussetzen. Unser Ziel ist jetzt, aus den Grundgesetzen der Dynamik herzuleiten, wie sich der Körper bewegt, d.h. seine *Weg-Zeit-Funktion* $s(t)$ zu ermitteln. Dazu greifen wir einen beliebigen Zeitpunkt t der Hin- und Herbewegung heraus: Der Körper befinde sich in dem von uns gewählten Augenblick rechts von der Gleichgewichtslage *(Abb. 8.1)*. Die Rückstellkraft $F=-D\cdot s$ bewirkt eine Beschleunigung nach links. Diese Beschleunigung a ist wegen $F=-D\cdot s$ nicht konstant, sondern eine noch unbekannte Funktion $a(t)$ der Zeit. Wir wenden die Grundgleichung der Mechanik an und erhalten für jeden Zeitpunkt t

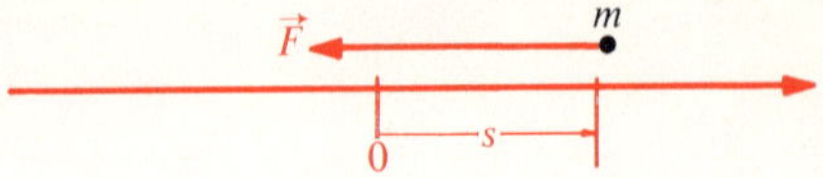

8.1 Bei einer Elongation s nach rechts erfährt der Körper eine Rückstellkraft $\vec{F}$ nach links: $F=-D\cdot s$

$$F(t)=m\cdot a(t)=-D\cdot s(t).$$

Nun gilt für die Momentanbeschleunigung $a(t)=\dot{v}(t)=\ddot{s}(t)$ (Band MS *Gl. 189.2*). Setzen wir dies in die vorige Gleichung ein, so erhalten wir $m\cdot\ddot{s}(t)=-D\cdot s(t)$

und schließlich
$$\ddot{s}(t)=-\frac{D}{m}\cdot s(t). \qquad \textbf{(8.1)}$$

Dies ist eine sogenannte **Differentialgleichung.** Sie stellt eine Beziehung zwischen der gesuchten Weg-Zeit-Funktion $s(t)$ der Bewegung und ihrer zweiten Ableitung $\ddot{s}(t)$ dar: Die Funktion $\ddot{s}(t)$ soll zur gesuchten Funktion $s(t)$ proportional sein, und zwar mit dem negativen Proportionalitätsfaktor $-\frac{D}{m}$.

Gleichungen, die Beziehungen zwischen einer Funktion f und ihren Ableitungsfunktionen f', f'' usw. herstellen, heißen Differentialgleichungen.

Eine Funktion f, die der Differentialgleichung genügt, heißt *Lösung* dieser Differentialgleichung. Die Lösungsmenge von Differentialgleichungen besteht also aus *Funktionen.* Weiteres hierüber behandeln wir in den mathematischen Ergänzungen auf Seite 197.

Wir wollen nun zunächst *Lösungsfunktionen* für die Differentialgleichung *8.1* finden und ihre physikalische Bedeutung erörtern. Als Beispiel einer Schwingung haben wir im Band MS auf Seite 232 die **harmonische Schwingung** oder **Sinusschwingung** kennengelernt. Es liegt deshalb nahe, zu versuchen, ob die Sinusfunktion $s(t)=\hat{s}\cdot\sin\omega t$ eine Lösung der *Gl. 8.1* ist. Nun stellt nach Seite 246 des Bandes MS die Sinusfunktion auch dann eine harmonische Schwingung dar, wenn ihr Argument ωt durch einen konstanten Summanden φ_0 geändert wird. Das Argument $(\omega t+\varphi_0)$ heißt *Phasenwinkel* φ; φ_0 ist sein Wert für $t=0$ und wird *Nullphasenwinkel* genannt.

Wir untersuchen daher gleich allgemeiner, ob die Funktion

$$s(t)=\hat{s}\cdot\sin(\omega t+\varphi_0) \tag{9.1}$$

eine Lösungsfunktion der Differentialgleichung *8.1* darstellt. Hierin bedeuten $s(t)$ den Momentanwert der Elongation, $\hat{s}$ die Amplitude, $\omega=2\pi/T$ die Kreisfrequenz. Um zu prüfen, ob dieser Ansatz eine Lösung ergibt, leiten wir $s(t)$ zweimal ab und erhalten

$$\dot{s}(t)=\hat{s}\cdot\omega\cdot\cos(\omega t+\varphi_0);$$
$$\ddot{s}(t)=-\hat{s}\cdot\omega^2\cdot\sin(\omega t+\varphi_0).$$

Durch Einsetzen in *Gl. 8.1* ergibt sich

$$-\hat{s}\cdot\omega^2\cdot\sin(\omega t+\varphi_0)=-\frac{D}{m}\cdot\hat{s}\cdot\sin(\omega t+\varphi_0). \tag{9.2}$$

Zunächst können wir in *Gl. 9.2* beiderseits durch $\hat{s}\neq 0$ dividieren. Da die Funktionswerte links und rechts des Gleichheitszeichens für jeden Zeitpunkt t übereinstimmen sollen, müssen die Koeffizienten links $(-\hat{s}\cdot\omega^2)$ und rechts $(-D\cdot\hat{s}/m)$ gleich sein, folglich muß

$$\omega^2=\frac{D}{m}\ \text{sein, also}\ \omega=\sqrt{\frac{D}{m}}. \tag{9.3}$$

Damit haben wir gezeigt: Die Funktion $s=\hat{s}\cdot\sin(\omega t+\varphi_0)$ ist genau dann eine Lösung der Differentialgleichung *8.1*, wenn $\omega=\sqrt{\frac{D}{m}}$ ist.

Die Sinusfunktion ist eine periodische Funktion; es gilt $s(t)=s(t+T)$, dabei ist T die Periodendauer. Da die Sinusfunktion die Periode 2π besitzt, gilt

$$\omega T=2\pi \quad \text{oder} \quad T=\frac{2\pi}{\omega}. \tag{9.4}$$

Mit *Gl. 9.3* folgt:

Die Periodendauer der harmonischen mechanischen Schwingung beträgt

$$\boldsymbol{T=2\pi\sqrt{\frac{m}{D}}}. \tag{9.5}$$

Für die Frequenz der Sinusschwingung $f=\frac{1}{T}$ erhalten wir damit

$$f=\frac{1}{2\pi}\sqrt{\frac{D}{m}}. \tag{9.6}$$

Bedeutung der Konstanten $\hat{s}$, ω und φ_0: In der Lösungsfunktion $s=\hat{s}\cdot\sin(\omega t+\varphi_0)$ treten die Konstanten $\hat{s}$, ω und φ_0 auf. Wir haben gezeigt, daß die Differentialgleichung *8.1* durch den Ansatz *9.1* nur erfüllt wird, wenn $\omega=\sqrt{\frac{D}{m}}$ ist. Die Konstante ω ist also durch die Masse m und die Richtgröße D des Schwingers bestimmt. Dagegen sind die Konstanten $\hat{s}$ und φ_0 bei einem vorgegebenen Schwinger frei wählbar. Der Faktor $\hat{s}$ ist die maximale Elongation der Schwingung *(Amplitude);* sie wird durch die erstmalige Auslenkung festgelegt.

φ_0 bestimmt den Phasenwinkel der Schwingung zur Zeit $t=0$. Mit anderen Worten: φ_0 gibt an, bei welchem Phasenwinkel der Schwingung wir die Stoppuhr zur Zeitmessung starten wollen. Zweckmäßigerweise wählt man meist $\varphi_0=0$, das bedeutet: Zur Zeit $t=0$ geht der Schwinger durch die Nullmarke; im nächsten Augenblick wird er positive Elongation haben; es gilt $s=\hat{s}\cdot\sin\omega t$; das $s(t)$-Diagramm zeigt die Sinuskurve. Wenn wir wollen, können wir auch $\varphi_0=\frac{\pi}{2}$ wählen. Dann haben wir festgelegt: Zur Zeit $t=0$ hat der Schwinger maximale positive Elongation, und es gilt: $s(t)=\hat{s}\cdot\sin\left(\omega t+\frac{\pi}{2}\right)=\hat{s}\cdot\cos\omega t$; das $s(t)$-Diagramm der Schwingung zeigt dann die Kosinuskurve. Die frei wählbaren Konstanten $\hat{s}$ und φ_0 legen also die *Anfangsbedingungen* fest.

Es wäre denkbar, daß die Differentialgleichung *8.1* neben $s=\hat{s}\cdot\sin(\omega t+\varphi_0)$ noch andere Lösungsfunktionen besäße. In den mathematischen Ergänzungen wird auf Seite 198f. gezeigt, daß dies nicht der Fall ist. Damit ist die von uns gefundene Lösungsfunktion die *einzige* (oder die sogenannte „vollständige") Lösung der Differentialgleichung, und es gilt:

Eine zur Elongation s proportionale Rückstellkraft $F=-D\cdot s$ führt an einem Schwinger der Masse m zu harmonischen Schwingungen mit dem Elongation-Zeit-Gesetz

$$s(t)=\hat{s}\cdot\sin(\omega t+\varphi_0) \quad \text{mit} \quad \omega=\sqrt{\frac{D}{m}}. \qquad (10.1)$$

$\hat{s}$ ist die Amplitude, φ_0 der Phasenwinkel zur Zeit $t=0$; die Periodendauer der Schwingung beträgt $T=2\pi\sqrt{\frac{m}{D}}$.

3. Experimentelle Bestätigung

Versuch 2: Wir wählen als Schwinger wegen der verhältnismäßig geringen Reibungsverluste ein **Feder-Schwere-Pendel** (Band MS Seite 227), an dessen Pendelkörper wir einen gut isolierten Kupferdraht befestigen, bei dem nur die Spitze S blank ist *(Abb. 10.1)*. Der Draht wird leitend mit der Feder verbunden. Wenn der Körper auf und ab schwingt, taucht S mehr oder weniger in einen mit Wasser gefüllten Glastrog, in dem etwas $CuCl_2$ gelöst ist. Pl_1 und Pl_2 sind zwei Kupferplatten, an die über gut isolierte Zuleitungen eine Gleichspannung von ca. 2 V gelegt wird. S wirkt wie der Gleitkontakt eines Potentiometers, der sich praktisch reibungslos bewegen kann. Zwischen S und einer der Platten kann deshalb eine Spannung abgegriffen werden, die proportional zur Elongation des Pendels ist. Ein angeschlossener *t-y*-Schreiber zeichnet das Schaubild des Elongation-Zeit-Gesetzes auf. Die Sinusform der Kurve ist gut zu erkennen *(Abb. 11.1)*.

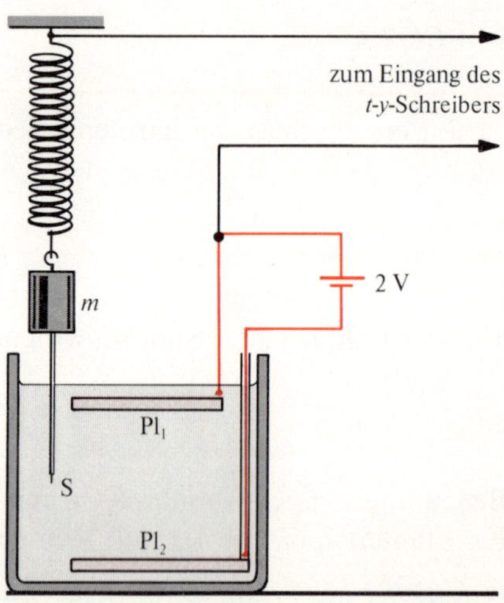

10.1 Die zwischen S und Pl_1 abgegriffene Spannung ist proportional zur Elongation des Feder-Schwere-Pendels.
Pl_1 und Pl_2: Kupferplatten

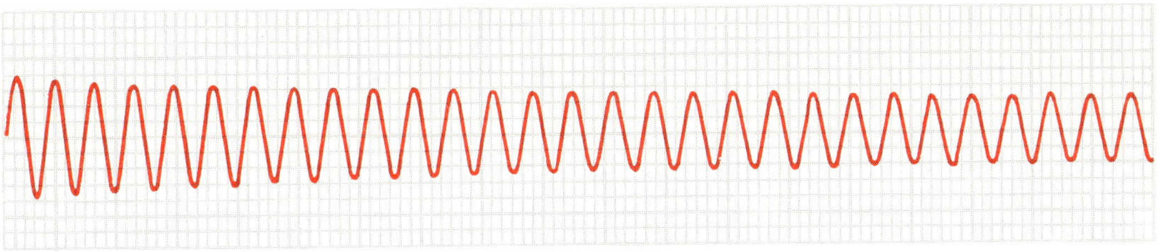

11.1 Mit dem *t-y*-Schreiber aufgenommene schwach gedämpfte Schwingungen eines Feder-Schwere-Pendels

Der in diesem Versuch benutzte Schwinger besaß die Masse $m = 0{,}500\,\text{kg}$. Die Feder verlängerte sich bei einer Zugkraft von $F = 1{,}00\,\text{N}$ um $s = 0{,}20\,\text{m}$, daraus folgt die Federkonstante $D = 5{,}00\,\text{N/m}$. Die Periodendauer dieses Feder-Schwere-Pendels berechnet sich also zu

$$T = 2\pi \cdot \sqrt{\frac{0{,}500}{5{,}00}}\,\text{s} \approx 1{,}99\,\text{s}.$$

Der Papiervorschub des *t-y*-Schreibers betrug 20 cm/Minute, d.h. auf der Zeitachse des Registrierpapiers wurde eine Länge von 1 cm in $\frac{1}{20}$ Minute = 3 s geschrieben, die Länge 1 mm also in 0,3 s. Damit können wir die vom *t-y*-Schreiber gezeichnete Kurve *(Abb. 11.1)* auswerten: Wir stellen fest, daß 10 Hin- und Herschwingungen auf der *t*-Achse des Registrierpapiers eine Länge von 68 mm ergeben. 10 Schwingungen haben also $68 \cdot 0{,}3\,\text{s} = 20{,}4\,\text{s}$ gedauert; daraus folgt die Periodendauer $T = 2{,}04\,\text{s}$ in guter Übereinstimmung mit dem berechneten Wert.

4. Das ebene Fadenpendel

Wir wollen unsere neuen Erkenntnisse noch auf die freie Schwingung eines ebenen Fadenpendels (Band MS Seite 237) anwenden. Aus der Zerlegung der Gewichtskraft $G = mg$ in Komponenten folgt für die Rückstellkraft $F_1 = -mg \sin\delta$ *(Abb. 11.2;* der Auslenkungswinkel δ darf nicht mit dem Phasenwinkel $(\omega t + \varphi_0)$ verwechselt werden). Die Rückstellkraft ist *nicht* zur Bogenlänge $s = l \cdot \delta$ proportional, es liegt also kein lineares Kraft-Weg-Gesetz vor (δ im Bogenmaß). Durch die rücktreibende Kraft F_1 erfährt die Masse des Pendelkörpers die Beschleunigung

$$a(t) = \frac{F_1}{m} = -g \cdot \sin\delta(t). \qquad (11.1)$$

Mit $a(t) = \ddot{s}(t)$ und $\delta(t) = \frac{s(t)}{l}$ (im Bogenmaß) erhalten wir die Differentialgleichung

$$\boldsymbol{\ddot{s}(t) = -g \cdot \sin\frac{s(t)}{l}}. \qquad \textbf{(11.2)}$$

Für kleine Winkel δ ist $\sin\frac{s}{l} \approx \frac{s}{l}$, wie *Tabelle 11.1* zeigt.

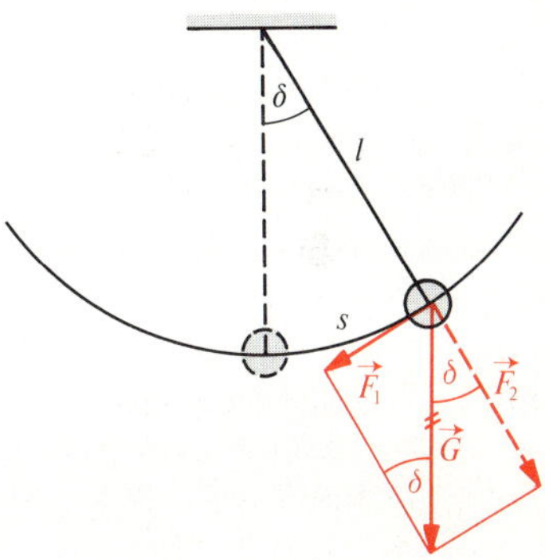

11.2 Fadenpendel; die Gewichtskraft $\vec{G}$ wird in die Komponenten $\vec{F}_1$ und $\vec{F}_2$ zerlegt.

Tabelle 11.1

Abweichungen von $\frac{s}{l}$ gegen $\sin\frac{s}{l}$ in %

Winkel δ	30°	20°	10°	5°
Abweichung	4,7	2,1	0,5	0,13

Für hinreichend kleine Amplituden des Winkels δ erhalten wir also die Differentialgleichung

$$\ddot{s}(t) = -\frac{g}{l} \cdot s(t) \qquad \textbf{(12.1)}$$

Sie entspricht der *Gl. 8.1*; anstelle des konstanten Bruches $\frac{D}{m}$ steht hier $\frac{g}{l}$. Ihre Lösung ist also

$$s(t) = \hat{s} \cdot \sin(\omega t + \varphi_0) \quad \text{mit} \quad \omega = \sqrt{\frac{g}{l}}. \qquad (12.2)$$

Aus $\omega T = 2\pi$ folgt:

Die Periodendauer des ebenen Fadenpendels der Länge l an einem Ort mit der Fallbeschleunigung g beträgt

$$T = 2\pi \sqrt{\frac{l}{g}}. \qquad \textbf{(12.3)}$$

Aufgaben:

1. *An eine Schraubenfeder wird ein Körper der Masse* $m = 0{,}5$ kg *gehängt. Dadurch verlängert sich die Feder um* $s = 40$ cm. *Anschließend lenkt man den Körper aus, indem man ihn mit einer Kraft von* $F = 1{,}25$ N *nach unten zieht. Zur Zeit* $t = 0$ *gibt man ihn zur Schwingung frei. a) Stellen Sie das Elongation-Zeit-Gesetz für diese Schwingung auf! b) Welche Elongation hat der Körper zur Zeit* $t = 0{,}42$ s*? Welche Geschwindigkeit hat er in diesem Augenblick? c) Mit welcher Frequenz schwingt dieses Federpendel? Die Reibung werde vernachlässigt.*

2. *Ein in Bewegung befindlicher Körper der Masse m werde durch die konstante Kraft* F_R *gebremst. Dann gilt die Differentialgleichung* $F = m \cdot \ddot{s}(t) = -F_R$. *Leiten Sie daraus das Geschwindigkeits-Zeit-Gesetz und das Weg-Zeit-Gesetz her! Zeigen Sie, daß es zwei Integrationskonstanten enthält! Welche physikalische Bedeutung haben diese Konstanten?*

3. *Ein Fadenpendel hat die Schwingungsdauer* $T_1 = 2{,}15$ s. *Wenn man den Faden um* 80,0 cm *verlängert, erhöht sich die Schwingungsdauer auf* $T_2 = 2{,}80$ s. *Berechnen Sie aus diesen Angaben die Fallbeschleunigung für den Ort, an dem das Pendel schwingt!*

4. *Ein Fadenpendel der Länge* $l = 1{,}09$ m *wird um* $\delta_{max} = 4°$ *ausgelenkt und dann zur Schwingung freigegeben a) Wieviel Sekunden nach dem Nulldurchgang hat das Pendel einen Ausschlag von* $\delta = 2°$ *erreicht? b) Welche Geschwindigkeit hat der Pendelkörper in diesem Augenblick* $(g = 9{,}81\ \text{m/s}^2)$*?*

§ 2 Ungedämpfte mechanische Schwingung; Rückkopplung

Da bei jeder mechanischen Schwingung *Reibungskräfte* auftreten, wird vom schwingenden System dauernd Energie nach außen abgegeben. Wird dieser Energieverlust nicht laufend ersetzt, so entsteht eine *gedämpfte Schwingung* mit immer kleiner werdenden Amplituden *(Abb. 13.1)*.

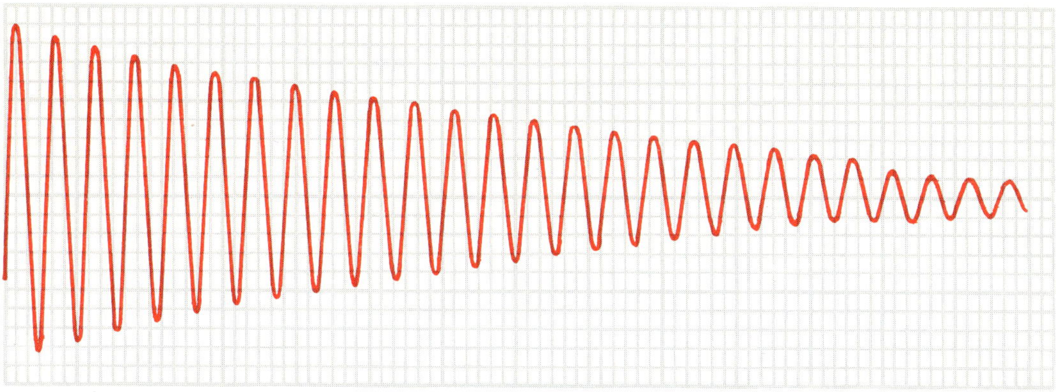

13.1 Mit einem t-y-Schreiber nach der auf Seite 10 beschriebenen Methode aufgenommene stärker gedämpfte Schwingung eines Feder-Schwere-Pendels mit besonders weicher Feder

Versuch 3: Wir wollen nun eine **ungedämpfte mechanische Schwingung** erzeugen. Dazu benutzen wir wieder ein Feder-Schwere-Pendel in Form eines Stabmagneten, der mit einem Bindfaden an der Feder befestigt ist. Der Magnet taucht nur teilweise in eine Spule mit etwa 500 Windungen *(Abb. 13.2)*; beim Schließen des Schalters wird er weiter in die Spule hineingezogen. Man betätigt nun rhythmisch den Schalter S so, daß das Pendel immer im richtigen Moment eine „Energiespritze" erhält. Dadurch wird das Pendel allmählich zu ungedämpften Schwingungen aufgeschaukelt.

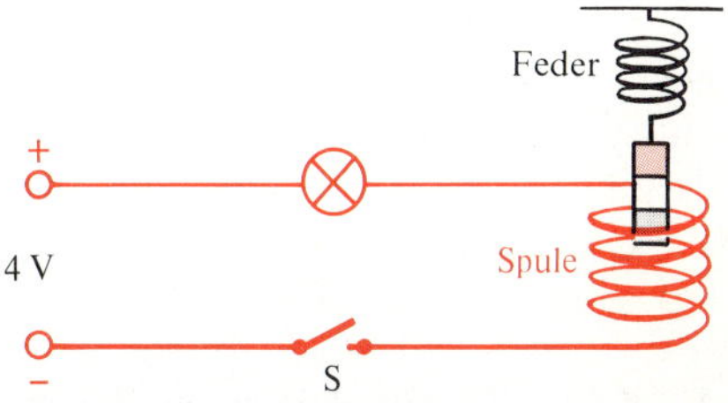

13.2 Durch rhythmische Betätigung des Schalters S kann das Feder-Schwere-Pendel zu ungedämpften Schwingungen aufgeschaukelt werden.

Versuch 4: Nun erweitern wir unsere vorige Schaltung zu einem automatisch arbeitenden Energienachschub, einer sogenannten **Rückkopplung.** Dazu ersetzen wir den Schalter durch einen Transistor *(Abb. 13.3)*. Außerdem bringen wir eine weitere Spule mit hoher Windungszahl (z.B. 23000 Windungen) an, in deren Inneres ein zweiter Stabmagnet eintauchen kann. Wenn dieser auf und abschwingt, werden in der Spule Wechselspannungen induziert. Wir wählen die Anschlüsse zum npn-Transistor (durch Probieren) so, daß die Basis B beim Eintauchen des Magneten in die Spule positiv, beim Aufwärtsschwingen des Magneten negativ wird. A verbinden wir mit dem Abgriff eines Spannungsteilers. Wie wir wissen (Band E Seite 121), kann ein Kollektorstrom erst fließen, wenn die Spannung zwischen Basis und Emitter einen Schwellenwert von ca. 0,6 V überschreitet. Deshalb müssen wir am Spannungsteiler bei A eine Basisvorspannung von etwa 0,6 V einstellen, zu der sich dann die Induktionsspannungen addieren, die in der Spule entstehen.

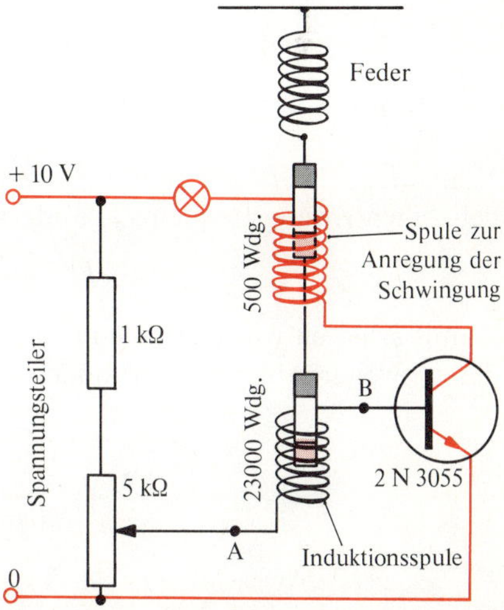

13.3 Rückkopplungsschaltung zur Erzeugung ungedämpfter Schwingungen eines Feder-Schwere-Pendels

▼ Wenn die Spulen richtig gepolt sind und die Basisvorspannung für den Transistor entsprechend eingestellt ist, steuern die Induktionsspannungen, die der schwingende Magnet in der Spule erzeugt, den Transistor so, daß der Energienachschub stets im richtigen Augenblick erfolgt. Das Feder-Schwere-Pendel wird wie in Versuch 3 – aber ohne unser Zutun – zu Schwingungen mit immer größer werdender Amplitude aufgeschaukelt. Dabei vermehrt sich auch die in Wärme umgewandelte Reibungsarbeit. Schließlich tritt ein Zustand ein, in dem die während einer Schwingungsperiode abgeführte Energie durch die in derselben Zeit zugeführte Energie gerade wieder ersetzt wird: Das Pendel schwingt *ungedämpft*. Das Lämpchen im Kollektorkreis blinkt im Takt der Schwingung und zeigt die periodisch erfolgende Energiezufuhr an. ▲

▽

§ 3 Erzwungene mechanische Schwingungen

Es gibt noch eine weitere Möglichkeit, einen Schwinger zu *ungedämpften Schwingungen* anzuregen: Man kann ihm durch eine sich periodisch ändernde *Zwangskraft* eine Schwingung aufzwingen, auch wenn deren *Zwangsfrequenz* f_1 *nicht* gleich der Eigenfrequenz des Schwingers ist. In § 64 des MS-Bandes haben wir diesen Fall experimentell untersucht. Nun sind wir in der Lage, auch einige theoretische Betrachtungen dazu anzustellen.

1. Die Differentialgleichung der erzwungenen Schwingung ohne Dämpfung

Wir denken uns einen Schwinger, der harmonische Schwingungen mit der Eigenfrequenz f_0 ausführen kann. Wenn er frei (und ohne Dämpfung) schwingt, gilt für ihn bekanntlich die *homogene* Differentialgleichung *8.1* $m \cdot \ddot{s}(t) = -D \cdot s(t)$ oder

$$\ddot{s}(t) = -\frac{D}{m} \cdot s(t).$$

Eine Lösungsfunktion hierfür ist $s(t) = \hat{s} \cdot \sin \omega_0 t$ mit $\omega_0 = 2\pi \cdot f_0 = \sqrt{\frac{D}{m}}$.

Nun wirke längs der s-Achse zusätzlich zur Rückstellkraft eine sich periodisch mit der beliebigen Zwangsfrequenz f_1 ändernde Zwangskraft

$$F(t) = \hat{F} \cdot \sin \omega_1 t \quad \text{mit} \quad \omega_1 = 2\pi \cdot f_1.$$

Damit erhalten wir jetzt eine *inhomogene Differentialgleichung*, die neben der Funktion $s(t)$ und deren zweiter Ableitung $\ddot{s}(t)$ noch das „Störglied“ $\hat{F} \cdot \sin \omega_1 t$ enthält:

$$m \cdot \ddot{s}(t) = -D \cdot s(t) + \hat{F} \cdot \sin \omega_1 t \quad \text{oder}$$

$$\ddot{s}(t) = -\frac{D}{m} \cdot s(t) + \frac{\hat{F}}{m} \cdot \sin \omega_1 t. \tag{14.1}$$

Um eine Lösung zu finden, versuchen wir denselben Ansatz, der auch bei der freien Schwingung benutzt wurde:

△ $$s(t) = \hat{s} \cdot \sin(\omega t + \varphi_0).$$

Dabei ist $\omega = 2\pi \cdot f$ eine noch unbekannte konstante Kreisfrequenz. ▽

Die zweite Ableitung von $s(t)$ ergibt $\ddot{s}(t) = -\hat{s} \cdot \omega^2 \cdot \sin(\omega t + \varphi_0)$.

Nun setzen wir unseren Lösungsansatz $s(t)$ und seine zweite Ableitung $\ddot{s}(t)$ in die Differentialgleichung *14.1* ein und erhalten

$$-\hat{s} \cdot \omega^2 \cdot \sin(\omega t + \varphi_0) = -\frac{D}{m} \cdot \hat{s} \cdot \sin(\omega t + \varphi_0) + \frac{\hat{F}}{m} \cdot \sin \omega_1 t.$$

Diese Gleichung soll für jeden Zeitpunkt t erfüllt sein, d.h. auf beiden Seiten müssen dieselben Funktionen stehen. Dies wird erreicht, wenn wir $\varphi_0 = 0$ und $\omega = \omega_1$ setzen. Wir berücksichtigen außerdem, daß $\frac{D}{m} = \omega_0^2$ ist; dann lautet die neue Gleichung

$$-\hat{s} \cdot \omega_1^2 \cdot \sin \omega_1 t = -\left(\omega_0^2 \cdot \hat{s} - \frac{\hat{F}}{m}\right) \cdot \sin \omega_1 t.$$

Diese beiden phasengleichen Sinusfunktionen stimmen dann überein, wenn ihre Amplituden gleich sind, wenn also $\hat{s} \cdot \omega_1^2 = \omega_0^2 \cdot \hat{s} - \frac{\hat{F}}{m}$ ist. Daraus folgt

$$\hat{s} = \frac{\hat{F}}{m} \cdot \frac{1}{\omega_0^2 - \omega_1^2}. \tag{15.1}$$

Die Funktion $s(t) = \hat{s} \cdot \sin(\omega t + \varphi_0)$ erfüllt also die Differentialgleichung *14.1* für $\omega = \omega_1$, $\varphi_0 = 0$ und $\hat{s} = \frac{\hat{F}}{m} \cdot \frac{1}{\omega_0^2 - \omega_1^2}$. Damit erhalten wir als eine Lösungsfunktion

$$s(t) = \hat{s} \cdot \sin \omega_1 t \quad \text{mit} \quad \omega_1 = 2\pi f_1. \tag{15.2}$$

Das bedeutet physikalisch: *Der Schwinger führt eine harmonische Schwingung mit der Zwangsfrequenz f_1* aus.

Allerdings haben wir damit lediglich eine *spezielle Lösung* gefunden; sie beschreibt die Bewegung erst dann zutreffend, wenn der *Einschwingvorgang* abgeklungen ist. Die *vollständige* Lösung der Differentialgleichung *14.1* würde auch diesen Einschwingvorgang erfassen.

Die Amplitude der ungedämpften erzwungenen Schwingung ist

$$\hat{s} = \frac{\hat{F}}{m} \cdot \frac{1}{\omega_0^2 - \omega_1^2} = \frac{\hat{F}}{4\pi^2 m} \cdot \frac{1}{f_0^2 - f_1^2}. \tag{15.3}$$

Dieser Gleichung entnehmen wir folgende vier physikalischen Erkenntnisse:

1. Je mehr sich die Zwangsfrequenz f_1 von der Eigenfrequenz f_0 unterscheidet, desto kleiner wird die Amplitude $\hat{s}$ der erzwungenen Schwingung.
2. Für $f_1 < f_0$ wird $\hat{s}$ positiv, das heißt, in $F(t) = \hat{F} \cdot \sin \omega_1 t$ und $s(t) = \hat{s} \cdot \sin \omega_1 t$ haben $\hat{s}$ und $\hat{F}$ das gleiche Vorzeichen. Zwangskraft und erzwungene Schwingung sind also *in Phase.*
3. Für $f_1 > f_0$ wird $\hat{s}$ negativ, das heißt $\hat{s}$ und $\hat{F}$ haben entgegengesetzte Vorzeichen, Zwangskraft und erzwungene Schwingung sind also *in Gegenphase* (in *Abb. 17.1* ist $|\hat{s}|$ aufgetragen). △

4. Für $f_1 \to f_0$ nimmt $|\hat{s}|$ unbegrenzt zu *(„Resonanzkatastrophe“)*. Unsere Überlegungen gelten unter der Voraussetzung, daß keine Dämpfung vorhanden ist. In Wirklichkeit ist eine Dämpfung aber unvermeidlich. Dann wächst für $f_1 \to f_0$ die Amplitude nicht über alle Grenzen, sondern nimmt einen endlichen Maximalwert an. Er stellt sich so ein, daß die Energie, die dem System durch Reibung entzogen wird, gleich der zugeführten Energie ist (Band MS Seite 245, Mitte).

2. Experimente zur erzwungenen mechanischen Schwingung mit Dämpfung

Nun wollen wir den Einfluß der *Dämpfung* auf die erzwungene Schwingung untersuchen. Wir benutzen dazu das *Drehpendel* nach *Abb. 16.1*. Dieses Gerät besitzt ein Schwungrad, das durch eine Spiralfeder in seiner Null-Lage gehalten wird. Lenkt man dieses Schwungrad durch eine Drehung aus und gibt es dann frei, so führt es eine *Drehschwingung* durch. Dabei wandeln sich Spannungsenergie der Spiralfeder und Rotationsenergie des Schwungrades periodisch ineinander um. Aus der Mechanik wissen wir, daß Gesetze, die für *Translationsbewegungen* gelten, auf *Rotationsbewegungen* übertragen werden können (Band MS *Tabelle 172.1*).

16.1 Drehpendel

Die Gleichungen, die wir für die translatorische Schwingung gefunden haben, gelten auch für Drehschwingungen, wenn wir die Masse des Schwingers durch das Trägheitsmoment des Schwungrades, die Elongation durch den Auslenkwinkel δ und die Rückstellkraft der Feder durch das rückdrehende Moment der Spiralfeder ersetzen. Da bei einer Spiralfeder der Auslenkwinkel proportional zum rückdrehenden Moment ist, erhält man für die Elongation-Zeit-Funktion wieder die Differentialgleichung einer harmonischen Schwingung. Die Schwingungen des Drehpendels sind also periodische Sinus-Schwingungen. Das Schwungrad, das aus Kupfer besteht, bewegt sich durch den Luftspalt eines Elektromagneten, der als Wirbelstrombremse dient und eine Dämpfung bewirkt (Band E Seite 148). Durch einen Elektromotor kann das System über einen Exzenter zu erzwungenen Schwingungen angeregt werden.

Versuch 5: Wir messen an der Skala, die über dem Schwungrad angebracht ist, die Amplituden der erzwungenen Schwingung für verschiedene Zwangsfrequenzen. Dabei lassen wir die Wirbelstrombremse ausgeschaltet; dann ist fast keine Dämpfung vorhanden. Der Einschwingvorgang ist gut zu erkennen: Es dauert einige Zeit, bis das Schwungrad den Takt der Zwangsfrequenz f_1 „angenommen“ hat. Wenn die Zwangsfrequenz f_1 des Exzenters und die Eigenfrequenz f_0 des schwingenden Systems übereinstimmen, schaukelt das Schwungrad so heftig hin und her, daß es an den Begrenzungsfedern anstößt: Die Resonanzkatastrophe hat sich angebahnt. Als Ergebnis unserer Messung erhalten wir die schwarze Kurve in *Abb. 17.1*.

Versuch 6: Jetzt schalten wir die Wirbelstrombremse ein und wiederholen die Messungen der Amplituden in Abhängigkeit von der Erregerfrequenz. Für eine Stromstärke in der Wirbelstrombremse von $I_D = 0{,}25\,A$ erhalten wir die rote, für $I_D = 0{,}45\,A$ die blaue Kurve der *Abb. 17.1*. Wir erkennen:

Je schwächer die Dämpfung, desto stärker ist das Maximum der Resonanzkurve ausgeprägt.

Nun untersuchen wir die **Phasenverschiebung:** Das Drehpendel wird auf folgende Weise zu erzwungenen Schwingungen angeregt: Die Kreisbewegung des vom Elektromotor mit der konstanten Kreisfrequenz ω_1 bewegten Exzenters wird durch eine Schubstange auf einen Hebel übertragen, dessen Endpunkt P infolgedessen nach einem Sinusgesetz längs eines Kreisbogens hin- und hergeführt wird. In P ist die Spiralfeder befestigt; der hin- und herbewegte Hebel spannt und entspannt sie abwechselnd und übt auf diese Weise eine periodische Zwangskraft auf das schwingende System aus. Am Schwungrad und im Punkt P des Hebels sind zwei Zeiger befestigt, die einander gegenüberstehen, wenn sich das System in Ruhe befindet. Regen wir das Drehpendel zu erzwungenen Schwingungen an, deren Frequenz f_1 sehr viel kleiner als seine Eigenfrequenz f_0 ist, so stehen die beiden Zeiger auch während der Schwingbewegung einander gegenüber, d.h. die Erregerschwingung des Punktes P und die erzwungene Schwingung des Drehpendels sind *in Phase*. Mit wachsender Frequenz f_1 hinkt jedoch der eine Zeiger dem anderen immer mehr nach: Zwar erfolgt die erzwungene Schwingung des Drehpendels stets mit derselben Frequenz f_1 wie die Erregerschwingung, sie besitzt aber im allgemeinen nicht dieselbe Phase.

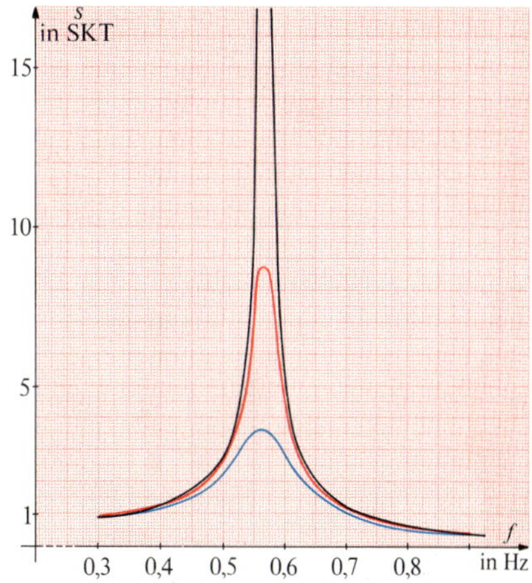

17.1 Amplituden einer erzwungenen Schwingung in Abhängigkeit von der Erregerfrequenz. Schwarze Kurve: keine Dämpfung; rote Kurve: schwache Dämpfung; blaue Kurve: stärkere Dämpfung

Das Elongation-Zeit-Gesetz des Punktes P sei

$$s_P = \hat{s}_P \cdot \sin \omega_1 t. \tag{17.1}$$

Dann lautet das Elongation-Zeit-Gesetz für die Bewegung des Drehpendels

$$s = \hat{s} \cdot \sin(\omega_1 t - \varphi_0). \tag{17.2}$$

Dabei gibt φ_0 die Phasenverschiebung zwischen der erregenden und der erzwungenen Schwingung an.

Versuch 7: Zur Messung von φ_0 befestigen wir an der Schubstange einen Stift, der im Augenblick der größten positiven Elongation des Punktes P eine außerhalb angebrachte Metallfeder berührt. Dadurch wird ein Kontakt geschlossen, der ein elektrisches Glühlämpchen einschaltet. Dieses blitzt zu einer Zeit t_B auf, für die nach *Gl. 17.1* die Bedingung $\omega_1 \cdot t_B = \frac{\pi}{2}$ erfüllt sein muß. Die Elongation der *erzwungenen* Schwingung beträgt im Augenblick dieses Lichtblitzes $s_B = \hat{s} \cdot \sin(\omega_1 t_B - \varphi_0) = \hat{s} \cdot \sin\left(\frac{\pi}{2} - \varphi_0\right) = \hat{s} \cdot \cos \varphi_0$.

Daraus folgt

$$\cos \varphi_0 = \frac{s_B}{\hat{s}}. \tag{17.3}$$

Zur Messung von φ_0 nach *Gl. 17.3* halten wir das Glühlämpchen so an die Skala des Drehpendels, daß unser Auge den am Schwungrad befestigten Zeiger und den Lichtblitz gleichzeitig sehen kann. Dann läßt sich die Elongation s_B zur Zeit des Lichtblitzes leicht ablesen. Außerdem messen wir die Amplitude $\hat{s}$. Bei einer Stromstärke in der Wirbelstrombremse von $I_D = 0{,}45$ A ergeben sich zum Beispiel die Werte der *Tabelle 18.1*.

Wenn also Dämpfung vorhanden ist, nimmt die Phasenverschiebung φ_0 zwischen erregender und erzwungener Schwingung mit wachsender Erregerfrequenz f von 0 auf 180° zu. Wir finden genauer:

Für $f \ll f_0$ wird $\varphi_0 = 0$, für $f = f_0$ wird $\varphi_0 = 90°$ und für $f \gg f_0$ wird $\varphi_0 = 180°$.

Tabelle 18.1
Phasenverschiebung bei erzwungenen Schwingungen am Drehpendel (Versuch 7)

f in Hz	$\hat{s}$ SKT	s_B SKT	$\frac{s_B}{\hat{s}} = \cos \varphi_0$	φ_0
0,26	0,8	0,8	1,00	0°
0,46	1,5	1,4	0,93	21°
0,52	2,8	2,2	0,79	38°
0,58	3,6	−0,4	−0,11	96°
0,65	2,0	−1,6	−0,80	143°
0,71	1,0	−1,0	−1,00	180°

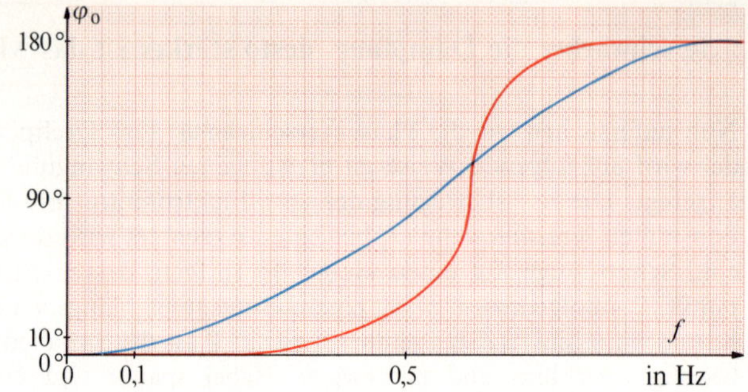

18.1 Phasenverschiebung φ_0 zwischen Erregerschwingung und erzwungener Schwingung; rot: bei geringer Dämpfung; blau: bei starker Dämpfung.

§ 4 Doppler-Effekt bei mechanischen Wellen

1. Grundeigenschaften einer Welle

In einem Träger, der aus elastisch gekoppelten Masseteilchen besteht, kann eine mechanische Welle erzeugt werden. Wenn man nämlich eines dieser Teilchen in Schwingungen versetzt, werden die Nachbarteilchen infolge der Kopplung zu erzwungenen Schwingungen angeregt. Je weiter ein Teilchen vom Erreger entfernt ist, desto größer ist der Phasenunterschied zwischen seiner Schwingung und der des Erregers, d.h. die Teilchen schwingen nicht etwa alle im selben Moment durch ihre Nullage, sondern führen diesen Vorgang zeitlich nacheinander aus. Dadurch werden die verschiedenen Schwingungsphasen, in denen sich die Erregerschwingung *zeitlich nacheinander* befindet, *räumlich nebeneinander* gelegt. Auf diese Weise entsteht eine Welle.

Wir haben uns mit solchen mechanischen Wellen schon im Band MS befaßt. Von dort sind uns die Begriffe Wellenlänge λ, Ausbreitungsgeschwindigkeit c und ihr Zusammenhang mit der Frequenz f geläufig:

$$\boldsymbol{c = f \cdot \lambda}. \qquad \textbf{(18.1)}$$

Die Membrane eines Lautsprechers schwinge mit der Frequenz $f = 680$ Hz periodisch hin und her. Dadurch erfährt die umgebende Luft – der Träger der Schallwelle – Verdichtungen und nachfolgende Verdünnungen, die sich mit der Geschwindigkeit $c = 340$ m/s (bei 20° C) ausbreiten. Sie enthalten Energie, da der Lautsprecher bei ihrer Entstehung Arbeit verrichten mußte. Wir müssen beachten, daß der Träger dabei im wesentlichen „ruht", es wandern lediglich periodisch abwechselnde Überdruck- und Unterdruckstörungen mit den zugehörigen periodischen Elongationen. Zwei aufeinanderfolgende Verdichtungen werden von der Lautsprechermembrane im zeitlichen Abstand von $T = \frac{1}{680}$ s „ausgestoßen"; sie laufen im Träger mit dem räumlichen Abstand $340 \frac{\text{m}}{\text{s}} \cdot \frac{1}{680}$ s $= 0{,}5$ m hintereinander her, d.h. die Wellenlänge der Schallwelle beträgt $\lambda = c/f = 0{,}5$ m.

Über den Empfänger, etwa ein Ohr, ziehen nun solche periodischen Druckänderungen mit der Geschwindigkeit $c=340$ m/s hinweg. Zwei im räumlichen Abstand $\lambda=0{,}5$ m aufeinanderfolgende Verdichtungen treffen das Trommelfell also nacheinander im zeitlichen Abstand von $T=\frac{\lambda}{c}=\frac{0{,}5}{340}\,\text{s}=\frac{1}{680}\,\text{s}$; dadurch wird es zu einer Schwingung mit der Frequenz $f=\frac{1}{T}=680\,\text{Hz}$ erregt.

Das Trommelfell schwingt also mit derselben Frequenz wie die Lautsprechermembrane. Die Welle verrichtet dabei an ihm Arbeit, gibt also Energie ab.

2. Doppler-Effekt bei bewegter Schallquelle

Nun kommt es aber auch vor, daß sich die Schallquelle relativ zum Träger – also zur Luft – bewegt. Wir erleben dies z.B. beim Hupenton oder dem Motorengeräusch eines fahrenden Autos und wissen aus Erfahrung, daß wir dabei eine veränderte Tonhöhe wahrnehmen. Diese Erscheinung wird **Doppler-Effekt** genannt (*Ch. Doppler*, 1803 bis 1853, Wien). Wir wollen ihn durch einen Modellversuch mit Wasserwellen erklären.

Versuch 8: Wir lassen einen Stift periodisch in eine Wasseroberfläche eintauchen. Dann entstehen Kreiswellen, die sich mit der Geschwindigkeit c konzentrisch ausbreiten. In der Projektion durch eine punktförmige Lichtquelle bilden sich an der Zimmerdecke Wellenfronten ab. Ihr jeweiliger Abstand an der Wasseroberfläche ist gleich der Wellenlänge *(Abb. 19.1)*.

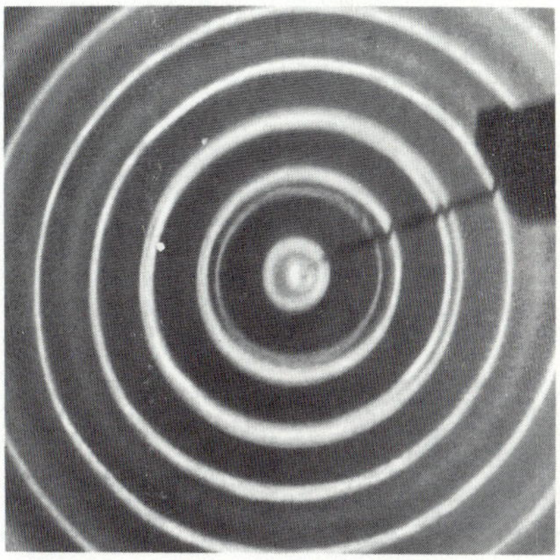

19.1 Der ruhende Erreger erzeugt kreisförmige, konzentrische Wellenfronten.

Nun bewegen wir den periodisch eintauchenden Stift mit der konstanten Geschwindigkeit v über die Wasseroberfläche hinweg. Die sich jetzt ausbildenden Kreiswellen sind nicht mehr konzentrisch. Ihre Wellenfronten drängen sich vor dem Erregerstift enger zusammen, hinter ihm werden sie weiter auseinandergezogen *(Abb. 19.2)*. Durch die Bewegung des Erregers ist also die Wellenlänge verändert worden.

19.2 Der Erreger bewegt sich gleichförmig nach rechts über die Wasseroberfläche.

Zur Erklärung bedenken wir, daß eine Wellenfront im Träger mit der Geschwindigkeit c fortschreitet und sich dabei nicht mehr um den Wellenerreger „kümmert“. Auch wenn die Erregerschwingung aufgehört hat, wandern ja die Wellenfronten mit der Geschwindigkeit c weiter. Eine solche Wellenfront entfernt sich in der Zeit t um die Strecke $s_1=c\cdot t$ vom Ort ihrer Erregung. Der Erreger bewege sich mit der Geschwindigkeit $v<c$, hat also in derselben Zeit die Strecke $s_2=v\cdot t$ zurückgelegt und dabei eine Zahl von $n=f\cdot t$ Wellenfronten im Sinne der *Abb. 19.1* ausgesandt. Diese drängen sich *vor* dem Erreger zusammen auf die Strecke $s_V=s_1-s_2=(c-v)\cdot t$; *hinter* dem Erreger werden sie auf die Strecke $s_H=s_1+s_2=(c+v)\cdot t$ auseinanderge-

zogen *(Abb. 20.1)*. Der gegenseitige Abstand solcher Wellenfronten ist die veränderte Wellenlänge. Sie beträgt also

vor dem Erreger $\lambda_V = \frac{(c-v)\cdot t}{f\cdot t} = \frac{c-v}{f}$,

hinter dem Erreger $\lambda_H = \frac{(c+v)\cdot t}{f\cdot t} = \frac{c+v}{f}$.

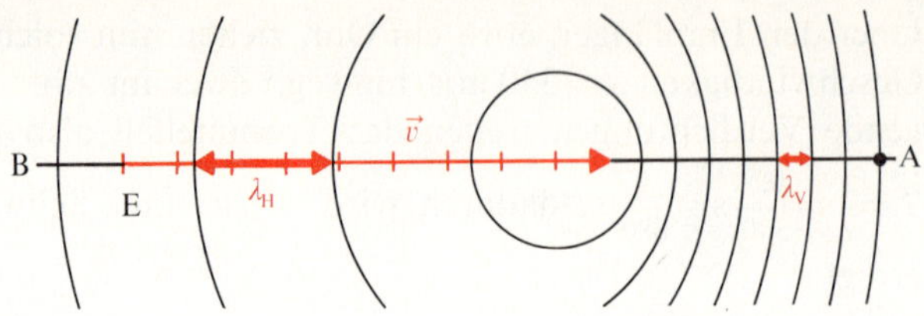

20.1 Der Erreger bewegt sich auf den Beobachter in A zu und vom Beobachter in B weg.

Diese auf der einen Seite zusammengedrängten und auf der anderen Seite auseinandergezogenen Wellenfronten ziehen über einen Beobachter mit der Geschwindigkeit c hinweg. Befindet er sich in einem Punkt A, auf den sich der Erreger zubewegt, so empfängt er eine Schwingung mit der erhöhten Frequenz $f_V = \frac{c}{\lambda_V} = f\cdot\frac{c}{c-v}$ oder

$$\boldsymbol{f_V = f\cdot\frac{1}{1-\frac{v}{c}}}. \qquad \textbf{(20.1)}$$

Befindet sich der Beobachter in einem Punkt B, von dem sich der Erreger wegbewegt, empfängt er eine Schwingung mit der erniedrigten Frequenz $f_H = \frac{c}{\lambda_H} = f\cdot\frac{c}{c+v}$ oder

$$\boldsymbol{f_H = f\cdot\frac{1}{1+\frac{v}{c}}}. \qquad \textbf{(20.2)}$$

3. Bugwellien, Machscher Kegel

Versuch 9: Wir erhöhen nun in Versuch 8 die Geschwindigkeit v des Erregers über die Ausbreitungsgeschwindigkeit c der Welle hinaus: $v > c$. Dann überschneiden sich die vom Erreger ausgehenden Kreisfronten, und auf ihrer gemeinsamen Einhüllenden sind jetzt die Amplituden besonders groß. Diese Einhüllenden *(Abb. 20.2)* sind zwei Halbgeraden, die vom Erreger ausgehen und als *Bugwelle* den Machschen Winkel einschließen (*E. Mach*, Wien, 1838 bis 1916). Man beobachtet diesen **Machschen Winkel** auch hinter schwimmenden Wasservögeln oder fahrenden Booten auf ruhigen Gewässern. Hinter Geschossen und Flugzeugen, die mit **Überschallgeschwindigkeit** fliegen, bildet die Einhüllende der entsprechenden vom Erreger ausgehenden Kugelfronten eine räumliche *Kopfwelle* in Form eines Kegelmantels, den **Machschen Kegel.**

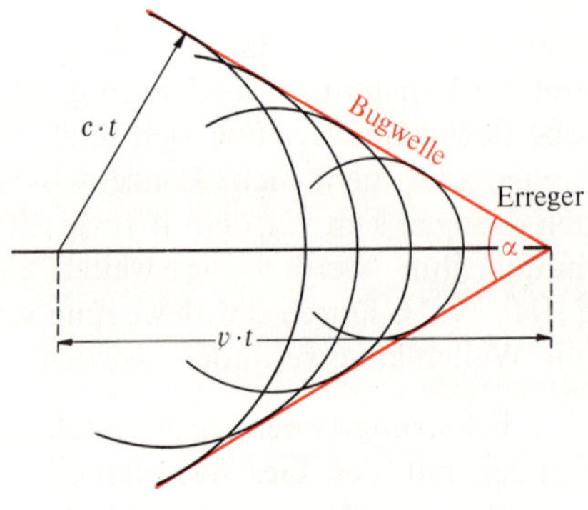

20.2 Entstehung von Bugwellen (Kopfwellen)

Für den halben Öffnungswinkel $\frac{\alpha}{2}$ der Bug- bzw. Kopfwelle entnehmen wir der *Abb. 20.2* die Beziehung $\sin\frac{\alpha}{2} = \frac{c}{v}$. Je schneller also der Erreger ist, desto spitzer ist seine Kopfwelle.

Durchsetzt ein Flugkörper die Luft mit Überschallgeschwindigkeit ($v > c$), so addieren sich die Drücke der Einzelwellen auf dem Kegelmantel. Wegen des großen Druckunterschieds entsteht ein explosionsartiger Knall, den der Beobachter wahrnimmt, wenn der Kegelmantel über ihn wegstreicht. Nicht sehr sachgemäß nennt man diese Erscheinung „Durchbrechen der Schallmauer"; sie tritt ständig auf, solange die Fluggeschwindigkeit v größer als die Schallgeschwindigkeit c ist.

4. Doppler-Effekt bei bewegtem Beobachter

Jetzt soll der Erreger relativ zum Träger ruhen. Dann sendet er konzentrische Wellenfronten aus, deren Wellenlänge nach allen Seiten unverändert $\lambda = \frac{c}{f}$ beträgt.

Nun bewege sich ein Beobachter mit der Geschwindigkeit v auf diesen Erreger zu. Er läuft damit den Wellenfronten entgegen und empfängt auf diese Weise eine Schwingung mit erhöhter Frequenz. Die Wellenfronten besitzen jetzt relativ zum Beobachter die Geschwindigkeit $c+v$, dieser empfängt also eine Schwingung mit der Frequenz

$$f_Z = \frac{c+v}{\lambda} = f \cdot \frac{c+v}{c} \quad \text{oder}$$

$$\boldsymbol{f_Z = f \cdot \left(1 + \frac{v}{c}\right).} \tag{21.1}$$

Wenn sich der Beobachter vom ruhenden Erreger wegbewegt, läuft er den Wellenfronten davon und empfängt eine Schwingung mit erniedrigter Frequenz. Die Wellenfronten besitzen jetzt relativ zum Beobachter die Geschwindigkeit $c-v$, dieser empfängt also eine Schwingung mit der Frequenz

$$f_W = \frac{c-v}{\lambda} = f \cdot \frac{c-v}{c} \quad \text{oder}$$

$$\boldsymbol{f_W = f \cdot \left(1 - \frac{v}{c}\right).} \tag{21.2}$$

Es ist bemerkenswert, daß wir zwischen bewegtem Erreger und bewegtem Beobachter unterscheiden müssen. Man könnte denken, der Dopplereffekt hänge lediglich von der Geschwindigkeit ab, die Erreger und Beobachter relativ zueinander besitzen. Bei mechanischen Wellen kommt es jedoch darauf an, ob sich der Erreger oder der Beobachter relativ zum *Träger* bewegt.

5. Rückblick auf die Differentialgleichungen

Zur Untersuchung der Schwingungen benutzen wir ein für Physiker, Techniker usw. überaus wichtiges mathematisches Instrument, die Differentialgleichung. Wir begegneten ihr bisher in Band MS Seite 192, Band E Seite 201. Differentialgleichungen ergeben sich oft aus physikalischen Gesetzen, hier aus der Grundgleichung $F(t) = m \cdot a(t)$. Beim mechanischen Schwinger hängt nämlich die Rückstellkraft F von der Elongation $s(t)$ nach $F(t) = -D \cdot s(t)$ ab; sie ändert sich also während der Schwingung ständig; wir suchen demnach eine Funktion $s(t)$. Mit $F(t)$ ist auch die Beschleunigung $a(t)$ eine Funktion der Zeit t. Die Differentialgleichung entsteht nun deshalb, weil die Beschleunigung $a(t)$ die zweite Ableitung $\ddot{s}(t)$ der noch unbekannten Weg-Zeit-Funktion $s(t)$ ist. Die Grundgleichung nimmt somit die Form $F(t) = -D \cdot s(t) = m \cdot \ddot{s}(t)$ an und muß in jedem Zeitpunkt t erfüllt sein. Wenn wir probeweise z.B. die Funktion $s(t) = \frac{1}{2}\, g \cdot t^2$

▽ einsetzen, sehen wir sofort, daß für sie diese grundlegende Forderung nicht erfüllt ist (man versuche es auch mit anderen Funktionen!). Übereinstimmend mit dem Experiment fanden wir auf Seite 9 als Lösungsfunktion $s(t)=\hat{s}\cdot\sin(\omega t+\varphi_0)$; man nennt sie auch „Eigenfunktion". ω hängt vom Schwinger ab, Amplitude $\hat{s}$ und Nullphasenwinkel φ_0 sind dagegen für einen bestimmten Schwinger in weiten Grenzen frei wählbar.

Viele Naturgesetze führen zu Differentialgleichungen, die nicht durch schon bekannte sogenannte „elementare" Funktionen gelöst werden können. Dann definiert man geeignete neue Funktionen oder wendet für spezielle Fälle Näherungsmethoden an, die heute mit Computern schnell bewältigt werden können (Beispiel Seite 29).

Aufgaben:

1. *Die Hupe eines Autos erzeugt einen Ton der Frequenz $f=380$ Hz. a) Welche Frequenz hat der Ton, den ein Beobachter hört, auf den der Wagen mit einer Geschwindigkeit von 17 m/s zufährt? b) Nun soll das hupende Auto stillstehen, während ihm der Beobachter mit der Geschwindigkeit 17 m/s entgegenfährt. Welche Frequenz hat der Ton, den der Beobachter jetzt hört? (Schallgeschwindigkeit: $c=340$ m/s)*

2. *Wenn eine mit der Geschwindigkeit v bewegte Schallquelle an einem ruhenden Beobachter vorbeifährt, hört dieser, daß die Tonhöhe im Augenblick des Vorbeifahrens nach unten umschlägt. Zeigen Sie, daß für das Frequenzverhältnis der gehörten Töne $\frac{f_1}{f_2}=\frac{c+v}{c-v}$ gilt!*

3. *Wie rasch müßte sich ein Schallerreger bewegen, damit sich die von uns beim Vorbeifahren gehörten Töne um eine Oktave unterscheiden? (Schallgeschwindigkeit: $c=340$ m/s)* △

Elektromagnetische Schwingungen

§ 5 Der geschlossene elektromagnetische Schwingkreis

▼

1. Vorgänge im Schwingkreis

Bei freien mechanischen Schwingungen wandeln sich potentielle und kinetische Energie periodisch ineinander um (Band MS Seite 239). Nun kennen wir außer diesen mechanischen auch noch andere Energieformen, insbesondere die Energien elektrischer und magnetischer Felder. Es liegt deshalb nahe, nach einer *Energiependelung* zwischen elektrischen und magnetischen Feldern zu fragen. Als Speicher elektrischer und magnetischer Feldenergie sind uns der geladene Kondensator beziehungsweise die stromdurchflossene Spule bekannt. Wenn wir einen Kondensator über eine Spule entladen, verschwindet sein elektrisches Feld. Dafür fließt in der Spule Strom; es entsteht ein Magnetfeld. Wir untersuchen, ob dieses Magnetfeld bestehen bleibt, oder ob es seine Energie wieder in elektrische Feldenergie des Kondensators zurückverwandelt. Ein solcher Vorgang müßte zu einer Schwingung führen. Wir prüfen dies im folgenden Versuch gemäß *Abb. 23.1* nach. ▲

Versuch 10: In Stellung 1 des Schalters S wird der Kondensator ($C = 200\,\mu F$) über den Schutzwiderstand R auf die Spannung U geladen. In Stellung 2 legt der Schalter den geladenen Kondensator an eine Spule hoher Eigeninduktivität ($L \approx 600\,H$). Der Spannungsmesser zeigt die Spannung U an Kondensator und Spule an, der Strommesser (I) die Stärke I des durch die Kondensatorzuleitungen und die Spule fließenden Stroms. Der Spannungsmesser (U) muß einen hohen Eigenwiderstand besitzen, damit er dem System möglichst wenig Energie entzieht. Ein Meßverstärker ist dazu geeignet; noch günstiger ist ein *t-y*-Schreiber. Nun laden wir erst den Kondensator (Stellung 1) und verbinden ihn anschließend mit der Spule (Stellung 2). Wie wir schon erwartet haben, stellen wir am Spannungsmesser eine stark gedämpfte Wechselspannung mit einer Periodendauer von etwa zwei Sekunden fest (blaue Kurve der *Abb. 23.3*).

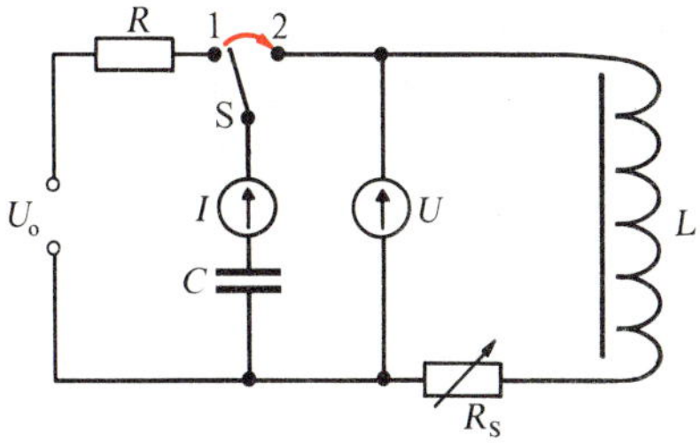

23.1 Entladung eines Kondensators über eine Spule; U: Spannungsmesser; I: Strommesser; R: Schutzwiderstand; R_s: Schiebewiderstand

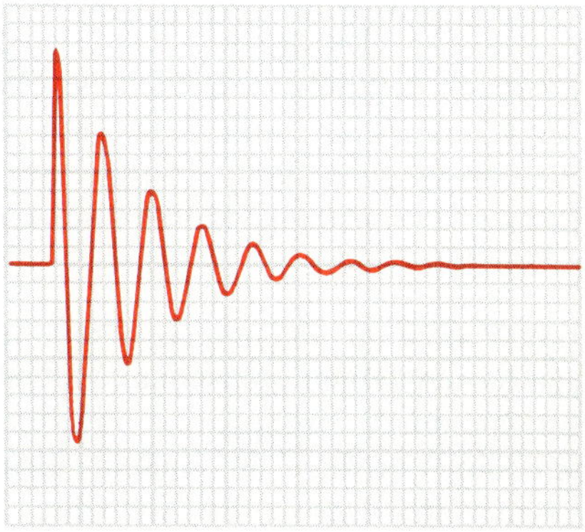

23.2 Mit dem *t-y*-Schreiber aufgenommene Spannungs-Zeit-Funktion eines gedämpften Schwingkreises ($C = 200\,\mu F$, $L = 600\,H$, ohmscher Widerstand der Spule: $R_\Omega = 300\,\Omega$)

Der Strommesser zeigt einen ebenso gedämpften Wechselstrom gleicher Periodendauer (rote Kurve der *Abb. 23.3*), der in der Phase zur Spannung etwa um $\frac{\pi}{2}$ verschoben ist. Vergrößert man den unvermeidlichen ohmschen Widerstand durch Einschalten des Schiebewiderstandes R_S in die Strombahn, so erhöht sich die Dämpfung, d.h. die Amplituden von Stromstärke und Spannung nehmen rascher ab; die Energie der elektrischen und magnetischen Felder verschwindet schneller.

Diese aus Kondensator und Spule aufgebaute Anordnung heißt **geschlossener Schwingkreis.**

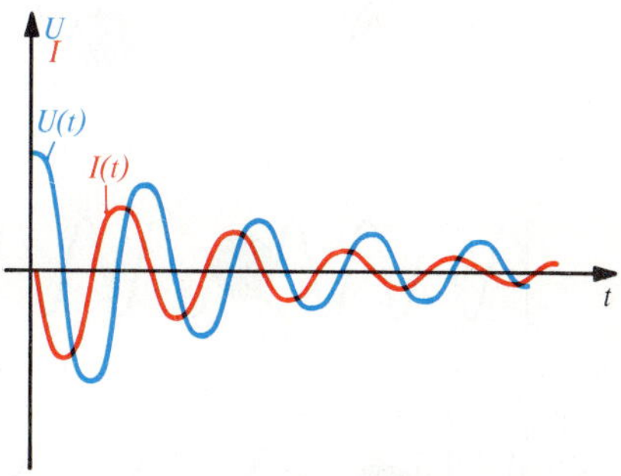

23.3 Phasenverschiebung zwischen Strom und Spannung beim Schwingkreis; blau: Spannung; rot: Stromstärke

Versuch 11: Wir können die gedämpfte Schwingung eines Schwingkreises auch auf dem Bildschirm eines Oszillografen sichtbar machen. Dazu brauchen wir allerdings Schwingungen größerer Frequenz, die wir durch Verkleinern der Kapazität des Kondensators und der Induktivität der Spule erhalten. Wir wählen $C = 0{,}5\,\mu F$ und eine Spule mit 1200 Windungen ohne Eisenkern. Damit auf dem Bildschirm eine dauernd sichtbare Kurve entsteht, muß das Oszillogramm im Rhythmus der Kippfrequenz andauernd wiederholt werden. Für unseren Versuch heißt das: Der Schwingkreis muß regelmäßig immer wieder neu „angestoßen" werden. Dies erreichen wir durch einen *elektronischen* Schalter, den wir mit Hilfe eines Transistors herstellen *(Abb. 24.1)*:

Die zwischen Basis und Emitter gelegte Wechselspannung $U_{eff} = 2\,V$; $f = 50\,Hz$ macht den Transistor während ihrer positiven Halbperiode leitend, so daß der Schwingkreiskondensator

$\frac{1}{100}$ Sekunde lang an einer Gleichspannung (5 V) liegt und damit geladen wird. Während einer negativen Halbperiode wird der Transistor $\frac{1}{100}$ Sekunde lang gesperrt: Der Schwingkreis ist während dieser Zeit sich selbst überlassen und kann frei schwingen. Dann wird der Kondensator wieder geladen, und das Spiel beginnt von neuem. Mit einem Zweikanal-Oszillografen können wir Spannungs- und Stromstärkeverlauf gleichzeitig sichtbar machen. Den Eingang des Oszillografen für die Spannungsmessung legen wir an Punkt 1, den Eingang für die Messung der Stromstärke an Punkt 2. Punkt 3 wird an die Erdbuchse des Oszillografen gelegt (Band E *Abb. 168.2*). Wir beobachten außer der gedämpften Schwingung eine sich ihr anschließende Rechteckspannung. Sie stellt die Gleichspannung dar, die während der Aufladezeit am Schwingkreis liegt. Wir verschieben das Oszillogramm so, daß auf dem Bildschirm nur die gedämpfte Schwingung zu sehen ist (*Abb. 24.2*).

Wir denken uns nun den Idealfall, Spule und Zuleitungen hätten keinen ohmschen Widerstand, so daß keine Energie durch Stromwärme abgeführt wird, und erklären die Vorgänge in diesem idealen Schwingkreis. Gleichzeitig betrachten wir ihre Analogie zu den Schwingungen eines Federpendels. Wir wählen vier aufeinanderfolgende Zustände (*Abb. 24.3 a* bis *d*).

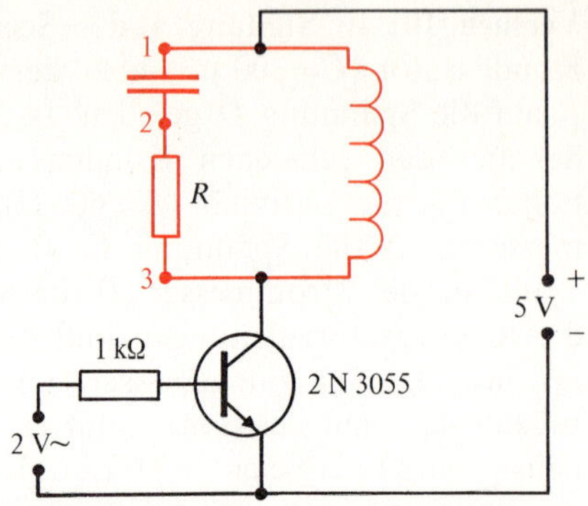

24.1 Schwingkreis mit elektronischem Schalter

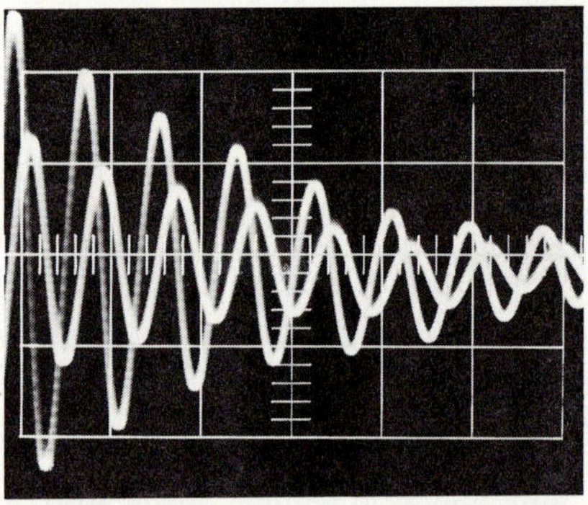

24.2 Spannung (kleine Amplitude) und Strom (große Amplitude) in einem gedämpften Schwingkreis nach Versuch 11

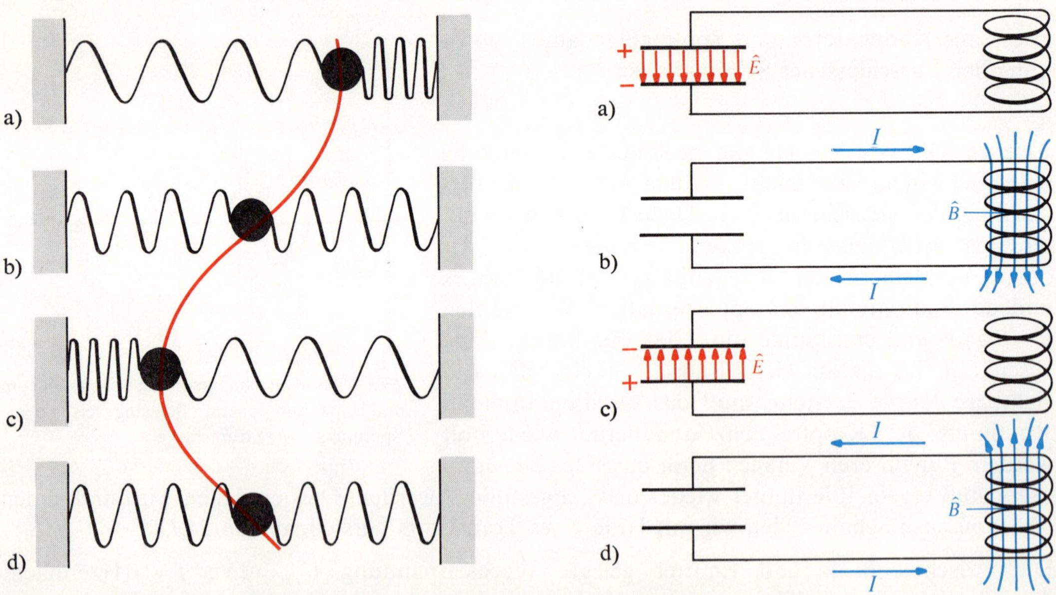

24.3 Gegenüberstellung mechanischer und elektromagnetischer Schwingungen.

Federpendel

a) Der nach rechts ausgelenkte Körper werde losgelassen. Er wird durch die Spannkraft der Feder beschleunigt, seine Geschwindigkeit steigt aber infolge der Trägheit nur langsam an. Nach der Grundgleichung der Mechanik ist die Spannkraft der Feder $F = -D \cdot s$ in jedem Augenblick gleich Masse mal Beschleunigung des Körpers. Die ansteigende Geschwindigkeit hat ein Zunehmen der kinetischen Energie zur Folge, während die Spannungsenergie der Feder entsprechend abnimmt.

b) Schließlich ist die Feder entspannt. In diesem Augenblick ist die gesamte Energie in Bewegungsenergie umgewandelt worden, das heißt aber, die Geschwindigkeit des Körpers hat jetzt ihr *Maximum* erreicht. Wenn wir in diesem Augenblick die Feder wegnehmen könnten, würde der Körper infolge seiner Trägheit mit dieser Geschwindigkeit weiterfliegen.

c) Nun wird der Körper aber durch die ihm entgegenwirkende Spannkraft der Feder verzögert; seine Geschwindigkeit verringert sich dadurch. Dabei wird die Feder entgegengesetzt zu a) gespannt. Die kinetische Energie nimmt ab, die Spannungsenergie nimmt entsprechend zu. Schließlich ist die kinetische Energie völlig in Spannungsenergie der Feder umgewandelt worden. In diesem Augenblick ist die Feder entgegengesetzt gespannt wie zu Beginn. Die gesamte Energie steckt jetzt wieder in der Feder.

d) Die Feder entspannt sich nun wieder; der Körper wird dadurch so beschleunigt, daß die Spannkraft $F = -D \cdot s$ in jedem Augenblick gleich Masse mal Beschleunigung des Körpers ist, und das Spiel setzt sich fort.

Elektromagnetischer Schwingkreis

a) Der geladene Kondensator werde mit der Spule verbunden. Diese wird dann von einem Entladestrom durchflossen, dessen Stromstärke I nur langsam ansteigt. Dies folgt aus dem Lenzschen Gesetz, nach dem die Selbstinduktionsspannung $U = -L \cdot \dot{I}$ jeder Änderung der Stromstärke entgegenwirkt. Da der Kondensator parallel zur Spule geschaltet ist, muß seine Spannung $U_C = Q/C$ in jedem Augenblick gleich der von der Spule induzierten Spannung $U = -L \cdot \dot{I}$ sein. Der ansteigende Entladungsstrom erzeugt in der Spule ein Magnetfeld, dessen Energie zunimmt, während die des elektrischen Feldes im sich entladenden Kondensator entsprechend abnimmt.

b) Schließlich ist der Kondensator entladen. Da keine Energie verlorengeht, muß in diesem Augenblick die gesamte Energie auf das Magnetfeld übergegangen sein. Das heißt aber, die Entladestromstärke I hat jetzt ihr *Maximum* erreicht. Wenn wir in diesem Augenblick den Kondensator durch einen Supraleiter ($R = 0\,\Omega$) überbrücken könnten, würde dieser Strom andauernd mit konstanter Stärke $\hat{I}$ weiterfließen (wir haben ja vorausgesetzt, der gesamte ohmsche Widerstand sei Null).

c) Nun ist der Kondensator aber nicht überbrückt, sondern nimmt wieder Ladung auf. Der Strom kann deshalb auch nicht dauernd in der gleichen Richtung weiterfließen; die Stromstärke muß abnehmen, das Magnetfeld also schwächer werden. Nach dem Lenzschen Gesetz wird jetzt eine Spannung $U = -L \cdot \dot{I}$ induziert, welche die Stromrichtung aufrechterhält und so den Kondensator entgegengesetzt zu a) auflädt. Während also die Energie des Magnetfeldes in der Spule abnimmt, entsteht im Kondensator ein elektrisches Feld, dessen Energie entsprechend zunimmt. Schließlich ist das Magnetfeld völlig verschwunden. In diesem Augenblick ist der Kondensator durch die Selbstinduktionsspannung entgegengesetzt aufgeladen wie zu Beginn. Die gesamte Energie steckt jetzt wieder im elektrischen Feld.

d) Der Kondensator entlädt sich nun wieder so, daß seine Spannung $U_C = Q/C$ in jedem Augenblick gleich der in der Spule induzierten Selbstinduktionsspannung $U = -L \cdot \dot{I}$ ist, und das Spiel setzt sich fort.

▼ Die beobachtete *Phasenverschiebung* zwischen Spannung und Stromstärke ist leicht einzusehen: Wenn die gesamte Energie im elektrischen Feld steckt, liegt maximale Spannung am Kondensator; die Stromstärke ist in diesem Augenblick Null. Wenn die gesamte Energie auf das Magnetfeld übergegangen ist, fließt durch die Spule ein Strom maximaler Stärke, während die Spannung am Kondensator Null ist. ▲

▽ 2. Die Differentialgleichung der elektromagnetischen Schwingung

Aus unseren Überlegungen, mit denen wir die periodischen Auf- und Entladeströme im Schwingkreis erklärt haben, geht hervor: In jedem Augenblick liegt die in der Spule induzierte Spannung $U = -L \cdot \dot{I}$ am Kondensator. Wenn Q die auf dem Kondensator (Kapazität C) sitzende Ladung ist, folgt für die Spannung am Kondensator $U = \frac{Q}{C}$.

Also gilt in jedem Augenblick

$$\frac{Q(t)}{C} = -L \cdot \dot{I}(t). \tag{26.1}$$

Nun gilt für die Stromstärke des in den Zuleitungen zum Kondensator fließenden Stromes

$$I(t) = \dot{Q}(t) \text{ (Band E } \textit{Gl. 200.1}\text{)}.$$

Dann ist

$$\dot{I}(t) = \ddot{Q}(t). \tag{26.2}$$

Aus den Gleichungen *26.1* und *26.2* ergibt sich $\frac{Q(t)}{C} = -L \cdot \ddot{Q}(t)$ oder

$$\boldsymbol{\ddot{Q}(t) = -\frac{1}{L \cdot C}\, Q(t).} \tag{26.3}$$

Wir erhalten damit eine *Differentialgleichung* der Form $\ddot{y} = -k \cdot y$ mit $k > 0$. Eine Lösungsfunktion ist also (Seite 10):

$$Q(t) = \hat{Q} \cdot \sin(\omega t + \varphi_0) \tag{26.4}$$

mit $\omega = \sqrt{\frac{1}{L \cdot C}}$. (Vergleiche mit *Gl. 10.1*!)

Für die periodisch wechselnde Spannung $U(t)$ am Kondensator gilt nach *Gl. 26.4*

$$U(t) = \frac{Q(t)}{C} = \frac{\hat{Q}}{C} \cdot \sin(\omega t + \varphi_0) = \hat{U} \cdot \sin(\omega t + \varphi_0) \quad \text{mit} \quad \hat{U} = \frac{\hat{Q}}{C}.$$

Wir verabreden den Beginn der Schwingung (d.h. $t = 0$) für den Augenblick, in dem am Kondensator die (positive) Spannung $\hat{U}$ liegt, also wie in Punkt a) der vorangegangenen Erklärung. Daraus folgt $\hat{U} = \hat{U} \cdot \sin(0 + \varphi_0)$ und weiter $\sin\varphi_0 = 1$, also $\varphi_0 = \frac{\pi}{2}$.

Mit dieser Anfangsbedingung wird $U(t) = \hat{U} \cdot \sin\left(\omega t + \frac{\pi}{2}\right)$, also

$$\boldsymbol{U(t) = \hat{U} \cos\omega t.} \tag{26.5}$$

Dann ist $Q(t) = \hat{Q} \cdot \cos\omega t$ und $I(t) = \dot{Q}(t) = -\hat{Q} \cdot \omega \cdot \sin\omega t$ oder

$$\boldsymbol{I(t) = -\hat{I} \cdot \sin\omega t \quad \text{mit} \quad \hat{I} = \hat{Q} \cdot \omega = \frac{\hat{Q}}{\sqrt{L \cdot C}}.} \tag{26.6}$$

△

Aus $\hat{Q} = C \cdot \hat{U}$ folgt

$$\hat{I} = \hat{U} \cdot \sqrt{\frac{C}{L}}. \quad (27.1)$$

Nach *Gl. 9.4* gilt für die Periodendauer T der Sinusschwingung allgemein $T = \frac{2\pi}{\omega}$.

Da nach *Gl. 26.4* beim Schwingkreis $\omega = \sqrt{\frac{1}{L \cdot C}}$ ist, erhalten wir:

$$\boldsymbol{T = 2\pi\sqrt{L \cdot C}} \quad \textbf{(Thomsonsche Schwingungsgleichung).} \quad \textbf{(27.2)}$$

Nun wollen wir die Vorgänge beim Schwingkreis an Hand einer Spannungs- und Stromkurve zusammenfassend darstellen:

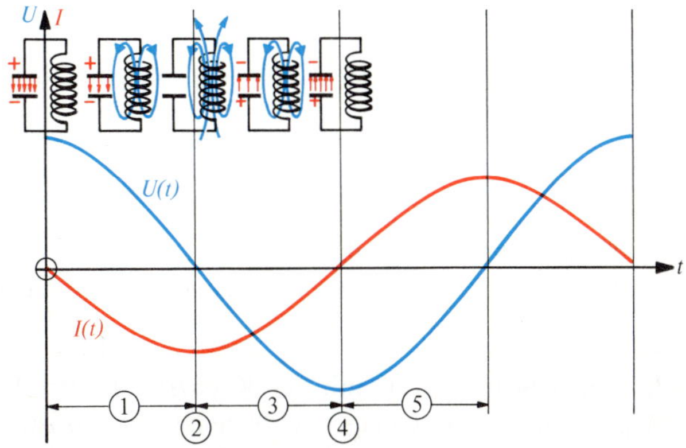

27.1 Verlauf von Spannung und Strom beim Schwingkreis; blau: Spannung, rot: Stromstärke

1. Der Vorgang beginnt im Zeitpunkt $t = 0$ mit einer Entladung des Kondensators. Für Spannung U und Ladung Q des Kondensators gilt $U(0) = \hat{U}$ und $Q(0) = \hat{Q}$. Die Stromstärke $I = \dot{Q}$ ist negativ, da Q bei der Entladung des Kondensators abnimmt, also $\dot{Q} < 0$ ist. Wir beachten dabei, daß in jedem Augenblick $Q(t) = C \cdot U(t)$ ist, daß also die Kurve des Ladungsverlaufs bis auf den konstanten Faktor C ebenfalls durch die blaue Kurve des Spannungsverlaufs $U(t)$ wiedergegeben wird. Der Betrag des Entladestroms steigt, $\dot{I} = \ddot{Q}$ ist negativ, wird aber Null, wenn I seinen Tiefstwert $-\hat{I}$ erreicht hat.
2. Für den Augenblick, in dem $I = -\hat{I}$ ist, gilt $\dot{I} = 0$, also $U = -L \cdot \dot{I} = 0$ und $Q = 0$.
3. Jetzt nimmt der Betrag der Stromstärke ab, I selbst steigt von $-\hat{I}$ gegen 0 hin, daher ist $\dot{I}$ positiv, also werden $U = -L \cdot \dot{I}$ und Q negativ: Der Kondensator wird mit entgegengesetztem Vorzeichen aufgeladen.
4. An dieser Stelle ist die I-Kurve am steilsten, d.h. $\dot{I}$ hat seinen größten Wert erreicht; also hat dort die jetzt negative Spannung ebenfalls ihren Extremwert $-\hat{U}$ (Minimum). Die Stromstärke I ist in diesem Augenblick Null, da ja Q extremal, also $\dot{Q} = 0$ ist.
5. Die Vorgänge wiederholen sich. Dabei haben U, I und $\dot{I}$ jetzt gegenüber 1. bis 4. das entgegengesetzte Vorzeichen.

3. Erhaltung der Energie beim Schwingkreis

In der einleitenden Betrachtung über den Schwingkreis (Seite 22) haben wir eine Energiependelung zwischen elektrischen und magnetischen Feldern vermutet. Nun können wir zeigen, daß in jedem Augenblick der ungedämpften Schwingung der *Energieerhaltungssatz* erfüllt ist:

▽ In einem beliebig gewählten Zeitpunkt t ist die Spannung $U(t) = \hat{U} \cdot \cos \omega t$, also die Energie des elektrischen Feldes im Kondensator

$$W_{el}(t) = \tfrac{1}{2} C \cdot U^2(t) = \tfrac{1}{2} C \cdot \hat{U}^2 \cdot \cos^2 \omega t,$$

die Stromstärke ist in diesem Zeitpunkt $I(t) = -\hat{I} \cdot \sin \omega t$, also die Energie des Magnetfeldes in der Spule

$$W_{magn}(t) = \tfrac{1}{2} L \cdot I^2(t) = \tfrac{1}{2} L \cdot \hat{I}^2 \cdot \sin^2 \omega t.$$

Die gesamte Energie im Schwingkreis beträgt also

$$W_{ges} = W_{el} + W_{magn} = \tfrac{1}{2} C \cdot \hat{U}^2 \cdot \cos^2 \omega t + \tfrac{1}{2} L \cdot \hat{I}^2 \cdot \sin^2 \omega t.$$

Nun ist $\hat{I} = \hat{U} \cdot \sqrt{\frac{C}{L}}$. Setzen wir dies in die Gleichung für die Gesamtenergie des Schwingkreises ein, so folgt

$$W_{ges} = \tfrac{1}{2} C \cdot \hat{U}^2 \cdot \cos^2 \omega t + \tfrac{1}{2} L \cdot \hat{U}^2 \cdot \frac{C}{L} \sin^2 \omega t, \quad \text{also}$$

$$W_{ges} = \tfrac{1}{2} C \cdot \hat{U}^2 \cdot \cos^2 \omega t + \tfrac{1}{2} C \cdot \hat{U}^2 \cdot \sin^2 \omega t, \quad \text{und demnach}$$

$$W_{ges} = \tfrac{1}{2} C \cdot \hat{U}^2 \cdot (\cos^2 \omega t + \sin^2 \omega t) = \tfrac{1}{2} C \cdot \hat{U}^2. \tag{28.1}$$

Die Gesamtenergie ist also in jedem Zeitpunkt der Schwingung konstant und gleich der anfänglich in den Schwingkreis hineingesteckten Energie $\frac{1}{2} C \cdot \hat{U}^2$. △

▼ **In einem Schwingkreis mit der Kapazität C und der Induktivität L, dessen Kondensator zu Beginn mit der Spannung $\hat{U}$ aufgeladen worden ist, wandeln sich elektrische und magnetische Energie periodisch ineinander um. Wenn der ohmsche Widerstand $R = 0$ ist, wird keine Wärme abgeführt: Es entsteht eine ungedämpfte Schwingung. Dabei liegt an Kondensator und Spule die Wechselspannung $U(t) = \hat{U} \cdot \cos \omega t$, die Kondensatorladung ist $Q(t) = C \cdot \hat{U} \cdot \cos \omega t$. In der Spule fließt der Wechselstrom**

$$I(t) = \dot{Q}(t) = -\hat{I} \cdot \sin \omega t \quad \text{mit} \quad \omega = \sqrt{\frac{1}{L \cdot C}} \quad \text{und} \quad \hat{I} = \hat{U} \cdot \sqrt{\frac{C}{L}}. \tag{28.2}$$

Die Periodendauer einer Schwingung beträgt

$$T = 2\pi \sqrt{L \cdot C}. \tag{28.3}$$
▲

Aufgaben:

▽ **1.** *a) Zeigen Sie, daß die gesamte Energie im ungedämpften Schwingkreis $W = \frac{1}{2} L \cdot \hat{I}^2$ ist!*

b) Der Kondensator eines Schwingkreises hat die Kapazität $C = 0{,}5\,\mu F$, die Spule eine Induktivität von $L = 2\,H$. Der ohmsche Widerstand ist so klein, daß man ihn vernachlässigen kann. Berechnen Sie die Periodendauer T und die Frequenz f der Schwingung!

c) Der Kondensator wird zu Beginn der Schwingung ($t = 0$) mit der Spannung $\hat{U} = 400\,V$ geladen. Berechnen Sie die maximale Stromstärke $\hat{I}$ des im Schwingkreis fließenden Wechselstromes! Wie groß ist die effektive Stromstärke?

△ *d) Wie groß sind Spannung und Stromstärke zur Zeit $t = \frac{T}{6}$?*

▼ **2.** *Eine 0,6 m lange Spule mit $n = 1500$ Windungen und $42\,cm^2$ Querschnittsfläche ohne Eisenkern wird mit einem Kondensator von $C = 0{,}5\,\mu F$ zu einem Schwingkreis zusammengeschaltet. Berechnen Sie seine Periodendauer und seine Frequenz!* ▲

3. *Aus einem Kondensator mit $C = 80\ \mu F$ und einer Spule mit $L = 0{,}2$ H wird ein Schwingkreis gebildet. Der Kondensator wird zu Beginn der Schwingung ($t = 0$) mit 100 V geladen. Die Schwingung sei ungedämpft.*
a) Welche Frequenz besitzt der Wechselstrom im Schwingkreis?
b) Wie groß ist die Stromstärke in dem Augenblick t, in dem die Spannung am Kondensator $U_1(t) = 50$ V beträgt?
c) Wie lange dauert es, bis die Spannung von 100 V auf 50 V abgesunken ist?

§ 6 Die Strom-Zeit-Funktion der gedämpften Schwingung

Nun sei im Schwingkreis ein ohmscher Widerstand R vorhanden. Dann gelten die Überlegungen, die wir für die ungedämpfte Schwingung angestellt haben, mit folgender Abwandlung: In jedem Augenblick liegt die in der Spule induzierte Spannung $U_{ind} = -L \cdot \dot{I}$ an der Reihenschaltung von Kondensator und Widerstand mit den Teilspannungen $U_C = \frac{Q}{C}$ und $U = R \cdot I$. Also gilt in jedem Augenblick

$$-L \cdot \dot{I} = \frac{Q}{C} + R \cdot I. \qquad (29.1)$$

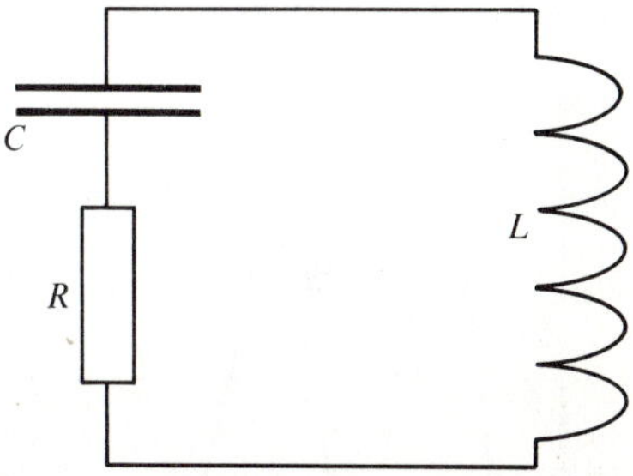

29.1 Schwingkreis mit ohmschem Widerstand

Zur Lösung dieser Differentialgleichung wählen wir ein Verfahren, das sich für eine Bearbeitung durch einen elektronischen Rechner eignet. Dazu lösen wir die Gleichung nach $\dot{I}$ auf:

$$\dot{I} = -\frac{\frac{Q}{C} + R \cdot I}{L}. \qquad (29.2)$$

Wir setzen nun $\dot{I} = \frac{\Delta I}{\Delta t}$; damit begehen wir einen Fehler, den wir beliebig klein halten können, wenn wir nur Δt genügend klein machen. Es handelt sich also um ein Näherungsverfahren. Wir erhalten damit die Gleichung

$$\Delta I = -\frac{\frac{Q}{C} + R \cdot I}{L} \cdot \Delta t. \qquad (29.3)$$

Q bedeutet die momentan auf dem Kondensator sitzende Ladung, I die momentane Stromstärke; $\Delta t \ll T$ ist ein beliebig wählbarer Zeitabschnitt. Wir zerlegen das „Auf- und Entladespiel" des Schwingkreises in lauter solche Zeitabschnitte der Dauer Δt. Dabei muß Δt genügend klein gewählt werden, sonst werden unsere Ergebnisse zu ungenau. ΔI ist der in der Zeit Δt erfolgte Zuwachs der Stromstärke.

Das Verfahren beruht auf folgendem Gedanken: Zu einem beliebigen Zeitpunkt t_n seien Stromstärke I_n und Kondensatorladung Q_n bekannt. Zur Zeit $t_{n+1} = t_n + \Delta t$ beträgt dann die Stromstärke

$$I_{n+1} = I_n + \Delta I_n;$$

dabei ist nach *Gl. 29.3*

$$\Delta I_n = -\frac{\frac{Q_n}{C} + R \cdot I_n}{L} \cdot \Delta t.$$

In der Zeit Δt hat sich die Kondensatorladung um ΔQ_n geändert. Wir setzen näherungsweise $I_{n+1} = \frac{\Delta Q_n}{\Delta t}$; daraus folgt $\Delta Q_n = I_{n+1} \cdot \Delta t$ und $Q_{n+1} = Q_n + \Delta Q_n$.

Damit sind Stromstärke I_{n+1} und Kondensatorladung Q_{n+1} berechnet. Dieselbe Überlegung, die von I_n auf I_{n+1} beziehungsweise von Q_n auf Q_{n+1} geführt hat, liefert I_{n+2} und Q_{n+2} und so weiter …

Nun wollen wir dieses Verfahren für einen Schwingkreis mit $C = 200\,\mu\text{F}$, $L = 500\,\text{H}$ und $R = 200\,\Omega$ durchführen. Der Kondensator werde zu Beginn mit der Spannung $\hat{U} = 500\,\text{V}$ geladen. Mit den Anfangswerten $Q_0 = C \cdot \hat{U} = 0{,}1\,\text{C}$ und $I_0 = 0\,\text{A}$ ergibt sich *Tabelle 30.1*.

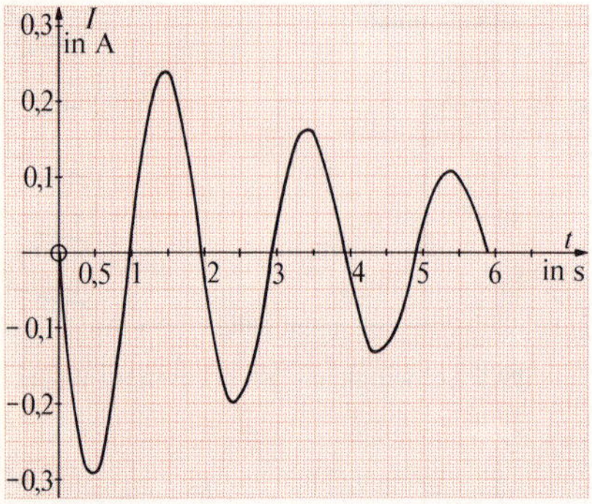

30.1 Nach der *Tabelle 30.1* aufgezeichnetes Schaubild der Strom-Zeit-Funktion eines gedämpften Schwingkreises mit $C = 200\,\mu\text{F}$; $L = 500\,\text{H}$; $R = 200\,\Omega$ und $\hat{U} = 500\,\text{V}$.

Tabelle 30.1

t_n in s	$\Delta I_n = -\frac{\frac{Q_n}{C} + R \cdot I_n}{L} \cdot \Delta t$ in A	$I_{n+1} = I_n + \Delta I_n$ in A	$Q_{n+1} = Q_n + I_{n+1} \cdot \Delta t$ in C
0	0	0	0,10
0,1	−0,10	−0,10	0,09
0,2	−0,09	−0,19	0,07
0,3	−0,06	−0,25	0,05
0,4	−0,04	−0,29	0,02
0,5	−0,01	−0,29	−0,01
0,6	0,02	−0,27	−0,04
0,7	0,05	−0,22	−0,06
0,8	0,07	−0,15	−0,08
0,9	0,08	−0,07	−0,08
1,0	0,09	0,02	−0,08
1,1	0,08	0,10	−0,07
1,2	0,07	0,16	−0,05
1,3	0,05	0,21	−0,03
1.4	0,03	0,24	−0,01
1,5	0,00	0,24	0,01
1,6	−0,02	0,21	0,04
1,7	−0,04	0,17	0,05
1,8	−0,06	0,11	0,06
1,9	−0,07	0,04	0,07
2,0	−0,07	−0,03	0,07
.	.	.	.
2,4	−0,02	−0,20	0,00
.	.	.	.
3,4	−0,01	0,16	−0,00
.	.	.	.
4,0	−0,05	−0,03	0,04

Die Ergebnisse sind gerundet. Zum Weiterrechnen muß man natürlich die genauen Daten verwenden, da sich sonst der Rundungsfehler fortpflanzt. Spalte 3 gibt die Wertetabelle der Strom-Zeit-Funktion in Schritten von 0,1 s an. *Abb. 30.1* zeigt das zugehörige Schaubild. Zur Berechnung der Tabelle empfiehlt sich ein elektronischer Rechner. Besonders einfach wird das Verfahren, wenn ein programmierbarer Rechner eingesetzt wird. Wir müssen uns allerdings darüber im klaren sein, daß es sich um ein Näherungsverfahren handelt. Wir erhalten genauere Daten, wenn wir Δt kleiner wählen.

Aufgaben:

1. *Gegeben ist der für das vorige Beispiel benutzte Schwingkreis mit* $C = 200\,\mu\text{F}$, $L = 500\,\text{H}$ *und* $R = 200\,\Omega$.
a) Berechnen Sie aus der Ladespannung $\hat{U} = 500\,\text{V}$ *die anfangs in den Schwingkreis gesteckte Energie! Zur Zeit* $t = 0$ *sei* $U(0) = \hat{U}$, *also* $I(0) = 0$.
b) Entnehmen Sie der Tabelle die maximale Stromstärke für $t = T/4$ *und berechnen Sie die in diesem Moment im Schwingkreis steckende Energie! Wie groß ist der Energieverlust* ΔW?
c) Dieser Energieverlust ist in Wärme umgesetzt worden.
Da es sich um einen annähernd sinusförmigen Wechselstrom handelt, kann man $I_{\text{eff}} = \frac{\hat{I}}{\sqrt{2}}$ *setzen und die als Wärme abgeführte Energie* $\Delta W_1 = I_{\text{eff}}^2 \cdot R \cdot t$ *ausrechnen. Prüfen Sie nach, ob (im Rahmen der Genauigkeit des Verfahrens)* $\Delta W = \Delta W_1$ *ist!*
d) Welchen Betrag hat die Energie im Schwingkreis zur Zeit $t_1 = 3\,T/4$? *Welchen Betrag hat also die Energie, die zwischen* $t = T/4$ *und* $t_1 = 3\,T/4$ *in Wärme umgewandelt worden ist?*
e) Berechnen Sie auf gleiche Weise wie in c) die als Wärme abgeführte Energie und vergleichen Sie das Ergebnis mit d)!

2. *Berechnen Sie die Periodendauer eines ungedämpften Schwingkreises mit* $C = 200\,\mu\text{F}$ *und* $L = 500\,\text{H}$! *Prüfen Sie anhand von Abb. 30.1 nach, ob die gedämpfte Schwingung mit* $R = 200\,\Omega$ *eine davon wesentlich verschiedene Periodendauer hat!*

3. *Berechnen Sie mit dem Computer für denselben Schwingkreis* ($C = 200\,\mu\text{F}$, $L = 500\,\text{H}$) *die Wertetabelle für* $I(t)$ *bei einem ohmschen Widerstand von*
a) $R_1 = 0\,\Omega$, *b)* $R_2 = 800\,\Omega$!

4. *Eine Zylinderspule der Länge* $l = 1\,\text{m}$ *hat 2660 Windungen mit einem Widerstand von* $R = 30\,\Omega$. *Die Querschnittsfläche der Spule beträgt* $A = 46{,}5\,\text{cm}^2$. *Sie wird mit der Kapazität* $C = 2\,\mu\text{F}$ *zu einem Schwingkreis geschaltet und zu Beginn der Schwingung* ($t = 0$) *mit* $\hat{U} = 100\,\text{V}$ *geladen. Stellen Sie mit Hilfe des Computers die Tabelle für die Strom-Zeit-Funktion auf! Berechnen Sie dazu erst die Periodendauer* T *der ungedämpften Schwingung und wählen Sie dann* $\Delta t \approx T/20$!

§ 7 Erzwungene elektromagnetische Schwingungen, Resonanz

In § 3 haben wir erzwungene mechanische Schwingungen untersucht. Wir wollen nun klären, ob man auch einen elektromagnetischen Schwingkreis zu erzwungenen Schwingungen anregen kann:

Versuch 12: Wir bilden einen Schwingkreis aus einem Kondensator mit der Kapazität $C = 0{,}50\,\mu\text{F}$ und einer langgestreckten Spule mit 2660 Windungen, die 1,0 m lang ist und eine Querschnittsfläche von $46{,}5\,\text{cm}^2$ hat. Nach Band E, *Gl. 152.2* beträgt ihre Induktivität $L = \mu_0 \cdot \mu_r \cdot n^2 \cdot \frac{A}{l} = 4{,}13 \cdot 10^{-2}\,\text{H}$. Dann ist nach *Gl. 27.2* die *Eigenfrequenz* des Schwingkreises $f_0 = 1100\,\text{Hz}$. Um festzustellen, ob sich dieser Schwingkreis auch zu Schwingungen mit Frequenzen $f \neq f_0$ zwingen läßt, erzeugen wir mit Hilfe eines Sinus-Generators in einer Erregerspule Wechselströme der Zwangsfrequenz f. Wenn wir diese Spule neben die Schwingkreisspule stellen, induzieren die magnetischen Wechselfelder in der Schwingkreisspule Wechselspannungen derselben Frequenz f. Sowohl die Erregerspannung als auch die Spannung am Schwingkreiskondensator führen wir einem Zweikanal-Oszillographen zu, indem wir Punkt 1 und Punkt 2 der Schaltung jeweils mit den beiden Eingängen und Punkt 3 mit der Erdbuchse des Oszillografen verbinden. Wenn wir die Zwangsfrequenz f variieren, stellen wir folgendes fest: Der Schwingkreis schwingt stets mit der ihm vom Sinus-Generator aufgezwungenen Frequenz f, und zwar ungedämpft. Die Amplitude der Schwingung regelt sich dabei auf den Wert ein, bei dem die auftretenden Energieverluste (durch Stromwärme) gerade vom Erreger ausgeglichen werden. Der Schwingkreis läßt sich also zu erzwungenen elektromagnetischen Schwingungen anregen, ganz analog zu den erzwungenen mechanischen Schwingungen auf Seite 14. Wir entnehmen dem Oszillogramm außerdem, daß zwischen Erregerschwingung und erzwungener Schwingung eine Phasenverschiebung φ_0 eintritt:

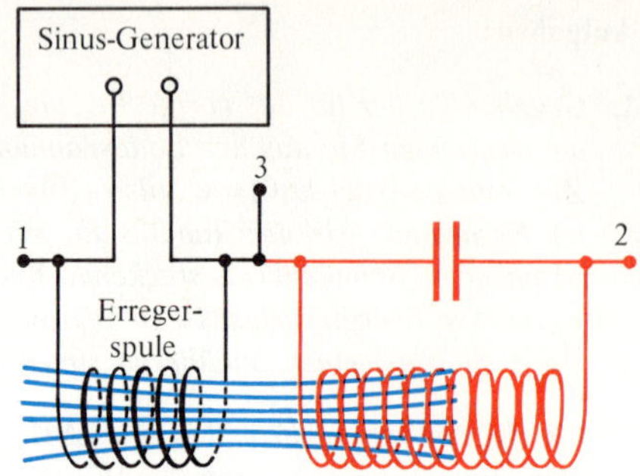

32.1 Der Schwingkreis wird zu erzwungenen Schwingungen angeregt.

Für $f \ll f_0$ wird $\varphi_0 = 0$,

für $f = f_0$ wird $\varphi_0 = 90°$ und

für $f \gg f_0$ wird $\varphi_0 = 180°$.

Dabei bedeuten f die Erregerfrequenz und f_0 die Eigenfrequenz des Schwingkreises. Auch die Phasenverschiebungen entsprechen also genau denen bei der erzwungenen mechanischen Schwingung.

Versuch 13: Wir messen die effektive Spannung U_{eff} am Schwingkreiskondensator mit einem Spannungsmesser, außerdem führen wir die Ausgangsspannung des Sinus-Generators einem elektronischen Zähler zu, um die Zwangsfrequenz f genau zu bestimmen. Wir variieren die Frequenz f der Erregerspannung und achten darauf, daß ihre Amplitude dabei konstant bleibt. Am Schwingkreiskondensator messen wir die zugehörige effektive Spannung U_{eff}. Mit unseren Meßergebnissen zeichnen wir ein Schaubild, das U_{eff} in Abhängigkeit von f zeigt. Wir erhalten eine typische *Resonanzkurve*, deren Maximum recht genau bei $f = f_0$ liegt, wie wir sie von den erzwungenen mechanischen Schwingungen bereits kennen (Seite 17).

Versuch 14: Die Schwingkreisspule besitzt einen ohmschen Widerstand von 30 Ω. Wir schalten zusätzlich weitere Widerstände in den Schwingkreis, zum Beispiel $R_1 = 10\,\Omega$, $R_2 = 20\,\Omega$, $R_3 = 100\,\Omega$. Dabei stellen wir fest: Je größer die Dämpfungswiderstände sind, desto flacher wird die Kurve. Während bei den zusätzlich eingeschalteten Widerständen R_1 und R_2 die Resonanzfrequenz (also das Maximum) praktisch gleich der Eigenfrequenz $f_0 = 1100$ Hz des Schwingkreises ist, bemerken wir bei $R_3 = 100\,\Omega$ (also $R_{ges} = 130\,\Omega$), daß die Resonanzfrequenz bei 1080 Hz liegt, also unter f_0 sinkt: *Je größer der Dämpfungswiderstand wird, desto mehr sinkt die Resonanzfrequenz unter die Eigenfrequenz des Schwingkreises.*

Versuch 15: In Versuch 14 haben wir die effektiven Spannungen U_{eff}, die am Schwingkreiskondensator auftreten, mit einem Drehspulinstrument gemessen, das wir zu diesem Zweck auf Wechselspannung eingestellt hatten. Dabei wurde ein Gleichrichter vorgeschaltet, der bereits im Meßinstrument eingebaut ist (Band E Seite 166). Wir ersetzen nun das Drehspulinstrument durch den t-y-Schreiber, der allerdings keinen eingebauten Gleichrichter enthält. Deshalb richten wir die am Schwingkreis entstehenden Wechselspannungen mit einer aus vier Dioden aufgebauten *Graetz-Schaltung* gleich, bevor wir sie dem Eingang des Schreibers zuführen (*Abb. 33.1*).

Nun erhöhen wir die vom Sinus-Generator gelieferte Zwangsfrequenz f durch möglichst gleichmäßiges Drehen am Frequenzwähler: Der t-y-Schreiber zeichnet die *Resonanzkurve* auf. Wie in Versuch 13 muß dabei die Amplitude der Erregerspannung konstant gehalten werden. Der Versuch gelingt besonders gut, wenn wir einen Sinus-Generator benutzen, dessen Frequenz proportional zu einer von außen zugeführten Hilfsspannung vergrößert *(gewobbelt)* werden kann. Wir legen eine linear ansteigende Spannung an den Wobbeleingang eines solchen Generators. Dann ändert sich die Zwangsfrequenz f proportional zur Zeit, und der t-y-Schreiber, dessen Papiervorschub ja ebenfalls proportional zur Zeit verläuft, zeichnet die effektive Spannung U_{eff} über der Frequenz f auf *(Abb. 33.2)*. Um die Dämpfung möglichst gering zu halten, benutzen wir für den Schwingkreis eine Spule mit $R = 2{,}5\,\Omega$ (500 Windungen), deren Induktivität durch einen Eisenkern erhöht wird. Wenn wir die Dämpfung durch Zuschalten von Widerständen erhöhen, wird die Resonanzkurve flacher *(Abb. 33.2b* und *c)*, und ihr Maximum verlagert sich etwas zu niedrigeren Frequenzen hin.

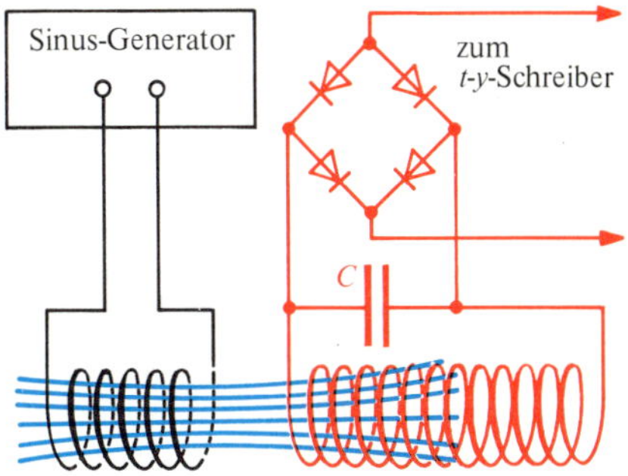

33.1 Schaltung zur Aufzeichnung der Resonanzkurve mit einem t-y-Schreiber

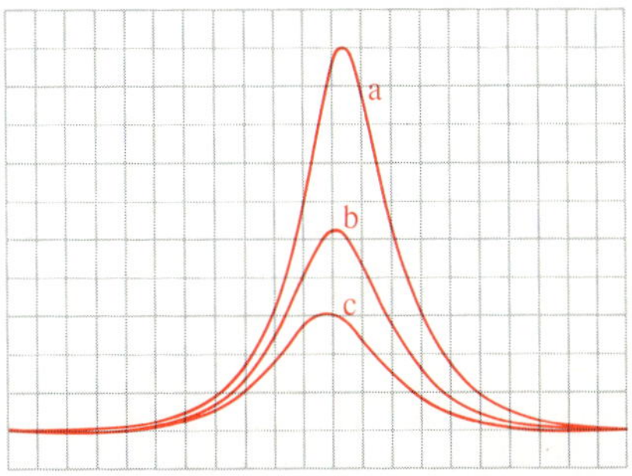

33.2 Nach dem in Versuch 15 beschriebenen Verfahren vom t-y-Schreiber aufgezeichnete Resonanzkurven. $C = 0{,}5\,\mu\text{F}$, $L = 5{,}8 \cdot 10^{-2}\,\text{H}$. a) $R = 2{,}5\,\Omega$, b) $R = 12{,}5\,\Omega$, c) $R = 22{,}5\,\Omega$

§8 Erzeugung ungedämpfter elektromagnetischer Schwingungen; Rückkopplung

1. Prinzip der Rückkopplung; Meißner-Schaltung

In Versuch 4 auf Seite 13 haben wir einem Feder-Schwere-Pendel die während des Schwingens entzogene Energie durch *Rückkopplung* periodisch wieder zugeführt und dadurch die Dämpfung aufgehoben. Die dazu benutzte Transistorschaltung können wir zur Erzeugung ungedämpfter elektromagnetischer Schwingungen fast unverändert übernehmen.

Versuch 16: Wir erzeugen mit der Schaltung nach *Abb. 34.1* ungedämpfte Schwingungen, deren Frequenz ungefähr 0,5 Hz beträgt (*A. Meißner* hat diese Schaltung 1913 erfunden; sie arbeitete damals mit einer Röhrentriode). Die Spule hoher Induktivität 1 – 2 (ca. 600 H) besitzt eine zusätzliche Wicklung 3 – 4 von 24 Windungen, die sich als Rückkopplungsspule verwenden läßt. Als Kapazität wählen wir hier $C = 150\,\mu\text{F}$. Der Spannungsteiler zum Einstellen des Arbeitspunkts besteht aus dem Widerstand $R_1 = 10\,\text{k}\Omega$ und einem Potentiometer mit dem Widerstand $R_2 = 1\,\text{k}\Omega$. Polen wir die Rückkopplungsspule 3–4 richtig und legen den Arbeitspunkt am Widerstand R_2 passend fest, so erhalten wir eine ungedämpfte Schwingung, die so langsam verläuft, daß sich die Ausschläge der Meßinstrumente gut verfolgen lassen. U_C und I zeigen uns den schon bekannten Verlauf der Spannung am Kondensator und der Stromstärke in den Zuleitungen *(Abb. 27.1)*: Beide sind in der Phase um 90° gegeneinander verschoben. Der Kollektorstrom I_C erweist sich als pulsierender Gleichstrom; er erreicht seinen größten Wert, wenn die obere Schwingkreishälfte maximal positiv geladen ist. Für genaue Messungen empfiehlt sich der *t-y*-Schreiber. Er läßt sich auch als Strom-Meßgerät einsetzen, wenn wir einen Widerstand $R = 1\,\Omega$ parallel zu seinem Eingang legen.

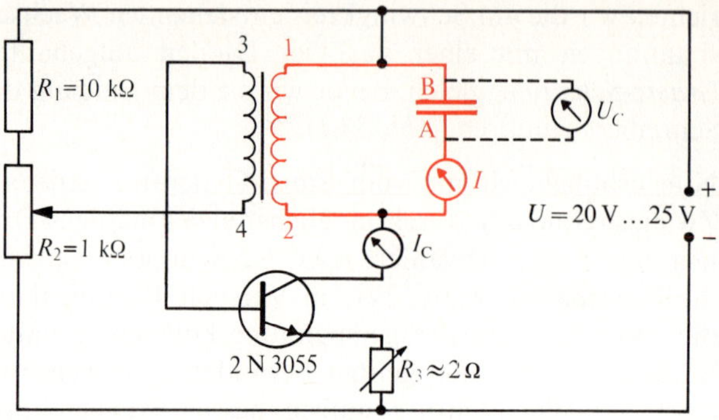

34.1 Meißnersche Rückkopplungsschaltung

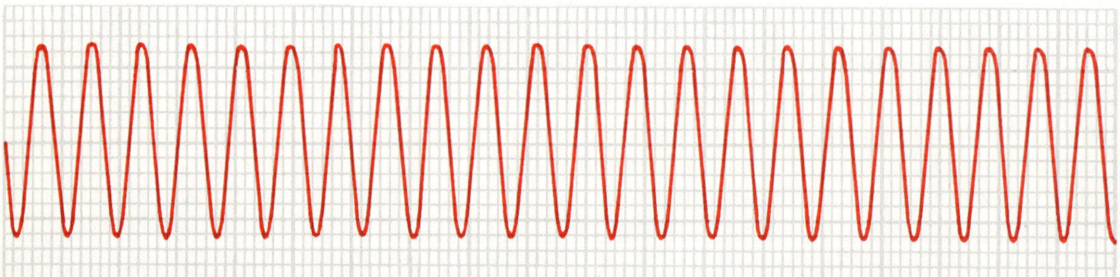

34.2 Mit dem *t-y*-Schreiber aufgenommene Spannungs-Zeit-Funktion des ungedämpft schwingenden Schwingkreises ($C = 200\,\mu\text{F}$, $L = 600\,\text{H}$)

Zur *Erklärung* der Wirkungsweise einer solchen Schaltung überlegen wir uns, daß die Batterie (U) dem Schwingkreis in geeigneten Zeitabschnitten Energie zuführen muß. Dieser Vorgang läßt sich mit dem Aufladen einer Akkuzelle vergleichen (Band E Seite 22). Dazu müssen nach *Abb. 34.3a* Akkuzelle und Lademaschine ($U > 2\,\text{V}$) mit gleichen Polen zusammengeschaltet sein. Dann werden unter Arbeitsaufwand Elektronen in den Minuspol des Akkus gepumpt und entsprechend aus dem Pluspol herausgezogen: Der Akku wird geladen. Wenn man Lademaschine und Akku nach *Abb. 34.3b* mit entgegengesetzten Polen zusammenschaltet, wird die Entladung des Akkus noch unterstützt.

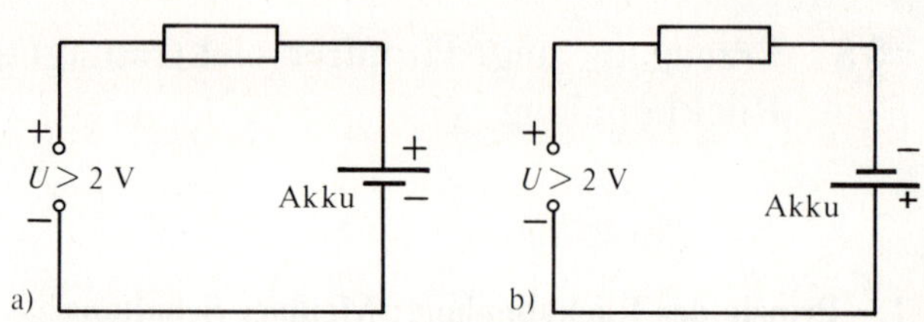

34.3 a) Die Lademaschine ($U > 2\,\text{V}$) lädt den Akku auf. b) Die Lademaschine unterstützt die Entladung des Akkus.

Für den Schwingkreis bedeutet dies: Die Batterie (U) führt ihm nur dann Energie zu, wenn Punkt 2 und Kondensatorplatte A negative Polarität haben. In diesem Falle wird aber Punkt 4 durch Induktion ebenfalls negativ (bei gleichem Windungssinn der Spulen), Punkt 3 und die

Basis des Transistors werden dagegen positiv: Der npn-Transistor leitet gut; die Batterie kann also unter Arbeitsaufwand Elektronen in die untere Schwingkreishälfte pumpen und aus der oberen, positiv geladenen, herausziehen. In der folgenden Halbperiode erhalten Punkt 2 und die untere Schwingkreishälfte positive Polarität. Wenn jetzt der Transistor immer noch gut leitend wäre, würde dem Schwingkreis keine Energie zugeführt, sondern entzogen: Die Schwingung würde zusätzlich gedämpft. (Vergleiche die entsprechende Polung von Akku und Lademaschine!) Nun erhält aber gleichzeitig Punkt 3 und damit auch die Basis des Transistors durch Induktion negative Polarität: Der Transistor leitet jetzt schlecht bzw. sperrt ganz und verringert bzw. unterbindet so die unerwünschte zusätzliche Dämpfung. Demnach wird dem Schwingkreis während einer Periodendauer mehr Energie durch die Batterie zugeführt als entzogen. Die Schwingung schaukelt sich so weit auf, bis die während einer Periode entstehenden Dämpfungsverluste durch die in der gleichen Zeit von der Batterie gelieferten Energiezufuhren jeweils gerade ausgeglichen sind.

Ist die Induktionsspannung zwischen den Punkten 3 und 4 der Rückkopplungsspule zu hoch, so wird der Transistor übersteuert. Dann zeigt der Strom im Schwingkreis starke Abweichungen von der Sinusform. Sie werden unterbunden, wenn man den Emitterwiderstand $R_3 = 1\,\Omega \dots 3\,\Omega$ einschaltet. Er bewirkt eine Gegenkopplung (Band E Seite 192) und damit eine Schwächung der Rückkopplung.

Die Erklärung der **Meißner-Schaltung** läßt sich kurz so zusammenfassen:

Der Schwingkreis steuert sich selbst über die Rückkopplungsspule so, daß der Transistor stets im richtigen Zeitabschnitt leitend ist; dabei wird dem Schwingkreis Energie zugeführt. Die Schwingung schaukelt sich so weit auf, bis die Dämpfungsverluste durch diese Energiezufuhr ausgeglichen sind.

Versuch 17: Zur Nachprüfung ersetzen wir die Rückkopplungsspule durch eine Morsetaste und stellen das Potentiometer R_2 so ein, daß der Transistor leitet, wenn die Taste gedrückt wird. Mit Hilfe eines Spannungsmessers, der U_C anzeigt, können wir nun ausprobieren, in welcher Schwingungsphase der Transistor leitend gemacht werden muß, damit sich die stärkste Schwingungsamplitude einstellt. Wir finden unsere vorige Erklärung bestätigt: Der Transistor muß genau während der Halbperiode leiten, in der die untere Schwingkreishälfte negativ geladen ist.

Versuch 18: Die Spule mit 2660 Windungen ($L = 4{,}13 \cdot 10^{-2}$ H) und ein Kondensator der Kapazität $C = 0{,}50\,\mu\text{F}$ bilden einen Schwingkreis, dessen Eigenfrequenz $f_0 = 1\,100$ Hz in Versuch 12 (Seite 31) bestimmt worden ist. Neben die Schwingkreisspule stellen wir eine Rückkopplungsspule von etwa gleicher Windungszahl. Damit bauen wir die Schaltung der *Abb. 34.1* zusammen und nehmen dabei $R_1 = 5{,}6\,\text{k}\Omega$, $R_2 = 1\,\text{k}\Omega$ und $U = 5$ V. (Auf den Emitterwiderstand R_3 können wir jetzt verzichten, da sich der Grad der Rückkopplung durch Veränderung des Abstandes der beiden Spulen regulieren läßt.) Statt des Strommessers I_C schalten wir einen Lautsprecher (4 Ω) ein: Er erzeugt einen Ton der Schwingkreisfrequenz. Am Zweikanal-Oszillografen, den wir wie in Versuch 11 (Seite 23) mit dem Schwingkreis verbinden, können wir den zeitlichen Verlauf von Spannung und Stromstärke verfolgen *(Abb. 36.2)*. Wir sehen jetzt auch, daß Verzerrungen auftreten, wenn die beiden Spulen zu nahe beieinander stehen. An der kalibrierten Zeitablenkung des Oszillografen lesen wir die Periodendauer der elektromagnetischen Schwingung ab und berechnen daraus die Frequenz f_0. Diese läßt sich auch mit einem elektronischen Zähler messen oder aus der Tonhöhe durch Vergleich mit einem geeichten Tongenerator bestimmen.

2. Weitere Rückkopplungsschaltungen; höhere Frequenzen

Für höhere Frequenzen wird eine sogenannte **Dreipunktschaltung** benutzt *(Abb. 36.1)*. Die Schaltung arbeitet nach demselben Prinzip wie die vorige: Während des Zeitabschnitts, in dem die Kondensatorplatte A negativ geladen ist, entsteht zwischen den Punkten 1 und 3 eine Spannung U. Dabei erhält Punkt 1 positive Polarität. Da Punkt 3 in bezug auf den Minuspol der Spannungsquelle das Potential U_0 hat, erhält Punkt 1 das Potential $U_0 + U$. An die Basis des Transistors darf nun aber nicht die gesamte Spannung $U_0 + U$ gelegt werden. Deshalb ist der Trennkondensator C' eingebaut, der die konstante Gleichspannung U_0 zurückhält, während er die Wechselspannung U auf die Basis überträgt (Band E Seite 168). Wenn die Platte A negativ ist, erhält also die Basis positive Polarität; ist die Platte A positiv, so bekommt die Basis entsprechend negative Polarität. Es liegen also dieselben Verhältnisse vor wie bei der uns schon bekannten *induktiven Rückkopplung*. Während wir dort die Stärke der Rückkopplung durch Änderung des Spulenabstandes einstellen konnten, ist hier wieder wie in Versuch 16 zur Abschwächung eine Gegenkopplung durch R_3 nötig.

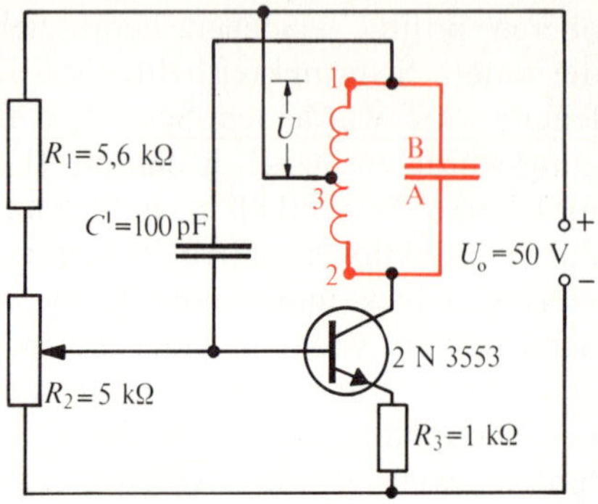

36.1 Dreipunktschaltung

Versuch 19: Wir wollen nun mit der Dreipunktschaltung hochfrequente Schwingungen erzeugen. Dazu müssen nach der *Thomsonschen Gl. 27.2* Kapazität und Induktivität im Schwingkreis möglichst klein sein. Wir nehmen eine Spule der Länge $l = 10\,\text{cm}$ mit 14 Windungen. Ihr Durchmesser ist 4,5 cm, die Querschnittsfläche also $A = 1{,}59 \cdot 10^{-3}\,\text{m}^2$. Nach der Formel $L = \mu_0 \mu_r n^2 A/l$ ist die Induktivität dieser Spule $L \approx 4 \cdot 10^{-6}$ H. Als Kapazität nehmen wir einen Drehkondensator mit $C \approx 100$ pF. Die Eigenfrequenz des Schwingkreises beträgt damit

$$f_0 = \frac{1}{2\pi} \cdot \frac{1}{\sqrt{4 \cdot 10^{-6} \cdot 10^{-10}}}\,\text{s}^{-1} \approx 8\,\text{MHz}.$$

Für diese hohe Frequenz ist der bis jetzt benutzte Transistor zu träge. Wir müssen ihn deshalb durch den Hochfrequenz-Transistor 2N3553 ersetzen. Bei einer Betriebsspannung von $U_0 = 50$ V nehmen wir $R_1 = 5{,}6\,\text{k}\Omega$, $R_2 = 5\,\text{k}\Omega$ und $R_3 = 1\,\text{k}\Omega$, $C' = 100$ pF; der Abgriff in Punkt 3 liegt an der 5. Windung (von 1 aus gezählt). Die Schwingung weisen wir mit dem Oszillografen nach, an dessen kalibrierter Zeitablenkung wir die Periodendauer T ablesen und mit unserer Berechnung von f_0 vergleichen.

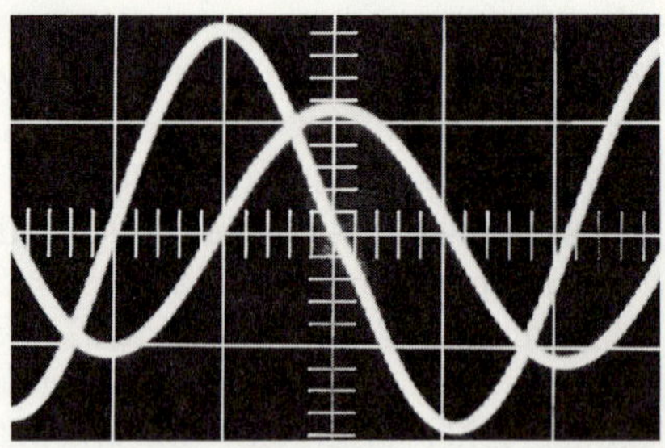

36.2 Spannung und Strom im ungedämpften Schwingkreis nach Versuch 18

Wir können als Indikator für die hochfrequenten Wechselströme auch eine Prüfspule (5 Windungen; Durchmesser $d = 4{,}5$ cm) mit Glühlämpchen (3,8 V; 0,07 A) benutzen *(Abb. 37.1 a)*. Wir bringen sie so in die Nähe der Schwingkreisspule, daß sie von deren magnetischem Wechselfeld durchsetzt wird. Die in der Prüfspule induzierte Wechselspannung treibt einen Wechselstrom durch das Lämpchen, so daß es leuchtet.

Versuch 20: Statt der Prüfspule nehmen wir einen Resonanzkreis, dessen Spule und Drehkondensator die gleiche Größenordnung wie beim Schwingkreis in unserer Dreipunktschaltung besitzen. Zur Stromanzeige ist ein Glühlämpchen in den Resonanzkreis geschaltet (*Abb. 37.1 b*). Wir ordnen die Spule dieses Resonanzkreises so an, daß sie vom Wechselfeld der Schwingkreisspule durchsetzt wird. Wenn wir am Drehkondensator entsprechend abstimmen, tritt Resonanz ein: Das Lämpchen leuchtet auf.

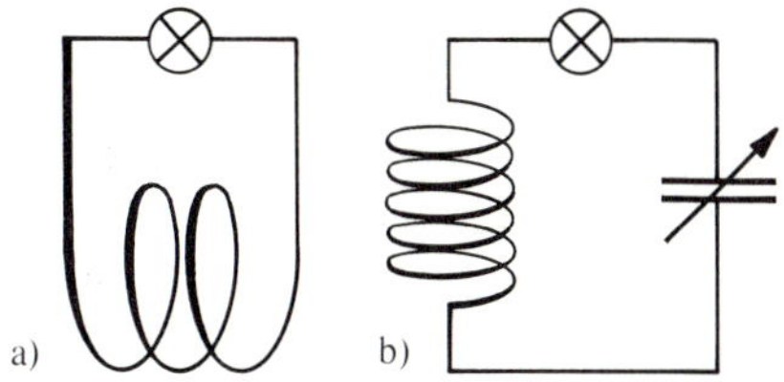

37.1 a) Prüfspule mit Glühlämpchen; b) Resonanzkreis mit Glühlämpchen

Versuch 21: Wir überbrücken das Glühlämpchen im Resonanzkreis und verbinden die Kondensatorplatten mit den Eingangsbuchsen des Oszillografen. Während wir im vorigen Versuch den Wechselstrom im Resonanzkreis nachgewiesen haben, wird jetzt die Wechselspannung angezeigt. Wir erkennen deutlich, daß sich die maximale Amplitude einstellt, wenn wir den „Empfangsschwingkreis" auf Resonanz abstimmen. – Zum Nachweis der Wechselspannung kann auch ein Drehspulinstrument mit vorgeschalteter Gleichrichter-Diode parallel zum Kondensator gelegt werden.

Versuch 22: Noch höhere Frequenzen werden mit der Schaltung nach *Abb. 37.2 a* erzielt. Die Schwingkreisspule ist zur rot gezeichneten Schleife verkümmert, der Schwingkreiskondensator C wird im wesentlichen durch die Kapazität C_{BC} zwischen Basis und Kollektor des Transistors gebildet. Der Trennkondensator C' wirkt wie in *Abb. 36.1*. Er ist mit C_{BC} *in Reihe* geschaltet; dadurch wird die frequenzbestimmende Kapazität sogar etwas verringert ($R_1 = 1\ k\Omega$, $R_2 = 5\ k\Omega$, $R_3 = 100\ \Omega$, $C' = 300\ pF$, $U = 40\ V$; Durchmesser der Schleife $d = 5$ cm). Zum Nachweis der hochfrequenten Schwingung bringen wir in die Nähe der Schleife einen Resonanzkreis. Er besteht nach *Abb. 37.2 b* aus einer einzigen Spulenwindung (Durchmesser $d = 5$ cm), die wegen ihres Magnetfeldes die Induktivität des Kreises darstellt. Die Enden der beiden *isolierten* Drähte sind miteinander verdrillt. Zwischen den rot bzw. blau gezeichneten Drahtstücken kann sich ein elektrisches Feld ausbilden, sie stellen also den Schwingkreiskondensator dar. Wir ändern seine Kapazität, indem wir die Drahtenden mehr oder weniger miteinander verflechten, bis das Lämpchen maximal leuchtet: Der Kreis ist dann auf Resonanz abgestimmt.

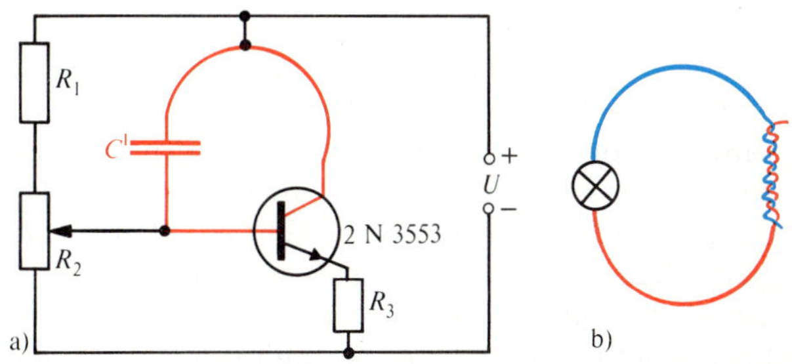

37.2 a) Dreipunkt-Schaltung für sehr hohe Frequenzen; b) Resonanzkreis

Versuch 23: Höchste Frequenzen erreichen wir mit der Röhrenschaltung nach *Abb. 38.1 a*. Sie arbeitet nach demselben Prinzip wie die Transistorschaltung des Versuchs 22. Der Gitterableitwiderstand R ist in der Röhrenschaltung nötig, weil sich sonst Elektronen auf dem Gitter ansammeln und dieses negativ aufladen könnten, so daß die Röhre schließlich blockiert würde. Der zum Schwingungsnachweis benutzte Resonanzkreis besteht wieder aus einer Windung (Durchmesser der Schleife $d = 6$ cm). Wegen der hohen Frequenz muß die Kapazität noch kleiner als in Versuch 22 sein. Die nebeneinandergelegten, isolierten Drahtenden bilden im wesentlichen den Kondensator. Wir biegen sie so zurecht, daß Resonanz eintritt *(Abb. 38.1* b*)*. Die Frequenz ist jetzt so hoch, daß sie nicht mehr mit dem Oszillografen oder einem elektronischen Zähler direkt festgestellt werden kann. Die Messung wird erst möglich, wenn man die Schwingung im Verhältnis 1:10000 untersetzt. Dies geschieht mit Hilfe einer elektronischen Untersetzer-Schaltung, die dafür sorgt, daß nur jede zehntausendste Schwingung gezählt wird. Wir werden in den folgenden Versuchen einen Röhrengenerator benutzen, der mit der Frequenz $f = 434$ MHz schwingt.

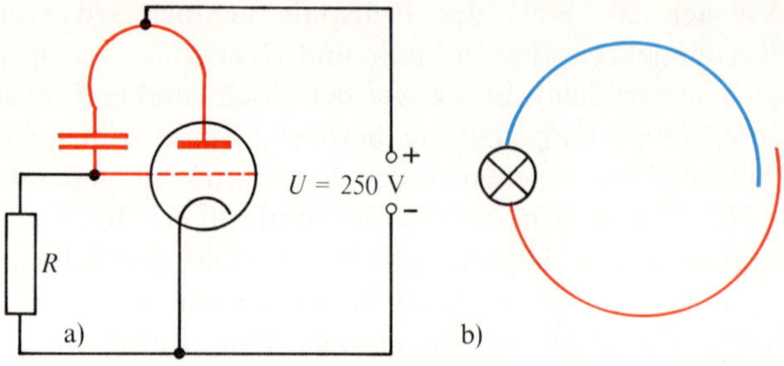

38.1 a) Röhrengenerator für höchste Frequenzen; b) Resonanzkreis für sehr hohe Frequenzen

3. Anwendungen elektromagnetischer Schwingungen

Die Bedeutung der hochfrequenten Schwingungen für die *Radiotechnik* wird in § 14 behandelt werden. Elektromagnetische Schwingungen von etwa 20 MHz bis 50 MHz benutzt man in der sogenannten *Kurzwellentherapie:* Der Teil des menschlichen Körpers, der erwärmt werden soll, wird zwischen zwei Kondensatorplatten gebracht. Das hochfrequente elektrische Feld erzeugt im Gewebe Wechselströme, die durch schnelle Schwingungen der Ionen zustande kommen. So wird im Körperinnern Energie zur Erwärmung frei, die nicht – wie beim Heizkissen und der Heizsonne – als Wärme durch die empfindliche Haut geleitet werden muß, sondern in Form elektrischer Felder eindringt. – Schlechte Leiter und Isolatoren können in jeder Tiefe dadurch gleichmäßig geheizt werden, daß man sie in das elektrische Wechselfeld eines Schwingkreiskondensators bringt. Die rasche periodische Umorientierung der Dipole verwandelt elektrische Energie im Innern des Dielektrikums in Wärme: *dielektrische Heizung*. Sie gewinnt Bedeutung bei industrieller Trocknung, bei der Formung von Kunststoffen, der elektromagnetischen Induktionshärtung von Stahlwerkstücken und beim *Hochfrequenzherd. Schall-* und *Ultraschallerzeuger* hoher Leistung und konstanter Frequenz werden durch Transistor- und Röhrengeneratoren angeregt.

4. Rückblick

Während bei der mechanischen Schwingung ein Körper sichtbar hin- und herpendelt, erfolgen die elektromagnetischen Schwingungen weniger anschaulich. Dies zeigt sich schon daran, daß es etwas mühsam, wenn auch instruktiv ist, sich nach Seite 25 zu überlegen, was in den einzelnen Abschnitten während einer Periodendauer vor sich geht. Sehr viel eleganter und vor allem quantitativ wird das Problem gelöst, wenn man sich fragt, welche Beziehungen in jedem Zeitpunkt t gelten. Wir fanden: Die in der Spule induzierte Spannung $U(t) = -L \cdot \dot{I}(t)$ liegt in jedem Augenblick am Kondensator, muß also mit dessen Spannung $U(t) = Q(t)/C$ übereinstimmen (beim mechanischen Schwinger galt $F(t) = m \cdot a(t)$). Aus der stets geltenden Gleichung $\frac{Q(t)}{C} = -L \cdot \dot{I}(t)$ wird eine Differentialgleichung für die gesuchte Funktion $Q(t)$, weil $I(t) = \dot{Q}(t)$ und deshalb $\dot{I}(t) = \ddot{Q}(t)$ ist. Die Differentialgleichung des mechanischen Schwingers hat dieselbe Form; dies deutet auf instruktive Analogien hin: Dem Beharrungsvermögen des schwingenden

Körpers beim mechanischen Schwinger entspricht das verlangsamte Ansteigen und Abfallen von Strömen in Spulen gemäß dem *Lenzschen Gesetz* (Band E Seite 156). Die Rückstellkraft der Federn beim mechanischen Schwinger ist dem Verhalten eines Kondensators analog: Er „sucht" eine Aufladung – gleich welcher Polung – wieder rückgängig zu machen. Die Lösungsfunktionen sind in beiden Fällen Sinusgesetze. Auch die Eigenwerte, nämlich die Gleichungen für die Periodendauer $T=2\pi\sqrt{LC}$ bzw. $T=2\pi\sqrt{m/D}$ entsprechen sich: Die Masse m ist analog zur Eigeninduktivität L. Der Kapazität $C=Q/U$ entspricht zwar nicht die Richtgröße D selbst, sondern ihr Kehrwert $\frac{1}{D}=\frac{s}{F}$. Man kann nämlich beim Vergleich von $\frac{Q}{U}$ und $\frac{s}{F}$ die verschobene Ladung Q der Elongation s und die Spannung U der Kraft F analog sehen. Wir erkennen also für Vorgänge aus zwei ganz verschiedenen Teilgebieten der Physik, nämlich der Mechanik und der Elektrizitätslehre, gleiche Strukturen. Dies äußert sich weiterhin darin, daß erzwungene Schwingungen, Resonanz, Rückkopplung und Dämpfung bei beiden in ähnlicher Weise auftreten. Ein wesentliches gemeinsames Merkmal ist ferner die periodische *Energieumwandlung* zwischen zwei verschiedenen Energieformen.

Elektromagnetische Wellen

§9 Der Hertz-Dipol

1. Schwingungen im Dipol; Nahfeld

Wir biegen den aus einer Windung bestehenden Resonanzkreis in Versuch 23 immer weiter auseinander, bis schließlich ein gerader Leiter entsteht *(Abb. 39.1)*. Ist dabei die Eigenschaft eines Resonanzkreises erhalten geblieben, d.h. wirkt auch der gerade Leiter noch als Schwingkreis? Zur Beantwortung dieser Frage führen wir den folgenden Versuch durch:

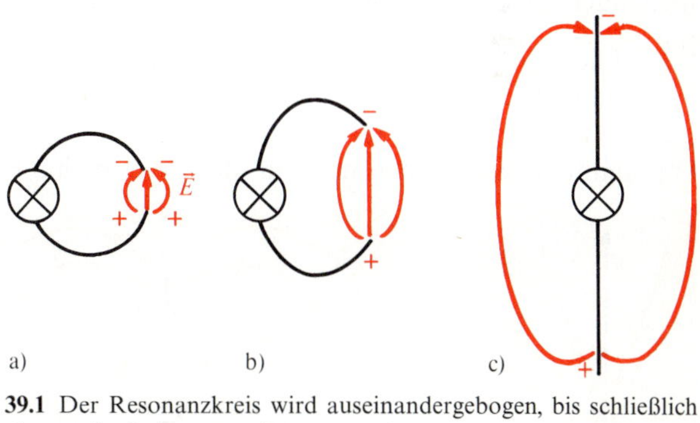

39.1 Der Resonanzkreis wird auseinandergebogen, bis schließlich ein gerader Leiter entsteht.

Versuch 24: Wir bringen in die Nähe eines Hochfrequenzgenerators ($f=434$ MHz) einen Stab, dessen Länge durch übergeschobene Metallhülsen verändert werden kann. In die Mitte dieses Stabes ist ein Lämpchen geschaltet. Bei einer bestimmten Stablänge leuchtet es besonders hell auf. Verändert man diese Länge, so wird das Lämpchen dunkler und erlischt schließlich ganz. Der Stab besitzt offensichtlich eine *Eigenfrequenz;* er wirkt also wie ein Schwingkreis. Seine besonders interessanten Eigenschaften wollen wir im folgenden untersuchen.

Versuch 25: Wir fahren mit einer geeigneten Glimmlampe an dem vom 434 MHz-Generator zu Schwingungen angeregten Stab entlang. An seinen Enden leuchten beide Elektroden der Glimmlampe hell auf. Hier häufen sich Ladungen an, deren Polarität sich $2 \cdot 434 \cdot 10^6 =$ 868 Millionen mal in der Sekunde umkehrt: An den Enden des Stabes entstehen in dauerndem Wechsel Plus- und Minuspole. Der stabförmige Schwinger wird *Hertz-Dipol* genannt (*Heinrich Hertz*, 1857 bis 1894). Die Glimmlampe leuchtet an den Dipolenden am hellsten, sie wird um so dunkler, je näher wir sie zur Mitte hin schieben. In der Mitte des Dipols erlischt die Glimmlampe ganz. Wir dürfen uns die Dipolschwingung nicht so vorstellen, daß alle Elektronen, die in der Mitte des Stabes gerade nach oben schwingen, bis zum oberen Ende des Dipols gelangen und dessen Oberfläche negativ aufladen. Vielmehr wird sich eine solche negative Überschußladung über die gesamte Oberfläche der oberen Dipolhälfte verteilen. Da die Elektronen in der Mitte „durchschwingen" können, kommt es dort zu keiner Ladungsanhäufung. In einem Punkt oberhalb der Mitte jedoch häufen sich Überschußladungen um so mehr an, je näher dieser Punkt beim oberen Ende des Dipols liegt. Am Ende selbst können sich die Elektronen nicht mehr weiter nach oben verschieben: Dort ist stets $I = 0$; die Elektronen stauen sich hier besonders stark. Entsprechendes gilt für die Verteilung positiver Ladung auf der unteren Hälfte des Dipols. *Abb. 40.1a* stellt die Ladungsverteilung im Augenblick maximaler Anhäufung dar (positive Überschußladung nach rechts aufgetragen).

Die wechselnde Ladungsverteilung hat ein wechselndes elektrisches Feld zur Folge, das den Raum um den Dipol erfüllt. *Abb. 40.1b* stellt die Feldlinien dieses elektrischen Feldes nur in einer Ebene dar. Sie sind in sämtlichen Ebenen, die den Dipol enthalten, ebenso vorhanden. Auf der Oberfläche des Dipols entstehen also periodisch wechselnde Ladungsanhäufungen, die mit elektrischen Feldern verbunden sind. Das heißt: der obere Teil des Dipols besitzt gegen den unteren eine *Kapazität*. Er besitzt aber auch eine *Induktivität:* Die sich in *Abb. 40.2* nach oben verschiebenden Elektronen stellen einen Strom dar, der nach *Oersted* ein ringförmiges Magnetfeld (blau) entstehen läßt. Während seines Aufbaus ($\dot{B} > 0$) induziert dieses Magnetfeld ein elektrisches Wirbelfeld, dessen Feldlinien (rot) so gerichtet sind, daß sie dem nach oben fließenden Elektronenstrom entgegenwirken und seinen Anstieg bremsen (Band E *Abb. 146.2*).

Schließlich sind die anfangs am unteren Dipolende gestauten Elektronen abgeflossen. Die Ladungsanhäufungen gleichen sich für einen Augenblick wieder aus. Der Gedanke liegt nahe, die Elektronen würden dann wegen ihrer Trägheit „übers Ziel hinausschießen", dabei die obere Dipolhälfte negativ laden und auf diese Weise eine Eigenschwingung erzeugen. Nun wissen wir

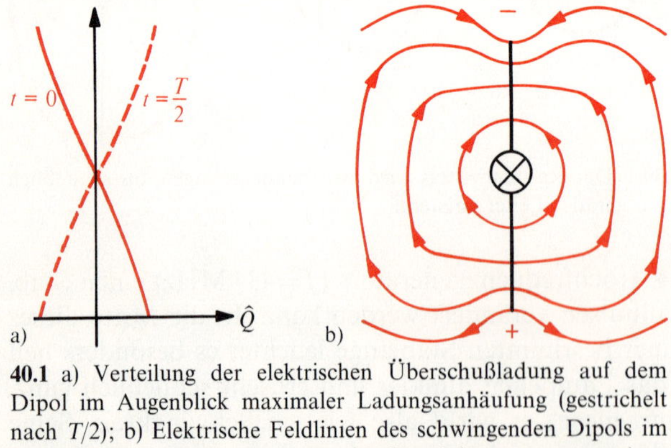

40.1 a) Verteilung der elektrischen Überschußladung auf dem Dipol im Augenblick maximaler Ladungsanhäufung (gestrichelt nach $T/2$); b) Elektrische Feldlinien des schwingenden Dipols im Augenblick maximaler Ladungsanhäufung (oben –; unten +)

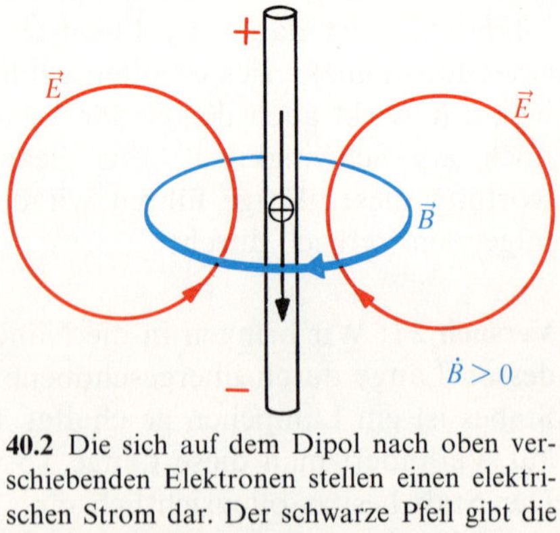

40.2 Die sich auf dem Dipol nach oben verschiebenden Elektronen stellen einen elektrischen Strom dar. Der schwarze Pfeil gibt die konventionelle Stromrichtung an.

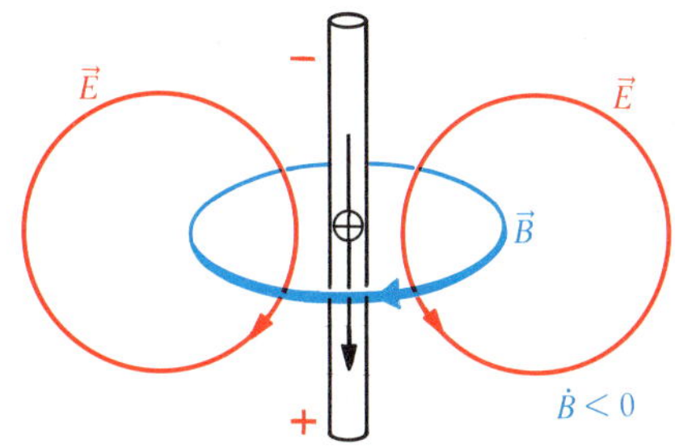

41.1 Das sich abbauende ringförmige Magnetfeld um den Dipol (blau) induziert ein elektrisches Wirbelfeld (rot), das die Ladungen auf dem Dipol so verschiebt, daß unten + und oben − entsteht.

aber, daß ein solcher Effekt wegen der verschwindend kleinen Masse des Elektrons nicht durch dessen Trägheit erklärt werden kann. Vielmehr kommt hier wieder die *Eigeninduktivität* des Dipols ins Spiel: Das ringförmige Magnetfeld um den Dipol, das von den nach oben fließenden Elektronen erzeugt wurde, bleibt nicht bestehen. Sobald sich die Überschußladungen ausgeglichen haben, baut es sich nach *Abb. 41.1* wieder ab ($\dot{B} < 0$). Dabei wird ein elektrisches Wirbelfeld induziert, das so gerichtet ist, daß die Elektronen weiter nach oben getrieben werden, bis sich wieder eine maximale Verteilung von Überschußladungen (mit umgekehrtem Vorzeichen wie in *Abb. 40.2*) eingestellt hat. Die sich auf diese Weise gegenseitig erzeugenden Ströme und Ladungsanhäufungen erfolgen aus den gleichen Ursachen wie beim bisherigen Schwingkreis; sie prägen deshalb dem Dipol eine Eigenfrequenz auf.

Der Hertz-Dipol ist ein offener Schwing„kreis". Beim geschlossenen Schwingkreis sind Kapazität bzw. Induktivität im Kondensator bzw. in der Spule lokalisiert. Bei einem Hertz-Dipol lassen sich Kapazität und Induktivität nicht mehr in dieser Weise trennen.

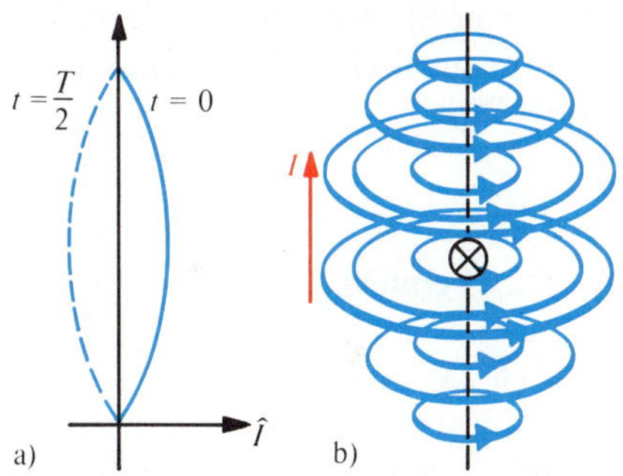

41.2 a) Verteilung der Ströme auf dem Dipol bei maximaler Stromstärke (gestrichelt nach $T/2$); b) Magnetische Feldlinien des schwingenden Dipols bei maximaler Stromstärke

Versuch 26: Wir wollen nun die Wechselströme im Dipol nachweisen. Dazu schalten wir nicht nur in der Mitte, sondern auch an anderen Stellen Lämpchen in den Resonanzdipol ein und finden: Je weiter ein Lämpchen von der Mitte entfernt ist, desto schwächer leuchtet es. Ein am Dipolende angebrachtes Lämpchen bleibt dunkel. Außer an den Enden schwingen die Elektronen an jeder Stelle des Dipols in dessen Längsrichtung mit gleicher Phase. Je stärker die maximale Ladungsanhäufung in einem Punkt des Dipols ist, desto kleiner wird an dieser Stelle nach $T/4$ die Amplitude der Elektronenschwingung. Die Amplituden der im Dipol fließenden Wechselströme haben also in der Mitte des Stabes ihren Größtwert und nehmen gegen die Enden bis auf Null ab. In *Abb. 41.2a* ist $\hat{I}$ für jede Stelle des Dipols senkrecht zum Stab aufgetragen. Die wechselnden Dipolströme haben wechselnde Magnetfelder zur Folge, die den Dipol ringförmig umgeben *(Abb. 41.2b)*.

Versuch 27: Wir entfernen den Resonanzdipol ein wenig vom Hochfrequenzgenerator ($f = 434$ MHz); dann leuchtet das Lämpchen in der Dipolmitte nicht mehr: Die Intensität des magnetischen Wechselfeldes der Schwingkreisschleife hat mit der Entfernung stark abgenommen *(Abb. 42.1)*. Das ändert sich, wenn wir nach *Abb. 42.2* einen „Sende"-Dipol, der dieselbe Länge wie der Resonanzdipol besitzt, direkt am Hochfrequenzgenerator anbringen: Jetzt spricht der Resonanzdipol auch in einiger Entfernung an. Der mit dem Hochfrequenzgenerator gekoppelte Sendedipol wirkt als *offener Schwingkreis*. Die von seinen Ladungen ausgehenden elektrischen Wechselfelder greifen in den Raum hinaus *(Abb. 40.1b)*. Wir können ihren Verlauf mit dem Resonanzdipol verfolgen: Halten wir ihn tangential zu den elektrischen Feldlinien, so leuchtet das Lämpchen in seiner Mitte besonders hell; steht er dagegen senkrecht zu den elektrischen Feldlinien, so erlischt es. Die freien Elektronen im Empfangsdipol werden periodisch in Richtung des elektrischen Wechselfeldes verschoben und erzeugen bei Resonanz Wechselströme der Senderfrequenz von so großer Stärke, daß die Lampe leuchtet. Die elektrischen Feldlinien dieses sogenannten **Nahfeldes** verlaufen also in Ebenen, die den Sendedipol enthalten.

Auch die von den Wechselströmen des Sendedipols verursachten *magnetischen* Wechselfelder erfüllen den Raum um den Dipol *(Abb. 41.2b)*. Wir weisen sie durch ihre Induktionswirkungen auf die Resonanzschleife nach *(Abb. 42.3)*. Das Lämpchen im Resonanzkreis leuchtet besonders hell, wenn wir die Schleife so halten, daß ihre Windung mit dem Sendedipol in einer Ebene liegt. Die Induktionsspannung ist nach dem Induktionsgesetz am größten, wenn die Windungsebene vom Magnetfeld senkrecht durchsetzt wird. Also verlaufen die Feldlinien des magnetischen Nahfeldes in Ebenen senkrecht zum Dipol.

Im Nahfeld verlaufen die Feldlinien der elektrischen Wechselfelder in Ebenen, die den Sendedipol enthalten, die Feldlinien der magnetischen Wechselfelder liegen in Ebenen senkrecht zum Dipol.

2. Das Fernfeld des Dipols; Energieübertragung

Versuch 28: Wir ersetzen das Lämpchen in der Mitte des Empfangsdipols durch eine Hochfrequenzdiode. Jetzt fließt während der gesperrten Halbschwingung ein Strom durch das parallel geschaltete Milliamperemeter *(Abb. 42.4)*. Mit dieser sehr viel empfindlicheren Anordnung können wir auf große Entfernungen, sogar durch ein Mauerwerk hindurch in Nachbarräumen, Ströme im Empfangsdipol nachweisen. Dieselbe Beobachtung machen wir mit der Resonanzschleife, wenn wir bei ihr das Lämpchen durch eine Diode mit parallel geschaltetem Milliamperemeter ersetzen. Im Meßwerk des Milliamperemeters entsteht dabei ohmsche Wärme. Der schwingende Sendedipol hat also auf große Entfernung *Energie* übertragen. Noch augenfälliger wird dieser drahtlose Energietransport, wenn wir den Sender periodisch ein- und ausschalten. Dann bewegt sich der Zeiger des mit dem Empfangsdipol verbundenen Milliamperemeters hin und her und könnte dabei mechanische Arbeit verrichten. Dieser Effekt rührt nicht vom Nahfeld her, das auf Ladungsverschiebungen längs des Sendedipols zu-

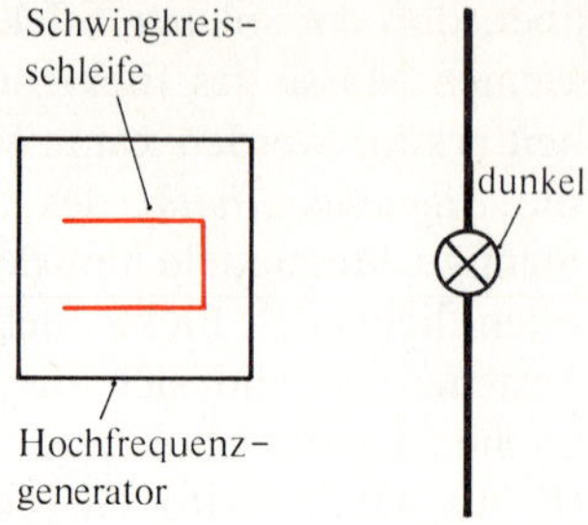

42.1 Das magnetische Wechselfeld der Schwingkreisschleife erregt den entfernt liegenden Resonanzdipol praktisch nicht mehr.

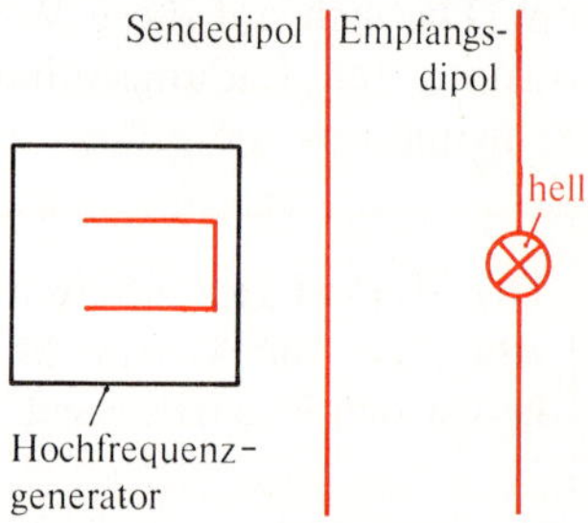

42.2 Links: Sendedipol als offener Schwingkreis unmittelbar an den Hochfrequenzgenerator gekoppelt; rechts: Empfangsdipol

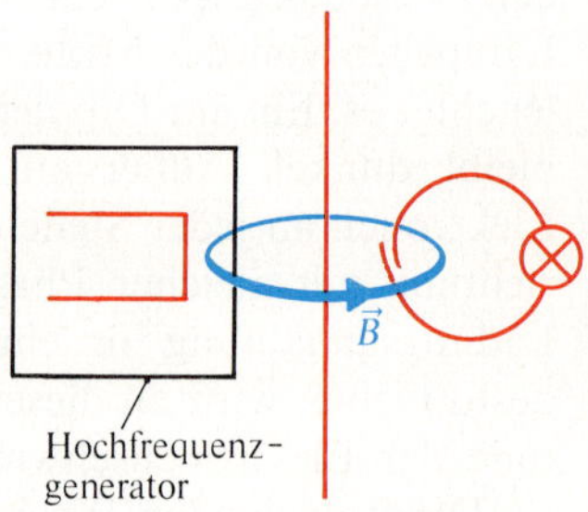

42.3 Nachweis des magnetischen Wechselfeldes um den Dipol

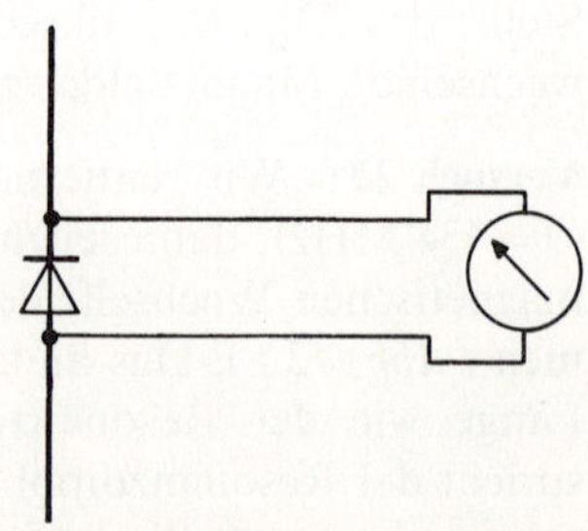
42.4 Empfangsdipol mit Gleichrichterdiode und Strommesser

rückgeht. Von den elektrischen Dipolladungen unmittelbar hervorgerufene Felder klingen nämlich – ebenso wie die von den Dipolströmen erzeugten magnetischen Felder – schon in verhältnismäßig geringen Entfernungen auf unmeßbar kleine Werte ab. Wir haben in diesem Versuch also ein völlig neues Phänomen vor uns: Der schwingende Sendedipol erzeugt ein **elektromagnetisches Fernfeld.** Dies wird auf Seite 51 noch genauer untersucht werden.

Versuch 29: Wir bringen zwischen Sende- und Empfangsdipol eine Metallplatte: Das Milliamperemeter geht auf Null zurück; auch mit der Induktionsschleife erhalten wir jetzt keinen Empfang mehr. Eine Metallwand unterbricht also den unmittelbaren Energietransport zwischen Sender und Empfänger. Wir vermuten nun, daß die vom Sender abgestrahlte Energie an der Metallwand *reflektiert* wird.

Versuch 30: Wir stellen die Metallwand M_1 so auf, daß der Empfangsdipol nicht anspricht. Wenn wir nun eine zweite Metallwand M_2 gemäß *Abb. 43.1* aufstellen, schlägt das mit dem Empfangsdipol verbundene Milliamperemeter aus. Die Metallwand M_2 reflektiert also offenbar die vom Sendedipol ausgehende Energie.

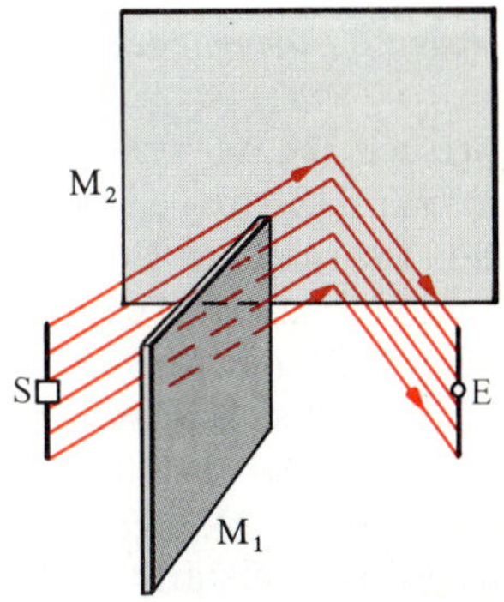

43.1 Die vom Sendedipol ausgehende Energie wird an einer Metallwand reflektiert. S Sender, E Empfänger, M_1 Abschirmung, M_2 Reflektor

Versuch 31: Wir wollen nun die Vorgänge bei der Reflexion näher untersuchen. Dazu regen wir den Sendedipol S mit dem 434 MHz-Generator zu Schwingungen an und stellen einige Meter von S entfernt eine zum Dipol parallele Metallwand M auf. Dann tasten wir den Raum zwischen S und M mit dem Resonanzdipol ab. Dabei müssen wir darauf achten, daß keine weiteren unbeabsichtigten Reflexionen stattfinden. Insbesondere wirkt der Körper des Experimentierenden als Reflektor. Damit der Versuch störungsfrei verläuft, bewegen wir den auf $\vec{E}$ ansprechenden Empfangsdipol zwischen S und M an einem Bindfaden. Als Leitung zum Milliamperemeter benutzen wir ein abgeschirmtes Kabel. Statt des Milliamperemeters kann auch der *t-y*-Schreiber eingesetzt werden. Das Ergebnis ist überraschend: Zwischen dem Sendedipol und der Metallwand finden wir abwechselnd Stellen mit maximalem und minimalem Empfang *(Abb. 43.2)*. Ein solcher Effekt ist uns in der Akustik schon begegnet: Von einem Lautsprecher abgestrahlte Schallwellen wurden an einer Wand reflektiert. Die beiden entgegenlaufenden fortschreitenden Wellen überlagerten sich zu einer stehenden Welle, deren Druckbäuche und -knoten mit einem Mikrofon nachgewiesen werden konnten (Band MS Seite 279 unten). Offensichtlich haben wir mit dem Empfangsdipol ebenfalls Bäuche und Knoten einer *stehenden Welle* gefunden, deren Feldstärke $\vec{E}$ an den Bäuchen zwischen großen Werten wechselt, während sie in den Knoten verschwindet. An der Metallwand finden wir einen solchen Knoten der

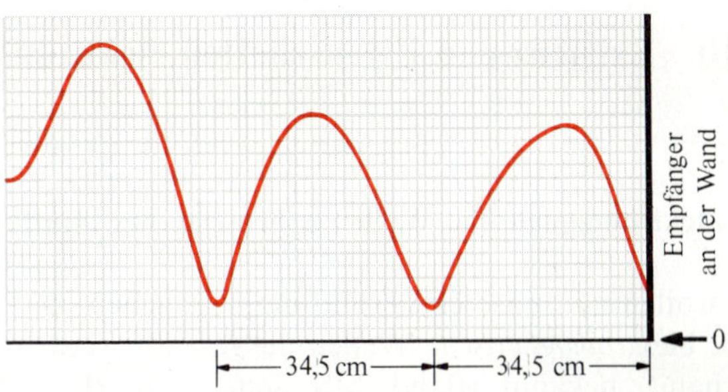

43.2 Dem mit $f = 434$ MHz schwingenden Sendedipol wurde in ca. 5 m Entfernung eine Metallwand gegenübergestellt. Der Empfangsdipol wurde an einem Bindfaden mit Hilfe eines langsam laufenden Motors auf die Wand zubewegt. Die im Empfangsdipol entstehende Spannung wurde gleichgerichtet und einem *t-y*-Schreiber zugeführt.

elektrischen Feldstärke, der nächste liegt 34,5 cm vor der Wand. Die übrigen Knoten haben jeweils denselben Abstand voneinander. Mit der auf $\vec{B}$ ansprechenden Resonanzschleife finden wir ebenso Bäuche und Knoten *magnetischer* Felder. An der Wand stellen wir einen Bauch des magnetischen Feldes fest. Die Knotenabstände sind ebenfalls 34,5 cm. Aus der Orientierung der Resonanzschleife und des Empfangsdipols folgt, daß die magnetischen und die elektrischen Feldlinien aufeinander senkrecht stehen.

Wir haben also bei unserem Reflexionsversuch eine **stehende elektromagnetische Welle** gefunden. Wenn wir bedenken, daß die stehende Welle beim analogen akustischen Versuch aus der Überlagerung zweier einander entgegenlaufender *fortschreitender* Wellen gebildet wurde, liegt die Vermutung nahe, die beobachtete stehende elektromagnetische Welle sei ebenso aus einer vom Sendedipol hervorgehenden und anschließend von der Metallwand reflektierten *fortschreitenden elektromagnetischen Welle* erzeugt worden.

Versuch 32: Wir stellen nach *Abb. 44.1* die Metallwand so auf, daß ein Teil der vom Sendedipol S übertragenen Energie den Empfangsdipol E direkt trifft, während ein anderer Teil auf dem Umweg über die reflektierende Wand M nach E gelangt. Wir verschieben M parallel zu sich selbst und verändern so die Länge des Umwegs. Dabei stellen wir fest: Es gibt Stellungen der Metallwand M, bei denen das Lämpchen im Empfangsdipol verstärkt aufleuchtet und solche, bei denen es ganz erlischt. Dieses Versuchsergebnis läßt sich mit einer Verstärkung bzw. Auslöschung durch *Interferenz* erklären. Interferenzerscheinungen sind aber typisch für fortschreitende Wellen.

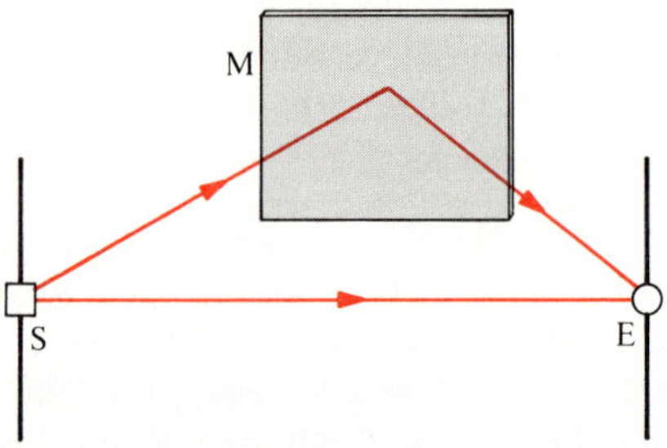

44.1 Ein Teil der Sendeenergie gelangt direkt zum Empfangsdipol E, ein anderer auf dem Umweg über die Metallplatte M.

Der vom Hochfrequenzgenerator angeregte Dipol sendet eine fortschreitende elektromagnetische Welle aus.

§ 10 Existenz und Eigenschaften elektromagnetischer Wellen

1. Elektromagnetische Wellen haben eine bestimmte Geschwindigkeit c

Wir wollen nun unserer Vermutung nachgehen, nach der vom schwingenden Dipol fortschreitende *elektromagnetische* Wellen ausgesandt werden. Fortschreitende Wellen sind uns aus der Mechanik bekannt (Band MS Seite 258). Wie aber sollen wir uns eine fortschreitende *elektromagnetische* Welle vorstellen? Zur Klärung dieser Frage untersuchen wir vorerst nur einen Teil der komplizierten Vorgänge. Wir betrachten lediglich eine der beiden Feldarten und greifen uns dazu das *magnetische* Feld heraus. Als weitere Vereinfachung verfolgen wir in dem räumlichen Geschehen nur die magnetischen Flußdichten $\vec{B}$ längs einer Mittelsenkrechten zum Dipol, die wir x-Achse nennen wollen.

Angenommen, das in einem bestimmten Moment vom Sender erzeugte Magnetfeld existiere augenblicklich, d.h. ohne jede zeitliche Verzögerung, auch längs der gesamten x-Achse. Dann wären zu jedem Zeitpunkt t die Erregerflußdichte und die Flußdichten in allen Punkten der x-Achse in gleichem Phasenzustand. Zur geometrischen Veranschaulichung denken wir uns eine starre Gerade, die sich parallel zu einer x-Achse auf und ab bewegt. Auf diese Weise kann keine fortschreitende Welle entstehen! Zu einer fortschreitenden Welle gehört vielmehr, daß die Flußdichten, die bei der Erregerschwingung während der Periodendauer T *zeitlich* nacheinander auftreten, längs der x-Achse im Bereich einer Wellenlänge λ *räumlich* nebeneinander anzutreffen sind *(Abb. 45.1)*.

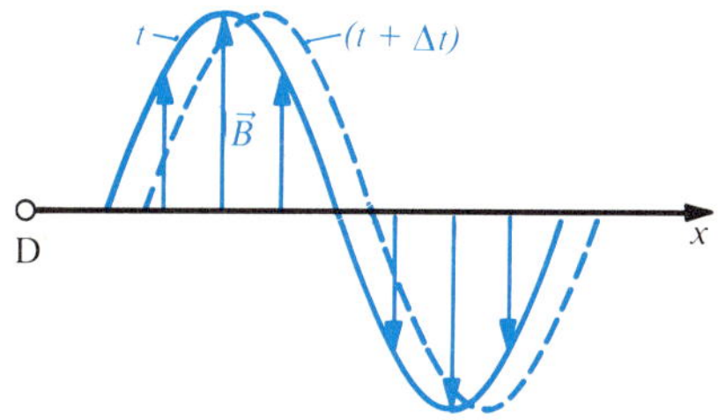

45.1 Momentbild der magnetischen Flußdichten auf der x-Achse, das bei sinusförmiger Erregerschwingung entsteht. D: Dipol (senkrecht zur Zeichenebene)

Die Existenz einer fortschreitenden Welle fordert also zwingend, daß sich ihre Felder mit endlicher Geschwindigkeit ausbreiten. Dies ist experimentell – etwa durch Laufzeitmessungen elektromagnetischer Signale – nachgewiesen. *Abb. 45.1* zeigt eine Momentaufnahme der Verteilung von $\vec{B}$, die sich im nächsten Augenblick nach rechts verschoben haben wird, also fortschreitet. Für die Ausbreitungsgeschwindigkeit gilt $c=\frac{\lambda}{T}=f\cdot\lambda$.

In Versuch 31 haben sich die vom Sender ausgehende und die von der Metallwand reflektierte *fortschreitende* Welle zu einer *stehenden Welle* überlagert, deren Knotenabstand zu 34,5 cm gemessen wurde. Daraus folgt für die Wellenlänge der fortschreitenden Welle $\lambda=69\,\text{cm}$. Bei der Senderfrequenz $f=434\cdot10^6\,\text{s}^{-1}$ erhalten wir die Ausbreitungsgeschwindigkeit $c=434\cdot10^6\,\text{s}^{-1}\cdot0{,}69\,\text{m}\approx3\cdot10^8\,\text{m/s}$. Mit dieser unglaublich hohen Geschwindigkeit schieben sich also vom Sendedipol kommende Magnetfelder längs der x-Achse vor.

2. Das wandernde *B*-Feld induziert ein mitwanderndes *E*-Feld

Wir denken uns nun nach *Abb. 45.2* durch einen Punkt P der x-Achse eine Induktionsschleife gelegt. Die Figur ist gegenüber der *Abb. 45.1* um die x-Achse gedreht, so daß die Feldlinien des fortschreitenden magnetischen Feldes jetzt senkrecht zur Zeichenebene verlaufen. Über den Punkt P ziehen vom Sendedipol kommende magnetische Felder hinweg. Ihre Ausbreitungsgeschwindigkeit haben wir zwar durch ein Experiment ermittelt, doch wollen wir unsere weiteren Überlegungen nicht auf das Ergebnis eines einzigen Versuchs stützen. Wir werden deshalb weiterhin nur allgemein von der Ausbreitungsgeschwindigkeit v sprechen.

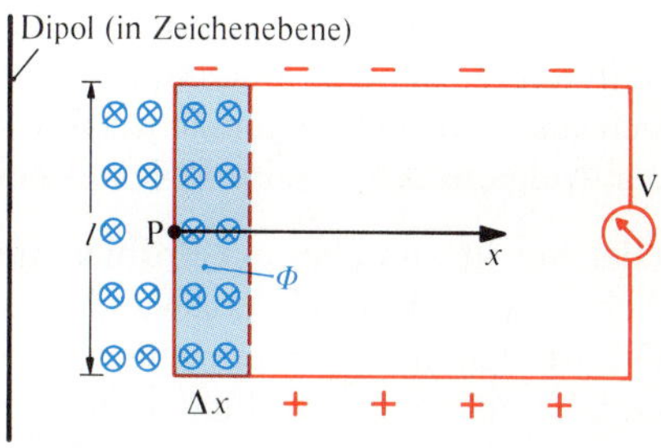

45.2 Ein relativ zu der Induktionsschleife bewegtes Magnetfeld erzeugt eine Spannung U, die mit dem Voltmeter V gemessen wird.

Nach dem Induktionsgesetz erzeugt das mit der Geschwindigkeit v in die Induktionsschleife eintretende Magnetfeld die elektrische Spannung $U=-\dot{\Phi}$. Für den Induktionsfluß gilt $\Phi=B\cdot A_s$. Die vom B-Feld neu besetzte Fläche $A_s=l\cdot\Delta x$ *(Abb. 45.2)* denken wir uns so klein, daß man das Magnetfeld innerhalb A_s als homogen betrachten darf. Wir bilden die Ableitung

$\dot{\Phi} = B \cdot l \cdot \lim\limits_{\Delta t \to 0} \frac{\Delta x}{\Delta t}$. Nun ist $\lim\limits_{\Delta x \to 0} \frac{\Delta x}{\Delta t} = v$; also erhalten wir für die induzierte Spannung $U = -B \cdot l \cdot v$. In der Induktionsschleife sind Elektronen verschoben worden, also besteht längs der Strecke l ein elektrisches Feld mit dem Betrag der Feldstärke $E = \frac{|U|}{l} = B \cdot v$.

Da die induzierte Spannung nicht vom Widerstand R der Induktionsschleife abhängt, also für $R \to \infty$ unverändert bleibt, dürfen wir den Schluß ziehen, daß ein elektrisches Feld mit der Feldstärke $E = B \cdot v$ auch dann entsteht, wenn gar keine Induktionsschleife vorhanden ist. Aus dem Induktionsgesetz folgt damit:

Ein mit der Geschwindigkeit v über den Punkt P hinwegziehendes Magnetfeld der Flußdichte B erzeugt in P ein elektrisches Feld der Feldstärke $E = B \cdot v$. (46.1)

Wenn das Magnetfeld in *Abb. 45.2* nach rechts wandert und dabei die Feldlinien in die Zeichenebene weisen, werden in der Induktionsschleife Elektronen nach oben verschoben. Der Vektor der elektrischen Feldstärke weist also nach unten. Die Richtungen von $\vec{v}$, $\vec{B}$ und $\vec{E}$ sind in *Abb. 46.1* dargestellt. Diese Überlegung gilt für jeden Punkt der fortschreitenden Welle. Das bedeutet: *Wenn eine fortschreitende magnetische Welle existiert, wird sie zwangsläufig von einer mit der gleichen Geschwindigkeit fortschreitenden elektrischen Welle begleitet.* Aus *Gl. 46.1* folgt, daß $E \sim B$ ist. Wird also die magnetische Flußdichte B maximal, so ist es im selben Zeitpunkt und am selben Ort auch die elektrische Feldstärke E; ist $B = 0$, so ist an dieser Stelle gleichzeitig auch $E = 0$. Das heißt: *Die elektrische und die magnetische Welle des Fernfeldes sind in Phase.* Die magnetischen und elektrischen Feldlinien stehen aufeinander senkrecht *(Abb. 46.1)*.

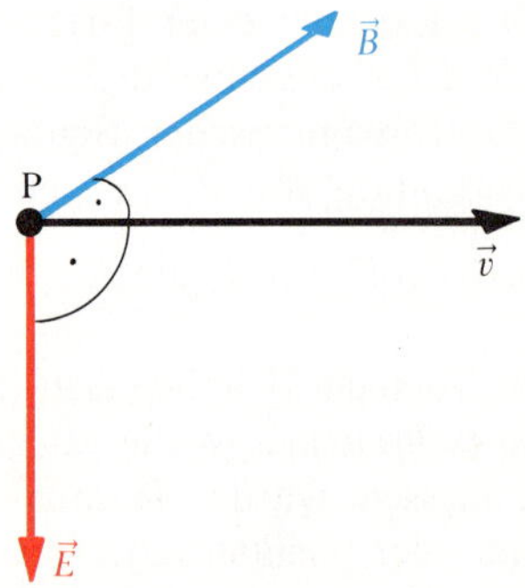

46.1 Ein wanderndes B-Feld induziert ein E-Feld. Darstellung mit Hilfe des Vektorproduktes: $\vec{E} = \vec{B} \times \vec{v}$

Angenommen, der Hochfrequenzgenerator werde nur 1/1000 s lang eingeschaltet. Dann sendet der Dipol eine Welle begrenzter Länge, eine sogenannte Wellengruppe, aus, die weiter fortschreitet, auch wenn der Dipol längst nicht mehr schwingt. Die elektromagnetische Welle hat sich also selbständig gemacht. (Wir können ihre Ausbreitungsgeschwindigkeit schon jetzt nach der Aufgabe 2 von Seite 59 leicht berechnen.)

Hier taucht nun aber ein Problem auf: In dem begrenzten magnetischen Feld, das längs der x-Achse in den Raum hinauswandert, steckt eine gewisse endliche Energie. Durch das Fortschreiten werden nach unserer bisherigen Überlegung über die ganze Länge der Wellengruppe andauernd elektrische Felder induziert, die ebenfalls Energie enthalten. Also müßte sich die im Magnetfeld enthaltene endliche Energie schließlich völlig in elektrische Feldenergie umgewandelt haben. Was geschähe dann mit der Welle? Würde sie als rein elektrische Welle weiterwandern oder gar verschwinden? Wo bliebe dann aber die Energie?

Wir spüren an dieser Stelle, daß der Existenz einer fortschreitenden elektromagnetischen Welle eine weitere Gesetzmäßigkeit zugrunde liegen muß, die uns bis jetzt noch verborgen blieb. Tatsächlich ist das Induktionsgesetz, das wir soeben zur Erklärung für die Koppelung der magnetischen und elektrischen Felder herangezogen haben, nur ein Teil eines umfassenderen Gleichungssystems, das der schottische Physiker *Maxwell* (1831 bis 1879) aufgestellt hat. Wir haben soeben die sogenannte **2. Maxwellsche Gleichung** benutzt; sie ist uns in der allgemeinen Form des Induktionsgesetzes schon bekannt (Band E Seite 143) und drückt den folgenden qualitativen Sachverhalt aus:

Ein sich änderndes magnetisches Feld wird von elektrischen Feldlinien durchsetzt und umgeben, die weder Anfang noch Ende haben.

In unserem Spezialfall *(Abb. 45.2)* bedeutet dies, daß quer zu einem nach rechts laufenden Magnetfeld elektrische Feldlinien induziert werden.

3. Das wandernde E-Feld erzeugt das B-Feld

Nun wollen wir uns der *1. Maxwellschen Gleichung* zuwenden. Um sie einsichtig zu machen, gehen wir von folgendem Gedanken aus: Wir verbinden nach *Abb. 47.1* einen Kondensator mit einer Wechselspannungsquelle. Obwohl die elektrische Leitung durch den Raum zwischen den Platten unterbrochen wird, fließt in den Drähten, die zum Kondensator führen, ein Wechselstrom. Er kommt zustande, weil auf den Kondensatorplatten periodische Ladungsänderungen erzeugt werden, die wiederum ein elektrisches Wechselfeld im Raum zwischen den Platten zur Folge haben. Maxwell betrachtete nun dieses elektrische Wechselfeld insofern als die Fortsetzung des Stromes in den Zuleitungen, als er ihm dasselbe ringförmige Magnetfeld zusprach, das auch die stromdurchflossenen Zuleitungen umgibt:

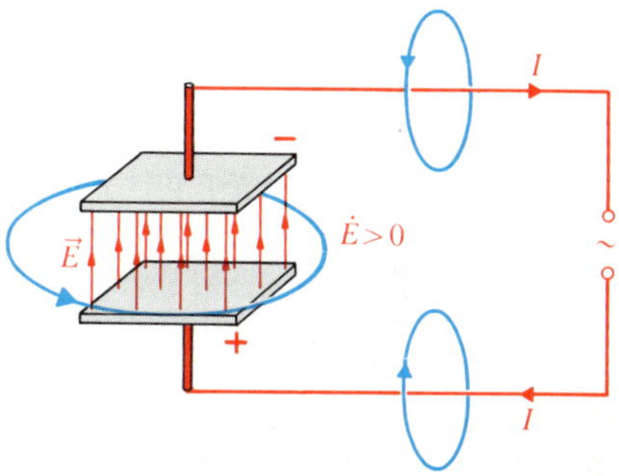

47.1 Auch das elektrische Wechselfeld zwischen den Kondensatorplatten ist von magnetischen Feldlinien durchsetzt und umgeben.

Ein sich änderndes elektrisches Feld wird von magnetischen Feldlinien durchsetzt und umgeben, die weder Anfang noch Ende haben.

Das ist der qualitative Inhalt der sogenannten **1. Maxwellschen Gleichung.**

Wenn wir um eine der Zuleitungen zum Kondensator *(Abb. 47.1)* einen geschlossenen Linienzug s legen, gilt für die Liniensumme des durch den Strom in den Zuleitungen entstehenden Magnetfeldes nach dem *Durchflutungssatz* (Band E *Gl. 89.6*)

$$\sum_i \vec{H}_i \cdot \Delta \vec{s}_i = \sum_k I_k. \tag{47.1}$$

Der elektrische Strom kommt hier durch die wechselnden Kondensatorladungen $Q(t)$ zustande, die Summe aller Ströme ist also $\sum_i I_i = \dot{Q}(t)$. Für die Kondensatorladung gilt $Q = \varepsilon_0 \cdot \varepsilon_r \cdot E \cdot A$; dabei ist E die elektrische Feldstärke zwischen den Platten und A die Fläche senkrecht zum Feld. Mit $\dot{Q}(t) = \varepsilon_0 \cdot \varepsilon_r \cdot \dot{E}(t) \cdot A$ erhalten wir

$$\sum_i \vec{H}_i \cdot \Delta \vec{s}_i = \varepsilon_0 \cdot \varepsilon_r \cdot \dot{E}(t) \cdot A. \tag{47.2}$$

▽ Nach *Maxwell* gilt diese Gleichung nicht nur für das Feld der Zuleitungen, sondern auch für die Liniensumme des Magnetfeldes, das von dem wechselnden elektrischen Feld $E(t)$ zwischen den Kondensatorplatten erzeugt wird.

Wir überlegen uns nun, ob sich dieser Gedanke auch auf ein *wanderndes* elektrisches Feld übertragen läßt. Dazu denken wir uns nach *Abb. 48.1* einen Punkt P auf der Längsseite eines Rechtecks mit der Fläche $\Delta A = l \cdot \Delta x$, über das ein elektrisches Feld mit der Geschwindigkeit v in x-Richtung hinwegzieht. ΔA sei so klein, daß man das *elektrische Feld* innerhalb dieser Fläche als homogen betrachten darf. Bei unseren Überlegungen zum wandernden *Magnetfeld* auf Seite 45 hätten wir uns vorstellen können, das in die Leiterschleife der *Abb. 45.2* eintretende B-Feld werde durch einen nach rechts bewegten Hufeisenmagneten erzeugt. Analog dazu denken wir uns jetzt vorübergehend das in x-Richtung fortschreitende elektrische Feld der *Abb. 48.1* durch einen geladenen Kondensator der Breite l hervorgerufen, der sich mit der Geschwindigkeit v nach rechts verschiebt *(Abb. 48.2)*. Die elektrische Feldstärke zwischen den Platten sei E_1. Dabei muß ein Magnetfeld entstehen; denn die mit den Kondensatorplatten bewegten Ladungen stellen elektrische Ströme dar.

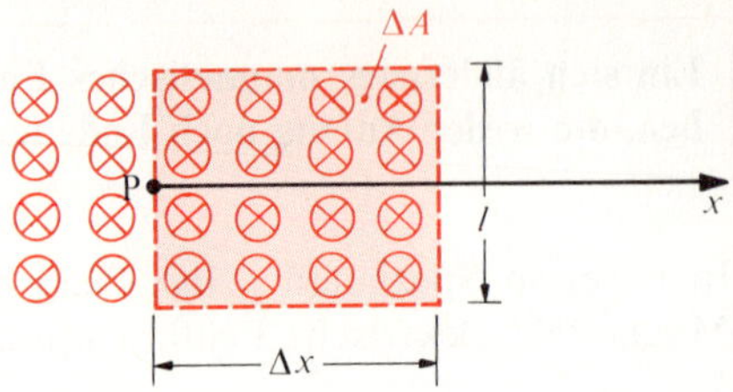

48.1 Das elektrische Feld bewegt sich relativ zu der Fläche $\Delta A = l \cdot \Delta x$ mit der Geschwindigkeit v nach rechts.

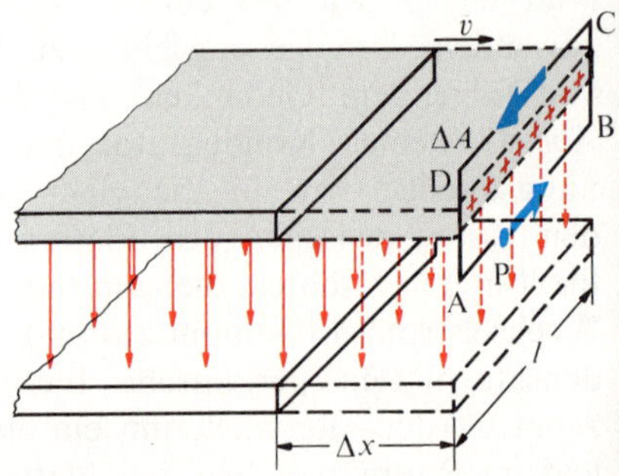

48.2 Die positiv geladene obere Kondensatorplatte bewegt sich nach rechts und erzeugt dabei ein Magnetfeld $\vec{H}_o$. Blauer Pfeil: Richtung von $\vec{H}_o$.

Der Kondensator benötige zum Verschieben um die Strecke Δx die Zeit Δt; dann gilt $\Delta x = v \cdot \Delta t$; die in der Zeit Δt überstrichene Fläche beträgt

$$\Delta A = l \cdot v \cdot \Delta t. \tag{48.1}$$

Auf der in der Zeit Δt vorgeschobenen Fläche ΔA der oberen Kondensatorplatte sitzt die positive elektrische Ladung

$$\Delta Q = \varepsilon_0 \cdot \varepsilon_r \cdot E_1 \cdot \Delta A;$$

sie stellt einen elektrischen Strom in x-Richtung mit der Stromstärke $I = \frac{\Delta Q}{\Delta t} = \varepsilon_0 \cdot \varepsilon_r \cdot E_1 \cdot \frac{\Delta A}{\Delta t}$ dar. Nun denken wir uns gemäß *Abb. 48.2* den geschlossenen Linienzug ABCD gebildet und wenden auf ihn den Durchflutungssatz an:

$$\sum_i \vec{H}_i \cdot \Delta \vec{s}_i = \sum_k I_k = \varepsilon_0 \cdot \varepsilon_r \cdot E_1 \cdot \frac{\Delta A}{\Delta t}. \tag{48.2}$$

Mit *Gl. 48.1* erhalten wir

$$\sum_i \vec{H}_i \cdot \Delta \vec{s}_i = \varepsilon_0 \cdot \varepsilon_r \cdot E_1 \cdot l \cdot v. \tag{48.3}$$

Da wir uns die Kondensatorplatte beliebig nahe am Punkt P denken können, dürfen wir die magnetische Feldstärke H_o längs der Strecken $\overline{AB}$ und $\overline{CD}$ als konstant und längs $\overline{AD}$ bzw $\overline{BC}$ als verschwindend klein betrachten. Damit ergibt sich für die Liniensumme der magnetischen Feldstärke

$$\sum_i \vec{H}_i \cdot \Delta \vec{s}_i = 2 \cdot l \cdot H_o.$$

△ Mit *Gl. 48.3* wird

$$H_o = \tfrac{1}{2}\, \varepsilon_0 \cdot \varepsilon_r \cdot E_1 \cdot v. \tag{48.4}$$

Aus denselben Überlegungen folgt, daß auch die untere negativ geladene Platte des mit der Geschwindigkeit v bewegten Kondensators ein Magnetfeld mit der Feldstärke $H_u = \frac{1}{2}\varepsilon_0 \cdot \varepsilon_r \cdot E_1 \cdot v$ erzeugt. *Abb. 49.1* zeigt, daß H_u im Punkt P dieselbe Richtung hat wie H_o. H_o und H_u überlagern sich in P zu einem Magnetfeld der Feldstärke $H_1 = H_o + H_u$. Also entsteht in P ein magnetisches Feld mit der Feldstärke

$$H_1 = \varepsilon_0 \cdot \varepsilon_r \cdot E_1 \cdot v. \qquad (49.1)$$

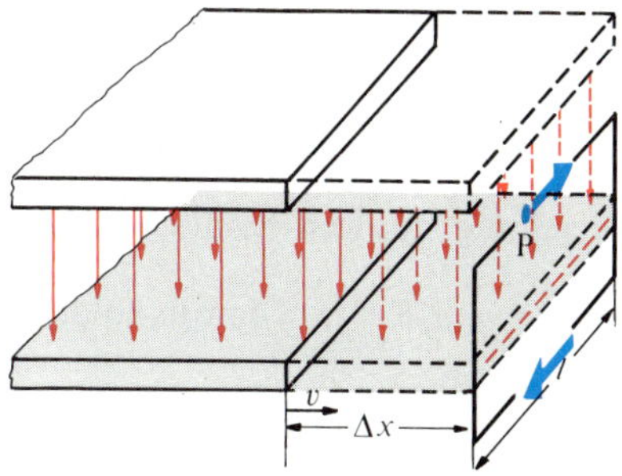

49.1 Die negativ geladene untere Kondensatorplatte bewegt sich nach rechts und erzeugt dabei ein Magnetfeld $\vec{H}_u$. Blauer Pfeil: Richtung von $\vec{H}_u$

Durch die Verschiebung der Kondensatorladung und die damit verbundene Bewegung des elektrischen Feldes wird also ein magnetisches Feld erzeugt. Nach der Feldvorstellung von *Faraday* und *Maxwell* wirken elektrische Ladungen immer nur durch ihre elektrischen bzw. magnetischen *Felder*. Das auf dieser Feldvorstellung fußende 1. Maxwellsche Gesetz sagt aus, daß die von uns zur Veranschaulichung benutzte Ladungsverschiebung unwesentlich und die Bewegung des elektrischen Feldes allein entscheidend ist. Das bedeutet, daß auch ein wanderndes elektrisches Feld, das *nicht* durch Ladungen erzeugt wird, nach *Gl. 49.1* mit einem Magnetfeld verknüpft ist. Wir können also von der bewegten Kondensatorladung ganz absehen und an ihre Stelle allein das wandernde elektrische Feld setzen. Damit gehen wir analog zu den Betrachtungen der *Abb. 45.2* vor. Dort haben wir von einem bewegten Magneten abgesehen und uns nur auf das wandernde magnetische Feld gestützt.

Wir führen für das Magnetfeld die Flußdichte $B_1 = \mu_0 \mu_r H_1$ ein und können mit *Gl. 49.1* nun sagen:

Ein mit der Geschwindigkeit v über den Punkt P hinwegziehendes elektrisches Feld der Feldstärke E_1 erzeugt dort ein magnetisches Feld der Flußdichte

$$B_1 = \mu_0 \mu_r \varepsilon_0 \varepsilon_r \cdot E_1 \cdot v. \qquad (49.2)$$

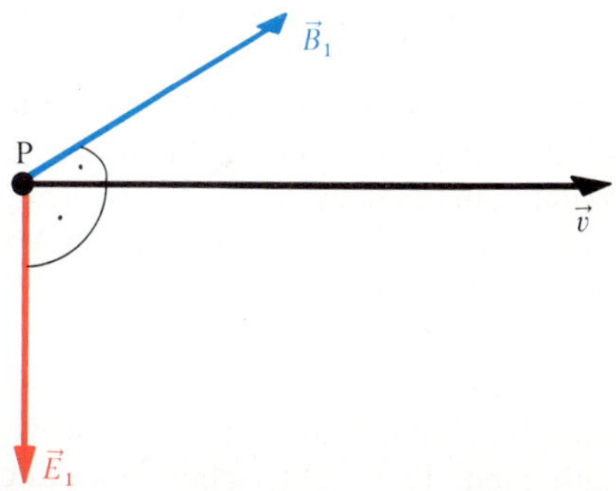

49.2 Ein wanderndes E_1-Feld erzeugt ein B_1-Feld. Darstellung mit Hilfe des Vektorproduktes: $\vec{B}_1 = \mu_0 \mu_r \varepsilon_0 \varepsilon_r (\vec{v} \times \vec{E}_1)$

Wenn man auf die Abbildungen *48.2* und *49.1* die Dreifingerregel (Band E Seite 78) anwendet, erhält man die Orientierung des Vektors $\vec{B}_1$. Sie ist in *Abb. 49.2* angegeben.

4. Berechnung der Ausbreitungsgeschwindigkeit *c*

Wir fassen zusammen: Ein über P hinwegziehendes Magnetfeld der Flußdichte $\vec{B}$ ist dort mit einem elektrischen Feld der Feldstärke $\vec{E}$ verknüpft, während ein über P hinwegziehendes elektrisches Feld der Feldstärke $\vec{E}_1$ dort mit einem magnetischen Feld der Flußdichte $\vec{B}_1$ verkoppelt ist. Dabei gelten die Gleichungen

$$E = B \cdot v \quad \text{und} \qquad (49.3)$$

$$B_1 = \mu_0 \mu_r \varepsilon_0 \varepsilon_r E_1 \cdot v. \qquad (49.4)$$

Diese Felder und ihre Energie erhalten sich dann gegenseitig, wenn $\vec{E}=\vec{E}_1$ und $\vec{B}=\vec{B}_1$ ist. Die Abbildungen *46.1* und *49.2* zeigen, daß die Richtungen der entsprechenden Vektoren übereinstimmen. Wir müssen also nur noch die Forderung stellen, daß auch die Beträge gleich sind. Setzen wir $E=E_1$ und $B=B_1$ in die Gleichungen *49.3* und *49.4* ein, so ergibt sich eine Gleichung, aus der die noch unbekannte Geschwindigkeit v berechnet werden kann:

$$E=\varepsilon_0\varepsilon_r\mu_0\mu_r E\cdot v^2, \quad \text{daraus folgt} \quad \boldsymbol{v}=\frac{1}{\sqrt{\varepsilon_0\varepsilon_r\mu_0\mu_r}}. \qquad \mathbf{(50.1)}$$

Wenn sich die Felder mit dieser Geschwindigkeit bewegen, halten sie sich gegenseitig aufrecht, brauchen also zu ihrer weiteren Existenz keine elektrischen Dipolladungen und Ströme. Die elektromagnetische Welle ist ganz auf sich selbst gestellt und wandert, unabhängig vom Sender, weiter in den Raum hinaus. Damit ist die Schwierigkeit, die sich bei unseren anfänglichen Überlegungen ergab, beseitigt: Die Energie des fortschreitenden Magnetfeldes verzehrt sich nicht auf Kosten des begleitenden elektrischen Feldes, denn dieses erzeugt ja seinerseits wieder magnetische Feldenergie. Für das Vakuum (und praktisch auch für Luft) gilt: $\varepsilon_r=\mu_r=1$.

Mit $\varepsilon_0=8{,}85419\cdot 10^{-12}\,\frac{\text{C}}{\text{Vm}}$ und $\mu_0=1{,}25664\cdot 10^{-6}\,\frac{\text{Vs}}{\text{Am}}$ erhalten wir für das Vakuum

$$v=c=\frac{1}{\sqrt{8{,}85419\cdot 10^{-12}\cdot 1{,}25664\cdot 10^{-6}}}\,\frac{\text{m}}{\text{s}}=2{,}99792\cdot 10^8\,\frac{\text{m}}{\text{s}}\approx 3\cdot 10^8\,\frac{\text{m}}{\text{s}}.$$

Das ist derselbe Wert c, den wir bereits experimentell aus $c=\lambda\cdot f$ ermittelt haben (Seite 45).

5. Die räumliche Ausbreitung der elektromagnetischen Welle

Die bisherigen Überlegungen gelten unabhängig von der Wellenform. Erzeugt ein Sender eine sinusförmige Welle, so zeigt *Abb. 50.1* in einem Momentbild, wie die elektrischen Feldstärken $\vec{E}$ und die magnetischen Flußdichten $\vec{B}$ der beiden miteinander verknüpften Felder auf der x-Achse verteilt sind. Die elektrischen und auch die magnetischen Felder stellen jeweils eine *linear polarisierte* fortschreitende *Querwelle* dar. Dieses Momentbild verschiebt sich mit der Geschwindigkeit c längs der x-Achse. Die in *Abb. 50.1 räumlich nebeneinander* angeordneten Feldstärken $\vec{E}$ bzw. Flußdichten $\vec{B}$ ziehen über einen Beobachter im Punkt P der x-Achse hinweg und werden von ihm *zeitlich nacheinander* registriert.

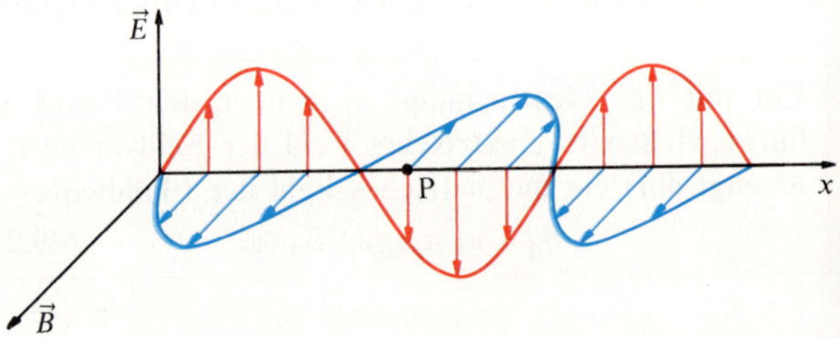

50.1 Momentbild einer in der x-Richtung fortschreitenden elektromagnetischen Welle. Rot: elektrische Feldstärke $\vec{E}$; blau: magnetische Flußdichte $\vec{B}$

Die *elektrischen* Wechselfelder können in P mit einem Resonanzdipol empfangen werden. Wenn dieser in Feldrichtung aufgestellt wird, erfahren die Elektronen auf dem Dipol periodische Kräfte in dessen Längsrichtung: Im Resonanzdipol entsteht ein Wechselstrom der Senderfrequenz. Wird der Dipol schräg zu den elektrischen Feldlinien gehalten, kann in seiner Längsrichtung nur noch eine Komponente der Feldkräfte wirken: Der Wechselstrom im Dipol wird schwächer. Senkrecht zu den elektrischen Feldlinien existiert keine Kraftkomponente: Ein senkrecht zum elektrischen Feld aufgestellter Dipol wird nicht angeregt.

Die magnetischen Wechselfelder können in P mit der Resonanzschleife empfangen werden. Wenn die Fläche der Schleife von den magnetischen Feldlinien senkrecht durchsetzt wird, entstehen im Resonanzkreis durch Induktion Wechselströme der Senderfrequenz mit maximaler Stärke. Bei einer Drehung der Schleife wird die Fläche A_s senkrecht zum Magnetfeld kleiner: Es werden schwächere Ströme induziert. Wird die Schleife so gedreht, daß $A_s = 0$ wird, können keine Induktionsströme in ihr entstehen.

Bis jetzt haben wir die Ausbreitung einer elektromagnetischen Welle nur längs einer Geraden betrachtet. Ein schwingender Dipol sendet jedoch rundum Wellen in den Raum. Bei der Behandlung des *Nahfeldes* haben wir schon erkannt, daß sich die elektrischen und magnetischen Felder rings um den Dipol ständig ändern. Mit dieser periodischen Änderung des Nahfeldes wird nach den beiden *Maxwellschen Gesetzen* der Grund für das elektromagnetische *Fernfeld* gelegt, dessen Ausbreitung wir bis jetzt nur in *einer* Richtung verfolgt haben.

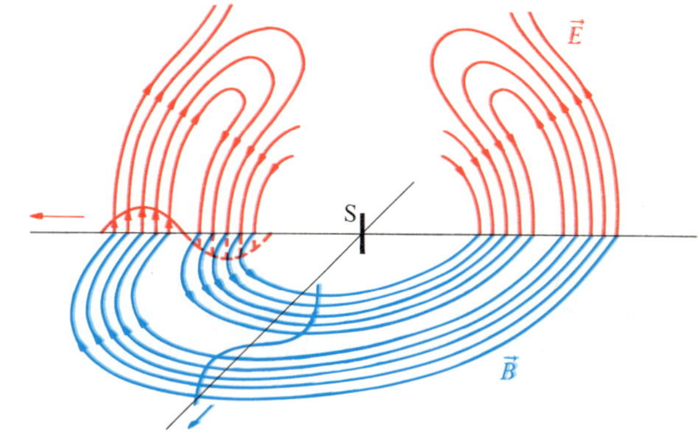

51.1 Momentbild des vom Dipol ausgestrahlten Fernfeldes Rot: Schnitt durch das E-Feld: Blau: Schnitt durch das B-Feld

Abb. 51.1 zeigt in einem Momentbild die Feldlinien des **elektromagnetischen Fernfeldes,** das im Zusammenwirken der sich nach allen Seiten ausbreitenden elektrischen und magnetischen Felder entsteht. Jetzt erkennen wir auch, daß die Feldlinien weder Anfang noch Ende haben, wie dies für Felder, die nicht von Ladungen erzeugt werden, in den Maxwellschen Gesetzen gefordert wird. Das Feldlinienbild ist wegen der besseren Übersicht nicht vollständig gezeichnet. Wir müssen in Gedanken die rot dargestellten elektrischen Feldlinien nach unten fortsetzen und außerdem um den Dipol als Achse rotieren lassen, so daß ein zwiebelschalenförmiges Gebilde entsteht. Die blau gezeichneten magnetischen Feldlinien sind nach hinten zu ergänzen. Außerdem müssen wir uns vorstellen, daß sie nicht nur in einer Ebene vorhanden sind, sondern an jeder Stelle des Raumes um den Dipol senkrecht zu den elektrischen Feldlinien verlaufen. Die momentane Verteilung der elektrischen Feldstärke (rote Sinuslinie) und der magnetischen Flußdichte (blaue Sinuslinie) ist der Übersichtlichkeit wegen längs zweier verschiedener Ausbreitungsrichtungen eingezeichnet. Die Felder ziehen, sich vom Sendedipol rundum ausbreitend, mit der Geschwindigkeit $c = 3 \cdot 10^8$ m/s über den Beobachter hinweg, der sich jetzt nicht nur auf der x-Achse, sondern auch an anderen Stellen des Raumes befinden kann. Lediglich in der Verlängerung des Dipols nach unten und oben ist kein Empfang möglich. Wenn die elektromagnetische Welle auf diese Weise von einem Dipol abgestrahlt wird, verteilt sich ihre Energie mit wachsender Entfernung vom Sender auf einen immer größer werdenden Raum. Die *Energiedichte* der elektromagnetischen Welle nimmt deshalb mit der Entfernung vom Dipol ab.

Aufgaben:

1. *Wie lange war ein elektromagnetisches Signal von einer Marssonde zur Erde unterwegs, wenn diese in der Nähe des Mars etwa* 214 · 10^6 km *von der Erde entfernt war?*

2. *Die Laufzeit eines elektromagnetischen Signals von einem irdischen Sender zu diesem zurück betrug* 0,133 s. *Welche Länge hatte der Weg?*

§ 11 Elektromagnetische Wellen in verschiedenen Medien

Die Ausbreitungsgeschwindigkeit für elektromagnetische Wellen ist inzwischen oftmals unmittelbar gemessen worden. So ist es gelungen, elektromagnetische Signale am Mond zu reflektieren. Die Zeit für den Hin- und Rückweg betrug etwa 2,56 s; der Weg ist gleich der doppelten Entfernung des Mondes von der Erde, also 768 800 km. Daraus ergibt sich die Laufgeschwindigkeit

$$c = \frac{768\,800}{2{,}56}\,\frac{\text{km}}{\text{s}} \approx 3 \cdot 10^8\,\frac{\text{m}}{\text{s}}.$$

Aus *Gl. 50.1* folgt, daß die Ausbreitungsgeschwindigkeit der elektromagnetischen Welle *stoffabhängig* ist. Bezeichnen wir die Ausbreitungsgeschwindigkeit im Vakuum mit c_0, so gilt

$$c_0 = \frac{1}{\sqrt{\varepsilon_0 \mu_0}}.$$

Die Ausbreitungsgeschwindigkeit in einem Stoff beträgt

$$c = \frac{1}{\sqrt{\varepsilon_r \mu_r}} \cdot \frac{1}{\sqrt{\varepsilon_0 \mu_0}} \quad \text{oder} \quad c = \frac{c_0}{\sqrt{\varepsilon_r \mu_r}}. \tag{52.1}$$

Für die meisten Stoffe – mit Ausnahme der ferromagnetischen – ist die Permeabilitätszahl $\mu_r \approx 1$ (Band E Seite 93 unten). Für die Ausbreitungsgeschwindigkeit in solchen Stoffen gilt

$$c \approx \frac{c_0}{\sqrt{\varepsilon_r}}. \tag{52.2}$$

Wasser mit der Dielektrizitätszahl $\varepsilon_r = 81$ (Band E Seite 37) eignet sich besonders gut für einen Versuch zur Bestätigung dieser Gleichung:

Versuch 33: Wir stellen den 434 MHz-Sender vor einen Glastrog, der mit destilliertem Wasser gefüllt ist. Wenn wir die Ausbreitungsgeschwindigkeit der elektromagnetischen Welle in Luft mit c_0, die zugehörige Wellenlänge mit λ_0 und die entsprechenden Größen in Wasser mit c_w und λ_w bezeichnen, gilt:

$$\frac{c_w}{c_0} = \frac{\lambda_w \cdot f}{\lambda_0 \cdot f} = \frac{\lambda_w}{\lambda_0}.$$

Nach *Gl. 52.2* ergibt sich

$$\frac{\lambda_w}{\lambda_0} = \frac{c_0}{c_0 \sqrt{81}} = \frac{1}{9}.$$

Wir erwarten also für die elektromagnetische Welle in Wasser bei einer Frequenz von $f = 434$ MHz die Wellenlänge $\lambda_w = \frac{\lambda_0}{9} = 69/9\,\text{cm} \approx 7{,}6\,\text{cm}$.

Zur Messung von λ_w erzeugen wir durch Reflexion an einer Metallplatte stehende Wellen in Wasser *(Abb. 53.1)*. Mit dem Empfangsdipol, den wir an einem Isolierstiel vor die Metallwand ins Wasser halten, müßten sich Knoten und Bäuche der stehenden Welle nachweisen und der Knotenabstand $d = \frac{\lambda_w}{2}$ messen lassen. Zu unserer Überraschung spricht der Empfangsdipol bei diesem Versuch nicht an. Das Lämpchen in seiner Mitte erlischt, sobald der Dipol die Wasseroberfläche berührt. Nun erinnern wir uns, daß der Dipol eine Eigenfrequenz besitzt, die von seiner Länge abhängt (Versuch 24 Seite 39). Bei der Frequenz $f = 434$ MHz messen wir diese „Resonanzlänge“ zu $l \approx 34$ cm. Das ist die halbe Wellenlänge in Luft! In Wasser geht nach unserer Berechnung die Wellenlänge auf den 9. Teil zurück, also versuchen wir, ob ein auf $\frac{34}{9}$ cm ≈ 3,8 cm verkürzter Empfangsdipol in Wasser anspricht. Dies ist tatsächlich der Fall. Mit dem verkürzten Dipol stellen wir jetzt nach *Abb. 53.1* vor der Metallwand eine stehende elektromagnetische Welle mit dem Knotenabstand $d = 3{,}8$ cm fest. Unsere Vermutung hat sich also bestätigt: In Wasser verringert sich die Ausbreitungsgeschwindigkeit und damit auch die Wellenlänge der elektromagnetischen Welle auf den neunten Teil.

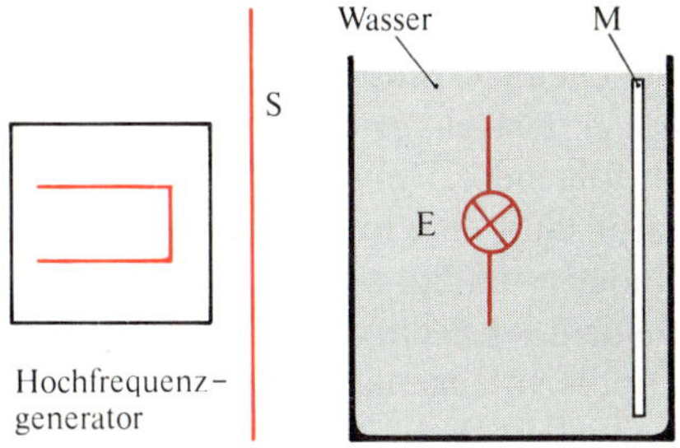

53.1 Stehende elektromagnetische Wellen in Wasser. S: Sendedipol; E: Empfangsdipol; M: Metallplatte

Die Ausbreitungsgeschwindigkeit c elektromagnetischer Wellen in Stoffen mit der Dielektrizitätszahl ε_r beträgt

$$c = \frac{c_0}{\sqrt{\varepsilon_r}} \quad (\mu_r \approx 1). \tag{53.1}$$

Sie ist kleiner als die Ausbreitungsgeschwindigkeit c_0 im Vakuum.

§ 12 Stehende Wellen und Oberschwingungen am Dipol; Lecherleitung

1. Oberschwingungen am Dipol

Als Nebenerscheinung des letzten Versuches haben wir eine interessante Eigenschaft des Dipols entdeckt, die wir nun näher untersuchen wollen.

Versuch 34: Wir erzeugen mit dem 434 MHz-Sender elektromagnetische Wellen, die auf einen Trog treffen, in dem übereinander zwei verschieden lange Dipole befestigt sind *(Abb. 53.2)*. Der untere Dipol hat die Länge $l_1 = 34$ cm, das ist die halbe Wellenlänge der elektromagnetischen Welle in Luft; das Lämpchen in seiner Mitte leuchtet. Der obere Dipol ist auf die Länge $l_2 = \frac{l_1}{9}$ verkürzt; das Lämpchen in seiner Mitte bleibt dunkel. Nun füllen wir destilliertes Wasser in den Trog: Das Lämpchen im unteren Dipol erlischt, während es im oberen aufleuchtet. Seine Länge l_2 ist gleich der halben Wellenlänge der elektromagnetischen Welle in Wasser.

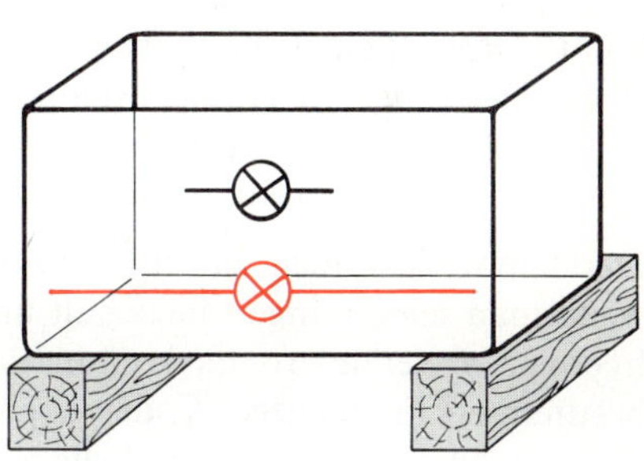
53.2 Füllt man Wasser in den Trog, so erlischt das Lämpchen im unteren Dipol, während es im verkürzten Dipol aufleuchtet.

Diese Versuchsergebnisse deuten darauf hin, daß die Eigenschwingung des Dipols mit einer stehenden Welle verknüpft ist, die sich längs des Dipols ausbildet. Wir wissen aus den Überlegungen des § 9, daß die vom Hochfrequenzgenerator angeregte Ladungsverschiebung längs des Dipols mit magnetischen und elektrischen Feldern verbunden ist, die den Dipol umgeben. Unsere letzten Versuche zeigen deutlich, daß diese Felder für die Dipolschwingung entscheidend sind, sonst wäre es unerklärlich, wie sich eine Änderung der Dielektrizitätszahl ε_r *in der Umgebung* des Dipols auf seine Eigenschwingung auswirken kann. Wir kommen damit zu folgender Deutung der Dipolschwingung: Bei der Anregung durch den Hochfrequenzgenerator läuft eine fortschreitende elektromagnetische Welle am Dipol entlang und wird an seinen Enden ständig reflektiert. Dort ist die Stromstärke $I=0$, also auch $B=0$; die elektrische Feldstärke E dagegen ist an den Enden maximal. Die wegen der Reflexion einander längs des Dipols entgegenlaufenden elektromagnetischen Wellen können sich deshalb nur dann zu einer stehenden Welle aufschaukeln, wenn an den Enden des Dipols Bäuche des elektrischen Feldes gebildet werden. Diese Randbedingung ist analog zur schwingenden Luftsäule in einer Pfeife (Band MS Seite 284) erfüllt, wenn für die Dipollänge

$$l=k\cdot\frac{\lambda}{2} \quad (k=1,2,3,\ldots) \text{ gilt.} \qquad (54.1)$$

Das *magnetische* Feld verschwindet an den Dipolenden, sie stellen also *Knoten* des Magnetfeldes dar.

Bei unseren bisherigen Versuchen haben wir mit einem Dipol der Länge $l=\frac{\lambda}{2}$ $(k=1)$ gearbeitet.

Nach unseren jetzigen Erkenntnissen müßten außer dieser *Grundschwingung* auch *Oberschwingungen* $(k=2,3,\ldots)$ möglich sein. Wir prüfen dies im folgenden Versuch nach.

Versuch 35: Wir bringen in die Nähe eines 434 MHz-Generators einen Dipol der Länge $l=\lambda=69$ cm, in den nach *Abb. 54.1* drei Lämpchen eingebaut sind: Die zwei äußeren Birnchen leuchten, das mittlere bleibt dunkel. Das Leuchten einer Lampe zeigt maximale Stromschwankungen, also Bäuche des Magnetfeldes an. In der Mitte des Dipols ist jetzt ein weiterer Knoten des Magnetfeldes entstanden: Wir haben die *1. Oberschwingung* des Dipols erhalten. Bei diesem Versuch dürfen wir den Dipol nicht in der Mitte anregen, sonst kann sich dort kein Stromknoten bilden.

Der Dipol wird auch zu Oberschwingungen angeregt, wenn man seine Länge l beibehält und die Anregungsfrequenz f verändert. Es kommt dann nur bei ganz bestimmten Frequenzen f_k, den sogenannten *Eigenfrequenzen*, zu einer **stehenden Welle,** also zur Resonanz. Zur Berechnung von f_k setzen wir $\lambda=c/f$ in *Gl. 54.1* ein und erhalten $l=k\cdot\frac{c}{2f}$, daraus folgt $f_k=k\cdot\frac{c}{2l}$.

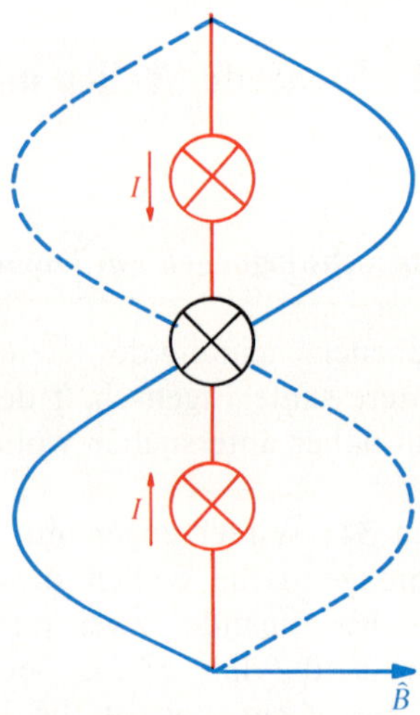

54.1 Erste Oberschwingung eines Dipols. Blau eingezeichnet: Stehende Welle des Magnetfeldes

Auf einem Dipol können sich stehende elektromagnetische Wellen ganz bestimmter Frequenz ausbilden, er ist also ein elektromagnetischer Schwinger 2. Art. Seine Eigenfrequenzen f_k hängen von der Dipollänge l und der Ausbreitungsgeschwindigkeit c der elektromagnetischen Welle im umgebenden Stoff nach der Gleichung

$$f_k=k\cdot\frac{c}{2l} \quad (k=1,2,3,\ldots) \text{ ab.} \qquad (54.2)$$

2. Stehende Wellen an der Lecherleitung

▽

Zu Beginn unserer Überlegungen (Seite 39) haben wir die Eigenschwingung des Dipols durch periodische Anhäufungen und Verschiebungen elektrischer Ladungen erklärt, die mit wechselnden elektrischen und magnetischen Feldern verbunden sind. Inzwischen ist uns klargeworden, daß die im Dipol schwingenden Elektronen lediglich die Begleiterscheinungen einer stehenden Welle sind, die aus elektrischen und magnetischen Feldern gebildet wird. Der Dipol selbst dient nur dazu, diese stehende elektromagnetische Welle zu führen. Dies wird besonders deutlich, wenn wir den Dipol so umbiegen, daß zwei parallele Leitungen entstehen.

Versuch 36: Wir koppeln diesen sogenannten **Lecher-Doppelleiter** (*E. Lecher*, 1856 bis 1926) induktiv mit dem 434 MHz-Generator *(Abb. 55.1)*. Dann wandert eine fortschreitende elektromagnetische Welle, von den Paralleldrähten geführt, nach rechts, wird am Ende reflektiert, wandert nach links und wird dort abermals reflektiert.

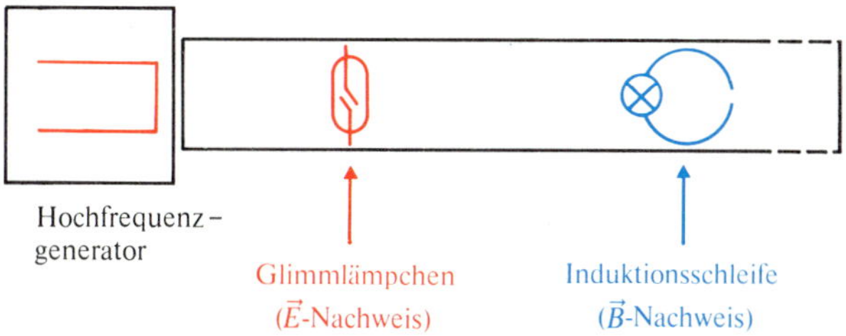

55.1 Lecher-Doppelleiter

Wenn sich am „offenen" rechten Ende ein Bauch und am „geschlossenen" linken Ende ein Knoten des elektrischen Wechselfeldes bilden kann, kommt es zu einer **stehenden elektromagnetischen Welle.** Die dazu notwendigen Randbedingungen stellen wir her, indem wir die Länge der Doppelleitung mittels übergeschobener Metallhülsen entsprechend einrichten. Eine Glimmlampe, die wir mit Hilfe eines Isolierstiels an das rechte offene Ende des Drahtsystems halten, muß dabei maximal aufleuchten.

Dieselbe Glimmlampe (in *Abb. 55.1* rot gezeichnet) benutzen wir auch als Anzeige für die Bäuche des elektrischen Feldes. Mit ihnen sind maximale Ladungsanhäufungen auf einander gegenüberliegenden Drahtstücken verbunden; dort herrschen entsprechend auch maximale effektive Spannungen. Die Bäuche des Magnetfeldes, die mit Wechselströmen in den Leitungen verknüpft sind, zeigen wir mit dem Resonanzschwingkreis aus Versuch 23 an (in *Abb. 55.1* blau gezeichnet). Beide Anzeigegeräte werden knapp über das Drahtsystem gehalten, ohne es zu berühren.

Versuch 37: Wir legen an der Stelle eines Spannungsknotens (zum Beispiel in der Mitte zwischen F und G) einen Draht über die Doppelleitung. Die in dem Drahtsystem fließenden hochfrequenten Wechselströme werden dadurch nicht gestört, weil zwischen den beiden überbrückten Punkten keine elektrische Spannung besteht. Mit diesem Effekt läßt sich der Knotenabstand sehr genau messen: Wir bringen die Glimmlampe ans Ende des Lechersystems; dort muß sie aufleuchten. Dann überbrücken wir die Doppelleitung an einer beliebigen Stelle: Die Glimmlampe erlischt, weil die stehende Welle zerstört wurde. Nun verschieben wir die Überbrückung so lange, bis das Glimmröhrchen wieder leuchtet. Das bedeutet, daß wir mit der Überbrückung an einem Spannungsknoten angelangt sind. Die Stelle kann sehr exakt bestimmt werden; schon bei einer geringfügigen Verschiebung des Überbrückungsdrahtes wird die stehende Welle zerstört.

Versuch 38: Wir verlängern die Lecherleitung um $\frac{\lambda}{4} = 17{,}25$ cm. Jetzt kann keine stehende Welle mehr zustande kommen, weil die Randbedingungen nicht mehr erfüllt sind. Wenn wir aber die Enden des um $\lambda/4$ verlängerten Drahtsystems leitend verbinden, ist die stehende Welle wieder △

▽ vorhanden. *Erklärung:* Durch die leitende Verbindung wurden die Randbedingungen für die verlängerte Doppelleitung geschaffen, nämlich ein Knoten des elektrischen Feldes und ein Bauch des Magnetfeldes am Ende des Drahtsystems. Hier wird die Analogie zu stehenden Schallwellen mit festem bzw. offenem Ende besonders deutlich.

In *Abb. 56.1* sind 4 Momentaufnahmen wiedergegeben, die in Zeitabschnitten von je $T/4$ aufeinander folgen. Die mit den Feldern verbundenen Ströme sind durch blaue Pfeile, die Ladungsanhäufungen durch rote Plus- und Minuszeichen angedeutet. I_2 und I_3 häufen bei G positive Ladungen an, die für $t=T/4$ maximal sind, I_1 und I_2 haben bei F positive Ladung entzogen, so daß F zur gleichen Zeit $t=T/4$ maximal negativ geladen wird. In irgend einem Zeitmoment, zum Beispiel $t=3\,T/8$, existieren beide Felder. Das elektrische ist hier am Zusammenbrechen, das magnetische baut sich auf.

Der Abstand zweier benachbarter Knoten läßt sich sowohl mit der Glimmlampe als auch mit dem Resonanzschwingkreis messen. In Übereinstimmung mit unseren bisherigen Ergebnissen stellen wir einen Knotenabstand von 34,5 cm, also die Wellenlänge $\lambda=69$ cm fest.

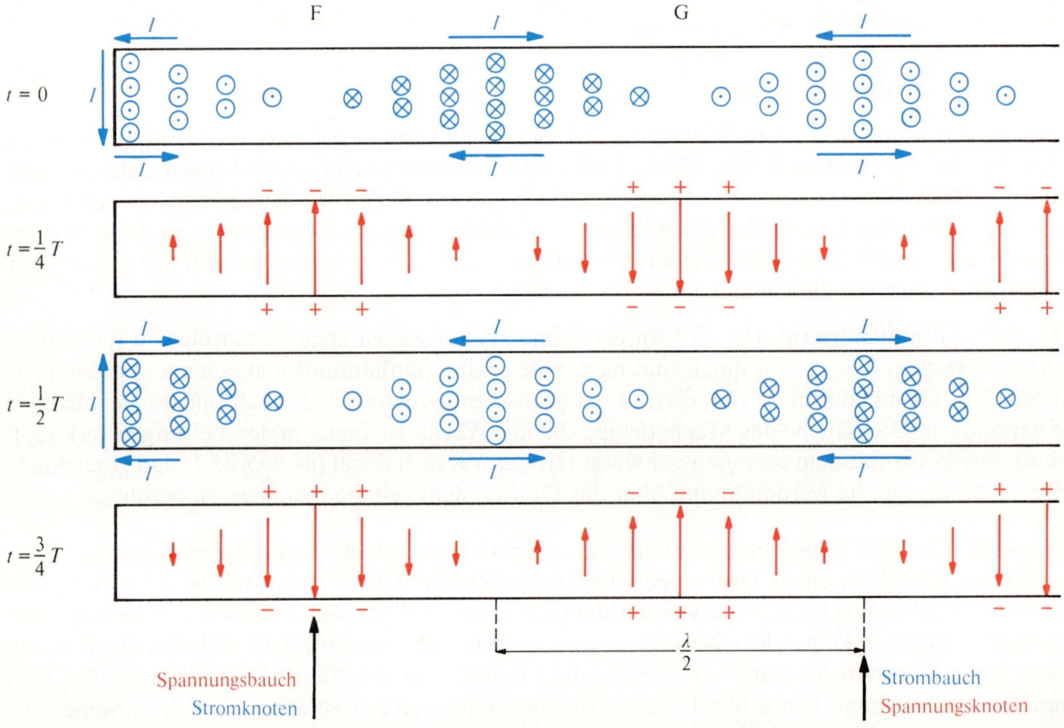

56.1 Stehende elektromagnetische Wellen auf Lecher-Leitung. Rot: elektrische Feldlinien und zugehörige Ladungsanhäufungen auf den Leitern; blau: magnetische Feldlinien und zugehörige Ströme in den Leitern; ⊗ = vom Beschauer weglaufend; ⊙ = auf ihn zulaufend

Aufgaben:

1. *Ein Dipol der Länge* $l=1$ m *wird zu Sinusschwingungen der Frequenz* $f=150$ MHz *angeregt. Aus der Helligkeit eines Lämpchens in seiner Mitte schließt man auf eine Stromstärke von* $I_{\text{eff}}=100$ mA.

a) Wie groß ist die Stromstärke im Dipol an den Stellen, die 25 cm *bzw.* 12,5 cm *von seinem Ende entfernt sind?*

△ *b) Die Anregungsfrequenz wird auf* $f_1=300$ MHz *erhöht. Wie groß ist jetzt die Stromstärke in der Mitte?*

2. *Der Schwingkreis eines Hochfrequenzgenerators besitzt die Kapazität* $C=4{,}8\,\text{pF}$ *und die Induktivität* $L=0{,}3\,\mu\text{H}$.
a) Welche Länge muß ein angekoppelter Sendedipol mindestens haben?
b) Mit diesem Sender werden elektromagnetische Wellen in einen Trog gestrahlt, der mit Alkohol gefüllt ist. Die Länge eines in die Flüssigkeit gebrachten Empfangsdipols kann durch übergeschobene Metallhülsen verändert werden. Bei einer Länge von 22 cm *tritt erstmals Resonanz ein. Wie groß ist demnach die Ausbreitungsgeschwindigkeit der elektromagnetischen Welle in Alkohol?*
c) Berechnen Sie die Dielektrizitätszahl ε_r *für Alkohol!*

3. *Zeichnen Sie entsprechend der Abb. 56.1 vier Momentbilder für den Fall, daß die Lecherdrähte um* $\lambda/4$ *verlängert und am Ende miteinander leitend verbunden sind!*

4. *Vergleichen Sie die elektromagnetischen Eigenschwingungen auf dem Lechersystem mit der schwingenden Luftsäule (Band MS Seite 280/81)! Welche mechanische Größe entspricht E, welche B?*

5. *Die Paralleldrähte eines Lechersystems werden in eine Isoliermasse eingebettet. Bei der Anregungsfrequenz* $f=434$ MHz *bildet sich eine stehende Welle aus. Eine über das Drahtsystem geführte Glimmlampe leuchtet in Abständen von je* 15 cm *maximal auf. Berechnen Sie die Dielektrizitätszahl* ε_r *der Isoliermasse!*

6. *Zeigen Sie, daß die Anregungsfrequenzen* f_k *für stehende elektromagnetische Wellen auf einer offenen Lecherleitung der Länge l die Bedingung* $f_k=(2k-1)\cdot c/4l$ $(k=1, 2, 3, \ldots)$ *erfüllen müssen!*
Stellen Sie die entsprechende Bedingung für eine abgeschlossene Lecherleitung der Länge l auf!

§ 13 Energiedichte und Strahlungsleistung bei der elektromagnetischen Welle

Wir greifen aus der elektromagnetischen Welle ein scheibenförmiges Stück heraus, das in der Ausbreitungsrichtung ($\vec{c}$) die Dicke Δx und senkrecht zu ihr die Fläche ΔA aufweist *(Abb. 57.1)*. In dem von uns betrachteten Augenblick herrsche im Punkt M der Scheibe die elektrische Feldstärke $\vec{E}$ und die magnetische Flußdichte $\vec{B}$. Die Energiedichte eines elektrischen Feldes beträgt:

$$\varrho_{el}=\tfrac{1}{2}\varepsilon_0\varepsilon_r E^2 \qquad \text{(Band E } \textit{Gl. 58.2}\text{);}$$

das magnetische Feld besitzt die Energiedichte

$$\varrho_{magn}=\frac{1}{2\mu_0\mu_r}B^2 \qquad \text{(Band E } \textit{Gl. 156.2}\text{).}$$

Bei einer elektromagnetischen Welle sind E und B durch die Gleichung $E=c\cdot B$ verknüpft. Also gilt hier

$$\varrho_{magn}=\frac{1}{2\mu_0\mu_r}\cdot\frac{E^2}{c^2}.$$

Da $c^2=\dfrac{1}{\varepsilon_0\varepsilon_r\mu_0\mu_r}$ ist, wird $\varrho_{magn}=\tfrac{1}{2}\varepsilon_0\varepsilon_r E^2=\varrho_{el}$.

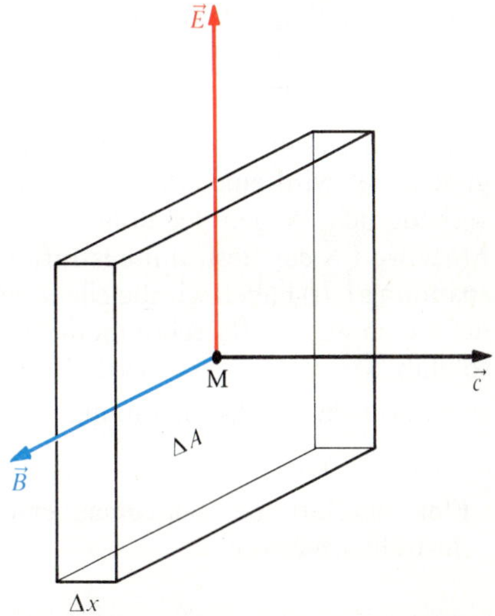

57.1 Aus der elektromagnetischen Welle wird ein scheibenförmiges Stück herausgegriffen. $\vec{E}$: momentane elektrische Feldstärke; $\vec{B}$: momentane magnetische Flußdichte

▽ An jeder Stelle der elektromagnetischen Welle sind also elektrische und magnetische Energiedichte gleich groß. Damit wird aufs neue bestätigt, daß sich elektrische und magnetische Felder bei der Ausbreitung der Welle gegenseitig erzeugen und so im Raum aufrecht erhalten (Aufgabe 2). Die momentane Energiedichte der Welle im Punkt M beträgt also insgesamt

$$\varrho_W(t) = \varrho_{el} + \varrho_{magn} = \varepsilon_0\, \varepsilon_r E^2(t).$$

Sie ist proportional zum Quadrat der elektrischen Feldstärke. Nun ist aber die ganze Scheibe von elektrischen und magnetischen Feldern erfüllt. Wir denken uns Δx und ΔA so klein, daß die im Innern der Scheibe vorhandenen Felder als homogen betrachtet werden dürfen. Die momentane Gesamtenergie im scheibenförmigen Volumelement $\Delta V = \Delta A \cdot \Delta x$ beträgt dann

$$\Delta W = \varrho_W \cdot \Delta V = \varepsilon_0\, \varepsilon_r \cdot E^2 \cdot \Delta A \cdot \Delta x.$$

Wir denken uns, diese mit Energie „gefüllte" Scheibe liege unmittelbar vor einer absorbierenden Wand. Da die Welle mit der Geschwindigkeit c fortschreitet, ist die Scheibe während der Zeit $\Delta t = \frac{\Delta x}{c}$ in die Wand geschlüpft und hat dabei ihre Energie abgegeben (die Wand soll absorbieren!). Die abgegebene Strahlungsleistung beträgt

$$P = \frac{\Delta W}{\Delta t} = \varepsilon_0\, \varepsilon_r E^2 \cdot \Delta A \cdot c \qquad \text{(Einheit: 1 Watt).} \qquad (58.1)$$

Die auf die Flächeneinheit bezogene Strahlungsleistung $\frac{P}{\Delta A}$ wird Bestrahlungsstärke S genannt (Einheit: 1 W/m²).

Definition: **Die Bestrahlungsstärke S einer bestrahlten Fläche ist der Quotient $S = \frac{P}{A}$ aus auftreffender Strahlungsleistung P (Einheit Watt) und der Größe A dieser Fläche.**

Aus *Gl. 58.1* folgt für die Bestrahlungsstärke bei senkrechtem Einfall:

$$S = \frac{P}{\Delta A} = \varepsilon_0 \varepsilon_r E^2 \cdot c. \qquad (58.2)$$

Dies ist die momentane Bestrahlungsstärke. Die im nächsten Augenblick nachfolgende „Energiescheibe" wird eine andere Feldstärke E enthalten; die Bestrahlungsstärke S ist also zeitlich veränderlich. Wegen der hohen Frequenz einer elektromagnetischen Welle mißt man nur den Mittelwert $\bar{S}$ der Bestrahlungsstärke. Zur Berechnung der mittleren Leistung $\bar{P}$ einer Wechselspannung $U(t)$ haben wir die effektive Spannung U_{eff} eingeführt (Band E Seite 164). Analog dazu definieren wir zur Berechnung der mittleren Bestrahlungsstärke $\bar{S}$ eine effektive Feldstärke E_{eff}, so daß $\bar{S} = \varepsilon_0 \cdot \varepsilon_r \cdot E_{eff}^2 \cdot c$ wird. Bei einem sinusförmigen Verlauf der Feldstärke gilt wie bei sinusförmiger Wechselspannung $E_{eff} = \hat{E}/\sqrt{2}$.

Eine sinusförmige elektromagnetische Welle erzeugt bei senkrechtem Einfall die mittlere Bestrahlungsstärke

$$\bar{S} = \tfrac{1}{2} \varepsilon_0 \varepsilon_r \hat{E}^2 \cdot c; \qquad \mathbf{(58.3)}$$

die mittlere Energiedichte der Welle beträgt

$$\bar{\varrho}_W = \tfrac{1}{2} \varepsilon_0 \varepsilon_r \hat{E}^2. \qquad \mathbf{(58.4)}$$

△

Gelegentlich spricht man auch von der Intensität einer Strahlung. Dieser Ausdruck ist kein festumrissener Begriff der Physik; wenn wir ihn verwenden, wollen wir unter Intensität die Bestrahlungsstärke S verstehen.

Bestrahlungsstärke und Energiedichte sind proportional zum Amplitudenquadrat $\hat{E}^2$.

Da für die elektromagnetische Welle stets $E = B \cdot c$ gilt, sind diese Größen auch zu $\hat{B}^2$ proportional.

Aufgaben:

1. *Die maximale elektrische Feldstärke einer sinusförmigen elektromagnetischen Welle betrage in einem Punkt P der Luft $\hat{E} = 30\,\mathrm{V/m}$.*
   a) Welchen Betrag hat an dieser Stelle die maximale Flußdichte $\hat{B}$ des magnetischen Feldes?
   b) Wie groß ist im Punkt P die Energiedichte des elektrischen bzw. des magnetischen Feldes?
   c) In P befinde sich ein Körper, dessen Stirnfläche $A = 5\,\mathrm{cm}^2$ beträgt und von der elektromagnetischen Welle 10 Minuten lang senkrecht bestrahlt wird. Dabei sollen 20 % der Strahlung absorbiert und in Wärme verwandelt werden. Welche Wärmemenge entsteht in dem Körper?
2. *Setzen Sie voraus, daß elektrische und magnetische Energiedichte der elektromagnetischen Welle gleich sind und daß $E = B \cdot c$ gilt. Leiten Sie damit die Gl. 50.1 her!*

§ 14 Radiowellen und Rundfunk

1. Historische Entwicklung

Im Jahr 1865 sagte *James Clerk Maxwell* aus mathematischen Überlegungen die Existenz elektromagnetischer Wellen voraus. Diese rein theoretische Erkenntnis hat zu technischen Entwicklungen geführt, die unser heutiges Leben tiefgreifend beeinflussen. Rundfunk, Fernsehen, Telefon und Fernschreiber im Interkontinentalverkehr, Flugsicherung, Radar, Fernsteuerung, Datenübermittlung von Raumsonden, ja sogar Farbfernsehübertragungen vom Mond und von Planeten sind der Maxwellschen Entdeckung und ihrer technischen Auswertung zu verdanken. Es dauerte noch über 20 Jahre, bis *Heinrich Hertz* 1886 in Karlsruhe der experimentelle Nachweis von elektromagnetischen Wellen gelang. *Maxwell* hat diese großartige Bestätigung seiner Theorie nicht mehr erlebt; er ist 1879 im Alter von 49 Jahren gestorben. *Heinrich Hertz* standen damals weder die Triode noch der Transistor zur Verfügung. Ein überspringender elektrischer Funke diente als Schalter, der den Senderschwingkreis automatisch immer wieder neu anstieß. Die Mitte des Hertzschen Empfangsdipols war unterbrochen. Dort entstand beim Empfang der elektromagnetischen Welle wiederum ein winziger Funke, der anzeigte, daß im Empfangsdipol Ströme fließen. Das Wort Rundfunk erinnert heute noch an die elektrischen Funken des historischen Hertzschen Versuchs. Der italienische Erfinder *Marconi* erkannte, daß sich die Hertzschen Wellen zur drahtlosen Übermittlung von Nachrichten verwenden lassen. 1895 gelang es ihm, die ersten drahtlosen Signale auf eine Entfernung von etlichen hundert Metern zu übertragen. 1901 glückte *Marconi* die erste Funkverbindung auf eine Strecke von 3540 km über den Atlantik hinweg. Die Signale entstanden dadurch, daß der Sender im Rhythmus von Morsezeichen ein- und ausgeschaltet wurde. Zur Gleichrichtung der hochfrequenten Ströme im Empfangsdipol entwickelte der Physiker *Fleming* 1904 die Hochvakuum-Diode. Im Jahr 1907 kam *Lee de Forest* auf die Idee, in die Flemingsche Diode ein Gitter einzubauen. Damit erhielt er die Triode, die auf der Senderseite die Meißnersche Rückkopplungsschaltung, auf der Empfängerseite eine Verstärkung der aufgefangenen Signale ermöglichte. Lange Zeit beherrschte die „Radioröhre" allein das Feld, bis im Jahr 1948 der Transistor erfunden wurde.

2. Amplitudenmodulation

Versuch 39: Wir wiederholen den Versuch 28 (Seite 42), führen aber die gesperrte Halbschwingung am Empfangsdipol statt dem Milliamperemeter einem Meßverstärker zu. Jetzt schlägt das Meßinstrument unseres Empfängers sogar aus, wenn er im Nachbarhaus aufgestellt wird.

Zur Übermittlung von Nachrichten genügt eine unverändert abgestrahlte elektromagnetische Welle nicht; sie muß ein *Signal* übertragen. Dies kann so geschehen, daß der Sender in einem gewissen Rhythmus ein- und ausgeschaltet wird. Wir vereinbaren zum Beispiel das sogenannte Morsealphabet: Kurz einschalten, anschließend lang einschalten (· –) soll den Buchstaben a bedeuten usw. Mit solchen Morsezeichen können wir die Welle **„modulieren"**. Im Empfänger läßt sich die Nachricht aus den rhythmischen Zeigerbewegungen des Meßinstrumentes wieder entschlüsseln. Statt des Morsealphabetes können wir natürlich auch andere Signale übertragen.

Versuch 40: Gemäß *Abb. 61.1* koppeln wir an den Schwingkreis des Hochfrequenzgenerators aus Versuch 22 (Seite 37) einen Sendedipol und schalten in die Basisleitung ein Kohlekörnermikrofon. In einiger Entfernung bringen wir einen Empfangsdipol an, dessen gleichgerichtete Ströme über einen Verstärker einem Lautsprecher zugeführt werden. Die Schwingungen einer vor das Mikrofon gehaltenen Stimmgabel ($f^* = 440$ Hz) ändern dessen Widerstand und damit den Basisstrom des Transistors periodisch. Dadurch wird die Energiezufuhr zum Schwingkreis und entsprechend auch die Amplitude der hochfrequenten Senderschwingung 440mal in der Sekunde vergrößert und verkleinert. Im Empfangsdipol entstehen dann Wechselströme der *Senderhochfrequenz* f (z.B. $f = 434$ MHz), deren Amplituden mit der *Niederfrequenz* $f^* = 440$ Hz schwanken.

Das bisher zum Nachweis benutzte Drehspulinstrument konnte nur ansprechen, wenn der im Empfangsdipol fließende hochfrequente Wechselstrom durch eine Diode gleichgerichtet wurde. Der Ausschlag des Instrumentes war dann etwa proportional zur Amplitude dieses Wechselstromes. Der Lautsprecher verhält sich ebenso: Seine träge Membran kann der Hochfrequenzschwingung nicht folgen und stellt sich auf deren Mittelwert Null *(Abb. 61.2)* ein. Der Mittelwert der *gleichgerichteten* hochfrequenten Schwingung ist dagegen nicht Null, sondern proportional zur Amplitude des modulierten hochfrequenten Wechselstroms. Dieser Mittelwert schwankt nach *Abb. 61.3* im Rhythmus der Niederfrequenz; ihr kann die träge Membrane folgen. Allerdings sind die im Empfangsdipol fließenden elektrischen Ströme für den Betrieb eines Lautsprechers *viel* zu schwach. Man benutzt sie deshalb lediglich zur Steuerung eines Verstärkers, der dann den Lautsprecher betreibt. Wenn man also dem Lautsprecher die gleichgerichtete (und verstärkte) Hochfrequenzschwingung zuführt, erfährt seine Membrane Aus-

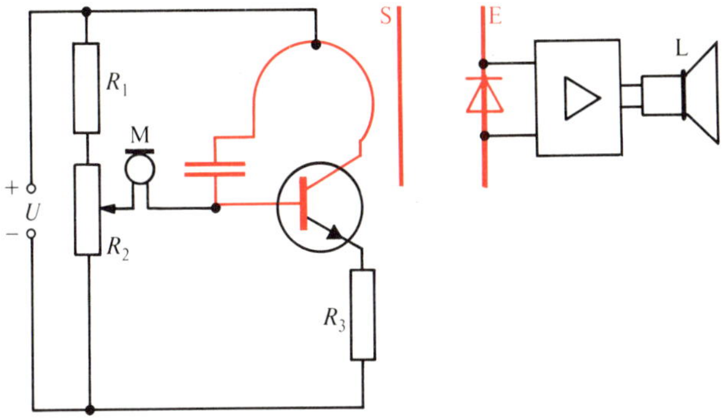

61.1 Drahtlose Übertragung von Sprache und Musik. M: Kohlekörnermikrofon; S: Sendedipol; E: Empfangsdipol; L: Lautsprecher

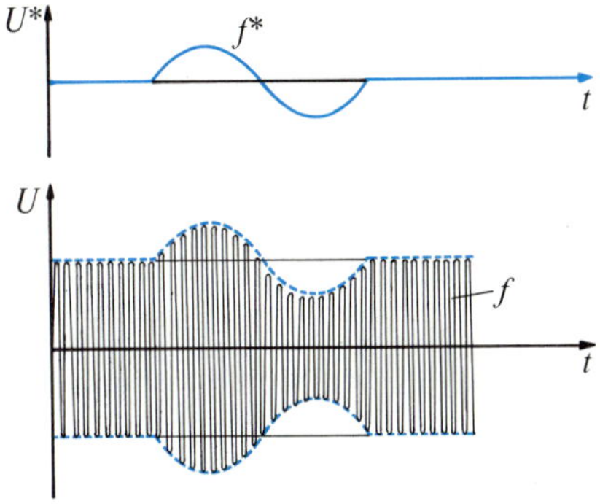

61.2 Mit der Niederfrequenz f^* modulierte hochfrequente Schwingung; ihr Mittelwert ist Null.

lenkungen, die proportional zur Amplitude des modulierten hochfrequenten Wechselstroms sind. Bei unserem Versuch ändert sich diese Amplitude periodisch mit der Niederfrequenz $f^* = 440$ Hz: Der Lautsprecher gibt den vom Sendermikrofon aufgenommenen Ton der Stimmgabel wieder! Die *Hochfrequenzschwingung* nennt man auch **Trägerfrequenz,** da sie die *Niederfrequenz* „trägt". Deutlich läßt sich die Amplitudenmodulation auch mit dem t-y-Schreiber darstellen *(Abb. 61.4).*

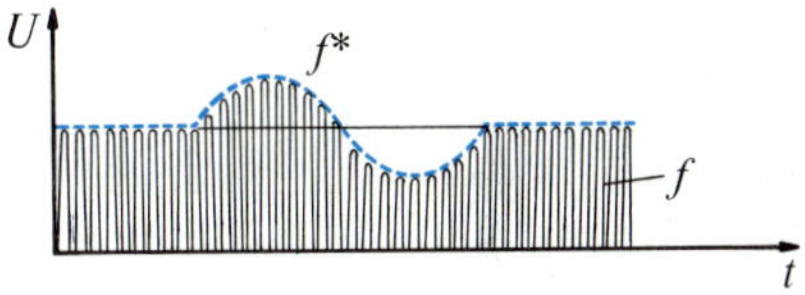

61.3 Mit der Niederfrequenz f^* modulierte und gleichgerichtete hochfrequente Schwingung; ihr Mittelwert ist proportional zur Amplitude der modulierten Hochfrequenzschwingung.

Der elektromagnetischen Welle mit der hohen Trägerfrequenz f wird durch Amplitudenmodulation im Sender die Tonfrequenz f^* aufgeprägt. Der Empfangsdipol nimmt Energie aus der modulierten Welle auf. Die in ihm entstehenden hochfrequenten Wechselströme werden gleichgerichtet (Demodulation) und i.a. noch verstärkt.

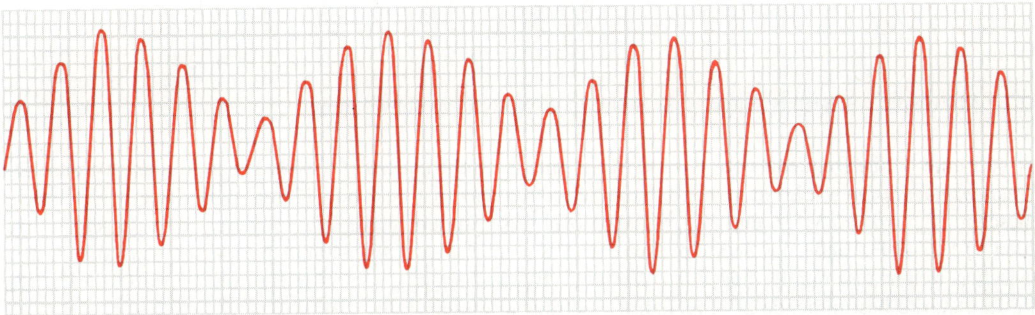

61.4 Mit dem t-y-Schreiber aufgezeichnete amplitudenmodulierte Schwingung

Wenn die sinusförmige Senderschwingung der Frequenz f nicht moduliert ist, fließt im Empfangsdipol der hochfrequente Wechselstrom $I(t) = \hat{I} \sin \omega t$ mit der konstanten Amplitude $\hat{I}$ und $\omega = 2\pi f$. Die *Amplitudenmodulation* erfolgt so, daß zu dieser konstanten Amplitude $\hat{I}$ die sinusförmige Niederfrequenzschwingung $\hat{I}^* \sin\omega^* t$ mit $\omega^* = 2\pi f^*$ addiert wird; dabei entsteht die zeitlich veränderliche Amplitude $\hat{I} + \hat{I}^* \sin\omega^* t$. Im Empfangsdipol fließt dann der Wechselstrom $I(t) = (\hat{I} + \hat{I}^* \sin\omega^* t) \cdot \sin\omega t$ oder

$$I(t) = \hat{I} \sin\omega t + \hat{I}^* \sin\omega^* t \cdot \sin\omega t.$$

Wir wenden die Formel $\cos\alpha - \cos\beta = -2 \sin\frac{\alpha-\beta}{2} \sin\frac{\alpha+\beta}{2}$ an und setzen $\frac{\alpha-\beta}{2} = \omega^* t$; $\frac{\alpha+\beta}{2} = \omega t$. Dann erhalten wir

$$I(t) = \hat{I} \sin\omega t + \tfrac{1}{2} \hat{I}^* \cos(\omega - \omega^*) t - \tfrac{1}{2} \hat{I}^* \cos(\omega + \omega^*) t.$$

Der durch die Amplitudenmodulation im Empfangsdipol entstehende Wechselstrom läßt sich demnach als Summe dreier hochfrequenter sinusförmiger Wechselströme darstellen. Der erste schwingt mit der *Trägerfrequenz* f, die beiden anderen mit den von f etwas verschiedenen Frequenzen $f - f^*$ und $f + f^*$. Ist z.B. $f = 500$ kHz, ferner $f^* = 10$ kHz (ein sehr hoher Ton der akustischen Skala, an der Grenze des musikalisch benutzten Bereichs), so weichen die beiden *Seitenfrequenzen* $f - f^*$ bzw. $f + f^*$ um 2% gegen die Trägerfrequenz ab. Diese Seitenfrequenzen werden vom Empfänger ebenfalls aufgenommen, denn der Empfangsdipol reagiert nicht nur auf seine Eigenfrequenz $f_0 = \frac{c}{2l}$, sondern läßt sich auch von Frequenzen, die etwas von f_0 abweichen, zu erzwungenen Schwingungen anregen.

Eine amplitudenmodulierte elektromagnetische Welle besitzt im allgemeinen ein aus vielen Seitenfrequenzen bestehendes *Frequenzband*. Es enthält Frequenzen zwischen $f - f^*_{max}$ und $f + f^*_{max}$, hat also die *Bandbreite* $\Delta f = 2 \cdot f^*_{max}$.

3. Frequenzmodulation

Um der elektromagnetischen Welle ein Signal aufzuprägen, kann man statt der Amplitude auch ihre *Frequenz* im Rhythmus des zu übertragenden Tones periodisch ändern. Die Amplitude bleibt dabei konstant *(Abb. 62.1)*.

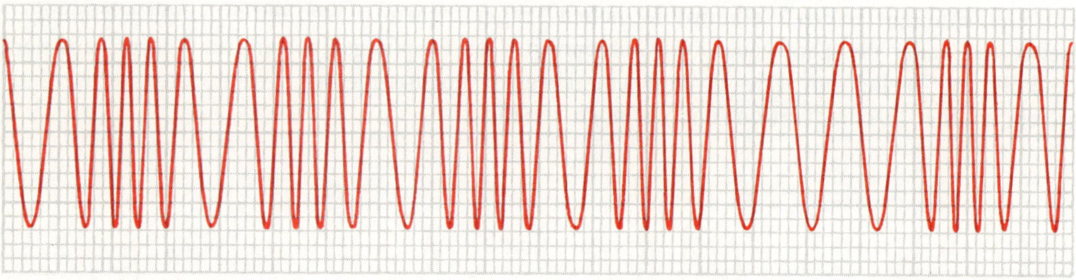

62.1 Mit dem t-y-Schreiber aufgezeichnete frequenzmodulierte Schwingung

Es soll eine Trägerfrequenz von $f = 100$ MHz mit der Tonfrequenz $f^* = 440$ Hz moduliert werden. Die *Frequenzmodulation* erfolgt dann so, daß die Sendefrequenz in 1 Sekunde 440mal periodisch beispielsweise zwischen $f_{min} = 99{,}95$ MHz und $f_{max} = 100{,}05$ MHz abgeändert wird. Ein stärkerer Ton derselben Frequenz $f^* = 440$ Hz ließe die Sendefrequenz in 1 Sekunde wiederum 440mal periodisch schwanken, aber zwischen weiter auseinander liegenden Werten, z.B. zwischen $f_{min} = 99{,}94$ MHz und $f_{max} = 100{,}06$ Hz. Der die Lautstärke bestimmende „Frequenzhub" beträgt in diesem Fall $\pm 0{,}06$ MHz.

Im Empfänger, der auf die Frequenz f_0 abgestimmt ist, ruft eine Frequenz $f = f_0$ maximale Wechselströme hervor. Je mehr f von f_0 abweicht, desto schwächer ist der Empfangsstrom (Resonanzkurve!). Die frequenzmodulierte Welle erzeugt also wie die amplitudenmodulierte Welle im Empfänger eine periodische Änderung der Amplitude des Wechselstroms. *Abb. 62.1* zeigt eine frequenzmodulierte Schwingung. (Vgl. mit *Abb. 61.4*, in der eine amplitudenmodulierte Schwingung aufgezeichnet ist.)

Die gute Qualität des **UKW-Empfangs** ist u.a. der Frequenzmodulation zu verdanken, die dort angewandt wird. Da Störungen (z.B. durch Funken) i.a. die Amplitude und nicht die Frequenz beeinflussen, sind frequenzmodulierte Wellen wenig störanfällig.

4. Frequenzbereiche

Die vielen Rundfunk- und Fernsehsender auf der ganzen Erde schicken eine Unzahl von elektromagnetischen Wellen in den Raum. Damit sie auseinandergehalten werden können, ist jedem Sender eine bestimmte Trägerfrequenz zugeteilt. Man unterscheidet folgende Frequenzbereiche:

a) Rundfunk

Langwellen (LW):	$150\,\text{kHz} < f < 285\,\text{kHz}$;	also	$2000\,\text{m} > \lambda > 1050\,\text{m}$;
Mittelwellen (MW):	$535\,\text{kHz} < f < 1605\,\text{kHz}$;	also	$560\,\text{m} > \lambda > 187\,\text{m}$;
Kurzwellen (KW):	$6\,\text{MHz} < f < 21{,}4\,\text{MHz}$;	also	$50\,\text{m} > \lambda > 14\,\text{m}$;
Ultrakurzwellen (UKW):	$87\,\text{MHz} < f < 100\,\text{MHz}$;	also	$3{,}45\,\text{m} > \lambda > 3{,}00\,\text{m}$.

b) Fernsehen

Band I:	$41\,\text{MHz} < f < 68\,\text{MHz}$;	also	$7{,}3\,\text{m} > \lambda > 4{,}4\,\text{m}$;
Band II:	siehe UKW;		
Band III:	$174\,\text{MHz} < f < 230\,\text{MHz}$;	also	$1{,}72\,\text{m} > \lambda > 1{,}30\,\text{m}$;
Band IV und V:	$470\,\text{MHz} < f < 790\,\text{MHz}$;	also	$0{,}64\,\text{m} > \lambda > 0{,}38\,\text{m}$.

Die übrigen Bereiche sind den vielfältigen Aufgaben von Fernsprecher, Fernschreiber, Nautik, Flugdienst, Radar, Amateurfunk usw. vorbehalten.

Wenn man **Langwellen** mit einem Dipol optimal abstrahlen will, sollte dieser Längen bis zu $l = \frac{\lambda}{2} = 1000\,\text{m}$ aufweisen. Eine Verkürzung auf $l = \frac{\lambda}{4}$ erreicht man dadurch, daß man den Dipol halbiert und das untere Ende dieser $\frac{\lambda}{4}$-Antenne leitend mit der Erde verbindet (eingebaute Spulen erlauben eine weitere Verkürzung). Dies bringt noch einen weiteren Vorteil: Die elektromagnetischen Wellen werden an der Erdoberfläche entlang geführt und können so der Erdkrümmung folgen *(Abb. 63.1)*.

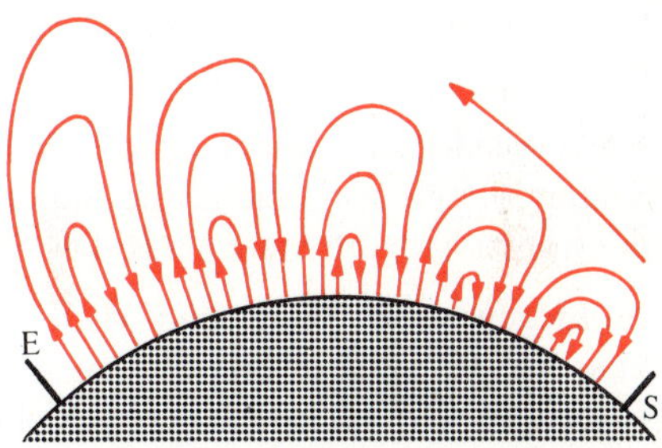

63.1 Elektrisches Feld von an der Erdoberfläche geführten Langwellen

5. Empfang von Radiowellen

Versuch 41: *Abb. 63.2* zeigt die Schaltung des einfachsten *Mittelwellenempfängers.* Ein ausgespannter Draht AB dient als Antenne. Die elektrischen Wechselfelder der am Erdboden entlanglaufenden Welle erzeugen zwischen Antenne und Erde Wechselspannungen, die zu Wechselströmen in der Antennenspule Sp führen. Aus dem Gemisch der von verschiedenen Sendern herrührenden Hochfrequenz-Schwingungen wird die

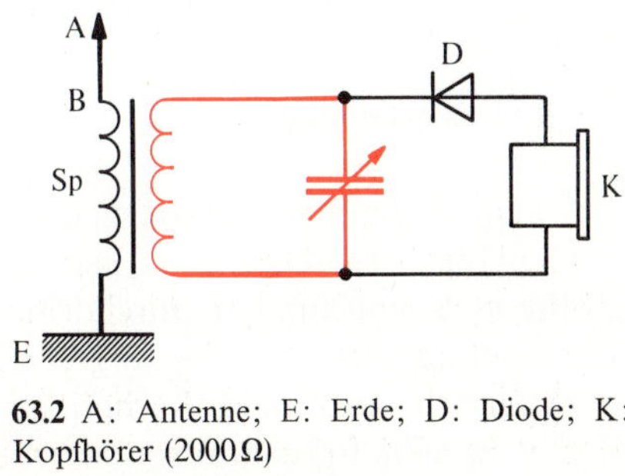

63.2 A: Antenne; E: Erde; D: Diode; K: Kopfhörer (2000 Ω)

Trägerfrequenz des gewünschten Senders im induktiv angekoppelten Schwingkreis durch Resonanz herausgehoben. Am Drehkondensator kann die Eigenfrequenz des Schwingkreises verändert und damit ein anderer Sender eingestellt werden. Der auf diese Weise ausgesonderte Hochfrequenzstrom wird in der Diode gleichgerichtet und dem Kopfhörer zugeführt. Dieser wird allein mit der Energie betrieben, welche die Empfangsantenne der elektromagnetischen Welle entzieht. Das ist eine Bestätigung dafür, daß die Radiowelle Energie transportiert.

Versuch 42: Der Empfang wird lautstärker, wenn man die aufgefangene Energie zur Steuerung eines Transistors benutzt *(Abb. 64.1)*. Bei diesem einfachen *Transistorempfänger* wird der Arbeitspunkt des Transistors mit Hilfe des Widerstands R so eingestellt, daß nur die positive hochfrequente Halbschwingung den Kollektorstrom ändert. Damit bewirkt der Transistor nicht nur eine Verstärkung, sondern auch die Demodulation. Der Kondensator C läßt die hochfrequente Schwingung durch, hält aber Gleichströme aus der Batterie vom Schwingkreis fern.

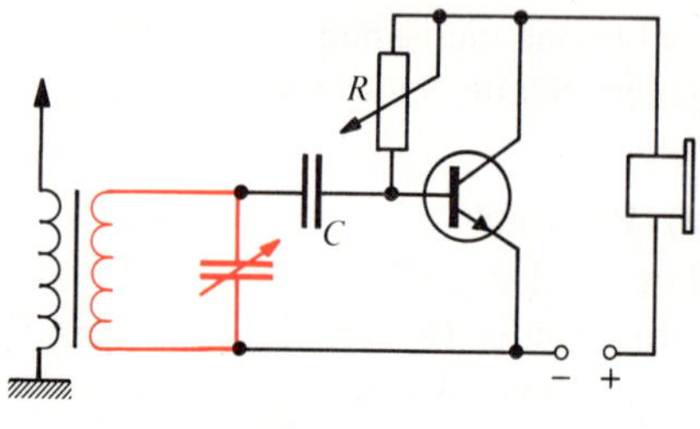

64.1 Einfacher Transistorempfänger

Tabelle 64.1 Trägerfrequenzen verschiedener Mittelwellensender

S.F.B.	566 kHz
Stuttgart	575 kHz
Wien	584 kHz
Frankfurt	593 kHz

Die Sendefrequenzen sind so eingeteilt, daß zwischen zwei Mittelwellensendern ein Frequenzunterschied von 9 kHz bleibt *(Tabelle 64.1)*. Damit sich zwei Sender nicht stören, darf die Bandbreite nicht größer als 9 kHz sein. Für ein Seitenband bleiben also 4,5 kHz übrig; die höchsten von einem Mittelwellensender übertragenen Tonfrequenzen dürfen demnach 4500 Hz nicht übersteigen (höchster Ton des Klaviers: ca. 4200 Hz). Diese Bandbreite beträgt etwa 1 % der Trägerfrequenz.

UKW-Sender sind frequenzmoduliert; sie besitzen einen Frequenzhub von ca. 75 kHz. UKW-Sender weisen also eine große Bandbreite auf; doch macht diese nur einen geringen Bruchteil der hohen Trägerfrequenz aus. Die Sendefrequenzen können deshalb relativ dicht liegen.

Im Gegensatz zu Lang- und Mittelwellen werden **Kurzwellen** und **Ultrakurzwellen (UKW)** als freie Wellen ausgestrahlt, also nicht an der Erdoberfläche entlanggeführt. Kurzwellen werden jedoch an den verschiedenen Schichten der Ionosphäre reflektiert. Diese umgibt die Erde in 100 km bis 500 km Höhe; sie entsteht dadurch, daß ultraviolette Sonnenstrahlung dort die dünne Luft teilweise ionisiert und sie damit durch freigewordene Elektronen zum Reflektor für Kurzwellen macht. Kurzwellen werden also in großer Höhe wieder auf die Erde reflektiert; sie können auf diese Weise große Entfernungen überbrücken. Die Sender von Satelliten und Raumsonden arbeiten mit **Dezimeterwellen,** da diese die Ionosphäre durchdringen können.

6. Radioastronomie

Aus dem Weltall, von Fixsternen und von der Sonne kommen elektromagnetische Wellen mit Wellenlängen zwischen 20 m und 0,02 m (KW, UKW, Mikrowellen) zur Erde. Da sie Wolken größtenteils ungehindert durchdringen, kann man sie unabhängig vom Wetter und von der Tageszeit auf der Erde empfangen und *astronomisch* auswerten. Durch diese „*Radioastronomie*" erfahren wir auch von Radioquellen im Weltraum, die optisch nicht erfaßbar sind. Sie erschließt neue Erkenntnisse über Sternsysteme im fernen Weltraum, aber auch über die Natur unserer Milchstraße und des Geschehen auf der Sonne. *Abb. 65.1* zeigt das *Radioteleskop Effelsberg (Eifel).* Der parabolische Metallspiegel sammelt die ankommenden Wellen im Brennpunkt. Dort werden sie von Dipolen empfangen und dann an Verstärker weitergeleitet. Der Parabolspiegel besitzt einen Durchmesser von 100 m. Ähnliche Reflektoren kleineren Ausmaßes werden in der drahtlosen Telefonie und beim Radar, sowie zur Funkübertragung durch *Fernmeldesatelliten* verwendet.

Es gibt auch natürliche Radiostrahlung aus der Atmosphäre: Die mit *Gewittern* verbundenen elektrischen Entladungen senden starke elektromagnetische Störungen im Lang- und Mittelwellenbereich aus.

65.1 Radioteleskop Effelsberg des Max-Planck-Instituts für Radioastronomie, zur Zeit das größte Radioteleskop der Welt

§ 15 Zentimeterwellen (Mikrowellen)

1. Erzeugung von Zentimeterwellen

Die bis jetzt behandelten elektromagnetischen Wellen sind durch hochfrequente Wechselströme in Schwingkreisen erzeugt worden, deren Energienachschub durch Röhren- oder Transistorschaltungen gesteuert wird. In Versuch 23 (Seite 37) haben wir die frequenzbestimmenden Größen auf ein Maß herabgedrückt, das nicht mehr wesentlich verkleinert werden kann. Der Eigenfrequenz einer solchen Schwingkreisschaltung sind also Grenzen gesetzt, die bei etlichen hundert Megahertz liegen. Die entsprechenden Wellenlängen haben die Größenordnung von Dezimetern. In einer besonderen Vakuumröhre, dem sogenannten **Klystron,** können Elektronenströme erzeugt werden, deren Ladungsdichte mit Frequenzen über 1 Gigahertz (1 GHz $=10^9$ Hz) periodisch wechselt. Dem Physiker *Gunn* ist es gelungen, eine Kombination aus Halbleitern – die sogenannte Gunn-Diode – zu konstruieren, deren Ladungsträger sich zu Schwingungen im Gigahertz-Bereich aufschaukeln lassen.

Mit dem Klystron oder der Gunn-Diode können elektromagnetische Wellen erzeugt werden, deren Wellenlänge etliche Zentimeter beträgt. Zur Abstrahlung solcher **Mikrowellen** wird statt des Dipols ein trichterförmig geöffneter *Resonanzhohlraum* benutzt. Wenn wir uns vergegenwärtigen, daß der Dipol die Aufgabe hat, die schwingenden elektrischen und magnetischen Felder zu führen sowie ihre Frequenz und Orientierung zu bestimmen, wird uns klar, daß ein Hohlraum mit entsprechenden Ausmaßen demselben Zweck dienen kann. Der an den Hohlraum anschließende Trichter strahlt die Zentimeterwellen als verhältnismäßig schmales Strahlenbündel ab. Der Empfänger besteht aus einer Hochfrequenzdiode, deren Länge etwa $\lambda/2$ ist; sie stellt sowohl Empfangsdipol als auch Gleichrichter dar. Die an der Diode entstehende gleichgerichtete Spannung führen wir einem Meßverstärker zu. Zur Erhöhung der Empfangs- und Richtungsempfindlichkeit kann vor die Empfangsdiode ein Trichter gesetzt werden. Eine im Abstand $\lambda/4$ hinter der Empfangsdiode angebrachte Reflexionsplatte hat dieselbe Wirkung.

2. Ausbreitung der Zentimeterwelle; Messung der Wellenlänge

In den folgenden Versuchen werden wir weitere Eigenschaften elektromagnetischer Wellen kennenlernen, die wegen der kleinen Wellenlänge bei Zentimeterwellen besonders gut beobachtet werden können.

Versuch 43: Wir bringen den richtungsempfindlichen Empfänger (Diode mit Trichter bzw. Reflexionsplatte) etwa 50 cm vor den Mikrowellensender. Durch seitliches Verschieben des Empfängers stellen wir fest, daß der Sender ein ziemlich gut begrenztes Wellenbündel aussendet *(Abb. 66.1)*.

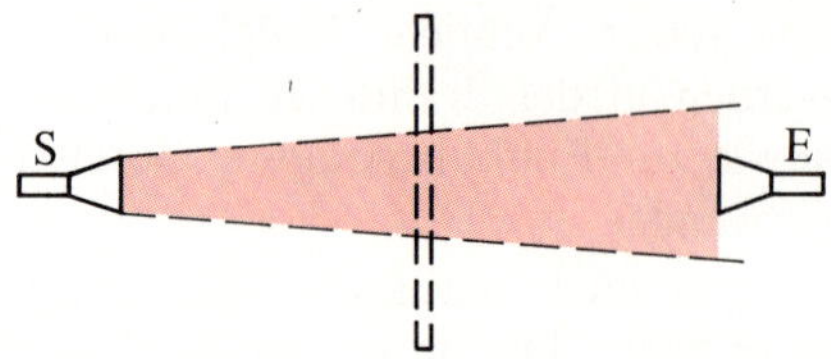

66.1 Enge Bündelung der Zentimeterwellen; Durchlässigkeit und Undurchlässigkeit von Stoffen

Versuch 44: Wir schieben zwischen Sender und Empfänger verschiedene Stoffe *(Abb. 66.1)*. Schon eine dünne Metallfolie unterbricht den Wellenstrahl. Dagegen sind Nichtleiter wie Holz, Glas, Plexiglas und andere Kunststoffe für die elektromagnetische Welle weitgehend durchlässig; sie reflektieren aber auch einen Teil der Welle.

Versuch 45: Die Reflexion elektromagnetischer Wellen an einer Metallwand läßt sich mit den gebündelten Zentimeterwellen besonders gut zeigen *(Abb. 66.2)*. Durch Drehen der reflektierenden Metallwand können wir das Reflexionsgesetz nachweisen. Es besagt, daß Einfallswinkel und Reflexionswinkel bei maximalem Empfang gleich sind.

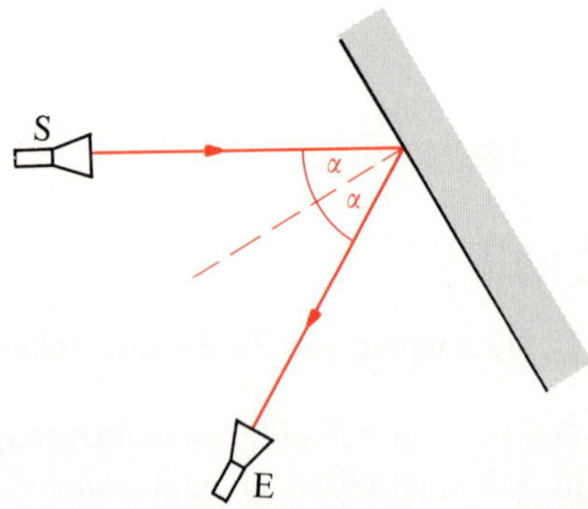

66.2 Reflexion bei Zentimeterwellen

Versuch 46: Zur Messung der Wellenlänge erzeugen wir entsprechend dem Versuch 31 auf Seite 43 durch Reflexion an einer Metallwand stehende Wellen. Bewegen wir den Diodendipol (ohne Trichter) auf die Wand zu, so registrieren wir abwechselnd Minima und Maxima des Empfangs. Aus dem Abstand $d=\frac{\lambda}{2}=1{,}6\,\text{cm}$ zweier benachbarter Minima erhalten wir für die Wellenlänge der Mikrowelle $\lambda=3{,}2\,\text{cm}$. Wir können den Empfangsdipol mit Hilfe eines langsam laufenden Motors durch das Wellenfeld ziehen und als Meßinstrument den *t-y*-Schreiber anschließen *(Abb. 66.3)*.

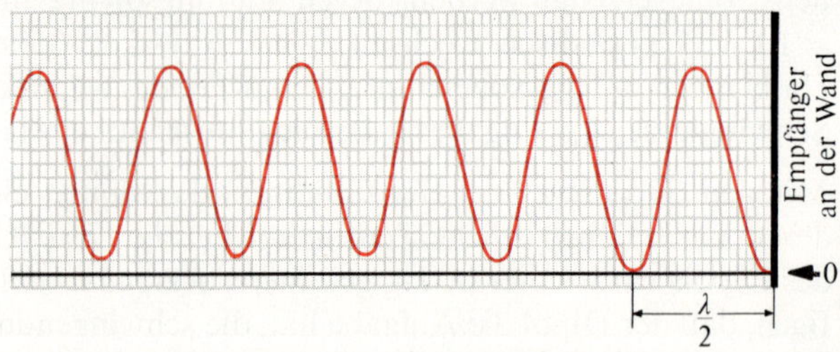

66.3 Mit dem *t-y*-Schreiber registrierte Maxima und Minima der Intensität längs einer stehenden Mikrowelle

3. Polarisation

Versuch 47: Wir weisen die Polarisation der vom Sender S kommenden Welle nach, indem wir den Empfänger E um die Achse SE drehen *(Abb. 67.1)*. Zeigt der Diodendipol in Richtung des

$\vec{E}$-Vektors der Welle, erhalten wir maximalen Empfang; stehen Sender und Empfänger „gekreuzt", so spricht der Empfänger nicht an.

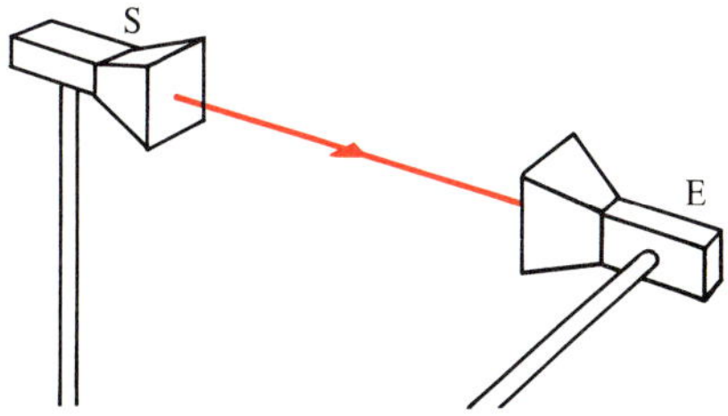

67.1 Polarisation bei Zentimeterwellen. Sender S und Empfänger E stehen gekreuzt.

Versuch 48: Eine interessante Variante des Versuchs 45 ergibt sich, wenn wir statt der Metallwand ein Gitter aus Metallstäben verwenden, die sehr viel länger als der Dipol sind. Die Stäbe wirken wie eine reflektierende Metallwand, wenn sie nach *Abb. 67.2* parallel zum $\vec{E}$-Vektor der Welle angeordnet sind. Ein hinter den Stäben angebrachter Empfänger zeigt, daß in dieser Lage keine Welle durchgelassen wird. Drehen wir das Drahtgitter um 90° *(Abb. 67.3)*, so findet keine Reflexion mehr statt; dagegen stellen wir jetzt hinter dem Gitter fast ungeschwächten Empfang fest.

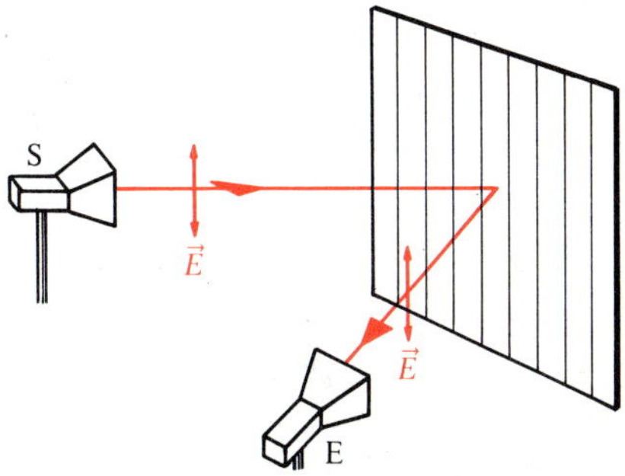

67.2 Die Gitterstäbe wirken wie eine reflektierende Wand.

In der Lage nach *Abb. 67.2* werden die Elektronen von den elektrischen Wechselfeldern der Welle zu erzwungenen Schwingungen in Längsrichtung der Stäbe angeregt. Nun stellen die Stäbe des Gitters Dipole dar, deren Eigenfrequenz wegen ihrer Länge wesentlich kleiner als die Anregungsfrequenz der Mikrowelle ist. Wie wir aus Versuch 12 (Seite 31) wissen, erfolgen beim Schwingkreis erzwungene Schwingungen mit einer Phasenverschiebung von 180° gegenüber der Erregerschwingung, falls seine Eigenfrequenz wesentlich unter der Erregerfrequenz liegt. Offenbar verhält sich der Dipol auch in dieser Hinsicht wie ein Schwingkreis: Die vom Sender kommenden und die mit den erzwungenen Schwingungen verknüpften elektrischen Felder sind an den Gitterstäben um 180° phasenverschoben. Die Stäbe senden dabei elektromagnetische Wellen aus, die hinter dem Gitter dieselbe Ausbreitungsrichtung besitzen wie die vom Sender kommenden Wellen. Wegen der Gegenphasigkeit löschen sie sich dort an jedem Punkt in beliebiger Entfernung aus. Nach dem Energieerhaltungssatz können die Wellen aber nicht spurlos verschwinden: Nur ein kleiner Teil der Energie erzeugt Stromwärme in den Gitterstäben, der größte Anteil wird reflektiert.

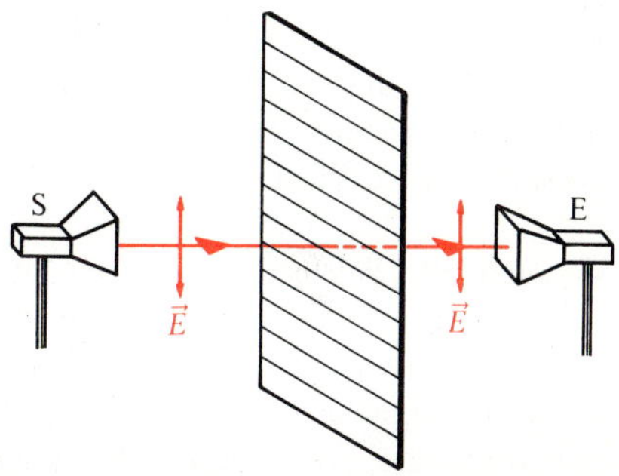

67.3 Bei dieser Lage der Gitterstäbe wird die Welle nicht reflektiert, sondern durchgelassen.

Wie wir aus Versuch 47 wissen, werden in den um 90° gedrehten Dipolstäben keine Schwingungen erregt; es entstehen also auch keine *Sekundärwellen.* Die vom Mikrowellensender kommende Welle wird also weder reflektiert noch hinter dem Gitter ausgelöscht: Sie geht ungestört durch.

Wenn wir in Gedanken die Zahl der Gitterstäbe unbegrenzt vermehren, so daß sie immer dichter zusammenrücken, können wir unsere vorigen Überlegungen auch auf die Reflexion der elektromagnetischen Welle an einer *Metallplatte* übertragen. Da sich an der Metallwand die eintreffenden und die von dort reflektierten elektrischen Felder in jedem Augenblick aufheben, besitzt das E-Feld der durch Reflexion gebildeten stehenden Welle an der Wand einen *Knoten.*

Da sich bei der Reflexion der $\vec{E}$-Vektor und der Geschwindigkeitsvektor $\vec{c}$ umkehren, haben die $\vec{B}$-Vektoren der ankommenden und der reflektierten Welle unmittelbar an der Wand dieselbe Richtung, verstärken sich also *(Abb. 68.1).*

Das Magnetfeld der stehenden elektromagnetischen Welle besitzt deshalb an der reflektierenden Wand einen *Bauch.* Wir haben diese merkwürdige Erscheinung in Versuch 31 (Seite 44) bereits festgestellt; nun besitzen wir eine Erklärung dafür.

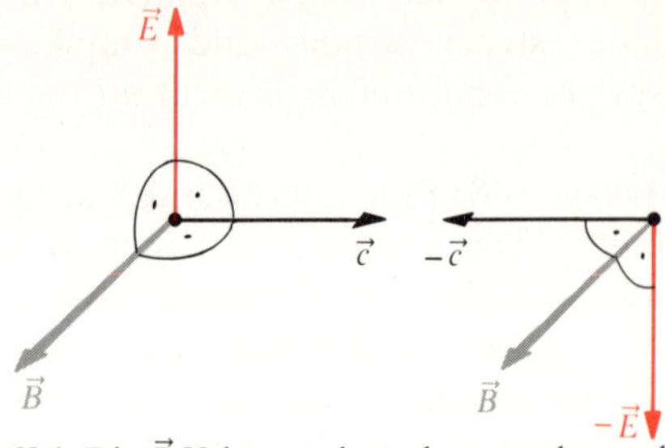

68.1 Die $\vec{B}$-Vektoren der ankommenden und der reflektierten Welle verstärken sich.

Versuch 49: Wir bringen zwischen Mikrowellensender S und Empfänger E das Drahtgitter so an, daß seine Metallstäbe senkrecht zum $\vec{E}$-Vektor verlaufen, die Welle also durchgelassen wird. Wenn wir nun das Gitter nach *Abb. 68.2* um die Achse SE drehen, machen wir zwei Beobachtungen:

a) Um jeweils den maximalen Empfang zu erhalten, müssen wir den Empfänger so mitdrehen, daß der Diodendipol stets senkrecht zu den Gitterstäben gerichtet ist.

b) Der maximale Empfang wird dabei schwächer.

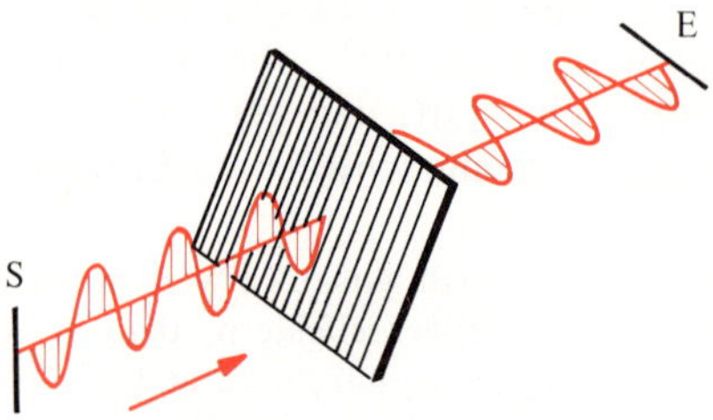

68.2 Mit dem Drahtgitter kann die Polarisationsebene der Welle gedreht werden.

Zur Erklärung betrachten wir die momentan im Punkt P eines Gitterstabes herrschende elektrische Feldstärke $\vec{E}$ der vom Sender kommenden Welle *(Abb. 68.3).* Wir zerlegen den Vektor $\vec{E}$ in die Komponenten $\vec{E}_1$ in Stabrichtung und $\vec{E}_2$ senkrecht dazu, können also $\vec{E}$ ausstreichen und durch $\vec{E}_1$ und $\vec{E}_2$ ersetzen. $\vec{E}_1$ wird nach Versuch 48 vom Stab nicht durchgelassen, während $\vec{E}_2$ ungestört fortschreiten kann. Statt $\vec{E}$ wandert also $\vec{E}_2$ zum Empfänger. Damit sind beide Beobachtungen erklärt.

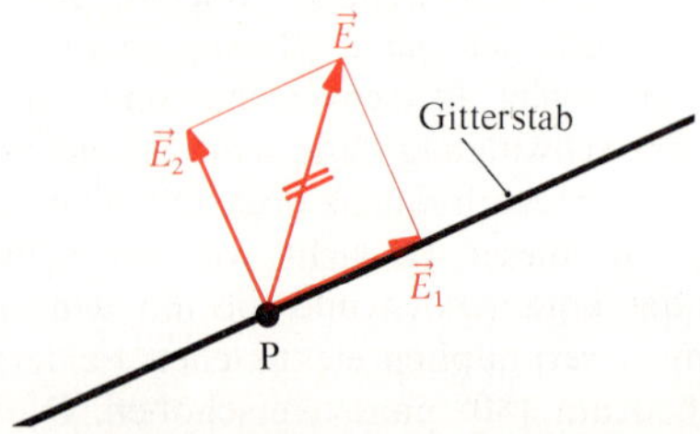

68.3 Der $\vec{E}$-Vektor wird in die Komponenten $\vec{E}_1$ und $\vec{E}_2$ zerlegt.

Versuch 50: Wir stellen Sender und Empfänger „gekreuzt“ auf, so daß der Empfangsdipol nicht angeregt wird. Wenn wir nun das Drahtgitter schräg zum $\vec{E}$-Vektor in das Wellenbündel bringen, spricht der Empfänger an. Die Erklärung ergibt sich aus dem vorigen Versuch: Wir betrachten dazu nochmals die *Abb. 68.3:* Der waagerechte Empfangsdipol kann vom senkrecht auf ihm stehenden Vektor $\vec{E}$ nicht angeregt werden. Das Drahtgitter bewirkt nun, daß nicht $\vec{E}$, sondern $\vec{E}_2$ beim Empfänger ankommt. $\vec{E}_2$ besitzt aber eine Komponente in Richtung des Empfangsdipols, so daß dieser angeregt wird. – *Heinrich Hertz* hat bei seinen Versuchen bereits ein solches Drahtgitter benutzt. Es wird deshalb auch *Hertzsches Gitter* genannt.

4. Beugung elektromagnetischer Wellen

Versuch 51: Der richtungsempfindliche Empfänger E wird gemäß *Abb. 68.4* so aufgestellt, daß er von dem Wellenbündel, das der Sender S abstrahlt, nicht mehr getroffen wird. Wenn wir jetzt nach *Abb. 69.1* in den Weg des Wellenbündels zwei Metallplatten bringen, die einen Spalt von etwa 2 cm Breite freilassen, spricht

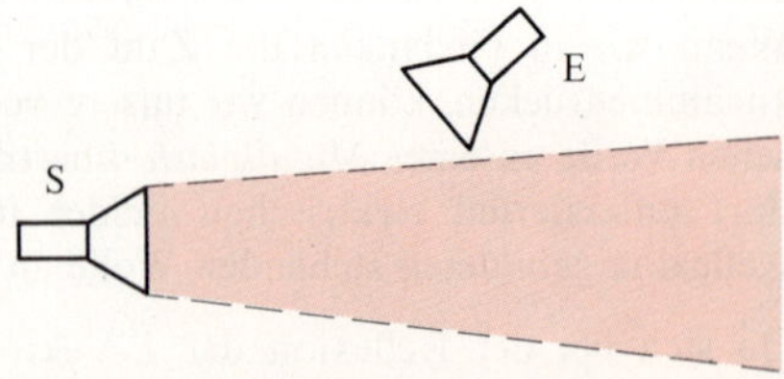

68.4 Der Empfänger E steht außerhalb des von S ausgesandten Wellenbündels.

der Empfänger an, obwohl er vorher außerhalb des Bündels stand. Durch diese Anordnung wird aus dem Wellenbündel am Spalt ein schmaler Bereich ausgeblendet. Die im Spalt schwingenden elektrischen und magnetischen Wechselfelder wirken ähnlich wie die Felder eines Sendedipols und bilden das Zentrum einer sich hinter der Blende kreisförmig ausbreitenden elektromagnetischen Elementarwelle. Während die Welle zwischen Sender und Spalt nur in einer Richtung fortschreitet, geht sie hinter der Blende radial nach allen Richtungen des Halbraumes weiter. Eine solche **Beugung am Spalt** und das sie deutende **Huygenssche Prinzip** haben wir bereits bei Wasserwellen kennengelernt *(Abb. 69.2)*.

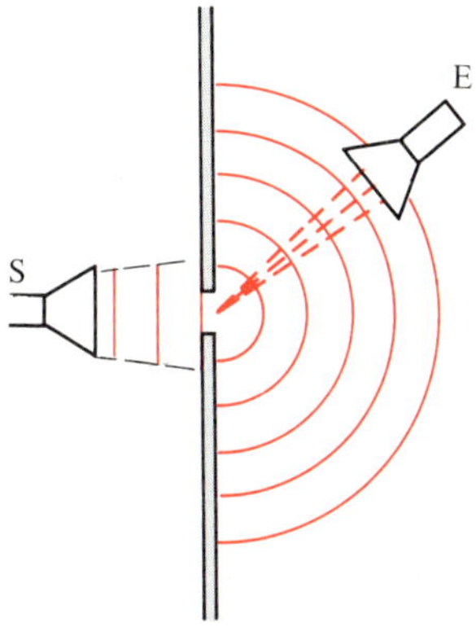

69.1 Beugung der elektromagnetischen Welle an einem Spalt

Auf elektromagnetische Wellen läßt sich das Huygenssche Prinzip anwenden.

69.2 Treffen Wasserwellen auf einen schmalen Spalt, so entsteht hinter der Öffnung eine kreisförmige Welle (Elementarwelle).

Die Gültigkeit des Reflexionsgesetzes für elektromagnetische Wellen haben wir in Versuch 45 experimentell nachgewiesen. Jetzt können wir auch eine Erklärung finden: Sie ergibt sich nach Band MS Seite 288 aus dem Huygensschen Prinzip.

5. Brechung elektromagnetischer Wellen

Mit dem *Huygensschen Prinzip* läßt sich eine weitere Eigenschaft von Wellen erklären. Eine Welle breite sich in einem Stoff 1 mit der Geschwindigkeit c_1 aus und treffe schräg auf einen Stoff 2, in dem sie mit der Geschwindigkeit $c_2 \neq c_1$ weiterwandert. Dann ändert sich an der Trennschicht ihre Ausbreitungsrichtung: *Die Welle wird gebrochen.* Zur Erklärung betrachten wir in *Abb. 69.3* die Wellenfront AB, deren äußerster Punkt A gerade an der Grenzschicht beider Medien angelangt ist. Wenn diese Wellenfront weiter fortschreitet, breitet sie sich zu einem Teil schon im Stoff 2 aus, während ein anderer Teil noch im Stoff 1 wandert. Die im Stoff 2 entstehenden neuen Wellenfronten lassen sich mit Hilfe von *Elementarwellen* konstruieren: Während der Zeit t, in der B um die Strecke $\overline{BC} = c_1 \cdot t$ nach C vorgerückt ist, hat sich die von A ausgehende Elementarwelle auf den Radius $\overline{AD} = c_2 \cdot t$ ausgedehnt. Die von der Mitte E der Wellenfront AB ausgehende Erregung braucht bis zum Punkt F der Grenzschicht die Zeit $t/2$; in der anderen Hälfte der Zeit t hat sich von F eine Elementarwelle mit dem Radius $\overline{FG} = c_2 \cdot t/2$ ausgebildet. Wir können auf diese Weise noch weitere Elementarwellen konstruieren; doch ist dies zur Bestimmung der neuen Wellenfront CD nicht nötig. Wir erhalten sie schon, wenn wir von C die Tangente an den Kreis um A mit Radius $c_2 \cdot t$ legen.

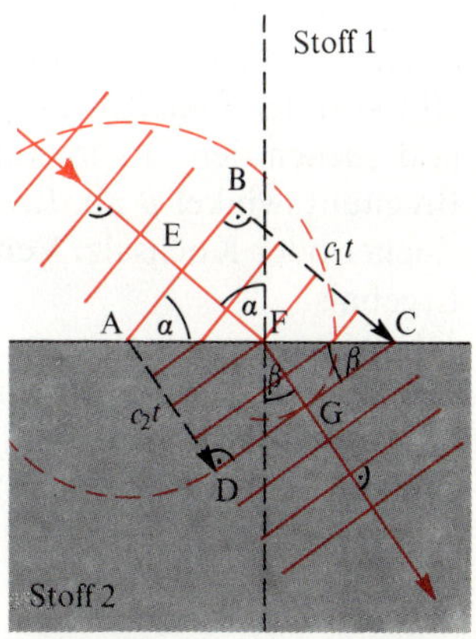

69.3 Erklärung des Brechungsgesetzes nach *Huygens.* Hier ist $c_1 > c_2$, also ist der Abstand der Wellenfronten in Stoff 2 kleiner als in Stoff 1.

Die Winkel α (Einfallswinkel) und β (Brechungswinkel) zum Lot auf die Grenzfläche kommen in den rechtwinkligen Dreiecken ABC und ADC ebenfalls vor. Dort lesen wir ab

$$\sin\alpha = \frac{c_1 \cdot t}{\overline{AC}} \quad \text{und} \quad \sin\beta = \frac{c_2 \cdot t}{\overline{AC}}.$$

Daraus folgt das **Brechungsgesetz**

$$\frac{\sin\alpha}{\sin\beta} = \frac{c_1}{c_2}. \qquad \textbf{(70.1)}$$

Für den Übergang einer Welle vom Vakuum (Ausbreitungsgeschwindigkeit c_0) in einen Stoff (Ausbreitungsgeschwindigkeit c_{Stoff}) lautet das Brechungsgesetz

$$\frac{\sin\alpha}{\sin\beta} = \frac{c_0}{c_{Stoff}} = n. \qquad \textbf{(70.2)}$$

Dabei wird n die Brechungszahl des betreffenden Stoffes genannt.

Versuch 52: Wir weisen das Brechungsgesetz für elektromagnetische Wellen mit der in *Abb. 70.1* dargestellten Versuchsanordnung nach. Ein aus dünnem Kunststoff gepreßter hohler Halbzylinder wird mit feinem Quarzsand gefüllt. Wir richten den Mikrowellensender so aus, daß die Mitte des Wellenbündels durch die Mittelachse M des Halbzylinders geht. Dann tritt der Strahl an der runden Seite des Halbzylinders stets senkrecht aus, wird also beim Übergang in Luft nicht nochmals gebrochen. Deshalb können wir die Empfangsdiode E zur Messung des Brechungswinkels β außerhalb des Halbzylinders anbringen. Da die Ausbreitungsgeschwindigkeiten der elektromagnetischen Welle in Vakuum und in Luft praktisch gleich sind, können wir aus unserem Versuch die Brechungszahl für Quarzsand bestimmen. Dazu lassen wir den Sender S unter verschiedenen Winkeln auf die Trennfläche Luft-Quarzsand strahlen. Mit Hilfe eines um M drehbaren Lineals und einer an der Rundung des Halbzylinders angebrachten Gradeinteilung läßt sich der Einfallswinkel α genau einstellen. Wir führen die Diode E auf einem Kreis um M und suchen den Ort maximalen Empfangs. Dann richten wir das Lineal auf E und lesen den Brechungswinkel β ab. In den Halbzylinder können auch andere Stoffe eingefüllt werden, z.B. Zucker oder Kochsalz. Versuche mit Quarzsand und Zucker hatten das in *Tabelle 70.1* notierte Ergebnis.

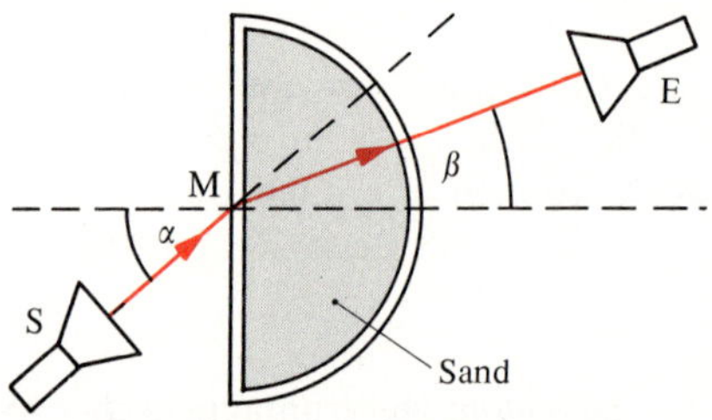

70.1 Brechung von Mikrowellen. S: Sender; E: Empfangsdiode; α: Einfallswinkel; β: Brechungswinkel

Nach *Gl. 52.2* gilt für die Ausbreitungsgeschwindigkeit der elektromagnetischen Welle in einem Stoff

$$c \approx \frac{c_0}{\sqrt{\varepsilon_r}}.$$

Die Brechungszahl dieses Stoffes beträgt also

$$n = \frac{c_0}{c} \approx \sqrt{\varepsilon_r}. \qquad \textbf{(70.3)}$$

Tabelle 70.1 Brechungszahlen für Sand und Zucker

Einfallswinkel α	Brechungswinkel β		Brechungszahl n	
	Sand	Zucker	Sand	Zucker
20°	12°	9,5°	1,65	2,07
30°	17,5°	14°	1,66	2,07
40°	23°	18°	1,65	2,08
50°	27,5°	22°	1,66	2,04
60°	31,5°	25°	1,66	2,05

Die Dielektrizitätszahl für Quarzsand ist demnach $\varepsilon_r \approx n^2 = 1{,}66^2 = 2{,}76$. Dieses Ergebnis wollen wir im folgenden Versuch durch eine direkte Messung der Dielektrizitätszahl ε_r von Quarzsand nachprüfen.

Versuch 53: Wir stellen zwei kreisförmige Platten (Radius $r = 3{,}75$ cm) einander im Abstand $d = 1{,}70$ cm gegenüber *(Abb. 71.1)*. Der auf diese Weise gebildete Kondensator besitzt die Kapazität $C = \varepsilon_0 \cdot 1 \cdot \frac{\pi r^2}{d} = 2{,}30$ pF. Wir schalten ein statisches Voltmeter (Kapazität $C_V = 2{,}40$ pF) parallel und laden die Anordnung durch kurzzeitiges Verbinden mit einer Spannungsquelle auf. Das statische Voltmeter zeigt daraufhin die Spannung $U_1 = 3{,}15$ kV an. Nun schieben wir zwischen die Kondensatorplatten eine dünnwandige Küvette aus Kunststoff, die mit Quarzsand gefüllt ist: Die Spannung sinkt auf $U_2 = 1{,}70$ kV ab.

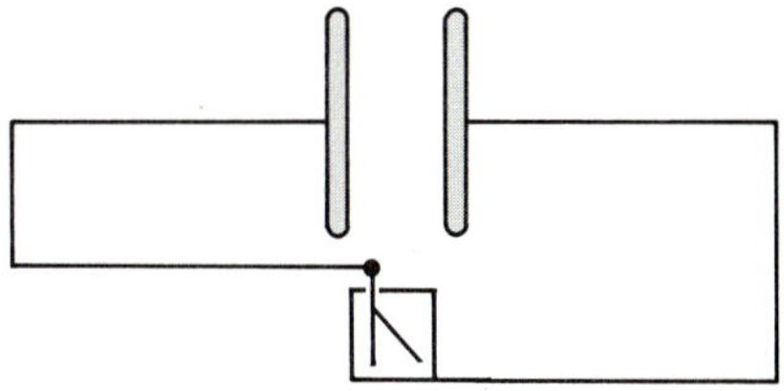

71.1 Wenn zwischen die Kondensatorplatten Quarzsand gebracht wird, sinkt die Spannung. Aus der Spannungsdifferenz und der Kapazität der Anordnung kann die Dielektrizitätszahl ε_r berechnet werden.

Für die elektrische Ladung, die auf der gesamten Anordnung sitzt, gilt

$$Q = U_1 \cdot (C + C_V). \tag{71.1}$$

Da beim Einschieben des Sandes keine Ladung verlorengeht, gilt auch

$$Q = U_2 \cdot (\varepsilon_r \cdot C + C_V). \tag{71.2}$$

Aus den beiden Gleichungen folgt

$$\varepsilon_r \cdot C + C_V = \frac{U_1 \cdot (C + C_V)}{U_2} \quad \text{und} \quad \varepsilon_r = \frac{U_1 \cdot C + (U_1 - U_2) \cdot C_V}{U_2 \cdot C} = 2{,}74.$$

Versuch 54: Der Wellenstrahl wird durch ein Prisma wegen der zweimaligen Brechung besonders stark abgelenkt. Wir zeigen dies mit Hilfe eines Prismas aus Kunststoff oder Paraffin *(Abb. 71.2)*.

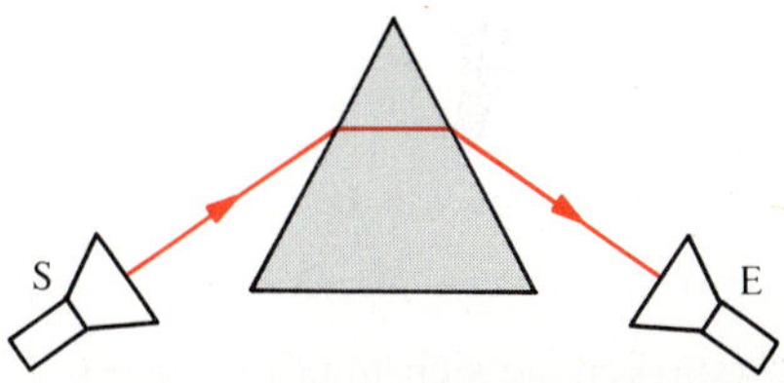

71.2 Brechung eines Zentimeterwellenstrahls am Prisma aus Paraffin. Sie geschieht analog der Brechung eines Lichtstrahls an einem Glasprisma.

Versuch 55: Die Zentimeterwellen werden nach *Abb. 71.3* durch eine ca. 50 cm vom Sender S entfernte Linse gebündelt. Sie besteht aus einem sandgefüllten Kunststoffkörper. Der richtungsempfindliche Empfänger E spricht in einem scharf begrenzten Bereich hinter der Linse maximal an. Auf diesen Bereich wird der Sender sozusagen „abgebildet".

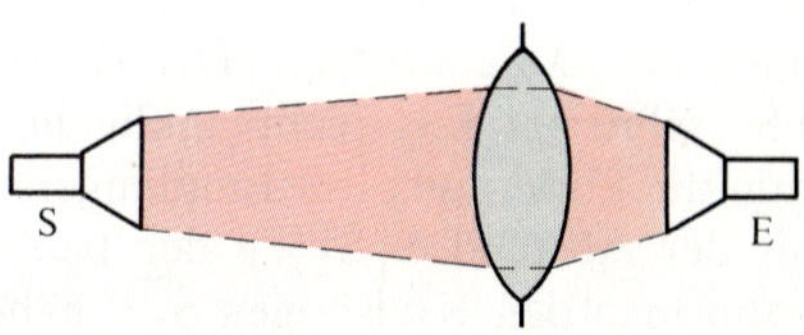

71.3 Brechung eines Zentimeterwellenbündels an einer Sammellinse (ein mit Sand gefüllter Kunststoffkörper)

6. Beugung und Interferenz am Doppelspalt

Versuch 56: Aus zwei Metallplatten und einem Metallstreifen bilden wir nach *Abb. 72.1* einen **Doppelspalt** mit den beiden Spalten S_1 und S_2, von denen jeder einzelne schmaler als die Wellenlänge λ ist. Der Abstand g der beiden Spaltmitten beträgt etwa 2 bis 3 Wellenlängen. Nun führen wir den Empfänger auf einem Halbkreis um A herum. Wir registrieren – wie erwartet – nicht nur in B, sondern wegen der Beugung auch in anderen Kreispunkten Empfang. Dieser geht jedoch in einem bestimmten Punkt C auf ein Minimum zurück. Führt man den Empfänger längs des Kreises über C hinaus, spricht er wieder an, bis in einem Punkt D ein weiteres Minimum eintritt. Bei größerem Abstand g der beiden Spaltmitten lassen sich mehr Minima und Maxima finden.

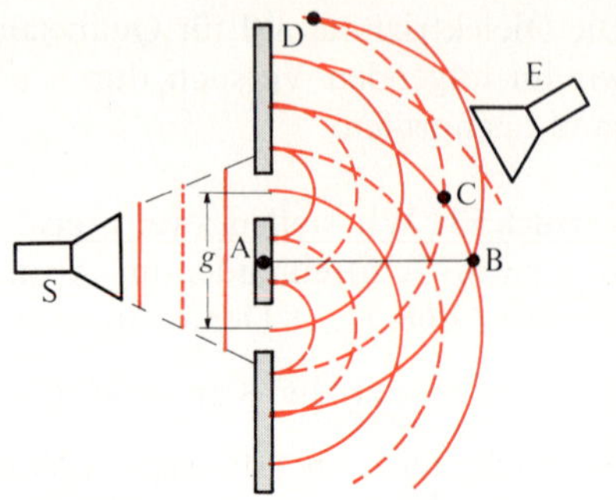

72.1 Interferenz von Zentimeterwellen am Doppelspalt

Mit diesem Versuch erhalten wir einen Effekt, der bei vielen Wellenvorgängen eine Rolle spielt: **Im Zusammenhang mit der Beugung tritt Interferenz auf.** Die in den beiden Spalten S_1 und S_2 schwingenden elektromagnetischen Felder gehören derselben Wellenfront an, stellen also zwei gleichphasig in derselben Richtung schwingende Sender elektromagnetischer Wellen dar. Diesen Fall haben wir bei Wasserwellen schon kennengelernt, als wir zwei miteinander verbundene – also gleichphasig schwingende – Stifte periodisch in Wasser eintauchen ließen *(Abb. 72.2)*.

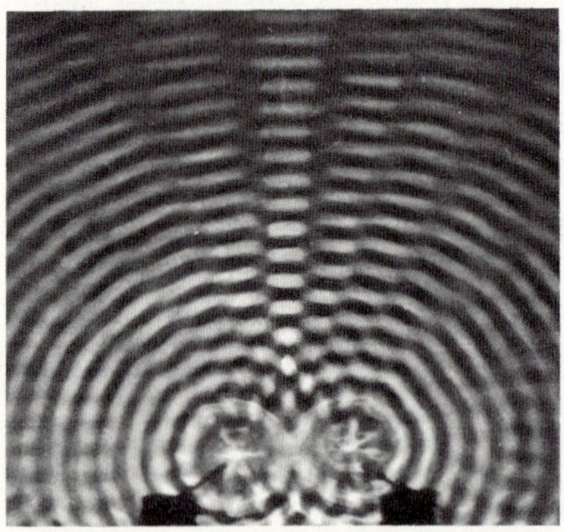

72.2 Zwei gleichphasig schwingende Stifte tauchen periodisch in Wasser ein.

In *Abb. 72.3* sind $\overline{S_1E}$ und $\overline{S_2E}$ die Wege der beiden abgebeugten Wellen, die zum Empfänger E gelangen können. Der Gangunterschied $\delta = \overline{S_2E} - \overline{S_1E}$ entscheidet, ob sich die Wellen in E durch Interferenz verstärken oder abschwächen. Für

$$\delta = \frac{\lambda}{2}, \frac{3\lambda}{2}, \ldots, \frac{(2k-1)\cdot\lambda}{2} \tag{72.1}$$

löschen sie sich aus ($k = 1, 2, 3, \ldots$), für

$$\delta = 0, \lambda, 2\lambda, \ldots, k\cdot\lambda \tag{72.2}$$

verstärken sie sich maximal ($k = 0, 1, 2, 3, \ldots$).

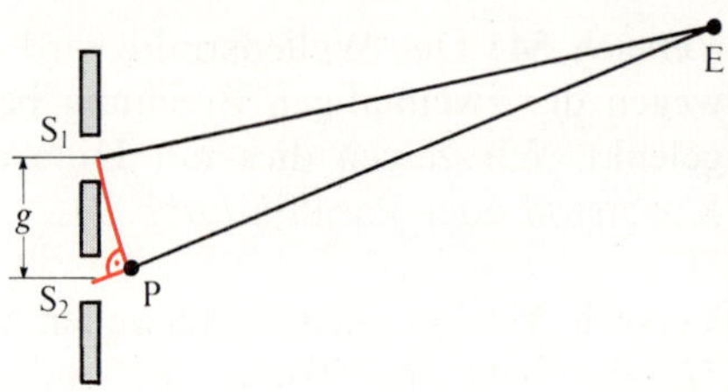

72.3 Die in S_1 und S_2 gebeugten Wellen interferieren z.B. in E.

In der ungebeugten Strahlrichtung des Senders liegt ein Maximum, dem man die Nummer 0 gibt. Die Numerierung der Maxima beginnt also mit $k = 0$, während wir bei den Minima mit $k = 1$ anfangen. Die *geometrische Konstruktion* des Gangunterschiedes δ ist aus *Abb. 72.3* ersichtlich: Der Kreis um E mit Radius $\overline{ES_1}$ schneidet ES_2 rechtwinklig in P; $\overline{S_2P} = \delta$. Wenn nun die Entfernung des Empfängers E sehr viel größer als der Abstand $\overline{S_1S_2} = g$ der beiden Spaltmitten ist, kann man den Kreisbogen $\widehat{S_1P}$ näherungsweise durch die Sehne $\overline{S_1P}$ ersetzen *(Abb. 72.4)*. Die beiden Wellen strahlen verlaufen dann praktisch parallel. Der Winkel α zwischen der ursprünglichen, ungebeugten Strahlrich-

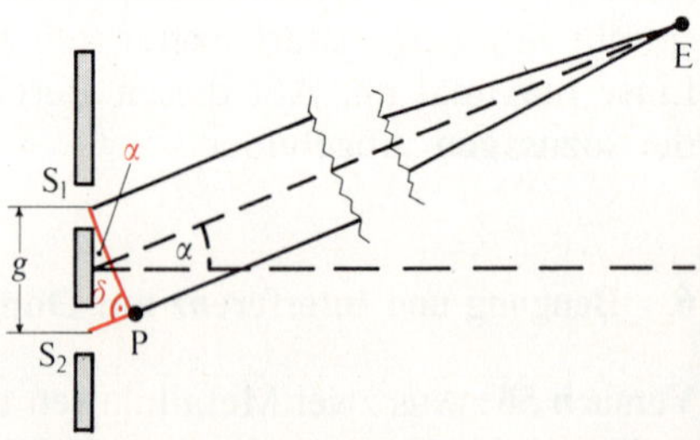

72.4 Wenn der Empfänger weit entfernt ist, kann der Kreisbogen $\widehat{S_1P}$ durch die Sehne $\overline{S_1P}$ ersetzt werden.

tung (die man ohne die beugenden Spalte erhielte) und der Richtung zum Empfänger kommt auch im rechtwinkligen Dreieck $S_1 PS_2$ vor. Dort lesen wir ab

$$\sin\alpha = \frac{\delta}{g}. \tag{73.1}$$

Zusammen mit *Gl. 72.1* folgt für den Winkel α_k zum k-ten Minimum

$$\sin\alpha_k = \frac{(2k-1)\cdot\lambda}{2g}. \tag{73.2}$$

Insbesondere gilt für den Winkel α_1 zum 1. Minimum

$$\sin\alpha_1 = \frac{\lambda}{2g}. \tag{73.3}$$

Die *Abb. 73.1* zeigt, wie die Auslöschung der in diese Richtung gebeugten Wellen zustandekommt.

Wenn wir den Winkel zwischen der direkten Strahlrichtung (0. Maximum!) und der Richtung zum k. Maximum mit β_k bezeichnen, erhalten wir aus den *Gl. 72.2* und *73.1*

$$\sin\beta_k = \frac{k\cdot\lambda}{g} \quad (k=0,1,2,\ldots). \tag{73.4}$$

Bei einem Spaltabstand von $g=6$ cm finden wir das 1. Minimum bei $\alpha_1 = 15°$. Aus *Gl. 73.3* folgt für die Wellenlänge

$$\lambda = 2g\sin\alpha_1, \text{ also}$$

$$\lambda = 12\text{ cm}\cdot\sin 15° = 3{,}1\text{ cm}$$

in guter Übereinstimmung mit unserer Messung in Versuch 46.

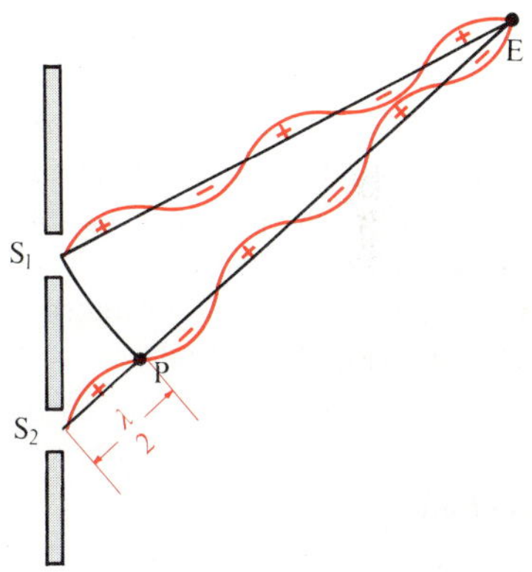

73.1 Wenn $\delta = \frac{\lambda}{2}$ ist, löschen sich die von S_1 und S_2 ausgehenden Wellen in E aus.

7. Reflexion und Interferenz an einer Schicht

Versuch 57: Wir richten den Mikrowellensender auf eine ca. 2 mm dicke Glasplatte; dann stellen wir fest, daß das Wellenbündel zum Teil reflektiert und zum Teil durchgelassen wird. Nun bringen wir im Abstand s parallel zu der Glasplatte eine Metallwand an und bestrahlen die so entstandene Schicht der Dicke s nach *Abb. 73.2* mit Zentimeterwellen. Wenn wir das Bündel fast senkrecht auftreffen lassen, gelangt sowohl der am Glas reflektierte als auch der durchgehende und dann an der Metallplatte reflektierte Teil in den richtungsempfindlich gemachten Empfänger E. Bei $s = \frac{\lambda}{4}$ erhalten wir ein *Minimum*. Vergrößern wir die Schichtdicke s jeweils um weitere $\frac{\lambda}{4}$, so entsteht ein *Maximum*, dann wieder ein Minimum usw. …

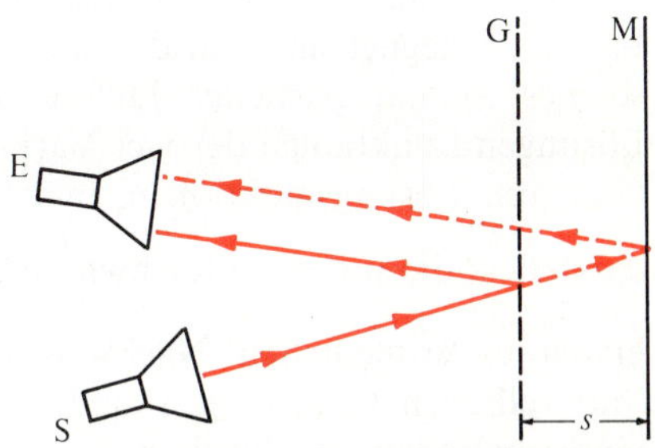

73.2 Interferenz von Zentimeterwellen an einer Schicht; M: Metallplatte; G: Glasplatte

Bei fast senkrechtem Einfall des Wellenstrahls erhalten die beiden den Empfänger treffenden Teilbündel den Gangunterschied $\delta \approx 2\,s$, so daß für $s = k \cdot \frac{\lambda}{4}$ $(k = 0, 1, 2, 3, \ldots)$ der Gangunterschied $\delta = 0, \frac{\lambda}{2}, \lambda, \frac{3\lambda}{2}, \ldots$ wird, also abwechselnd Minima und Maxima entstehen.

Wir wissen, daß ankommende und reflektierte Welle an der Metallwand selbst entgegengesetzte Phase besitzen. Man drückt das auch so aus: Bei der Reflexion an einer Metallplatte entsteht ein *Phasensprung* von 180°. Unser Versuchsergebnis zeigt, daß derselbe Phasensprung offenbar auch bei der Reflexion an der Glasoberfläche auftritt. Wäre dies nicht so, dann entstünde bei der Dicke $s = \lambda/4$ kein Minimum, sondern ein *Maximum.* Ein Umweg der Länge $\lambda/2$ und dazu nur *ein* Phasensprung von 180° an der Metallplatte ließen nämlich die beiden Teilbündel wieder gleichphasig beim Empfänger E ankommen.

Man beachte: Der *Gangunterschied* δ bezieht sich auf zwei *Wellen* gleicher Wellenlänge, die an einem Ort zusammentreffen. Er gibt die Strecke δ an, um welche die Wellenberge dieser beiden Wellen dort gegeneinander verschoben sind. $\delta = \lambda/2$ bedeutet: Ein Berg der einen Welle trifft auf ein Tal der anderen. Der *Phasenunterschied* $\Delta\varphi$ ist der Winkel, um den die Phasen der beiden Schwingungen dort gegeneinander verschoben sind. Z.B. bedeutet $\Delta\varphi = 180°$ (im Bogenmaß: $\Delta\varphi = \pi$): Die positive Amplitude der einen und die negative Amplitude der anderen Schwingung treffen zusammen. Interferieren zwei Teilbündel einer Welle an einem Ort mit dem Gangunterschied δ, so überlagern sich dort ihre Schwingungen mit dem Phasenunterschied $\Delta\varphi = 2\pi \cdot \delta/\lambda$ (im Bogenmaß).

8. Rückblick

Maxwell hat die ungeheuere Fülle an Eigenschaften elektrischer und magnetischer Felder mathematisch durch vier Gleichungen beschrieben. Sie sind uns begegnet im Satz vom Hüllenfluß (Band E Seite 55), dem Durchflutungssatz (Band E Seite 89), im Induktionsgesetz (Seite 47) und der 1. Maxwellschen Gleichung (Seite 47). Diese vier Maxwellschen Gleichungen kann man als sogenannte partielle Differentialgleichungen schreiben. In ihnen treten nicht nur die Ableitungen der Funktionen $\vec{E}$ und $\vec{B}$ nach der Zeit t, sondern auch nach dem Raumkoordinaten x, y und z auf, während die gewöhnlichen Differentialgleichungen, die uns bis jetzt begegnet sind, nur die eine Variable t enthielten. Wenn man für einen konkreten Fall ein solches System partieller Differentialgleichungen aufstellt, erhält man im allgemeinen als Lösungen Funktionen der vier Variabeln t, x, y und z, also $\vec{E}(t, x, y, z)$ und $\vec{B}(t, x, y, z)$. Maxwell fand nun Lösungsfunktionen, in denen $\vec{E}(t, x, y, z)$ und $\vec{B}(t, x, y, z)$ Gleichungen von Wellen darstellen, die mit der Geschwindigkeit $c = \frac{1}{\sqrt{\varepsilon_0 \varepsilon_r \mu_0 \mu_r}}$ fortschreiten. Das war 20 Jahre vor dem ersten experimentellen Nachweis elektromagnetischer Wellen durch *Heinrich Hertz!* Die Maxwellschen Gleichungen sind ein besonders eindrucksvolles Beispiel für die Wirksamkeit mathematischer Denkweisen in der Physik: *Maxwell* hat durch theoretische Überlegungen Gleichungen gefunden, die einerseits den damals schon bekannten physikalischen Tatbestand richtig beschrieben, mit diesen Wellen aber andererseits zusätzliche Lösungen erbrachten, die weit in physikalisches Neuland vorstießen. Es ist bewundernswert, daß es *Maxwell* gelungen ist, die Grundlagen der Elektrodynamik in einem Gleichungssystem von besonderer Klarheit und Symmetrie festzuhalten. Der Physiker *Ludwig Boltzmann* rühmte die Maxwellschen Gleichungen mit dem Goethewort: „War es ein Gott, der diese Zeichen schrieb?“

Die Behandlung eines Systems partieller Differentialgleichungen übersteigt die Möglichkeiten der Schulmathematik. Wir haben deshalb den historischen Gang umgekehrt und sind vom experimentellen Nachweis der elektromagnetischen Wellen ausgegangen. Dann erst haben wir nach einer „Erklärung" gesucht, d.h. wir haben uns gefragt, ob sich die Existenz elektromagnetischer Wellen mit physikalischen Erscheinungen in Verbindung bringen ließe, die uns bereits vertraut sind. Dazu haben wir aus dem uns bekannten Induktionsgesetz (der 2. Maxwellschen Gleichung) geschlossen, daß ein bewegtes Magnetfeld ein elektrisches Feld zur Folge hat. Weiter wußten wir schon, daß bewegte elektrische Ladungen ein Magnetfeld erzeugen. Seine Flußdichte $\vec{B}$ läßt sich mit dem Durchflutungssatz (Band E *Gl. 89.6*) berechnen, der einen Teil der 1. Maxwellschen Gleichung darstellt. An sich ist diese Erscheinung ebenso verwunderlich wie die Existenz elektromagnetischer Wellen, doch sind uns die ringförmigen magnetischen Feldlinien, die nach Oersted um einen stromdurchflossenen Leiter entstehen, schon aus der Mittelstufe so vertraut, daß wir nichts Außergewöhnliches an ihnen finden. Von dieser wohlbekannten Erfahrung gingen wir dazu über, auch einem bewegten elektrischen Feld ein Magnetfeld zuzuschreiben. Zur Veranschaulichung dachten wir uns einen bewegten geladenen Kondensator, der samt seinem elektrischen Feld über einen Beobachter hinwegzieht. Dieser konstatiert ein Magnetfeld, weil sich elektrische Ladungen bewegen. Im Sinne *Maxwells* schrieben wir die Entstehung dieses Magnetfeldes aber nicht den Ladungen, sondern dem bewegten elektrischen Feld zu. So fanden wir, daß ein wanderndes Magnetfeld von einem elektrischen Feld und dieses wieder von einem Magnetfeld begleitet sein muß. Die Felder erhalten sich dann gegenseitig, wenn sie mit einer ganz bestimmten Geschwindigkeit c fortschreiten; aus unserer Überlegung folgte $c = \frac{1}{\sqrt{\varepsilon_0 \varepsilon_r \mu_0 \mu_r}}$. Im Gegensatz zu den mechanischen Wellen benötigen die sich selbst erhaltenden elektromagnetischen Wellen keinen Träger.

Aufgaben:

1. *Ein Empfangsdipol, der in Richtung des $\vec{E}$-Vektors einer Mikrowelle aufgestellt ist, erfährt die mittlere elektrische Feldstärke* $\bar{E} = 20\,\frac{\text{V}}{\text{m}}$. *Nun wird der Dipol um* 90° *gedreht. Welche mittlere elektrische Feldstärke erfährt er jetzt, wenn ein Hertzsches Gitter so in das Wellenbündel gehalten wird, daß seine Stäbe mit dem $\vec{E}$-Vektor der Welle einen Winkel von* 30° *bilden?*

2. *Eine Mikrowelle wird beim Übergang von Luft in einen Kunststoffkörper gebrochen. Man mißt bei einem Einfallswinkel von* $\alpha = 40°$ *den Brechungswinkel* $\beta = 24°$.
a) Berechnen Sie den Brechungswinkel β *bei einem Einfallswinkel von* $\alpha = 50°$*!*
b) Mit welcher Geschwindigkeit breitet sich die Welle im Kunststoff aus?
c) Der Mikrowellensender hat die Frequenz $f = 9$ GHz. *Berechnen Sie die Wellenlänge in Luft und im Kunststoff!*

3. *Ein Doppelspalt, dessen Spaltmitten* 8 cm *voneinander entfernt sind, wird nach Abb. 75.1 von einer Mikrowelle durchstrahlt. Hinter dem Doppelspalt befindet sich ein Empfänger* E, *der längs einer Parallelen zur Verbindungslinie der beiden Spalte im Abstand* $a = 40$ cm *verschoben wird.* 6 cm *von* O *entfernt (Abb. 75.1) registriert der Empfänger zum ersten Mal ein Minimum des Empfangs.*
a) Berechnen Sie die Wellenlänge der Mikrowelle!
b) In welcher Entfernung von O tritt das 2. Empfangsminimum auf?

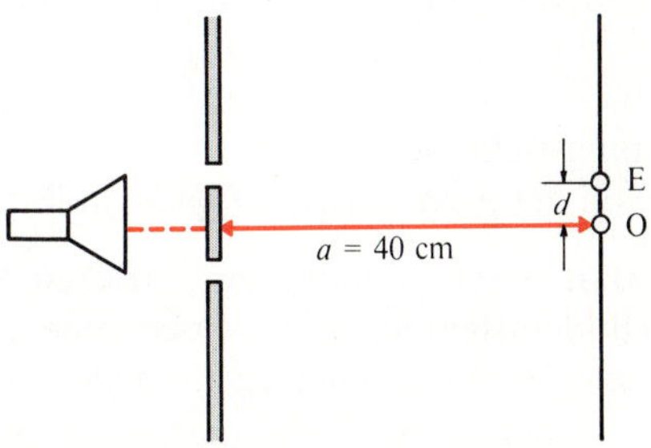

75.1 In E wird ein Minimum registriert.

Optik

Licht, das wir mit dem Sinnesorgan „Auge“ wahrnehmen können, ist für das Erfassen der Umwelt und für die Verständigung mit den Mitmenschen von größter Bedeutung. Seit der Antike haben sich daher Philosophen und Naturforscher mit der Frage nach dem Wesen des Lichts beschäftigt; zu ihrer Beantwortung sind im Laufe der Wissenschaftsgeschichte vielerlei Theorien entworfen worden, auf die wir hier nicht eingehen wollen. Es sei nur erwähnt, daß bereits *Euklid* (325 v. Chr.) ein Werk über Optik geschrieben hat. Schon die Antike kannte die Reflexion und die Brechung als Erscheinungen einer „Strahlenoptik“, wie wir sie im Mittelstufenband im einzelnen behandelt haben. *J. W. v. Goethe* befaßte sich mit Fragen des Lichts („Farbenlehre“) unter dem Gesichtspunkt einer philosophisch orientierten Naturlehre. Sie betrachtete mehr die ästhetische Wirkung der Farben als ihre physikalischen Eigenschaften.

Inzwischen hatte sich die Optik zu einer Forschungsrichtung entwickelt, die durch Präzisierung und nüchterne Einschätzung der Begriffe und Methoden zu klaren Aussagen führte. Diese konnten dann im Experiment erhärtet, mathematisch formuliert und zu Vorhersagen benutzt werden. Von erheblicher Bedeutung wurde eine solche Beschreibung der optischen Phänomene für alle physikalischen Untersuchungen, bei denen wir mit Hilfe von Licht Uhren ablesen, Maßstäbe, Zeigerausschläge und Graphen auf Bildschirmen sowie automatischen Schreib- und Zeichengeräten beobachten. Die Forschung auf dem Gebiet der Optik führte zu Schlüssen über die Zusammensetzung der Materie, ja sogar zu Folgerungen über den stofflichen Aufbau von Sonne und Fixsternen. So wurde durch *Spektralanalyse* des Sonnenlichts im Jahre 1868 ein neues Element, das Helium, erst auf der Sonne entdeckt, bevor es 1882 auch auf der Erde nachgewiesen werden konnte. In der *Atomphysik* ist das von angeregten Atomen ausgesandte Licht ein wichtiges Hilfsmittel, Erkenntnisse über die Atomstruktur zu gewinnen.

§ 16 Gesetze der Strahlenoptik

1. Grunderscheinungen

Eine punktförmige Lichtquelle sendet nach allen Richtungen Licht aus. Wenn man aus dieser Lichtfülle ein Bündel ausblendet und dessen Durchmesser in Gedanken immer kleiner werden läßt, kommt man zur Modellvorstellung des *Lichtstrahls.* Dieser kennzeichnet die Ausbreitungsrichtung des Lichts, die sich dadurch geometrisch erfassen läßt; man spricht deshalb auch von der **geometrischen Optik.** In ihr gelten folgende von der Mittelstufe her bekannte Gesetze:

a) In einem homogenen optischen Mittel[1]) kann sich Licht allseitig und geradlinig ausbreiten (Bildentstehung in der Lochkamera, scharf begrenzte Schatten hinter einem Körper, der von einer punktförmigen Lichtquelle angestrahlt wird).

---

[1]) Als optische Mittel bezeichnen wir das Vakuum und alle Stoffe, die das Licht durchdringen kann.

b) Lichtstrahlen können sich durchsetzen, ohne sich gegenseitig zu stören (z.B. in der Öffnung der Lochkamera).

c) Der Lichtweg ist umkehrbar: Jeden Weg, den das Licht in einer Richtung durchläuft, kann es auch in der entgegengesetzten zurücklegen.

d) Außerhalb seiner Bahn kann das Licht keine Wirkung ausüben. (Eine fotografische Platte wird dort nicht geschwärzt; das Auge empfindet nur eine Lichterscheinung, wenn es direkt von Licht getroffen wird.)

e) Reflexionsgesetz: Bei der Spiegelung des Lichts liegen der einfallende und der reflektierte Strahl sowie das Einfallslot L in einer Ebene. Der (vom Einfallslot her gemessene) Einfallswinkel ist gleich dem Reflexionswinkel *(Abb. 77.1)*.

f) Brechung des Lichts: Beim Übergang aus einem Stoff in einen anderen werden Lichtstrahlen (im allgemeinen) *gebrochen*, und zwar um so stärker, je flacher sie auf die Grenzfläche zwischen beiden Stoffen auftreffen. Der Stoff, in dem sie den kleineren Winkel mit dem Lot auf der Grenzfläche bilden, heißt das *optisch dichtere Mittel*, der andere das *optisch dünnere Mittel*. Einfallender Strahl, Einfallslot und gebrochener Strahl liegen in einer Ebene *(Abb. 77.1)*.

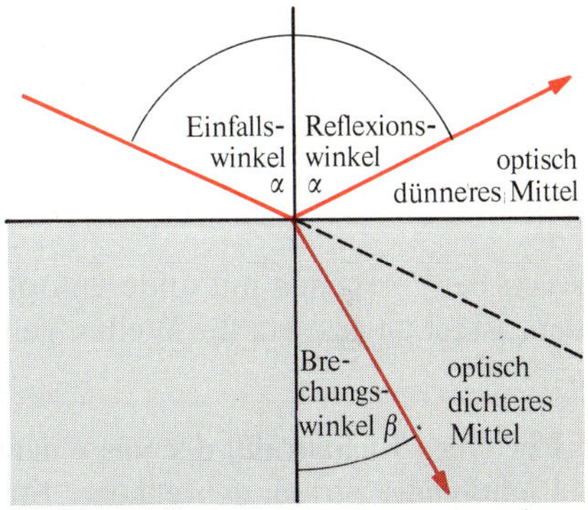

77.1 Reflexion und Brechung des Lichts

2. Das Brechungsgesetz

Der Zusammenhang zwischen dem Winkel α im dünneren und dem Winkel β im dichteren Mittel wurde im Mittelstufenband durch eine Tabelle angegeben. Inzwischen haben wir ein *Brechungsgesetz für Wellen* kennengelernt und in einem Versuch (Seite 70) gezeigt, daß es für Mikrowellen erfüllt ist. Wir wollen feststellen, ob es auch für Licht gilt:

Versuch 58: Die Anordnung nach *Abb. 77.2* ist im Prinzip dieselbe wie in dem Versuch mit Mikrowellen auf Seite 70. Wir zeigen die Brechung eines schmalen Lichtbündels – in *Abb. 77.2* als Lichtstrahl gezeichnet – beim Übergang von Luft in einen Glaskörper. Dieser ist halbzylindrisch geformt; der Lichtstrahl trifft also beim Verlassen des Glases stets senkrecht auf die Trennfläche und wird deshalb beim Übergang von Glas in Luft nicht nochmals gebrochen. Wir könnten den gebrochenen Lichtstrahl wieder mit einem Empfänger – etwa einer Fotodiode – nachweisen. Es ist jedoch viel einfacher, das Lichtbündel an einem Schirm, der sogenannten *optischen Scheibe*, entlangstreifen zu lassen. Dort wird es gestreut und so in seinem ganzen Verlauf dem Auge sichtbar gemacht. An

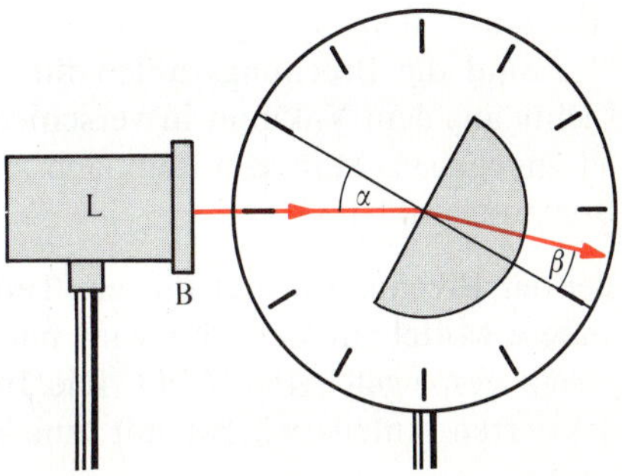

77.2 Optische Scheibe mit halbzylindrischem Glaskörper zur Untersuchung des Brechungsgesetzes für Licht. α: Winkel im dünneren, β: Winkel im dichteren Mittel; B: Schlitzblende; L: Experimentierleuchte

einer Winkelteilung lassen sich der Winkel α im dünneren Mittel (Luft) und der Winkel β im dichteren Mittel (Glas) ablesen. In *Tabelle 78.1* sind die Versuchsergebnisse für Glas und auch für Wasser (hierfür braucht man jedoch eine etwas andere Versuchsanordnung) zusammengestellt.

Tabelle 78.1

Einfallswinkel α in Luft	$\sin\alpha$	Brechungswinkel β		$\sin\beta$		$\frac{\sin\alpha}{\sin\beta}$	
		in Wasser	in Glas	für Wasser	für Glas	für Wasser	für Glas
20°	0,342	14,8°	13,0°	0,255	0,225	1,34	1,52
40°	0,643	28,8°	25,4°	0,482	0,429	1,33	1,50
60°	0,866	40,5°	35,3°	0,649	0,578	1,33	1,50
80°	0,985	47,6°	41,0°	0,732	0,656	1,33	1,50
90°	1,000	48,6°	41,8°	0,750	0,667	1,33	1,50
Mittelwert:						1,33	1,50

Auch bei Versuchen mit anderen optischen Mitteln stellen wir fest, daß die Brechung des Lichts dem Brechungsgesetz für Wellen gehorcht:

Für einen Lichtstrahl, der aus einem optischen Mittel in ein anderes übergeht, gilt: Einfallender Strahl, gebrochener Strahl und Einfallslot liegen in einer Ebene.

Der Quotient aus dem Sinus des Winkels α im optisch dünneren Mittel und dem Sinus des Winkels β im dichteren Mittel ist konstant; er wird Brechungszahl n genannt:

$$\frac{\sin\alpha}{\sin\beta} = n. \qquad \textbf{(78.1)}$$

Es ist üblich, die Brechungszahlen auf den Übergang des Lichts aus dem *Vakuum* in Stoffe zu beziehen. Wir haben jedoch unsere Messungen in *Luft* durchgeführt. Die Differenz zu den Ergebnissen, die wir im Vakuum erhalten hätten, beträgt weniger als 0,1 %. In *Tabelle 78.2* sind die Brechungszahlen für den Übergang des Lichts aus dem Vakuum in verschiedene optische Mittel angegeben. Man sagt demnach z.B.: Wasser hat die Brechungszahl 1,33.

Bei der Brechung dringt nur ein Teil des Lichts in das andere Mittel ein, der Rest wird nach dem Reflexionsgesetz gespiegelt *(Abb. 77.1)*. Die Intensität dieses reflektierten Anteils wächst mit zunehmendem Einfallswinkel.

Tabelle 78.2

Optisches Mittel	Brechungszahl n
Luft	1,00028
Wasser	1,33
Quarzglas	1,46
Kronglas	1,51 ... 1,62
Steinsalz	1,54
Flintglas	1,60 ... 1,75
Schwefelkohlenstoff	1,63
Diamant	2,42

(Die Zahlen gelten für Natriumlicht bei 20 °C.)

Nach dem Brechungsgesetz erfährt ein Lichtstrahl an der Grenzfläche zweier optischer Mittel mit derselben Brechungszahl *n keine* Richtungsänderung. In bezug auf die Brechung könnte man also sagen, in diesem Fall existiere gar keine Grenzfläche. Kann man das auch im Hinblick auf die Reflexion behaupten?

Versuch 59: Wir füllen ein Reagenzglas mit *Benzol*, das die Brechungszahl $n=1{,}50$ besitzt. Wenn wir einen Glasstab (Brechungszahl der Glassorte $n=1{,}50$) in die Flüssigkeit tauchen, ist er dort nicht mehr zu sehen. An der Grenze zwischen dem Glasstab und Benzol wird das Licht also weder gebrochen noch reflektiert.

3. Totalreflexion

Aus $\sin\alpha = n\cdot\sin\beta$ folgt für alle Stoffe mit der Brechungszahl $n>1$ die Beziehung $\beta<\alpha$ (Ausnahme: $\alpha=\beta=0°$). Für α gilt $0\leqq\alpha<90°$. Die obere Grenze für $\sin\alpha$ ist $\sin 90°=1$; die obere Grenze für $\sin\beta=\frac{1}{n}\cdot\sin\alpha$ ist daher

$$\sin\beta_g=\frac{1}{n}. \qquad (79.1)$$

Den Grenzwinkel β_g beobachten wir z.B. in Versuch 58 bei „streifendem Einfall" ($\alpha\approx 90°$) von Luft in Glas.

Nun kann ein Lichtstrahl aber auch vom optisch dichteren in das optisch dünnere Mittel übergehen. Im Versuch 58 drehen wir dazu den Glaskörper so, daß der Lichtstrahl zuerst senkrecht auf die zylindrisch gewölbte Fläche trifft. Da der Lichtweg bei der Brechung umkehrbar ist, gilt auch für diesen Fall das Brechungsgesetz. Beim Einfallswinkel β_g streift der gebrochene Strahl an der Grenzfläche der beiden optischen Mittel entlang. Ist der Einfallswinkel $\beta>\beta_g$, kann der Strahl überhaupt nicht mehr gebrochen werden: Es tritt *Totalreflexion* ein. Man nennt deshalb β_g den **Grenzwinkel der Totalreflexion.** Nach *Gl. 79.1* erhalten wir für den Grenzwinkel β_g der Totalreflexion beim Übergang eines Lichtstrahls von Glas ($n=1{,}5$) in Vakuum

$$\sin\beta_g=\frac{1}{1{,}5}=0{,}67 \quad \text{und daraus}$$

$$\beta_g\approx 42°.$$

4. Zur Geschichte des Brechungsgesetzes

Das Phänomen der Brechung war schon in der Antike bekannt. Das Brechungs*gesetz* dagegen, nach dem schon *Ptolemäus* und *Kepler* vergeblich gesucht hatten, wurde erst 1621 von *Willibrord Snell van Royen*, latinisiert *Snellius* (1591 bis 1626), *empirisch* aus Meßergebnissen gefunden und 1632 in verbesserter Form von dem Mathematiker und Philosophen *René Descartes*, latinisiert *Cartesius* (1591 bis 1650), in seiner „Dioptrik" veröffentlicht.

Ein wichtiges Problem war die Frage nach der *Natur des Lichts*, aus der sich dann auch eine Erklärung für das Brechungsgesetz ergeben sollte. *Newton* stellte dazu im Jahr 1669 nach einer Anregung von *Descartes* eine Hypothese auf: Er nahm an, eine Lichtquelle sende winzige Teilchen eines unwägbar feinen Lichtstoffes aus, die aus dem Vakuum in das optisch dichtere Mittel eindringen und dieses reibungslos durchlaufen könnten. Im Innern des dichteren Mittels erfahre das Lichtteilchen durch die Massenanziehung Kräfte, die sich aber aufheben sollen, da das Teilchen dabei ringsum von Masse umgeben ist.

Beim Übergang vom Vakuum in das optisch dichtere Mittel würden sich zwar die Anziehungskräfte parallel zur Trennfläche ebenfalls aufheben, senkrecht dazu wäre die Anziehung jedoch nur einseitig *(Abb. 80.1)*. Beim Eindringen in das dichtere Mittel würde das Lichtteilchen also kurzzeitig eine beschleunigende Kraft senkrecht zur Trennfläche erfahren. Deshalb müßte die Geschwindigkeitskomponente c_s senkrecht zur Trennfläche *(Abb. 80.2)* auf c'_s vergrößert werden, während die parallele Geschwindigkeitskomponente c_p unverändert bliebe. Dadurch würde sich die ursprüngliche Geschwindigkeit c_1 in Luft auf c_2 im dichteren Mittel erhöhen. Starke Massenanziehungskräfte auf ein Lichtteilchen sollten eine stärkere Vergrößerung von c_s' und damit einen kleineren Winkel β bewirken als schwache Anziehungskräfte. Man glaubte nun, solche unterschiedlichen Kräfte auf größere oder kleinere „optische" Dichte zurückführen zu können. Daher rührt die heute noch übliche Bezeichnung „optisch dichteres" bzw. „dünneres" Mittel.

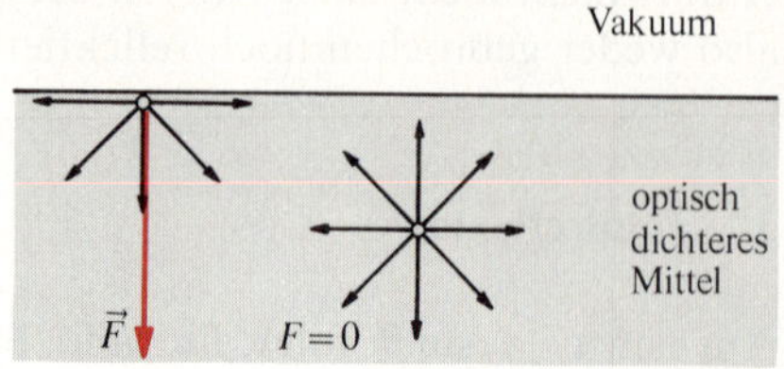

80.1 Newtonsches Lichtteilchen an der Grenzschicht und im Inneren eines Stoffes

Aus *Abb. 80.2* folgt $\sin\alpha = \frac{c_p}{c_1}$ und $\sin\beta = \frac{c_p}{c_2}$, also $\frac{\sin\alpha}{\sin\beta} = \frac{c_2}{c_1} = n = \text{konst.}$ Eine mit dem Experiment übereinstimmende Brechungszahl $n > 1$ würde sich für $c_2 > c_1$ ergeben.

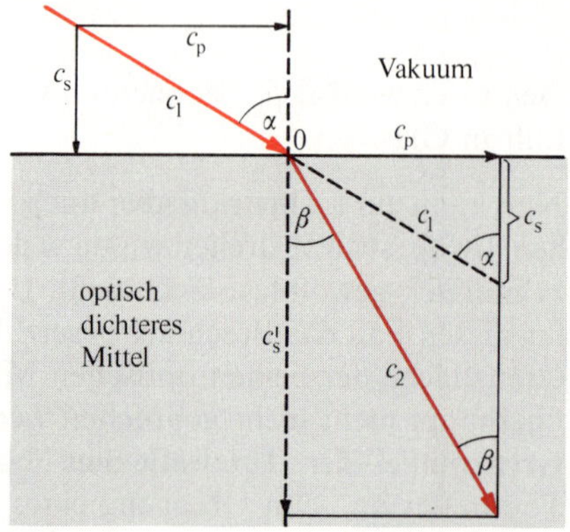

80.2 Erklärung der Brechung nach *Newton*

Die historische Erklärung des Brechungsgesetzes durch *Massenanziehung* ist typisch für die Physik des 17. und 18. Jahrhunderts. Unter dem Eindruck der erfolgreichen Newtonschen Mechanik glaubte man damals, alle Probleme mechanisch lösen, d.h. auf die Newtonschen Axiome der Mechanik zurückführen zu können. Auf diese Weise wollte man alle Erscheinungen der Natur aus wenigen Grundgesetzen der Mechanik herleiten. Die Reflexion des Lichts ließ sich so zwanglos wie die Reflexion eines elastischen Balls an einer Wand verstehen, die Brechung erschien durch Gravitationskräfte einleuchtend erklärt. Der holländische Physiker *Christiaan Huygens* (1629 bis 1695) vertrat für das Licht zwar eine völlig andere Modellvorstellung; doch war auch sie noch ganz in mechanischen Ideen befangen. Er schreibt in der Einleitung zu seinem „Traité de la Lumière" (Abhandlung über das Licht, die 1678 der Pariser Akademie der Wissenschaften vorgelegt wurde): „Man versucht, die Ursachen aller natürlichen Wirkungen auf mechanische Gründe zurückzuführen ... Dies muß man meiner Ansicht nach tun oder völlig auf jede Hoffnung verzichten, jemals in der Physik etwas zu begreifen ..." – eine Auffassung, die bis zum Ausgang des 19. Jahrhunderts herrschte, als *Helmholtz* noch sagte: „Es ist die Aufgabe aller Physik, sich in Mechanik aufzulösen."

Das im Traité de la Lumière ausgesprochene *Huygenssche Prinzip der Elementarwellen* ist uns bereits bekannt (Band MS Seite 287). Wir haben es schon zur Erklärung des Brechungsgesetzes für Wasserwellen (Band MS Seite 289) und auch für elektromagnetische Wellen (Seite 69) herangezogen. *Huygens* wandte nun dieses Prinzip an, um das Licht als *mechanische Welle* verstehen zu können. Dazu stellte er die Hypothese auf, der gesamte Raum, auch das Vakuum, sei von einem besonderen Stoff, dem sogenannten *Äther*, erfüllt. Die Lichtquelle selbst sende keine Korpuskel aus; sie gebe vielmehr nur an die ihr zunächst liegenden Ätherteilchen Anstöße, die sich dann im Raum mit dem allgegenwärtig angenommenen Äther fortpflanzten. Damit griff *Huygens* einen Gedanken auf, den schon *Robert Hooke* (1635 bis 1703) ausgesprochen hatte. In einer Veröffentlichung von Hooke aus dem Jahr 1665 lesen wir: „Jeder Stoß oder jede Schwingung eines leuchtenden Körpers wird eine Kugelfläche erzeugen, die sich kontinuierlich vergrößert ... ganz in derselben Weise (obwohl unendlich viel schneller), wie sich die Wellen oder Ringe auf einer Wasseroberfläche ausweiten, wenn man in einem Punkt derselben durch Versenken eines Steines eine Bewegung erzeugt."

Nach *Huygens* lautet das Brechungsgesetz für Wellen aller Art $\frac{\sin\alpha}{\sin\beta} = \frac{c_1}{c_2}$ (Seite 70).

Bei einer *Lichtwelle* müßte dann c_1 die Lichtgeschwindigkeit im Vakuum, c_2 die Lichtgeschwindigkeit im optisch dichteren Mittel und $\frac{c_1}{c_2} = n$ die Brechungszahl in diesem Mittel bedeuten.

Da die experimentelle Erfahrung $\beta < \alpha$ feststand (α: Winkel im Vakuum, β: Winkel in Stoffen) mußte *Huygens* im Gegensatz zu *Newton* fordern, daß $c_2 < c_1$, also die Lichtgeschwindigkeit in Stoffen *kleiner* als im Vakuum sei.

So standen damals zwei Hypothesen über die Natur des Lichts einander gegenüber. Beide lieferten für das Reflexions- und Brechungsgesetz eine mit dem Experiment übereinstimmende Erklärung. Die völlig verschiedenen Grundannahmen, nämlich einerseits die Vorstellung von *Lichtteilchen* mit den von *Newton* geforderten Eigenschaften und andererseits der Huygenssche Gedanke, die Lichtquelle erzeuge *Schwingungen*, die sich in einem alles durchdringenden Äther fortpflanzen, konnten damals weder bewiesen noch widerlegt werden.

Es ist durchaus denkbar, daß ein physikalischer Vorgang aufgrund verschiedener Hypothesen richtig (d.h. mit vielen Beobachtungen übereinstimmend) beschrieben wird. Die Newtonsche und die Huygenssche Hypothese konnten jedoch unmöglich nebeneinander bestehen, weil sich aus ihnen widersprechende Annahmen über die Lichtgeschwindigkeit im optisch dichteren Mittel ergaben. So mußte die Messung der Lichtgeschwindigkeit in Stoffen zum „experimentum crucis" werden, d.h. zur Entscheidung, welche der beiden Hypothesen zu verwerfen sei.

Aufgaben

1. *Wie groß ist der Winkel β im optisch dichteren Mittel, wenn der Einfallswinkel $\alpha = 30°$ ist und die Brechungszahl $n = 1{,}53$ beträgt?*

2. *Wie groß ist der Grenzwinkel der Totalreflexion für Schwefelkohlenstoff?*

3. *Welche Brechungszahl besitzt das Vakuum?*

4. *Ein Lichtstrahl fällt unter dem Einfallswinkel $\alpha = 30°$ auf eine planparallele Platte aus Glas ($n = 1{,}5$) der Dicke $d = 2{,}5$ cm. Um welche Strecke wird der Lichtstrahl parallel verschoben?*

5. *Auf ein Glasprisma ($n = 1{,}5$) mit dem Keilwinkel $\gamma = 60°$ fällt ein Lichtstrahl unter dem Einfallswinkel $\alpha_1 = 45°$. Um welchen Winkel wird er abgelenkt?*

6. *Stellen Sie für die Berechnung des Ablenkungswinkels φ aus dem Einfallswinkel α_1, dem Keilwinkel γ und der Brechungszahl n des Prismas ein Computerprogramm auf! Berechnen Sie mit Hilfe dieses Programms die Ablenkungswinkel eines Lichtstrahls an einem Prisma aus Quarzglas ($n = 1{,}462$) mit dem Keilwinkel $\gamma = 40°$ für die Einfallswinkel $\alpha_1 = 0°, 10°, 20°, \ldots, 90°$!*

7. *Ein Lichtstrahl geht nach Abb. 81.1 unter dem Einfallswinkel β_1 aus einem optischen Mittel der Brechungszahl n_1 in Vakuum und von dort in ein optisches Mittel der Brechungszahl n_2 über.*
a) Geben Sie eine Formel für den Winkel β_2 an!
b) Lassen Sie die Breite des Vakuumstreifens gegen Null gehen! Welche Verallgemeinerung des Brechungsgesetzes ergibt sich dann?
c) Prüfen Sie nach, ob die Gl. 78.1 in dieser Verallgemeinerung enthalten ist! Wie läßt sich die dortige Brechungszahl n durch n_1 und n_2 ausdrücken?
d) Ein Lichtstrahl fällt unter 45° von Wasser in Glas ($n = 1{,}5$). Wie groß ist der Brechungswinkel?

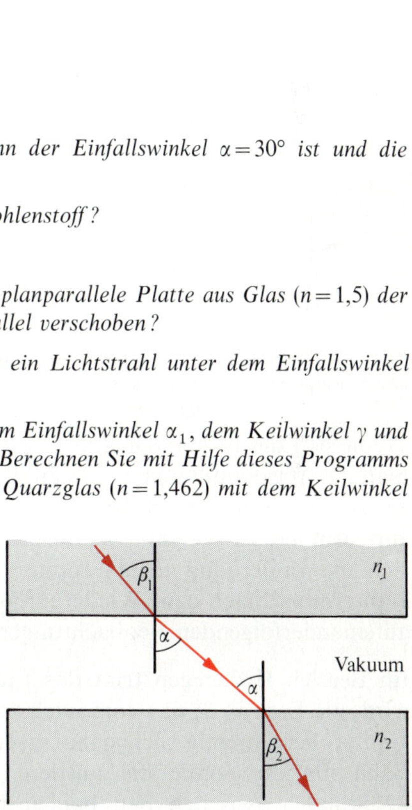

81.1 Zu Aufgabe 7

8. *In Versuch 52 (Seite 70) wird das Mikrowellenbündel unter dem Winkel $\beta = 40°$ zum Lot auf die zylindrisch gewölbte Seite des mit Sand gefüllten Kunststoffbehälters gestrahlt (Abb. 81.2). Wie verläuft die Welle weiter?*

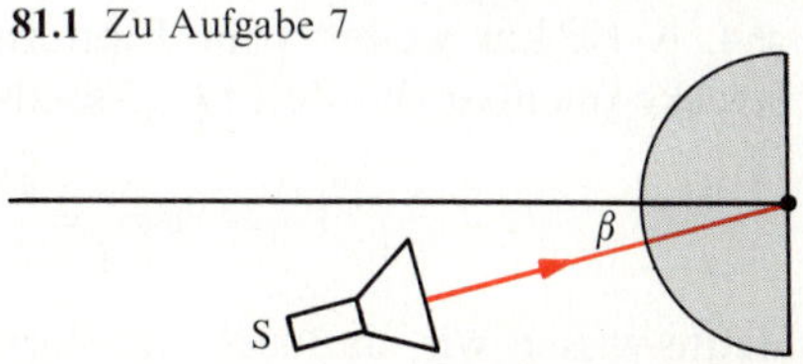

81.2 Zu Aufgabe 8. S: Mikrowellensender

§ 17 Die Messung der Lichtgeschwindigkeit

1. Astronomische Methode

Im Jahr 1675 gelang dem dänischen Astronomen *Ole Römer* (1644 bis 1710) der erste Nachweis einer endlichen Lichtgeschwindigkeit im Weltraum, also im Vakuum. Die Umlaufsdauer des Jupitermondes Io (man kann sie bestimmen, indem man die Zeit mißt, die von einem Auftauchen des Mondes aus dem Schatten des Planeten bis zum nächsten vergeht) beträgt rund $42\frac{1}{2}$ Stunden. *Römer* beobachtete nun, daß diese Umlaufsdauer scheinbar größer wird, wenn sich während der Messung die Erde auf ihrer Bahn um die Sonne vom Jupiter *entfernt*. Er schloß, daß dieser Effekt von der *endlichen Ausbreitungsgeschwindigkeit* des Lichts herrühren müsse. Allerdings standen ihm damals die genauen Unterlagen für die Berechnung dieser Geschwindigkeit noch nicht zur Verfügung.

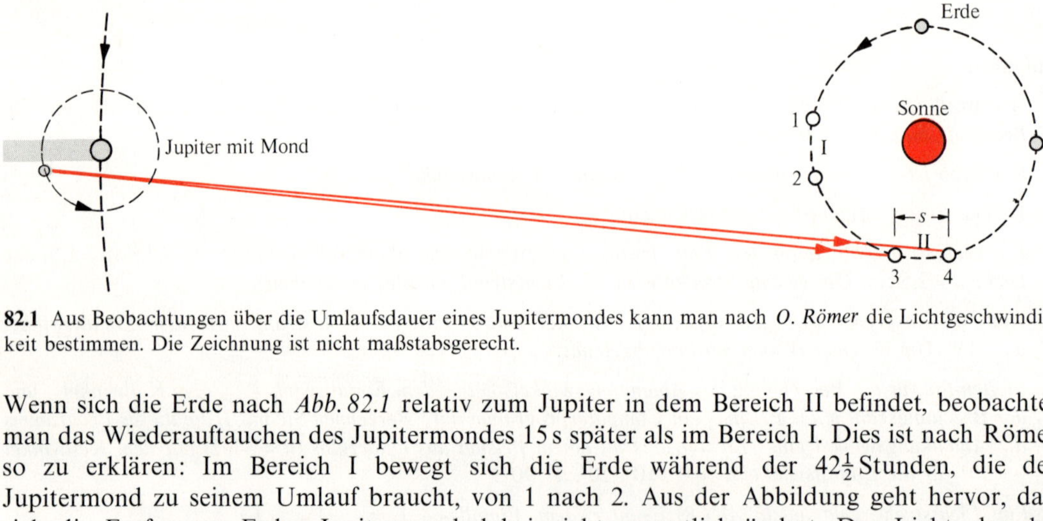

82.1 Aus Beobachtungen über die Umlaufsdauer eines Jupitermondes kann man nach *O. Römer* die Lichtgeschwindigkeit bestimmen. Die Zeichnung ist nicht maßstabsgerecht.

Wenn sich die Erde nach *Abb. 82.1* relativ zum Jupiter in dem Bereich II befindet, beobachtet man das Wiederauftauchen des Jupitermondes 15 s später als im Bereich I. Dies ist nach Römer so zu erklären: Im Bereich I bewegt sich die Erde während der $42\frac{1}{2}$ Stunden, die der Jupitermond zu seinem Umlauf braucht, von 1 nach 2. Aus der Abbildung geht hervor, daß sich die Entfernung Erde – Jupitermond dabei nicht wesentlich ändert. Das Licht, das der Jupitermond nach dem Wiederauftauchen auf die Erde sendet, legt also im Bereich I bei zwei aufeinanderfolgenden Beobachtungen etwa dieselbe Strecke bis zur Erde zurück.

Im Bereich II dagegen trifft das Licht, das beim ersten Auftauchen des Mondes ausgesandt wird, die Erde in 3; das vom nächsten Auftauchen (nach einem $42\frac{1}{2}$stündigen Umlauf um den Jupiter) herrührende Lichtsignal erreicht sie auf einem längeren Weg in 4. Da die Erde auf ihrer Bahn um die Sonne die mittlere Geschwindigkeit 29,8 km/s besitzt, hat sie sich in den $42\frac{1}{2}$Stunden zwischen den beiden Beobachtungen um die Strecke $s = 29{,}8\,\text{km/s} \cdot 1{,}53 \cdot 10^5\,\text{s} \approx 4{,}56 \cdot 10^6\,\text{km}$ weiter vom Jupitermond entfernt. Das Licht benötigt zu dieser zusätzlichen Strecke offenbar die Zeit $t = 15\,\text{s}$; also beträgt seine Geschwindigkeit

$$c = \frac{s}{t} = \frac{4{,}56 \cdot 10^6\,\text{km}}{15\,\text{s}} \approx 3 \cdot 10^5\,\frac{\text{km}}{\text{s}} = 3 \cdot 10^8\,\frac{\text{m}}{\text{s}}.$$

Heute wissen wir, daß sich mit derselben Geschwindigkeit auch eine *elektromagnetische Welle* im Vakuum ausbreitet. Damit liegt für uns der Gedanke nahe, das Licht als eine elektromagnetische Welle zu deuten. Zu *Römers* Zeiten konnte von einer solchen Auffassung natürlich noch keine Rede sein. Erst eineinhalb Jahrhunderte später war es möglich, die Lichtgeschwindigkeit auf der Erde, also auch in Stoffen zu messen. Damit konnte man endlich zwischen der *Newtonschen Korpuskularhypothese* und der *Huygensschen Wellenhypothese* entscheiden.

2. **Terrestrische Methode** (Messung der Lichtgeschwindigkeit auf der Erde)

Die erste Messung der Lichtgeschwindigkeit *auf der Erde* führte *H. Fizeau* (1819 bis 1896) im Jahre 1849 durch, indem er die Laufzeit des Lichts für eine rund 9 km lange Strecke feststellte. Im gleichen Jahr bestimmte *L. Foucault* (1819 bis 1868) die Lichtgeschwindigkeit sogar in einem Zimmer:

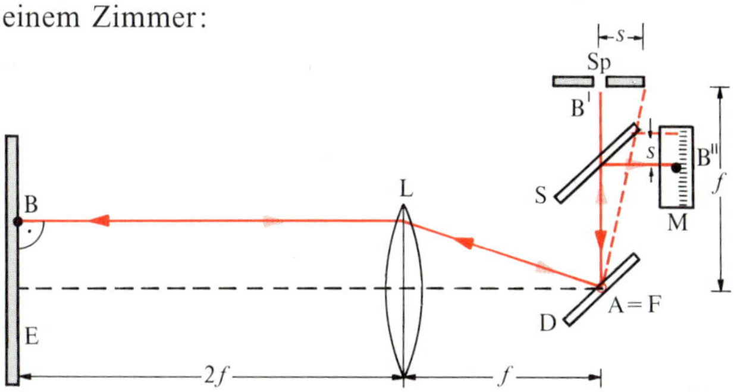

83.1 Bestimmung der Lichtgeschwindigkeit nach Foucault. Sp Spalt; D Drehspiegel; L Sammellinse; E Endspiegel; S halbdurchlässiger Spiegel; M Maßstab

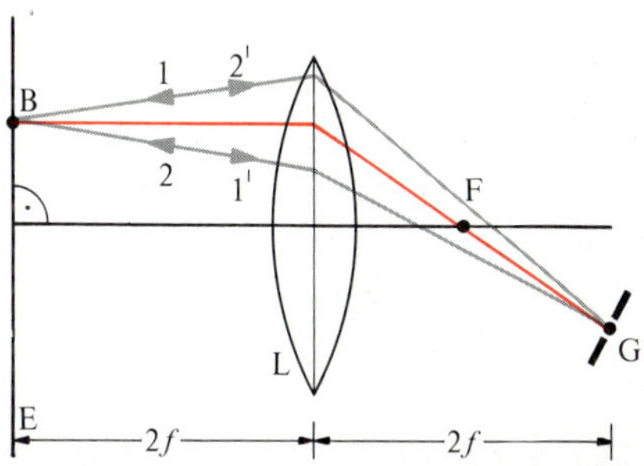

83.2 Die vom Gegenstand G ausgehenden Lichtstrahlen 1 und 2 werden vom Endspiegel E als 1′ und 2′ zurückgeworfen.

Versuch 60: Messung der Lichtgeschwindigkeit nach *Foucault*. Nach *Abb. 83.1* geht vom beleuchteten Spalt Sp ein Lichtbündel aus, das durch einen halbdurchlässigen Spiegel S auf den Drehspiegel D fällt. Der Brennpunkt F der Sammellinse L liegt auf der Drehachse A des Spiegels. Da sich Sp in der doppelten Brennweite ($g = 2f$) dieser Linse befindet, entsteht wiederum in der doppelten Brennweite $b = 2f$ ein gleich großes Bild B des Spaltes. Dort ist aber der Endspiegel E angebracht, der das Licht so reflektiert, daß an der Stelle des Spaltes Sp wiederum eine Abbildung B′ des Spaltbildes B entsteht. Zur Konstruktion des Strahlenganges genügt der in *Abb. 83.1* rot gezeichnete Lichtstrahl. Da er durch den Brennpunkt F der Sammellinse geht, verläuft er nach der Brechung durch die Linse links von ihr achsenparallel, so daß er vom senkrecht zur optischen Achse angebrachten Endspiegel E in sich selbst zurückgeworfen wird. In *Abb. 83.2* ist der entsprechende Strahlengang des gesamten Lichtbündels ohne Drehspiegel dargestellt. Wir verfolgen nun die vom Gegenstand G (Spalt Sp) ausgehenden Lichtstrahlen 1 und 2 genauer und bemerken, daß sie im Gegensatz zum rot gezeichneten Strahl nicht in sich selbst zurückgehen. Das ist für unseren Versuch auch gar nicht nötig. Wichtig ist nur, daß sich die reflektierten Strahlen wieder in G treffen.

Der Spalt Sp *(Abb. 83.1)* wird also durch die Reflexion auf sich zurück abgebildet. Der halbdurchlässige Spiegel S lenkt einen Teil des zurückkehrenden Lichts seitlich aus, so daß von B zwei Bilder entstehen: B′ an der Stelle des Spaltes und B″ auf dem Maßstab M. Nachdem wir D etwas verdreht haben, entsteht zwar das Spaltbild B an einer anderen Stelle des Endspiegels E; der rot gezeichnete Strahl geht jedoch bei der Reflexion in jedem Fall so in sich zurück, daß er wieder in A eintrifft und zum Spalt Sp zurückkehrt. B″ entsteht also *unabhängig von der Lage des Drehspiegels* stets an derselben Stelle des Maßstabes M.

▼ Nun drehen wir den Spiegel D langsam mit Hilfe eines Elektromotors. Da die Linse L dabei nicht andauernd von dem Lichtbündel getroffen wird, erscheint die Abbildung B″ des Spaltes in kurzen aufeinanderfolgenden Lichtblitzen stets *an der gleichen Stelle* des Maßstabes. Anschließend lassen wir den Drehspiegel sehr schnell *rotieren.* Aus dem Ton einer auf der Achse des Elektromotors mitlaufenden Sirene ermitteln wir die Drehfrequenz n. Wir beobachten, daß B″ jetzt um die Strecke s verschoben *an einer anderen* Stelle des Maßstabes entsteht.

Zur Erklärung nehmen wir an, der Drehspiegel befinde sich nach *Abb. 84.1* in der Lage 1. Der in diesem Augenblick von A ausgehende rot gezeichnete Lichtstrahl trifft nach der Reflexion am Endspiegel E wieder in A ein, findet dann aber den Spiegel D, der sich inzwischen um den Winkel φ weitergedreht hat, in der Lage 2 vor. Infolgedessen geht er von A aus nicht (wie beim ruhenden und praktisch auch beim langsam rotierenden Drehspiegel) zum Spalt Sp zurück, sondern erfährt eine Richtungsänderung um den Winkel 2φ. Damit verschiebt sich das Spaltbild B′ um den Bogen ▲ $s'=2\varphi\cdot f\approx s$, also gilt (im Bogenmaß)

▽
$$\varphi=\frac{s}{2f}. \qquad (84.1)$$

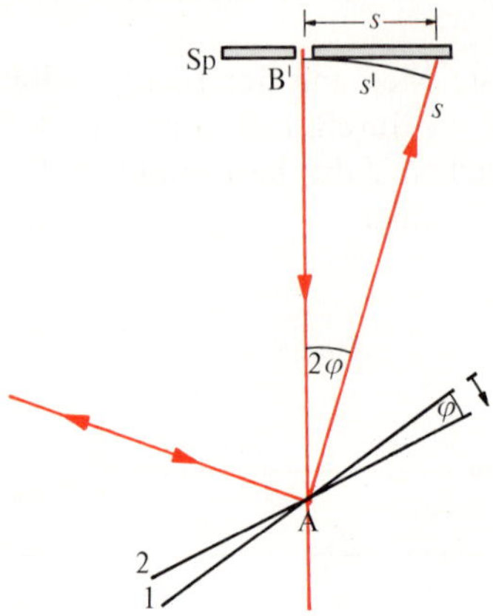

84.1 Der Lichtstrahl geht nicht zum Spalt Sp zurück, sondern verläuft um den Winkel 2φ abgelenkt.

Der Spiegel D braucht für eine Umdrehung (also für den Winkel 2π) die Zeit $T=1/n$. Seine Winkelgeschwindigkeit ist also

$$\omega=\frac{2\pi}{T}=2\pi n.$$

Aus dem Winkel φ und der zugehörigen Zeit t, in der er überstrichen wird, berechnet sich die Winkelgeschwindigkeit zu $\omega=\frac{\varphi}{t}$; also gilt $2\pi n=\frac{\varphi}{t}$.

Der Winkel φ wird demnach in der Zeit $t=\frac{\varphi}{2\pi n}$ überstrichen.

Mit *Gl. 84.1* ergibt sich

$$t=\frac{s}{4\pi f\cdot n}. \qquad (84.2)$$

Dies ist die Zeit, die das Licht für das Durchlaufen der Strecke $l=2\cdot\overline{\mathrm{AB}}\approx 6f$ benötigt.

Damit erhalten wir die **Lichtgeschwindigkeit:**

$$c=\frac{l}{t}=\frac{24\pi f^2\cdot n}{s}. \qquad (84.3)$$

Bei einem Versuch mit einer Sammellinse der Brennweite $f=5{,}20\,\mathrm{m}$ und einer Drehfrequenz des Spiegels von $n=440\,\mathrm{s}^{-1}$ (verglichen mit dem Ton a^1 einer Stimmgabel) wurde auf dem Maßstab eine Verschiebung des Spaltbildes B″ um 3 mm beobachtet. Daraus errechnet sich die △ Lichtgeschwindigkeit $c=3\cdot 10^8\,\mathrm{m/s}$.

▼ Genauere Messungen haben für die Lichtgeschwindigkeit in Luft $c=2{,}9971\cdot 10^8\,\mathrm{m/s}$ ergeben. Für das Vakuum erhält man einen um 0,03 % höheren Wert. Die Übereinstimmung mit der Ausbreitungsgeschwindigkeit elektromagnetischer Wellen legt nahe, das Licht als **elektromagnetische Welle** aufzufassen. ▲

Die Lichtgeschwindigkeit im Vakuum beträgt $2{,}9979 \cdot 10^8 \frac{\text{m}}{\text{s}}$, aufgerundet $300000 \frac{\text{km}}{\text{s}}$. Licht kann als elektromagnetische Welle aufgefaßt werden.

Versuch 60a: Als Lichtquelle für den Versuch 60 können wir auch einen *Laser* einsetzen. Wir benutzen dabei dessen vorteilhafte Eigenschaft, ein lichtstarkes, nahezu paralleles Lichtbündel auszusenden. Dadurch erübrigt sich der Spalt Sp; an seine Stelle bringen wir einen dünnen Draht, dessen Abbildung B″ auf dem Maßstab M beobachtet wird. Vorsicht! Der Laserstrahl darf nicht direkt ins Auge gelangen!

In die Meßstrecke zwischen Dreh- und Endspiegel kann ein Trog mit Wasser oder einem anderen durchsichtigen Stoff gebracht werden. *Foucault* hat auf diese Weise im Jahr 1850 gefunden, daß die Lichtgeschwindigkeit in Wasser *kleiner* ist als in Luft. Durch entsprechende Versuche konnte man feststellen, daß die Lichtgeschwindigkeit in optisch dichteren Mitteln stets kleiner ist als im Vakuum; sie beträgt in Wasser 225000 km/s, in Glas etwa 200000 km/s. Mit diesem Ergebnis der Foucaultschen Versuche war die Newtonsche Lichthypothese endgültig widerlegt, die Huygenssche Wellentheorie dagegen hervorragend bestätigt. Nach ihr gilt:

Die Brechungszahl für den Übergang des Lichts vom Vakuum in einen Stoff beträgt

$$n = \frac{c}{c_{\text{Stoff}}}. \qquad (85.1)$$

Für Wasser erhält man $n_{\text{Wasser}} = \frac{300000\,\text{km/s}}{225000\,\text{km/s}} = \frac{4}{3} = 1{,}33,$

für Glas $n_{\text{Glas}} = \frac{300000\,\text{km/s}}{200000\,\text{km/s}} = 1{,}5.$ (Vergleichen Sie mit der *Tabelle 78.2!*)

Nach der *Wellentheorie* wird das Licht nicht nur beim Übergang vom Vakuum in ein optisch dichteres Mittel gebrochen, sondern allgemein beim Übergang von einem Stoff mit der Brechungszahl n_1 in einen anderen mit der Brechungszahl $n_2 \neq n_1$.

Dabei gilt

$$\frac{\sin\alpha}{\sin\beta} = \frac{c_1}{c_2} = n_{1,2}. \qquad (85.2)$$

$n_{1,2}$ nennt man die Brechungszahl für das betreffende Stoffpaar. Aus *Gl. 85.1* sowie aus $n_1 = \frac{c}{c_1}$ und $n_2 = \frac{c}{c_2}$ folgt

$$n_{1,2} = \frac{n_2}{n_1}.$$

Die Brechungszahl für ein Stoffpaar ist gleich dem Verhältnis der Lichtgeschwindigkeiten in den beiden Medien und gleich dem umgekehrten Verhältnis der Brechungszahlen dieser Medien:

$$n_{1,2} = \frac{c_1}{c_2} = \frac{n_2}{n_1}. \qquad (85.3)$$

Auf Seite 77 haben wir unter f) den Stoff, in dem der Lichtstrahl den kleineren Winkel mit dem Lot bildet, als *optisch dichteres* Mittel definiert. Nach *Gl. 85.3* besitzt deshalb das optisch dichtere Mittel die *größere* Brechungszahl.

Versuch 61: Wir bringen nach *Abb. 86.1* die optische Scheibe mit dem halbzylindrischen Glaskörper in einen mit Wasser gefüllten Trog. Mit dieser Versuchsanordnung messen wir den Winkel α im dünneren Mittel Wasser und den zugehörigen Winkel β im dichteren Mittel Glas. Als Mittelwert für verschiedene Paare (α, β) erhalten wir $n_{1,2} = 1{,}12$.

Aus den Brechungszahlen $n_1 = 4/3$ (Wasser) und $n_2 = 1{,}5$ (Glas) folgt nach *Gl. 85.3*

$$n_{1,2} = \frac{1{,}5}{4/3} = 1{,}125.$$

(Vergleichen Sie auch Aufgabe 7 auf Seite 81!).

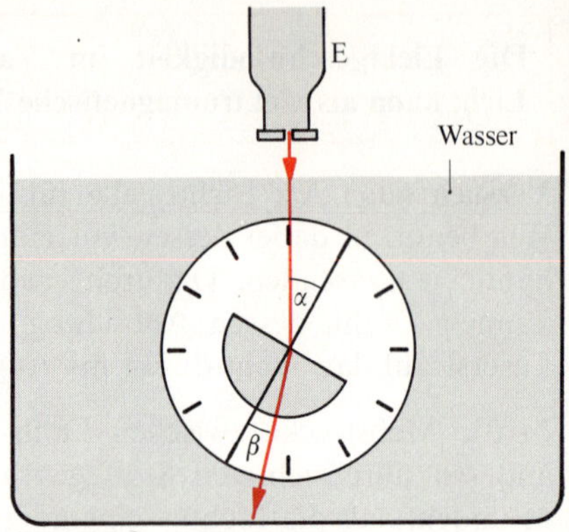

86.1 Messung der Brechungszahl $n_{1,2}$ von Wasser gegen Glas. E: Experimentierleuchte

3. Lichtgeschwindigkeit in Stoffen und Maxwellsche Lichttheorie

Die auffällige Übereinstimmung der Lichtgeschwindigkeit im Vakuum mit $c = 1/\sqrt{\varepsilon_0 \mu_0}$ brachte *Maxwell* schon im Jahr 1864 auf den Gedanken, das Licht als elektromagnetische Welle zu betrachten. Wenn diese Hypothese zutrifft, müssen die Geschwindigkeiten des Lichts und der elektromagnetischen Wellen aber auch in *Stoffen* übereinstimmen. Nach den Überlegungen, die wir auf Seite 70 angestellt haben, müßte also das Licht beim Übergang vom Vakuum in einen Stoff mit der Dielektrizitätszahl ε_r die Brechungszahl $n \approx \sqrt{\varepsilon_r}$ aufweisen. Für Wasser zum Beispiel ergäbe sich $n \approx \sqrt{81} = 9$; tatsächlich mißt man aber nur $n = 1{,}33$. Dieser Widerspruch läßt sich jedoch klären: Wie wir wissen, werden die Dipole des Wassers in einem elektrischen Feld der *konstanten* Feldstärke E ausgerichtet. Dadurch entsteht ein Gegenfeld, das die Feldstärke E auf den 81. Teil herabsetzt (Orientierungspolarisation, Band E Seite 44). In hochfrequenten Wechselfeldern müßten nun die Dipole des Wassers ihre Orientierung andauernd so rasch ändern, daß sie nicht mehr ganz folgen können. Deshalb fällt das (ebenfalls wechselnde) Gegenfeld *schwächer* aus als bei konstanter Feldstärke E. In Versuch 33 (Seite 52) haben wir bei Wechselfeldern der Frequenz $f = 4{,}34 \cdot 10^8$ Hz für Wasser $\varepsilon_r = 81$ gemessen. Untersuchungen haben ergeben, daß Wasser der Temperatur 20 °C seine Dielektrizitätszahl $\varepsilon_r = 81$ noch bis zu einer Frequenz des elektrischen Wechselfeldes von ca. 10^9 Hz beibehält. Bei der Frequenz 10^{10} Hz wird $\varepsilon_r \approx 50$; bei $f = 10^{11}$ Hz ist ε_r auf den Wert 10 abgesunken. Bei noch höheren Frequenzen nimmt ε_r immer mehr ab und nähert sich schließlich dem Wert 1,8 ($\sqrt{\varepsilon_r} = \sqrt{1{,}8} \approx 1{,}34$). Wir folgern daraus: Falls Licht eine elektromagnetische Welle ist, muß deren Frequenz f größer als 10^{11} Hz sein.

Diesen Schluß wollen wir später prüfen, indem wir die Wellenlänge λ des Lichts messen und seine Frequenz $f = c/\lambda$ berechnen werden.

4. Die Dispersion des Lichts

Weißes Licht wird bei der Brechung in die farbigen Lichter des Spektrums zerlegt (Mittelstufenband Seite 268). Dieser Effekt tritt bei der Brechung durch ein *Prisma* besonders stark auf;

man erzeugt deshalb auch meist Spektren mit Prismen aus Glas oder Flüssigkeiten (vgl. Spektraltafel nach Seite 130). Läßt sich diese **Dispersion** (Aufspaltung) des weißen Lichts mit der Vorstellung elektromagnetischer Lichtwellen vereinbaren?

Wir wissen, daß beim Übergang des Lichts von einem optisch dünneren in ein dichteres Mittel zum Beispiel blaues Licht stärker gebrochen wird als rotes. Das heißt aber, die Brechungszahl n eines bestimmten Stoffes ist nicht konstant, sondern von der *Farbe* des Lichts abhängig *(Tabelle 87.1)*. Es gilt

$$n_{\text{blau}} > n_{\text{rot}}.$$

Tabelle 87.1 Brechungszahlen von Glas für verschiedene Farben

Farbe	Brechungszahl n
Dunkelblau	1,528
Blaugrün	1,523
Gelb	1,517
Rot	1.514
Dunkelrot	1,511

Fassen wir das Licht als Welle auf, so muß die Ausbreitungsgeschwindigkeit im optisch dichteren Mittel für blaues Licht kleiner sein als für rotes *(Abb. 87.1)*. Dies kann leicht bestätigt werden: Verwendet man in der Versuchsanordnung nach *Foucault* (Versuch 60) weißes Licht und bringt zwischen Dreh- und Endspiegel Glas, so wird die Abbildung B″ des Spaltes auf den Maßstab zu einem schmalen *Spektrum* auseinandergezogen. Dabei erfährt Blau die größte, Rot die geringste Verschiebung.

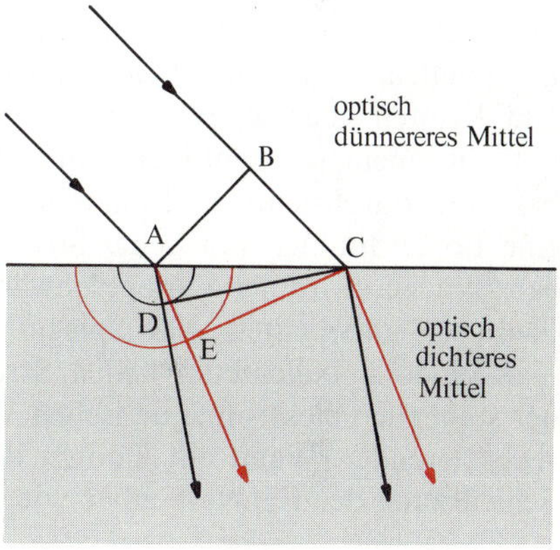

87.1 Blaues Licht breitet sich im optisch dichteren Mittel langsamer aus als rotes und wird deshalb stärker gebrochen.

Nun haben wir erkannt, daß die Dielektrizitätszahl ε_r und damit auch die Brechungszahl $n \approx \sqrt{\varepsilon_r}$ für *Wasser* von der *Frequenz* der elektromagnetischen Welle abhängt. Die zur Erklärung herangezogene Umorientierung der Wasserdipole ist aber nicht der einzige Effekt, der bei der Wechselwirkung zwischen elektromagnetischen Wellen und Molekülen auftritt. Elektrostatische Felder können außer der *Orientierungspolarisation* auch eine *Verschiebungspolarisation* (Band E Seite 43) hervorrufen. Sie äußert sich bei den Wechselfeldern einer elektromagnetischen Welle in *Schwingungen* der an das Atom gebundenen Elektronen. Dabei auftretende Resonanzphänomene führen zu Änderungen der Dielektrizitätszahl ε_r. In der Nähe der Resonanzstelle kann ε_r mit wachsender Frequenz auch *zunehmen*. Wir können auf die komplizierten Zusammenhänge nicht eingehen, sondern wollen lediglich festhalten, daß ε_r zwar bis zu den Frequenzen des Mikrowellenbereiches hinreichend konstant bleibt, bei noch höheren Frequenzen jedoch seinen Wert ändern kann.

Wir fassen zusammen:

Verschiedenfarbige Lichter weisen unterschiedliche Brechungszahlen n auf.
Die Brechungszahl $n \approx \sqrt{\varepsilon_r}$ hängt von der Frequenz einer elektromagnetischen Welle ab.

Wir vermuten deshalb, daß die *Farbe* des Lichts mit der *Frequenz* der elektromagnetischen Lichtwelle verknüpft ist. Um uns Klarheit zu verschaffen, müssen wir eine Möglichkeit finden, die Frequenzen verschiedenfarbiger Lichter zu messen. Wir werden uns dabei von den Versuchen leiten lassen, die wir bereits mit Mikrowellen durchgeführt haben.

Beugung und Interferenz des Lichts

§ 18 Die Messung von Lichtwellenlängen

▽

1. Stehende Lichtwellen

Bei Mikrowellen konnten wir die Wellenlänge bequem ausmessen, indem wir durch Reflexion an einer Metallwand *stehende* Wellen erzeugten, deren Knotenabstand bekanntlich $\frac{\lambda}{2}$ beträgt. Es liegt nahe, die Wellenlänge des Lichts auf dieselbe Weise zu bestimmen. Doch ist dies mit Schulmitteln nicht möglich. *O. Wiener* (1862 bis 1927) ist es im Jahr 1889 gelungen, mit Hilfe eines Kunstgriffs einen solchen Versuch durchzuführen:

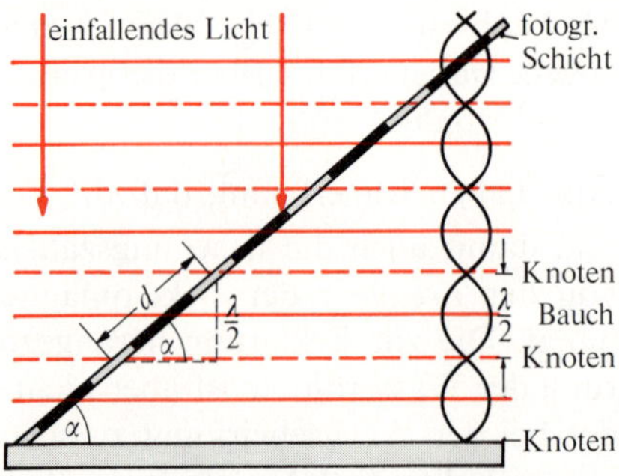

88.1 Bestimmung der Wellenlänge des Lichts nach *O. Wiener*

Er ließ einfarbiges, paralleles Licht (d.h. ebene Wellenfronten) senkrecht auf einen Metallspiegel fallen *(Abb. 88.1)*. Die einander entgegenlaufenden fortschreitenden Lichtwellen bilden eine *stehende Welle*, deren Bäuche und Knoten aber so nahe beisammen liegen, daß sie nur auf einem fast senkrecht zum Strahlengang angebrachten durchsichtigen Film von $2 \cdot 10^{-5}$ mm Dicke eine Folge dunkler und heller Streifen hervorrufen. In den Bäuchen wird der Film geschwärzt, an den Knoten bleibt er unbelichtet. Am Spiegel selbst beobachtet man einen unbelichteten hellen Streifen. Da sich bei der stehenden elektromagnetischen Welle direkt an der reflektierenden Wand ein Knoten des elektrischen Feldes befindet (Seite 67 unten), rührt die Schwärzung des Films offenbar von den Bäuchen des elektrischen Feldes der Lichtwelle her.

Aus dem Abstand d zweier heller Streifen auf dem Film läßt sich der Knotenabstand und damit die Wellenlänge des Lichts berechnen. Aus *Abb. 88.1* folgt $\lambda = 2d \cdot \sin\alpha$. Um deutlich meßbare Abstände d zu erhalten, mußte Wiener den Winkel α sehr klein machen. Die Lichtwellenlänge
△ $\lambda = 2 \cdot d \cdot \sin\alpha$ ist also ebenfalls außerordentlich klein.

▼

2. Die Beugung des Lichts

In Versuch 51 haben wir erkannt, daß ein Bündel von Mikrowellen beim Durchstrahlen eines Spaltes *gebeugt* wird. Wir wiederholen diesen Versuch mit Licht und setzen an die Stelle des Mikrowellensenders einen sogenannten *Laser*. Mit ihm steht uns eine für unsere Zwecke sehr geeignete Lichtquelle zur Verfügung, die ein paralleles und besonders intensives Lichtbündel aussendet.

Versuch 62: Wir lassen das Lichtbündel eines Lasers auf einen engen Spalt fallen; dieser wird durch zwei geradlinige parallele Metallkanten begrenzt, deren Abstand mit einer Mikrometer-
▲ schraube verändert werden kann. Öffnen wir diesen Spalt weit, so beobachten wir auf einem

hinter ihm angebrachten Schirm im Punkt M der optischen Achse *(Abb. 89.1)* einen Lichtfleck. Verengen wir nun den Spalt, so wird dieser Lichtfleck breiter und löst sich dabei in mehrere Teile verschiedener Helligkeit auf. Wenn das vom Laser ausgesandte parallele Lichtbündel ohne Richtungsänderung durch die enge Spaltöffnung ginge, könnte es nicht an Stellen gelangen, die seitlich von M liegen. Das Versuchsergebnis zeigt, daß das Licht wie die Mikrowelle an einem Spalt *gebeugt* wird. Die Auflösung des Lichtflecks in mehrere Teile ist eine Interferenzerscheinung; sie wird später erklärt werden.

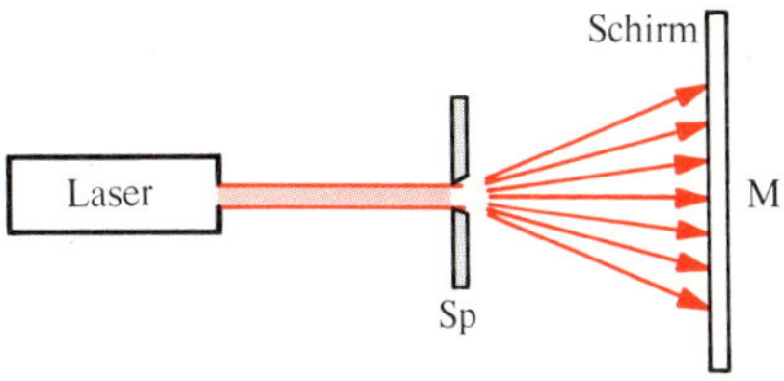

89.1 Beugung des Lichts an einem Spalt Sp

Nach dem Huygensschen Prinzip muß man von einer Welle auch erwarten, daß sie an einem *Hindernis* gebeugt wird. Die *Abb. 89.2* zeigt, wie ebene Wasserwellen, die eine Wand treffen, in den Schattenraum hinein gebeugt werden. Der Mathematiker *Poisson* (1781 bis 1840) folgerte aus dieser Erscheinung: Wäre Licht eine Welle, so müßte ein paralleles Lichtbündel, das auf ein kreisförmiges Hindernis fällt, in der Mitte des Schattens einen hellen Fleck erzeugen. Dort würden nämlich die vom Rand des Hindernisses ausgehenden Elementarwellen mit *gleicher Phase* zusammentreffen und sich verstärken.

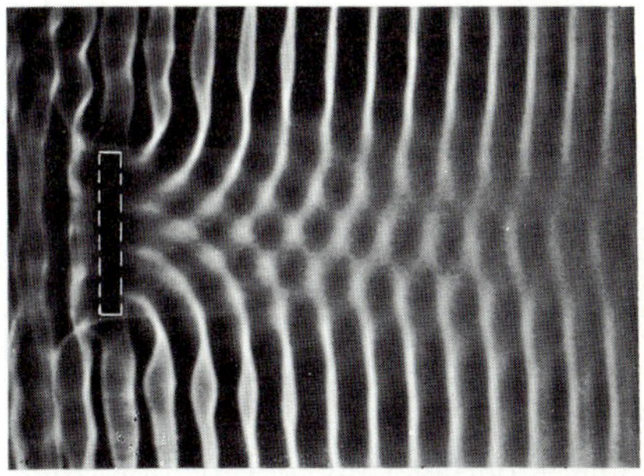

89.2 Beugung von Wasserwellen an einem Hindernis in der Wellenwanne

Poisson war davon überzeugt, daß es einen solchen hellen Fleck nicht geben könne und glaubte, damit die Wellentheorie des Lichts widerlegt zu haben. Dem Physiker *Arago* (1786 bis 1853) gelang es jedoch durch sorgfältige Beobachtung, den „*Poissonschen Fleck*" in der Mitte eines Schattens nachzuweisen.

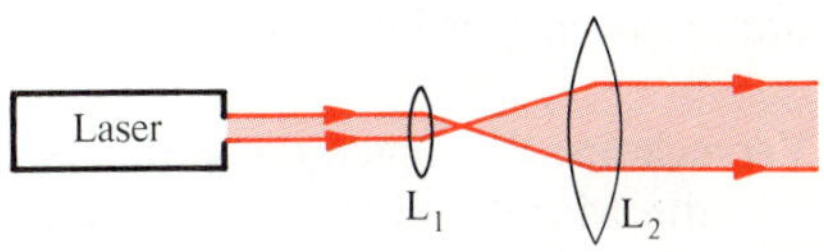

89.3 Das Laserlichtbündel wird durch die beiden Sammellinsen L_1 und L_2 aufgeweitet.

Versuch 63: Wir weiten das vom Laser ausgestrahlte Licht nach *Abb. 89.3* mit Hilfe zweier Sammellinsen zu einem breiteren Parallelbündel auf. Dann bringen wir eine sauber gearbeitete *Stahlkugel* (von einem Kugellager) in den Strahlengang; sie wird zur Befestigung auf eine Glasplatte geklebt. Auf einem durchscheinenden Schirm betrachten wir den Schatten: Er besitzt in der Mitte eine leuchtende Stelle. Sie ist so hell, daß man meinen könnte, das Licht scheine durch ein Loch in der Mitte der Kugel hindurch *(Abb. 89.4)*.

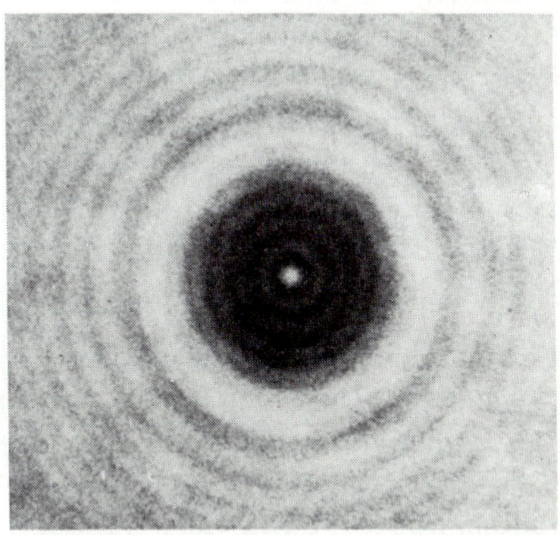

89.4 Poissonscher Fleck im Schatten eines kreisförmigen Hindernisses

3. Beugung und Interferenz am Doppelspalt

In Versuch 56 haben wir mit der Beugung und Interferenz am **Doppelspalt** eine weitere Möglichkeit kennengelernt, die Wellenlänge λ einer elektromagnetischen Welle zu bestimmen. Wir wollen nun feststellen, ob sich dieser Versuch auch mit Lichtwellen durchführen läßt.

Versuch 64: Ein durch zwei Sammellinsen aufgeweitetes paralleles Laserlichtbündel fällt nach *Abb. 90.1* auf einen Doppelspalt. Dieser besteht aus zwei schmalen, sehr nahe beieinanderliegenden Spalten.

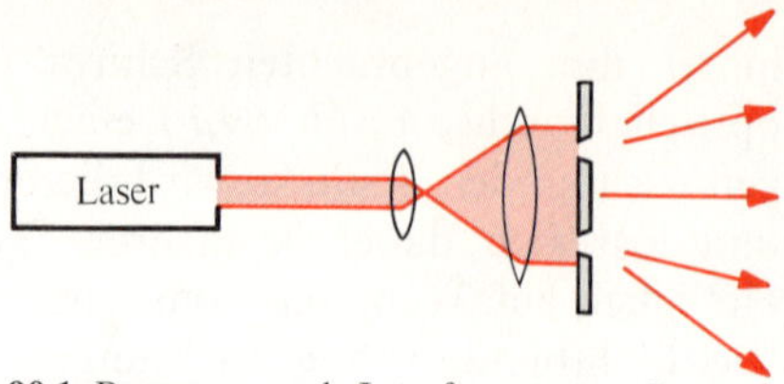

90.1 Beugung und Interferenz am Doppelspalt

Wir erinnern uns, daß die Mikrowellen im entsprechenden Versuch 56 an beiden Spalten in alle möglichen Richtungen gebeugt wurden und dabei miteinander *interferierten.* In gewissen Richtungen ergaben sich *Maxima* durch Verstärkung der Wellen, in anderen Richtungen *Minima* durch Auslöschung. Ganz entsprechend stellen wir nun bei unserem Versuch mit Licht fest, daß ein im Abstand a vom Doppelspalt aufgestellter Schirm nicht gleichmäßig beleuchtet wird, sondern nach *Abb. 90.2* helle und dunkle Streifen, also maximale und minimale Bestrahlungsstärken zeigt.

90.2 Interferenzstreifen bei der Beugung von Licht an einem Doppelspalt

Die Überlagerung der beiden *Elementarwellen,* die nach *Huygens* von den Öffnungen eines Doppelspaltes ausgehen, läßt sich in einem Modellversuch veranschaulichen. Dazu benutzen wir zwei Folien, von denen jede ein System miteinander abwechselnder durchsichtiger bzw. undurchsichtiger konzentrischer Ringe aufweist:

Versuch 65: Wir legen die Folien so übereinander, daß sich die Mittelpunkte M_1 und M_2 der beiden Ringsysteme nicht decken. Bei der direkten Betrachtung oder in der Abbildung durch einen Projektionsapparat beobachten wir eine Schar *dunkler Streifen,* die um so dichter zusammenrücken, je weiter M_1 von M_2 entfernt wird *(Abb. 90.3).* Dazwischen liegen *sektorartige aufgehellte Zonen,* in denen durchsichtige und undurchsichtige Querstreifen miteinander abwechseln. In diesem Modell sollen die durchsichtigen Ringe *Wellenberge,* die undurchsichtigen Ringe *Wellentäler* der von M_1 und M_2 ausgehenden Elementarwellen darstellen.

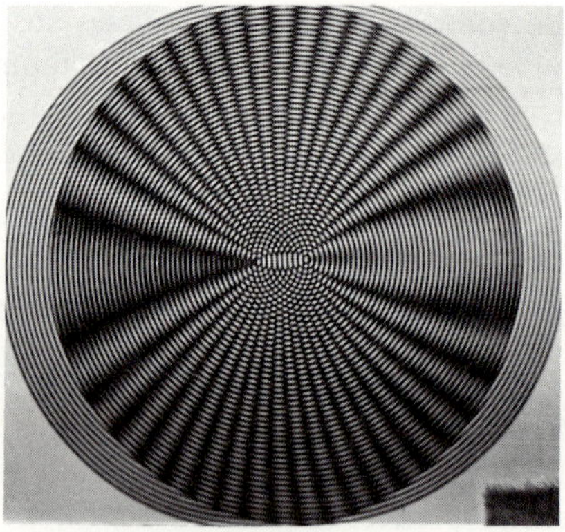

90.3 Modellversuch zur Interferenz am Doppelspalt

In den *sektorartigen aufgehellten Zonen* fallen jeweils gleichartige Ringe der beiden Folien aufeinander. Für die Welle ergibt dies folgende Deutung: Hier treffen Wellenberge auf Wellenberge und Wellentäler auf Wellentäler; die Wellen *verstärken* sich also. In den *dunklen Streifen,* die sich zwischen den sektorartigen Zonen deutlich abzeichnen, fallen jeweils ungleichartige Ringe der beiden Folien aufeinander. Für die Welle bedeutet dies: Hier treffen Wellenberge auf Wellentäler; die Wellen *löschen* sich also durch Interferenz *aus.*

Unser Modell stellt nur eine *Momentaufnahme* dar. Wir müssen uns vorstellen, daß die verstärkten Wellenberge und -täler in den sektorartigen aufgehellten Zonen von innen nach außen fortschreiten. In diesen Bereichen wird also Energie transportiert. An den dunklen Streifen ändert sich dagegen beim Fortschreiten der beiden von M_1 und M_2 ausgehenden Elementarwellen nichts: In diesen Bereichen wird *keine* Energie transportiert. Beim Doppelspaltversuch liegt der Beobachtungsschirm parallel zu $M_1 M_2$. Er wird von den energieführenden bzw. energiefreien Bereichen geschnitten; dementsprechend entstehen auf dem Schirm helle bzw. dunkle Streifen.

In *Abb. 91.1* sind die von den beiden Spaltöffnungen S_1 und S_2 ausgehenden Elementarwellen durch ihre Wellenstrahlen dargestellt. Ob im Punkt P des Schirmes eine helle oder eine dunkle Stelle liegt, hängt vom Gangunterschied $\delta = x - y$ ab. Da die Entfernung g der Spaltmitten nur Bruchteile von Millimetern, ihr Abstand a vom Schirm dagegen mehrere Meter beträgt, dürfen wir den zur Berechnung des Gangunterschiedes $\delta = x - y$ nötigen Kreisbogen $\widehat{S_1Q}$ nach *Abb. 91.2* durch die Sehne $\overline{S_1Q}$ ersetzen (nähere Ausführungen hierüber beim analogen Versuch mit Mikrowellen auf Seite 71 sowie in den mathematischen Ergänzungen auf Seite 201). Nach den Überlegungen, die wir für Mikrowellen angestellt haben (Seite 72), erhalten wir *Maxima*, wenn $\delta = 0, \lambda, 2\lambda, \ldots, k\lambda$ ist, weil dann bei der Vereinigung der Strahlen in P Wellenberg auf Wellenberg und Wellental auf Wellental fällt. Aus dem rechtwinkligen Dreieck S_1QS_2 der *Abb. 91.2* erhalten wir für den Winkel $\varphi = \beta_k$ zum k-ten Maximum

$$\sin \beta_k = \frac{k \cdot \lambda}{g} \qquad (k = 0, 1, 2, \ldots). \tag{91.1}$$

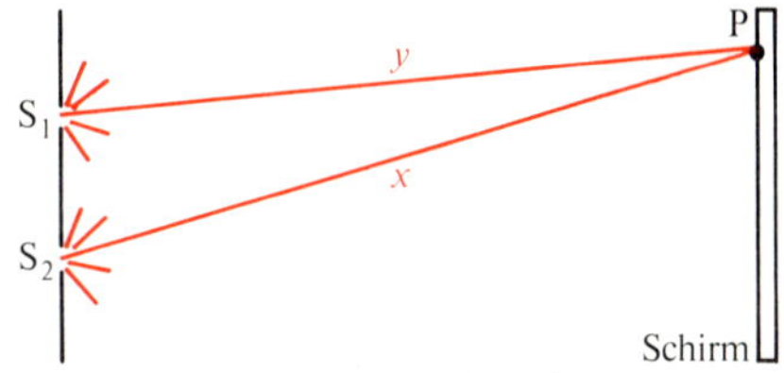

91.1 Von den Öffnungen S_1 und S_2 des Doppelspaltes gehen Elementarwellen aus. Sie sind durch Wellenstrahlen dargestellt.

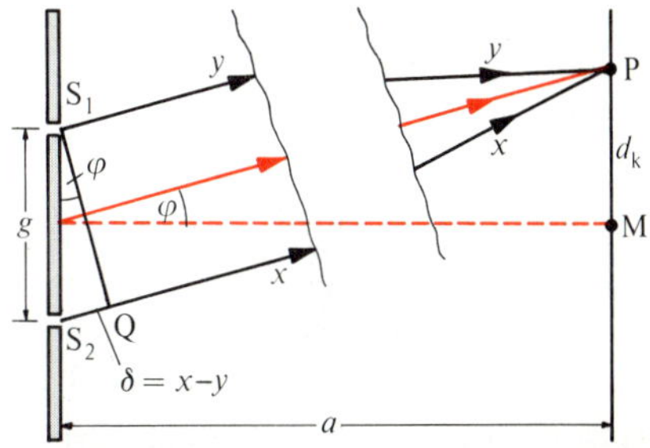

91.2 Die sich im weit entfernten Punkt P treffenden Lichtstrahlen besitzen den Gangunterschied δ.

Minima entstehen für $\delta = \frac{\lambda}{2}, \frac{3\lambda}{2}, \frac{(2k-1)\cdot\lambda}{2}$, weil dann in P Wellenberg auf Wellental fällt. Aus dem rechtwinkligen Dreieck S_1QS_2 der *Abb. 91.2* folgt für den Winkel $\varphi = \alpha_k$ zum k-ten Minimum

$$\sin \alpha_k = \frac{(2k-1)\cdot\lambda}{2g} \qquad (k = 1, 2, 3, \ldots). \tag{91.2}$$

Aus *Abb. 91.2* folgt für den Abstand $d = \overline{PM}$ eines Interferenzstreifens von der (hellen) Mitte M auf dem Schirm

$$\frac{d}{a} = \tan \varphi. \tag{91.3}$$

Eine Überschlagsrechnung ergibt, daß in unserem Versuch noch für den 10. Interferenzstreifen (von M aus gezählt) $\varphi < 1°$ ausfällt. Bei so kleinen Winkeln dürfen wir im Rahmen der Meßgenauigkeit $\sin\varphi = \tan\varphi$ setzen ($\sin 1° = 0{,}017452$; $\tan 1° = 0{,}017455$). Zusammen mit *Gl. 91.1* erhalten wir damit für den Abstand des k-ten *hellen* Streifens von der Mitte

$$d_H = k \cdot \frac{a \cdot \lambda}{g}. \tag{91.4}$$

Zusammen mit *Gl. 91.2* ergibt sich für den Abstand des k-ten *dunklen* Streifens von der Mitte

$$d_D = \frac{2k-1}{2} \cdot \frac{a \cdot \lambda}{g}. \tag{91.5}$$

Aus *Gl. 91.4* und *Gl. 91.5* folgt, daß bei dieser Näherung sowohl die hellen als auch die dunklen Interferenzstreifen auf dem Schirm *äquidistant* sind. Für den Abstand D zweier benachbarter gleichartiger Streifen erhalten wir

$$D = \frac{a \cdot \lambda}{g}. \qquad (92.1)$$

Wenn wir also den Abstand D zweier benachbarter heller oder zweier benachbarter dunkler Interferenzstreifen messen, können wir die **Wellenlänge λ** des Lichts bestimmen. Aus *Gl. 92.1* folgt

$$\lambda = \frac{D \cdot g}{a}. \qquad (92.2)$$

Die Entfernung g der beiden Spaltmitten finden wir, indem wir den beleuchteten Doppelspalt durch eine Sammellinse vergrößert abbilden. Wir messen die Höhe h eines Spaltes sowie seine vergrößerte Abbildung h', außerdem die vergrößerte Abbildung g' der Entfernung g der beiden Spaltmitten *(Abb. 92.1)*.

Aus $\frac{g}{g'} = \frac{h}{h'}$ erhalten wir $g = \frac{g'h}{h'}$. (92.3)

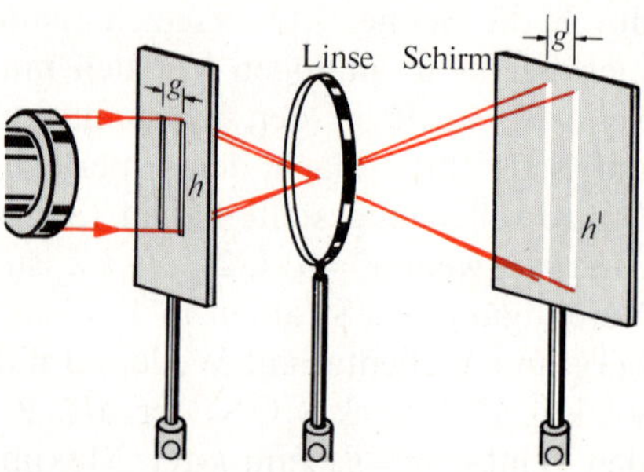

92.1 Bestimmung des Abstandes g der beiden Spalte mit Hilfe einer vergrößernden optischen Abbildung

Bei einem Versuch ergaben sich folgende Meßwerte:

Abstand Bildschirm – Doppelspalt	$a = 4{,}10$ m
Höhe eines Spaltes	$h = 1{,}9$ cm
Höhe seines Bildes	$h' = 108$ cm
Abstand der vergrößerten Spaltbilder	$g' = 3{,}7$ cm

Daraus folgt für den Abstand der beiden Spalte $g = 6{,}5 \cdot 10^{-4}$ m. Der Abstand eines dunklen Streifens vom 4. auf ihn folgenden wurde zu 16 mm gemessen. Zwei benachbarte dunkle Streifen besitzen also den Abstand $D = 4{,}0$ mm. Aus *Gl. 92.2* erhalten wir für die *Wellenlänge des Laserlichts*

$$\lambda = \frac{4{,}0 \cdot 10^{-3}\,\text{m} \cdot 6{,}5 \cdot 10^{-4}\,\text{m}}{4{,}1\,\text{m}} = 630 \cdot 10^{-9}\,\text{m} = 630\,\text{nm}.$$

Die Wellenlänge wird in nm angegeben (gelesen: Nanometer; $1\,\text{nm} = 1 \cdot 10^{-9}\,\text{m}$).

4. Messung der Wellenlänge verschiedenfarbiger Lichter

Das Licht des Lasers erscheint unserem Auge *rot*. Wir wollen mit Hilfe des Doppelspaltes nun auch Wellenlängen *andersfarbiger* Lichter messen.

Versuch 66: Nach *Abb. 92.2* wird das Licht einer Experimentierleuchte oder einer Quecksilberdampf-Lampe auf einen Spalt mit verstellbarer Breite konzentriert. Die Sammellinse L (Brennweite $f = 30$ cm) erzeugt ein paralleles Lichtbündel, das auf einen Doppelspalt fällt. Durch ein auswechselbares *Farbfilter* können wir *verschiedenfarbige* Lichter herstellen. Auf dem Schirm treten wieder helle und dunkle Streifen auf, allerdings nur, wenn wir den Spalt Sp, der die Lichtquelle darstellt, genügend schmal machen.

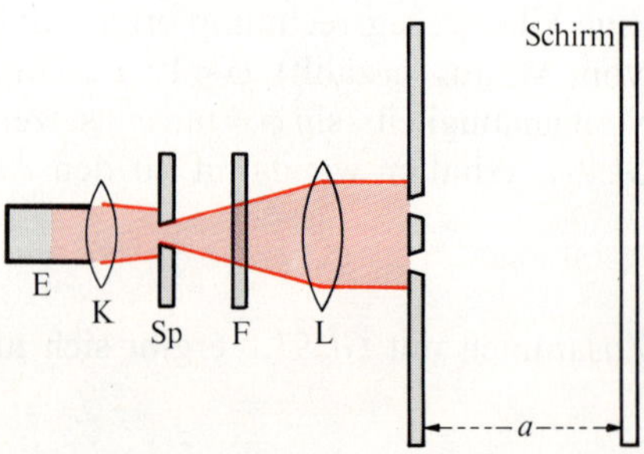

92.2 Beugung und Interferenz am Doppelspalt. E Experimentierleuchte mit Kondensor K; Sp Spalt verstellbarer Breite; F Farbfilter; L Sammellinse

Bei einer Verbreiterung von Sp werden die Streifen immer undeutlicher, bis sie schließlich ganz verschwinden. Wir wollen diese Erscheinung später erklären und vorerst untersuchen, wie sich die Farbe des Lichts auf das Interferenzmuster auswirkt. Dazu bringen wir verschiedenfarbige Filter zwischen den Beleuchtungsspalt Sp und die Sammellinse L.

Bei demselben Doppelspalt wie im vorigen Versuch mit $g=6{,}5\cdot 10^{-4}$ m, der vom Schirm einen Abstand von $a=4{,}10$ m besitzt, wurden die in *Tabelle 93.1* angegebenen Abstände zweier benachbarter heller Streifen gemessen. Wir setzen diese Werte in *Gl. 92.2* ein und berechnen außerdem nach $f=c/\lambda$ die zugehörigen Frequenzen *(Tabelle 93.2)*.

Tabelle 93.1 Abstände D benachbarter Interferenzstreifen bei Versuch 66

Farbe	Abstand
dunkelrotes Licht	$D_r=4{,}5$ mm
grünes Licht	$D_g=3{,}3$ mm
blaues Licht	$D_b=3{,}0$ mm

Tabelle 93.2 Wellenlängen und Frequenzen verschiedenfarbiger Lichter nach Versuch 66

Farbe	Wellenlänge λ	Frequenz f
Rot	710 nm	$4{,}2\cdot 10^{14}$ Hz
Grün	520 nm	$5{,}7\cdot 10^{14}$ Hz
Blau	480 nm	$6{,}3\cdot 10^{14}$ Hz

Unsere Vermutung, daß die Farbe des Lichts mit der Frequenz der elektromagnetischen Lichtwelle verknüpft ist, hat sich damit bestätigt. Wir finden

$$f_{\text{blau}} > f_{\text{rot}}.$$

Dem ganzen Bereich der roten Farbempfindung (von dunkelrot bis hellrot) unseres Auges ist auch ein bestimmter Wellenlängenbereich zugeordnet. Bei einem Farbfilter, das ein etwas dunkleres Rot durchläßt, hätten wir z.B. $\lambda=750$ nm erhalten. Messungen haben ergeben:

Der Bereich des sichtbaren Lichts erstreckt sich von Violett bis Rot etwa auf die

Wellenlängen im Vakuum	**Frequenzen**
400 nm ... 800 nm	**$7{,}5\cdot 10^{14}$ Hz ... $3{,}75\cdot 10^{14}$ Hz**

Das entspricht – akustisch ausgedrückt – einer Oktave.

Wenn wir den Doppelspalt und den Schirm unter Wasser ($n=4/3$) tauchen und so den Versuch 66 wiederholen, geht der Abstand zweier benachbarter Interferenzstreifen auf $\frac{3}{4}D=\frac{D}{n}$ zurück. Auch in anderen Stoffen verringern sich beim Doppelspaltversuch die Abstände der Interferenzstreifen auf den n-ten Teil. Nach *Gl. 92.2* hat sich damit die Wellenlänge im Stoff auf

$$\lambda_{\text{Stoff}}=\frac{g\cdot D/n}{a}=\frac{\lambda}{n}$$

verkleinert. Da sich nach *Gl. 85.1* auch die Lichtgeschwindigkeit auf $c_{\text{Stoff}}=\frac{c}{n}$ verringert hat, ist die Frequenz des Lichts im Stoff gleich geblieben. Dies folgt aus

$$f_{\text{Stoff}}=\frac{c_{\text{Stoff}}}{\lambda_{\text{Stoff}}}=\frac{c/n}{\lambda/n}=\frac{c}{\lambda}=f.$$

Die Frequenz der Lichtwelle bestimmt die Farbe des Lichts.

Versuch 67: Führen wir den Doppelspaltversuch ohne Farbfilter mit weißem Glühlicht durch, so beobachten wir bei den Interferenzstreifen *Farberscheinungen.* An einer Stelle, die zum Beispiel bei rotem Licht als dunkler Streifen erschiene, wird bei weißem Licht aus der Summe aller Farben dieses Rot ausgelöscht, benachbarte Farben werden geschwächt. Das Auge erhält dadurch den Eindruck der *Komplementärfarbe* Grün. Dieses Grün ist hier eine Mischfarbe.

Die Farberscheinungen bei der Beugung und Interferenz weißen Lichts am Doppelspalt sind keine reinen Spektralfarben, sondern Mischfarben.

Der englische Arzt *Thomas Young* (1773 bis 1829) hat mit dem Doppelspalt im Jahr 1802 zum ersten Mal die Wellenlänge des Lichts in einem Interferenzversuch gemessen. *Young* war ein genialer Forscher, der auf vielen Gebieten, besonders in der Optik, Hervorragendes geleistet hat. Es ist ihm zum Beispiel gelungen, Interferenzstreifen von ultraviolettem Licht auf Papier zu fotografieren, das er zuvor mit lichtempfindlichem Silbernitrat getränkt hatte. *Young* war ungemein vielseitig; er war ein begabter Maler und Musiker, von ihm stammt die Dreifarbentheorie des Sehens; er bestimmte die Größe von Molekülen, machte sich Gedanken über die Berechnung von Lebensversicherungen und leistete sogar einen wichtigen Beitrag zur Entzifferung der ägyptischen Hieroglyphen.

§ 19 Die Kohärenz des Lichts

1. Kohärente Erreger

Wir wollen nun klären, warum die Interferenzstreifen in Versuch 66 nur dann auftreten, wenn der Beleuchtungsspalt Sp genügend schmal ist. Dazu betrachten wir Sp als *Lichtquelle:* Wenn man sie verbreitert, läßt sie das Licht in *verschiedenen Richtungen* auf die Öffnungen S_1 und S_2 des Doppelspaltes fallen. Die Auswirkungen solcher Richtungsänderungen betrachten wir im folgenden Versuch.

Versuch 68: Wir wiederholen den Doppelspaltversuch mit Mikrowellen, stellen aber den Sender nach *Abb. 94.1* so auf, daß die Strahlen schräg auf die Ebene des Doppelspalts S_1S_2 fallen. Dann werden die beiden Öffnungen S_1 und S_2 nicht mehr gleichzeitig von ein und derselben Wellenfront erreicht; sie stellen also im allgemeinen keine gleichphasig schwingenden Sender dar, besitzen aber wenigstens noch eine *zeitlich konstante Phasendifferenz.* Hinter dem Doppelspalt erhalten wir nach wie vor Maxima und Minima. Sie verschieben sich jedoch entsprechend nach *unten,* wenn der vor dem Doppelspalt liegende Sender nach *oben* gerückt wird.

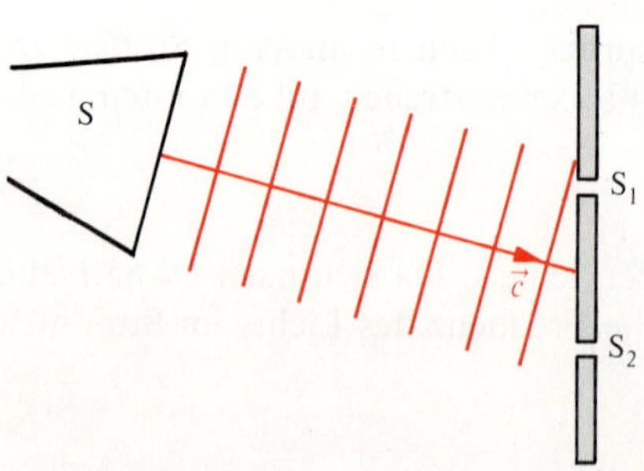

94.1 Die beiden Spalte S_1 und S_2 werden bei dieser Aufstellung des Senders S nicht gleichzeitig von derselben Wellenfront erreicht.

Nach *Abb. 95.1* kommen die vom Sender ausgehenden Wellen in S_1 und S_2 schon mit dem Gangunterschied δ_1 an. Der gesamte Gangunterschied der im Empfänger E eintreffenden Wellen beträgt also $\delta = \delta_1 + \delta_2$.

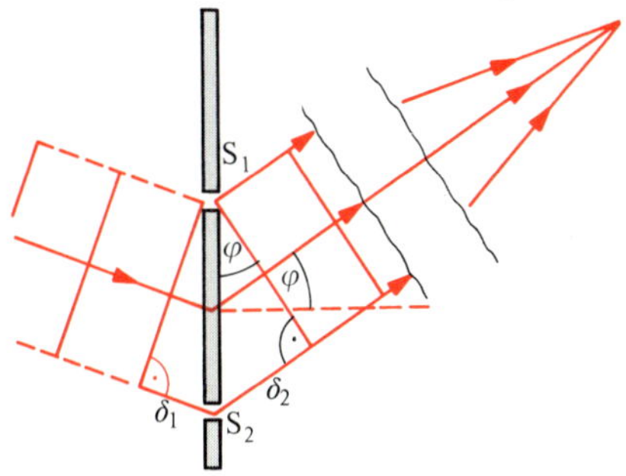

95.1 Die den Empfänger E erreichenden Wellen besitzen den Gangunterschied $\delta = \delta_1 + \delta_2$.

Dieselben Überlegungen, die beim Doppelspaltversuch (Versuch 56, Seite 71) auf die Gleichungen für die Winkel zu den Maxima und Minima geführt haben, gelten auch jetzt. Aus *Abb. 95.1* lesen wir ab

$$\sin\varphi = \frac{\delta_2}{g} = \frac{\delta - \delta_1}{g}, \quad \text{also} \quad \sin\varphi = \frac{\delta}{g} - \frac{\delta_1}{g}. \qquad (95.1)$$

Das k-te Maximum tritt bei dem Gangunterschied $\delta = k \cdot \lambda$ auf, also gilt für den Winkel β_k zum k-ten Maximum

$$\sin\beta_k = \frac{k \cdot \lambda}{g} - \frac{\delta_1}{g}. \qquad (95.2)$$

Das k-te Minimum erhalten wir bei $\delta = \frac{(2k-1)\cdot\lambda}{2}$; für den Winkel α_k zum k-ten Minimum gilt demnach

$$\sin\alpha_k = \frac{(2k-1)\cdot\lambda}{2g} - \frac{\delta_1}{g}. \qquad (95.3)$$

Aus diesen Gleichungen erkennen wir, daß sich Maxima und Minima mit wachsenden δ_1 *nach unten* verschieben. Ist δ_1 auf $\lambda/2$ angewachsen, so erfolgen die Schwingungen in S_1 und S_2 *gegenphasig*. Es ist leicht einzusehen, daß dann Maxima und Minima gegenüber dem Fall der Gleichphasigkeit ($\delta_1 = 0$) gerade vertauscht sind.

Versuch 69: Befindet sich der Mikrowellensender nach *Abb. 95.2* in A, so zeigt der Empfänger im Punkt P ein *Maximum* an. Nun verschieben wir den Sender auf einem Kreis um die Mitte des Doppelspaltes, bis in P statt des Maximums ein *Minimum* entstanden ist. Dazu muß die Strahlungsrichtung um den Winkel $\gamma = 15°$ geändert werden. Aus *Abb. 95.2* folgt $\delta_1 = g \cdot \sin\gamma$. Der Abstand der beiden Spaltöffnungen beträgt $g = 6{,}0$ cm. Damit wird $\delta_1 = 6{,}0 \text{ cm} \cdot \sin 15° \approx 1{,}55$ cm. Da in diesem Fall der Vertauschung von Minima und Maxima $\delta_1 = \lambda/2$ gilt, ergibt sich für die Mikrowelle in Übereinstimmung mit früheren Versuchen $\lambda = 3{,}1$ cm.

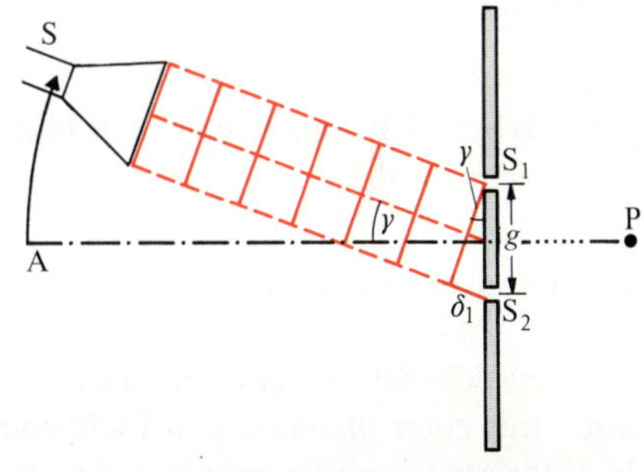

95.2 Nachdem die Strahlungsrichtung des Mikrowellensenders um den Winkel γ verdreht wurde, ist aus dem anfänglichen Maximum in P ein Minimum geworden.

Aus unseren Betrachtungen folgt: Beim Doppelspaltversuch erhalten wir auch dann Maxima und Minima, wenn zwischen den in S_1 und S_2 schwingenden elektromagnetischen Feldern eine *konstante Phasendifferenz* besteht, die *nicht* Null ist. Solange sich diese Phasendifferenz nicht ändert, behalten Minima und Maxima ihre Lage bei.

Schwingungen, die an verschiedenen Orten mit zeitlich konstanter Phasendifferenz erfolgen, nennt man **kohärent** (cohaerere, lat.; zusammenhängen). Die von kohärenten Schwingern ausgehenden Wellen besitzen in jedem Punkt des gemeinsamen Wellenfeldes ebenfalls eine zeitlich konstante Phasendifferenz. Man nennt sie **kohärente Wellen;** sie sind interferenzfähig, d.h. sie geben *unveränderliche* Interferenzstreifen. Kohärente Wellen müssen gleiche Frequenz besitzen; Wellen mit gleicher Frequenz brauchen aber nicht kohärent zu sein: Die von den beiden Öffnungen S_1 und S_2 des Doppelspaltes ausgehenden elektromagnetischen Wellen sind zum Beispiel kohärent, falls sie von einem einzigen vor dem Doppelspalt angebrachten Mikrowellensender erzeugt werden.

Nun denken wir uns, an den verschiedensten Orten vor einem Doppelspalt sei eine große Zahl von Mikrowellensendern gleicher Frequenz aufgestellt. Jeder von ihnen sende – unabhängig von den anderen – in unregelmäßiger Folge *kurze Wellenzüge* aus; dazwischen lege er eine Pause ein. Diese von den verschiedenen Sendern ausgehenden Wellenzüge durchdringen sich und laufen anschließend ungestört weiter; jeder für sich würde auf dem Schirm ein Interferenzmuster erzeugen. Die Maxima und Minima springen nun aber – bedingt durch die verschiedenen Lagen der jeweils schwingenden Sender – *regellos* hin und her; dabei überdecken und „verschmieren" sie sich, so daß man über eine längere Zeit auf dem Schirm etwa gleichmäßige Intensität registriert: Die Schwingungen in S_1 und S_2 sowie die von ihnen ausgehenden Wellen sind *inkohärent.*

Unser Gedankenversuch stellt ein Modell für die Strahlung dar, die von den zahlreichen Atomen einer *natürlichen Lichtquelle* (z.B. einer Glühlampe oder einer Gasentladungsröhre) ausgeht. Wenn ein Atom bei der Gasentladung durch einen Stoß Energie erhalten hat, kann es anschließend nur während einer ganz kurzen Zeit in der Größenordnung von 10^{-10} s einen Wellenzug aussenden. Erst nach einem weiteren Anregungsstoß, also nach einer völlig unbestimmten Pause, folgt der nächste Wellenzug. Ähnliche Vorgänge spielen sich auch in einem glühenden festen Körper ab.

Beleuchten wir einen Doppelspalt mit einer solchen Lichtquelle, so können wir nach unserer Modellüberlegung nicht ohne weiteres Interferenzstreifen erwarten.

Natürliche Lichtquellen senden inkohärentes Licht aus.

2. Die Kohärenzbedingung

In Versuch 66 haben wir nun aber auch mit einer *inkohärenten* Lichtquelle Interferenzstreifen erhalten. Sie traten allerdings erst auf, als wir den *Beleuchtungsspalt* Sp hinreichend schmal einstellten.

Zur Erklärung betrachten wir die *Abb. 96.1.* Wir denken uns vorerst, nur der Punkt A des Beleuchtungsspaltes sende in unregelmäßiger Folge kurze Wellenzüge aus. Jeder dieser Wellenzüge trifft die beiden Öffnungen S_1 und S_2 des Doppelspaltes so, daß die in ihnen hervorgerufenen Felder mit

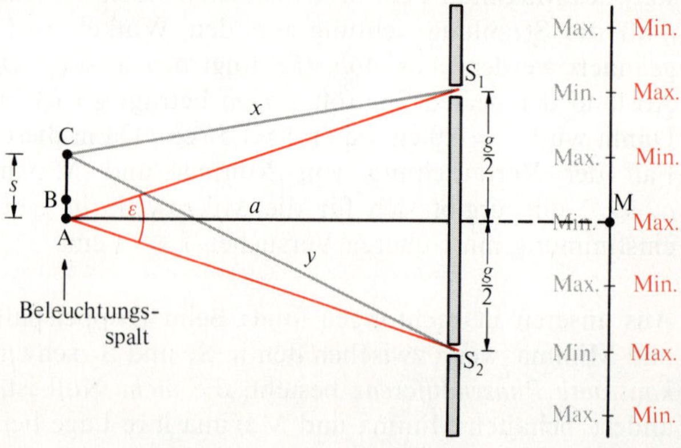

96.1 Ein Sender in A erzeugt hinter dem Doppelspalt das rot gezeichnete Interferenzmuster. Wenn C so liegt, daß $y-x=\lambda/2$ ist, erzeugt ein Sender in C hinter dem Doppelspalt das grau gezeichnete Interferenzmuster.

konstanter Phasendifferenz (sie ist in diesem Fall Null!) schwingen. Die von S_1 und S_2 ausgehenden Wellenzüge erzeugen auf dem Schirm Maxima und Minima; dabei entsteht in der Mitte M ein Maximum. Ein Film würde zunächst vom ersten Wellenzug, kurz darauf vom zweiten und dann nach und nach von allen weiter folgenden Wellenzügen stets an denselben Stellen geschwärzt; nach genügend langer Belichtungszeit wären auf dem Film deutlich erkennbare Interferenzstreifen festgehalten. Nun befinde sich direkt neben A ein weiterer Punkt B, von dem ebenfalls in unregelmäßigen Zeitintervallen Wellenzüge ausgehen. Falls sie sich in S_1 und S_2 mit anderen Wellenzügen treffen, die von A ausgesandt worden sind, überlagern sie sich dort gegenseitig. Doch geschieht dies ungestört, d.h. die von A herrührenden Wellen erzeugen nach wie vor das eben beschriebene Interferenzmuster. Die von B ausgesandten Wellen rufen hinter dem Doppelspalt ebenfalls Maxima und Minima hervor; sie sind gegenüber den von A herrührenden nach unten verschoben, da B höher als A liegt. Die Interferenzstreifen erscheinen daher etwas verwaschen; ihre Unschärfe ändert sich nicht merklich, wenn zwischen A und B noch weitere Punkte eingebaut werden, von denen ebenfalls in unregelmäßiger Folge Wellenzüge ausgehen. Jeder zusätzliche Sendepunkt oberhalb von B erzeugt hinter dem Doppelspalt Maxima und Minima, die gegenüber den von A und B hervorgerufenen noch weiter nach unten verschoben werden und so die Interferenzstreifen immer mehr verwischen.

Ein Sendepunkt C, der so liegt, daß der Gangunterschied $\delta_1 = y - x = \lambda/2$ beträgt (in *Abb. 96.1* grau gezeichnet), erzeugt nach Seite 95 auf dem Bildschirm Maxima und Minima, die gegenüber den von A hervorgerufenen gerade vertauscht sind. Ihre hellen Streifen füllen also die dunklen des vom Sendepunkt A herrührenden Interferenzmusters ganz aus. Liegt zwischen A und C eine große Zahl von Punkten, die voneinander unabhängige Wellenzüge aussenden, so sind die Interferenzstreifen vollends gänzlich verwischt. Wir wollen uns abschließend nochmals klarmachen, daß auch eine *inkohärente* Lichtquelle Interferenzerscheinungen erzeugt, die sich aber im zeitlichen Mittel zu gleichmäßiger Helligkeit verwischen. Wenn es einen Film gäbe, der schon bei Belichtungszeiten in der Größenordnung von 10^{-10} s geschwärzt würde, könnte man auf ihm auch bei inkohärentem Licht Maxima und Minima erkennen. Sollen bei dem Doppelspaltversuch nach *Abb. 96.1* deutliche Interferenzstreifen entstehen, so muß die Ausdehnung der Lichtquelle bzw. des Beleuchtungsspaltes also sehr viel kleiner als $\overline{AC} = s$ sein.

In der folgenden geometrischen Überlegung wollen wir abschätzen, wie stark eine Lichtquelle eingeengt werden muß, damit sie „interferenzfähiges" Licht aussendet:

Aus *Abb. 96.1* folgt nach dem Satz des *Pythagoras*

$$y^2 = a^2 + \left(\frac{g}{2} + s\right)^2 \quad \text{und} \quad x^2 = a^2 + \left(\frac{g}{2} - s\right)^2,$$

also
$$y^2 - x^2 = 2g \cdot s \quad \text{oder} \quad (y - x) \cdot (y + x) = 2g \cdot s.$$

Nach unserer vorigen Überlegung muß $y - x = \lambda/2$ sein; da $g \ll a$ ist, können wir $y + x \approx 2a$ setzen. Damit erhalten wir $\lambda \cdot a \approx 2g \cdot s$, also

$$s \approx \frac{\lambda a}{2g}. \tag{97.1}$$

Demnach entstehen beim Doppelspaltversuch deutlich erkennbare Interferenzstreifen, falls die Ausdehnung der Lichtquelle sehr viel kleiner ist als $s \approx \frac{\lambda a}{2g}$. Nun spielt die Kohärenz des Lichts aber auch bei anderen Interferenzerscheinungen eine Rolle. Wir lösen uns deshalb von der speziell für den Doppelspalt geltenden Größe g und führen den Öffnungswinkel ε des zur

▽ Interferenz herangezogenen Lichtbündels ein. Aus *Abb. 96.1* lesen wir ab: $\tan\frac{\varepsilon}{2}=\frac{g}{2a}$. Nun gilt die Formel $\tan\frac{\varepsilon}{2}=\sqrt{\frac{1-\cos\varepsilon}{1+\cos\varepsilon}}=\frac{\sin\varepsilon}{1+\cos\varepsilon}$. Damit wird $\frac{g}{2a}=\frac{\sin\varepsilon}{1+\cos\varepsilon}$. Da $g \ll a$ ist, handelt es sich bei ε um einen sehr kleinen Winkel, so daß $\cos\varepsilon\approx 1$ gilt. Daraus folgt $\frac{g}{2a}\approx\frac{\sin\varepsilon}{2}$ und $g\approx a\cdot\sin\varepsilon$. Wir setzen dies in *Gl. 97.1* ein und erhalten

$$s\approx\frac{\lambda}{2\cdot\sin\varepsilon}.$$

Es entstehen deutliche Interferenzerscheinungen, wenn für die Ausdehnung l der Lichtquelle $l\ll s$ gilt. Daraus folgt

$l\ll\frac{\lambda}{2\cdot\sin\varepsilon}$ oder $l\cdot\sin\varepsilon\ll\frac{\lambda}{2}$. Man nennt diese Ungleichung die **Kohärenzbedingung.**

Ein von einer natürlichen Lichtquelle der Ausdehnung *l* ausgehendes Lichtbündel kann im Winkelbereich ε zur Interferenz benutzt werden, wenn die Kohärenzbedingung erfüllt ist. Sie lautet

$$l\cdot\sin\varepsilon\ll\frac{\lambda}{2}. \qquad \textbf{(98.1)}$$

Versuch 70: Wir setzen im Aufbau des Versuchs 66 ein rotes Farbfilter ein und stellen den Spalt so eng, daß die Interferenzstreifen gerade noch deutlich auf dem Schirm zu sehen sind. Nun wechseln wir das Filter gegen ein blaues aus, benutzen also *kurzwelligeres* Licht: Die Interferenzstreifen erscheinen nur noch verwaschen und werden erst deutlich, wenn wir den Spalt *enger* stellen. Da $\lambda/2$ kleiner geworden ist, muß $l\cdot\sin\varepsilon$ verringert werden. Dies ist geschehen, indem wir den Faktor l verkleinert haben.

Versuch 71: Wir stellen den Spalt wieder so ein, daß die Interferenzstreifen bei rotem Licht deutlich zu erkennen sind. Dann wechseln wir die Sammellinse der Brennweite 30 cm gegen eine solche mit $f=10$ cm aus. Sie muß der kleineren Brennweite wegen näher an den Spalt gebracht werden; der Öffnungswinkel ε wird dadurch größer. Wieder beobachten wir, daß die Interferenzstreifen verwischt werden. Sie erscheinen deutlicher, wenn wir den Spalt *enger* stellen: Da ε größer geworden ist, müssen wir l verkleinern, damit das Produkt $l\cdot\sin\varepsilon$ konstant bleibt.

3. Kohärenz beim Laser

In Versuch 64 (Seite 90) ließen wir das volle Laserlichtbündel auf den Doppelspalt fallen und erhielten ohne weiteres scharfe Interferenzstreifen. Sie konnten entstehen, weil das vom Laser ausgesandte Lichtbündel in seiner ganzen Breite und auf große Länge *kohärent* ist. Daß der Laser ein annähernd *paralleles* Lichtbündel aussendet, ist uns schon bekannt. Er besitzt noch einen weiteren Vorzug: Das von ihm erzeugte Licht ist streng *monochromatisch* (einfarbig). Der Laser wird im Band A (Atom-, Kern- und Quantenphysik) behandelt.

△ **Der Laser erzeugt ein kohärentes, monochromatisches und annähernd paralleles Lichtbündel.**

4. Die Energieverteilung bei Interferenzen

Ein Schirm werde von einer Lichtquelle L_1 beleuchtet. Die mittlere Bestrahlungsstärke $\overline{S}$ in einem Punkt P dieses Schirmes ist nach *Gl. 58.3* proportional zum Quadrat der Amplitude $\hat{E}$ des elektrischen Feldes der dort ankommenden Welle, also gilt $\overline{S}=k\cdot\hat{E}^2$. Eine zweite gleich starke Lichtquelle L_2 rufe in P dieselbe Bestrahlungsstärke hervor. Zusammen erzeugen dann L_1 und L_2, wenn sie *inkohärent* sind, die mittlere Bestrahlungsstärke $\overline{S_{ges}}=2k\cdot\hat{E}^2$. Sind L_1 und L_2 jedoch *kohärente* Lichtquellen, so entstehen Interferenzstreifen. In den Maxima wird die Amplitude *$\hat{E}$ verdoppelt;* die mittlere Bestrahlungsstärke beträgt dort also $\overline{S_{max}}=k\cdot(2\hat{E})^2=4k\hat{E}^2$ oder $\overline{S_{max}}=2\overline{S_{ges}}$. In den Minima dagegen ist die mittlere Bestrahlungsstärke $\overline{S_{min}}=0$. Der (räumliche) Mittelwert der Bestrahlungsstärken beträgt $\frac{4k\cdot\hat{E}^2+0}{2}=2k\cdot\hat{E}^2=\overline{S_{ges}}$. Die größere Bestrahlungsstärke in den Maxima entsteht also auf Kosten der Minima:

Bei der Interferenz ist der Energieerhaltungssatz erfüllt. Dabei wird die von der Lichtquelle ausgesandte Energie von den Minima ferngehalten und auf die Maxima konzentriert.

§ 20 Der Fresnelsche Spiegelversuch

Augustin Jean Fresnel (1788 bis 1827) gelang im Jahr 1822 ein aufsehenerregender Interferenzversuch. Er ließ das von einem beleuchteten Spalt ausgehende Licht auf zwei schwach gegeneinander *geneigte* Spiegel fallen. Nach *Abb. 99.1* verlaufen die an diesen Spiegeln reflektierten Lichtstrahlen genau so, wie wenn sie von den Lichtquellen L_1 und L_2 herkämen. Denken wir uns an der Stelle von L_1 und L_2 die beiden Öffnungen eines mit kohärentem Licht beleuchteten Doppelspaltes, so erhalten wir denselben Strahlengang, also auch dieselben Interferenzstreifen wie beim Doppelspaltversuch.

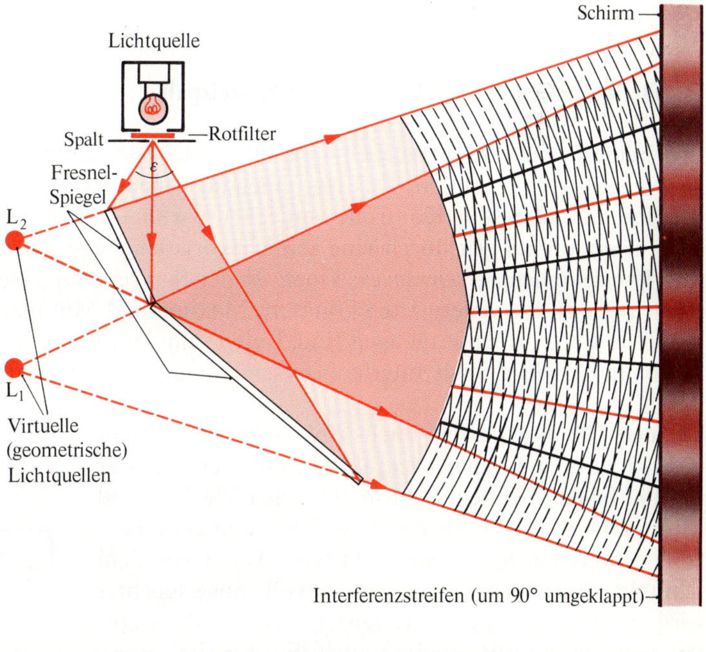

99.1 Fresnelscher Spiegelversuch. Die Winkel sind übertrieben groß gezeichnet. In Wirklichkeit trifft das Lichtbündel beide Spiegel fast streifend.

▽ **Versuch 72:** Das Licht einer Experimentierleuchte oder einer Hg-Lampe wird mit der Kondensorlinse auf einen Spalt konzentriert und durch ein Filter einfarbig gemacht. Wir stellen den Fresnelspiegel so auf, daß der Öffnungswinkel ε des auf ihn fallenden Lichtbündels möglichst klein wird (Kohärenzbedingung!). Man erreicht dies durch streifenden Lichteinfall. Wenn wir den Spalt genügend eng einstellen, zeigen sich auf einem etwa 2 m entfernten Schirm die schon bekannten Interferenzstreifen. Da der Fresnelsche Spiegelversuch auf demselben Prinzip beruht wie der Doppelspaltversuch, können wir von dort die *Gl. 92.2* übernehmen:

$$\lambda = \frac{D \cdot g}{a}.$$

g ist jetzt der Abstand der beiden virtuellen Lichtquellen L_1 und L_2. Man berechnet ihn aus einer vergrößerten optischen Abbildung durch eine Sammellinse. Aus der Originalhöhe h des Spaltes, der Höhe h' seines Bildes und dem Abstand g' der beiden Spaltbilder folgt $g = \frac{g' \cdot h}{h'}$.

Da der Spiegel von dem Lichtbündel fast streifend getroffen wird, erhalten wir den Abstand a des Schirmes von L_1 bzw. L_2 mit genügender Genauigkeit, wenn wir den Abstand des Spaltes vom Schirm messen *(Abb. 99.1)*. Wie beim Doppelspaltversuch bedeutet D den Abstand zweier benachbarter heller bzw. zweier dunkler Interferenzstreifen. Der Fresnelsche Spiegelversuch kann auch mit dem aufgeweiteten Lichtbündel eines *Lasers* durchgeführt werden. △

§ 21 Beugung und Interferenz des Lichts an einem Einzelspalt

▼ 1. Dunkelstellen bei der Beugung am Einzelspalt

Die beiden vom Laser beleuchteten Öffnungen des Doppelspaltes stellen zwei zueinander *kohärente* Lichtquellen dar. Das von ihnen ausgehende Licht erzeugt deshalb auf einem Schirm Interferenzstreifen. Zur Kontrolle verdecken wir im Aufbau des Versuchs 64 (Seite 90) eine der beiden Spaltöffnungen durch eine seitlich vorgeschobene Rasierklinge: Die eng benachbarten Interferenzstreifen *verschwinden.* Doch ist der Schirm jetzt keineswegs gleichmäßig beleuchtet, wie wir das eigentlich erwarten könnten: Maxima und Minima, die weiter voneinander entfernt liegen und uns bisher entgangen sind, treten nun deutlich hervor. Offensichtlich entstehen auch an einem *einzelnen* Spalt Interferenzerscheinungen. Ihnen wenden wir uns nun zu.

Versuch 73: Wir lassen nach *Abb. 100.1* das Licht eines Lasers auf einen *Einzelspalt* mit verstellbarer Breite l fallen. Auf dem Schirm entstehen Maxima und Minima *(Abb. 101.1)*, die um so *weiter* auseinanderrükken, je *enger* der Spalt eingestellt wird. Da er von dem schmalen Laserlichtbündel nicht voll ausgeleuchtet wird, sehen wir keine Interferenz*streifen*, sondern „Interferenzflecke". Wir erhalten auch hier Streifen, wenn wir das Licht des Lasers *aufweiten.* ▲

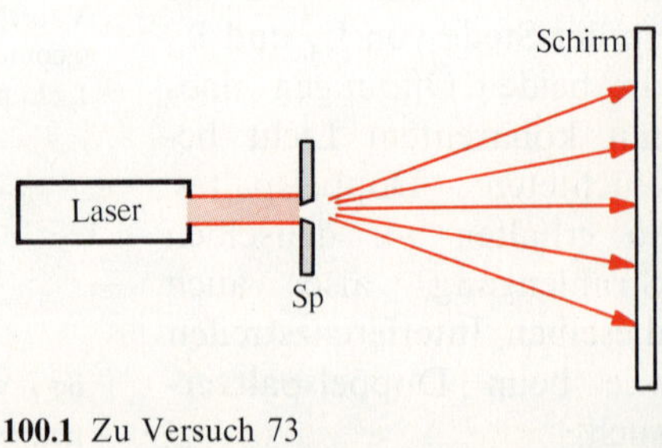

100.1 Zu Versuch 73

Zur Erklärung dieser Erscheinung ziehen wir das *Huygenssche Prinzip* heran: Wir zerlegen die ebene Wellenfront längs der Spaltöffnung $\overline{AB}$ in *Elementarzentren (Abb. 101.2a)*. Von ihnen gehen *Elementarwellen* aus (Huygenssches Prinzip, 1. Teil, Band MS Seite 287). In *Abb. 101.2b* sind nun zahlreiche „Wellenstrahlen" gezeichnet, längs denen die Lichtenergie von jedem einzelnen Elementarzentrum weggeführt wird. Wir ordnen dieses Durcheinander von Wellenstrahlen, indem wir jeweils solche Strahlen herausgreifen, die sich in einem Punkt des Schirms treffen. Wir beginnen mit der in *Abb. 101.2c* dargestellten Richtung. Da die Spaltbreite l Bruchteile von Millimetern, der Abstand zum Schirm jedoch mehrere Meter beträgt, können wir wie beim Doppelspalt (Seite 72 und 91) die sich in einem Punkt P_1 des Schirms treffenden Wellenstrahlen mit sehr guter Annäherung in Spaltnähe als *Parallelen* betrachten. Der *Gangunterschied* $\overline{BC} = \delta$ der Randstrahlen tritt dann als Kathete im rechtwinkligen Dreieck ABC auf. In der vorerst herausgegriffenen Richtung α_1 beträgt dieser Gangunterschied $\delta = \lambda$. Wir denken uns nun die Wellenfront $\overline{AB}$ längs der Spaltöffnung zum Beispiel in 100 Elementarzentren zerlegt. Wenn wir das herausgegriffene Strahlenbündel nach *Abb. 101.2c* in die Zonen I (1. bis 50. Wellenstrahl) und II (51. bis 100. Wellenstrahl) einteilen, erkennen wir, daß die Strahlen 1 und 51 (in *Abb. 101.2c* rot gezeichnete Wellen), 2 und 52, ..., 50 und 100 jeweils mit dem Gangunterschied $\lambda/2$ in P_1 ankommen. Jeder Strahl der Zone I findet also in Zone II genau einen Partner vor, zu dem er den Gangunterschied $\lambda/2$ besitzt; deshalb löschen sich beide in P_1 durch Interferenz aus. In P_1 herrscht demnach *Dunkelheit.*[1]) Es ist leicht einzusehen, daß diese Überlegung auch mit jeder beliebigen größeren Anzahl von Elementarzentren angestellt werden kann.

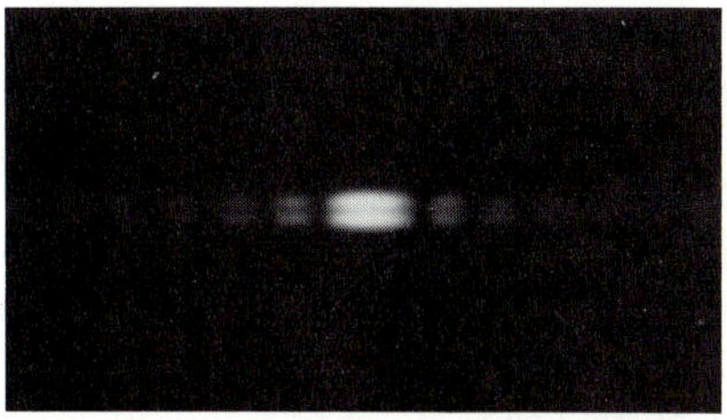

101.1 Maxima und Minima bei der Beugung am Spalt nach Versuch 73

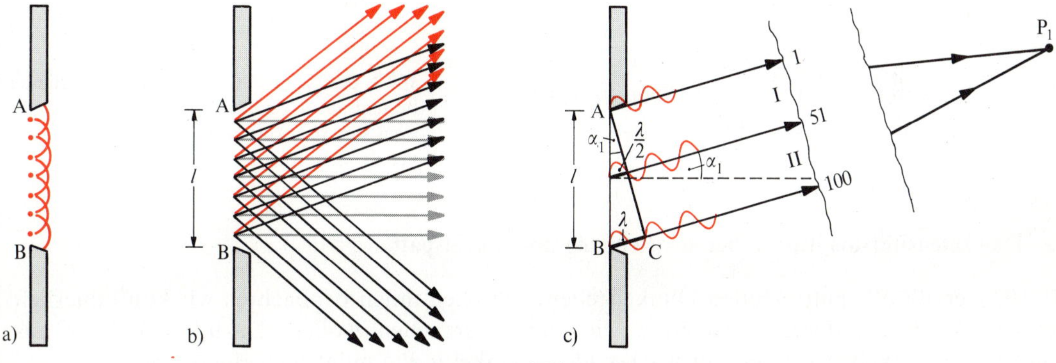

101.2 a) Die ebene Wellenfront längs der Spaltöffnung $\overline{AB}$ wird in Elementarzentren zerlegt. Von ihnen gehen Elementarwellen aus. b) Von jedem Elementarzentrum gehen Wellenstrahlen aus. c) Jeder Strahl der Zone I findet in Zone II einen Partner vor, zu dem er den Gangunterschied $\lambda/2$ hat.

[1]) Man könnte einwenden, bei einer anderen Kombination der Strahlen würden sich die Wellen in P_1 *nicht* aufheben. Faßt man z. B. die Strahlen 1 und 100 zusammen, so ergibt sich Helligkeit. Trotzdem muß in P_1 Dunkelheit entstehen. Wir dürfen nicht vergessen, daß außer den Strahlen 1 und 100 noch 98 andere Wellenstrahlen in P_1 ankommen, die zusammen mit 1 und 100 Dunkelheit ergeben, in welcher Reihenfolge sie auch zusammengefaßt werden mögen. Man überlagere z. B. die Wellen der *Abb. 101.3* auf verschiedene Arten!

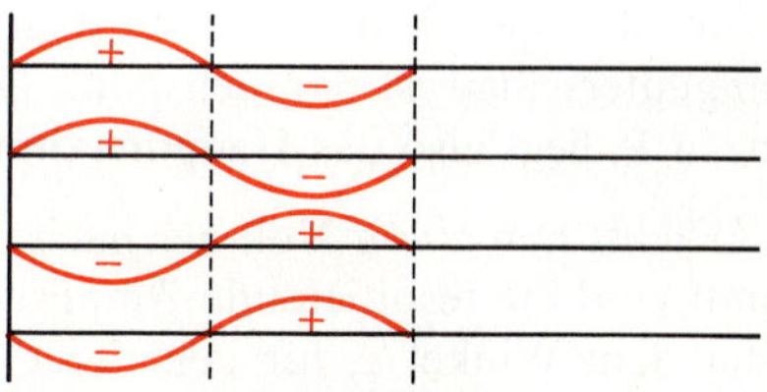

101.3 Das Ergebnis der Überlagerung ist von der Reihenfolge unabhängig.

Nun greifen wir nach *Abb. 102.1* ein Strahlenbündel mit dem doppelten Gangunterschied $\delta=2\lambda$ der Randstrahlen heraus. Es führt zu dem weiter außen liegenden Punkt P_2 des Schirmes. Wir teilen dieses Bündel in die beiden Hälften X und Y auf, deren Randstrahlen 1 und 50 bzw. 51 und 100 den Gangunterschied λ besitzen. Dann kann man sowohl X als auch Y wie vorher in zwei Zonen I und II aufteilen, die sich Strahl für Strahl gegenseitig in P_2 auslöschen.

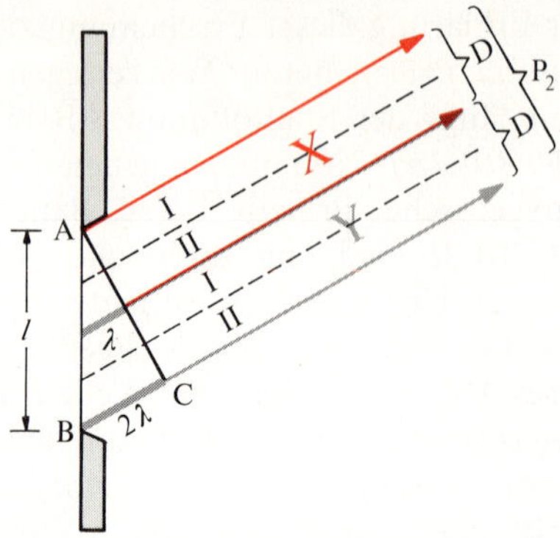

102.1 X und Y lassen sich jeweils in zwei Zonen I und II aufteilen, deren Wellenstrahlen sich in P_2 auslöschen.

Diese restlose Auslöschung erhält man abermals für das Strahlenbündel mit $\delta=3\lambda$: Jetzt findet man drei Teilbündel X, Y und Z, deren Randstrahlen jeweils den Gangunterschied λ besitzen. Jedes der Teilbündel kann also in zwei sich völlig auslöschende Zonen I und II eingeteilt werden. Es ist einleuchtend, daß wir diese Überlegung auf k Teilbündel ausdehnen können ($k=1, 2, 3, \ldots$). Da $\delta=\lambda, 2\lambda, \ldots, k\lambda$ nicht größer als die Spaltbreite l sein kann, ist die Zahl solcher sich durch Interferenz auslöschender Bündel auf $k<\frac{l}{\lambda}$ begrenzt.

Nach *Abb. 102.2* kommt der zur Dunkelstelle in P_k weisende Winkel α_k auch im Dreieck ABC vor. Aus ihm lesen wir ab: Für den Winkel α_k, der zur Dunkelstelle P_k weist, gilt

$$\sin\alpha_k=\frac{k\cdot\lambda}{l} \quad \text{mit} \quad k=1, 2, 3, \ldots . \qquad (102.1)$$
$$k<\frac{l}{\lambda}.$$

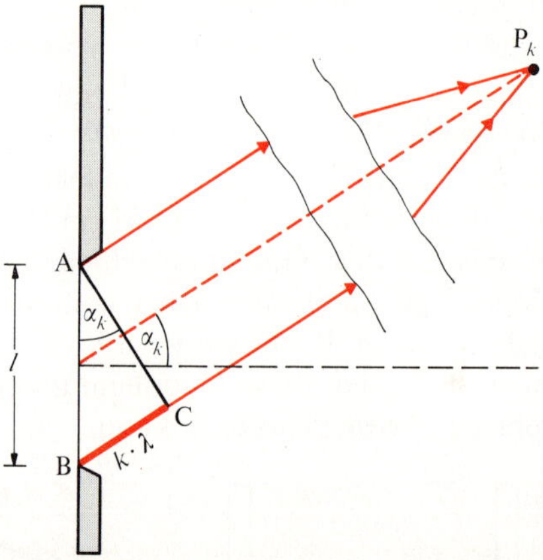

102.2 Das zum Punkt P_k führende Bündel besteht aus k Teilbündeln, von denen jedes in zwei sich paarweise auslöschende Zonen eingeteilt werden kann.

Da unsere Abbildungen lediglich *Schnitte* durch den Spalt darstellen, sind diese Dunkelstellen in Wirklichkeit *schwarze Streifen.*

2. Das Intensitätsdiagramm bei der Beugung am Einzelspalt

Gl. 102.1 erfaßt alle auftretenden Dunkelstellen; zwischen ihnen beobachten wir kontinuierlich verteilte *Helligkeit*, deren Entstehung wir nun untersuchen wollen. Dazu greifen wir aus den gebeugten Wellenstrahlen mit wachsendem Winkel α alle möglichen Bündel heraus:

a) Wir beginnen mit dem Winkel $\alpha=0$, greifen also das Bündel heraus, das zum Punkt P_0 im Schnitt der optischen Achse mit dem Schirm führt: Nur in ihm verstärken sich alle Wellen; ihr Gangunterschied ist nämlich Null. Dieser Fall kann bei keinem anderen Bündel mehr auftreten; in P_0 liegt also das **Hauptmaximum** der Helligkeit.

b) Wächst nun α von Null aus nach beiden Seiten, so treten zunehmend Gangunterschiede auf; damit wird die resultierende Amplitude, also auch die Helligkeit, vermindert. Z.B. löschen sich unter dem Winkel α, für den der Gangunterschied der beiden Randstrahlen $\delta=\lambda/2$ beträgt, zwar diese Randstrahlen (1 und 100) völlig aus; auch die Strahlen 2 und 99 heben sich noch fast ganz auf. Wir setzen die Einteilung auf diese Art mit den Strahlen 3 und 98, 4 und 97, … nach innen fort. Dabei nimmt die Amplitude der aus den Partnerstrahlen resultierenden Welle langsam zu; die beiden mittleren Wellenstrahlen 50 und 51 sind schon fast gleichphasig. Es entsteht also eine gewisse *Helligkeit*, die aber gegenüber dem Hauptmaximum *erheblich geschwächt* ist.

c) Die Helligkeit nimmt zur ersten Dunkelstelle hin ($\delta=\lambda$; $k=1$) auf Null ab; bei ihr löschen sich, wie wir uns schon überlegt haben, alle Wellen aus, und zwar *zum ersten Mal*.

d) Nun vergrößern wir α und damit auch $\delta=\overline{BC}$ weiter, z.B. auf $\delta=1{,}2\cdot\lambda$. Für diesen Fall können wir nach *Abb. 103.1* ein Teilbündel $\overline{AD}$ abgrenzen, dessen Randstrahlen den Gangunterschied λ besitzen. Dieses Teilbündel löscht sich nach den Überlegungen in c) ganz aus. Doch bleibt ein kleines Restbündel $\overline{DB}$ übrig, innerhalb dessen sich keine Partner mit dem Gangunterschied $\frac{\lambda}{2}$ finden: Es entsteht eine geringe *Resthelligkeit.*

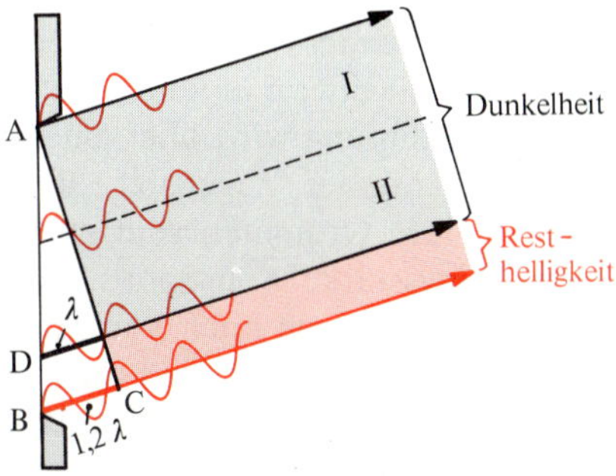

103.1 Der Gangunterschied der Randstrahlen beträgt $1{,}2\cdot\lambda$. Jetzt entsteht Resthelligkeit.

e) Bei $\delta=2\lambda$ ist dieses Restbündel zu einem zweiten Teilbündel angewachsen, dessen Randstrahlen den Gangunterschied λ besitzen, so daß sich alle Wellen auslöschen: Wir haben die schon in *Abb. 102.1* betrachtete *zweite Dunkelstelle* ($k=2$) erhalten.

f) Zwischen der ersten und dieser zweiten Dunkelstelle bildet sich also ein schwaches **Nebenmaximum** aus. Wenn wir den Winkel α weiter anwachsen lassen, erkennen wir, daß auch zwischen den folgenden Dunkelstellen solche Nebenmaxima entstehen. Ihre Intensität nimmt nach außen hin schnell ab: Beim Strahlenbündel, das zum 1. Nebenmaximum führt, besitzen die Randstrahlen einen Gangunterschied, der ca. $1{,}5\cdot\lambda$ beträgt. Wie bei d) grenzen wir ein Bündel ab, dessen Randstrahlen den Gangunterschied λ haben, das also Dunkelheit ergibt; es umfaßt 2/3 aller Elementarwellen. Die Randstrahlen des Restbündels mit 1/3 der Elementarwellen weisen den Gangunterschied $\lambda/2$ auf, es entsteht also wie in b) eine geringe Helligkeit. Diese ist beim 2. oder gar 3. Nebenmaximum noch wesentlich schwächer. Dort ist der Gangunterschied der Randstrahlen auf ca. $5\lambda/2$ bzw. $7\lambda/2$ angewachsen, so daß sich 2 bzw. 3 Teilbündel abspalten lassen, die Dunkelheit ergeben. Das Restbündel umfaßt jeweils nur noch 1/5 bzw. 1/7 aller Elementarwellen und liefert eine entsprechend kleinere Intensität.

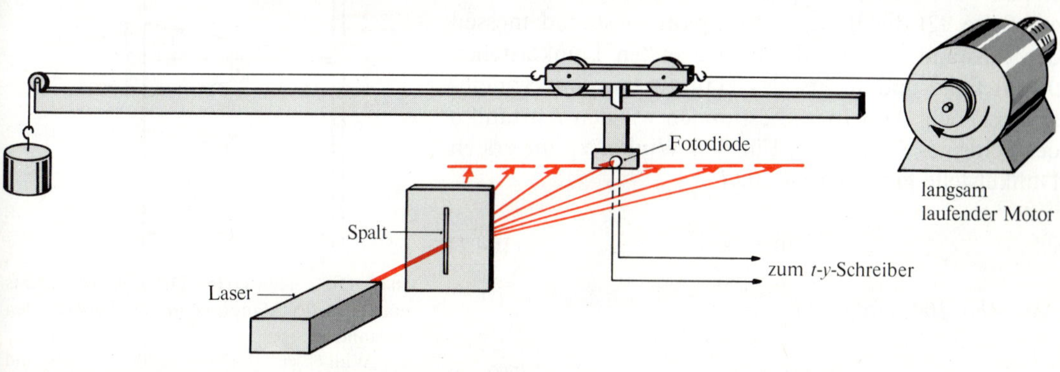

103.2 Eine Fotodiode wird durch das Beugungsbild eines mit dem Laser beleuchteten Spaltes geführt.

Versuch 74: An einer belichteten *Fotodiode* entsteht eine elektrische Spannung, die zur mittleren Bestrahlungsstärke proportional ist. Wir benutzen diese Eigenschaft, um die *Intensitätsverteilung* bei der Beugung an einem Spalt aufzunehmen. Dazu lassen wir das Licht eines Lasers auf einen engen Spalt fallen und tasten die entstehende Beugungsfigur mit einer Fotodiode ab, die nach *Abb. 103.2* an einem Wagen befestigt ist. Ein langsam laufender Motor zieht diese Abtastvorrichtung über eine etwa 5 m vom Spalt entfernte Fahrbahn. Die Fotospannung wird über ein abgeschirmtes Kabel dem *t-y*-Schreiber zugeleitet, der eine Kurve aufzeichnet. Ihre Ordinaten sind zur jeweiligen mittleren Bestrahlungsstärke $\bar{S}$ proportional *(Abb. 104.1)*. Man kann die Fotodiode auch von Hand längs einer optischen Bank verschieben und die zur mittleren Bestrahlungsstärke proportionale Spannung über den Meßverstärker einem Spannungsmesser zuführen. Wir entnehmen diesem Versuch, daß die Nebenmaxima etwa in der Mitte zwischen zwei Dunkelstellen liegen. Die Gleichung der Intensitätskurve wird in den mathematischen Ergänzungen auf Seite 204 hergeleitet.

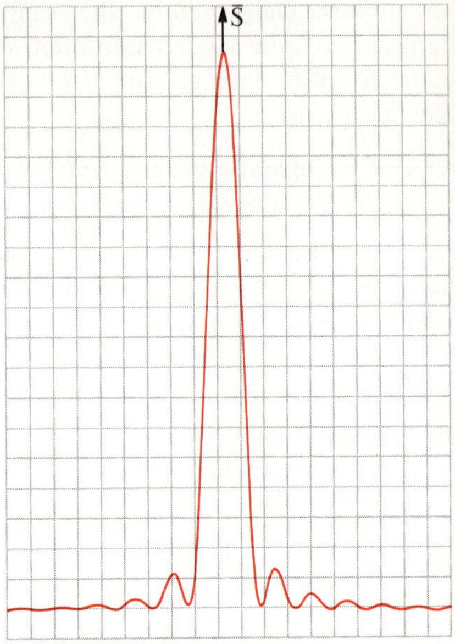

104.1 Intensitätsverteilung bei der Beugung am Spalt, mit dem *t-y*-Schreiber nach Versuch 74 aufgenommen

Bei der Beugung am Einzelspalt liegt das Hauptmaximum der Intensität auf der optischen Achse. Von ihm aus nimmt die Helligkeit nach beiden Seiten zu der ersten rechten und linken Dunkelstelle hin kontinuierlich auf Null ab. An diese schließen sich nach Gl. 102.1 weitere Dunkelstellen an, zwischen denen Nebenmaxima liegen, deren Helligkeit nach außen sehr stark absinkt.

Versuch 75: Aus der Lage der Dunkelstellen können wir die *Wellenlänge* des bei der Beugung am Einzelspalt benutzten einfarbigen Lichts bestimmen. Dazu stellen wir durch eine optische Abbildung (ähnlich wie auf Seite 92) die Breite l des Spaltes fest und messen den Abstand $2d$, den die beiden ersten Dunkelstellen ($k=1$) links und rechts des Hauptmaximums voneinander haben. Außerdem bestimmen wir den Abstand a des Schirmes vom Spalt. Für den Winkel α_1 zur ersten Dunkelstelle gilt nach *Gl. 102.1*

$$\sin\alpha_1 = \frac{\lambda}{l}. \qquad (104.1)$$

Aus *Abb. 104.2* folgt

$$\tan\alpha_1 = \frac{d}{a}. \qquad (104.2)$$

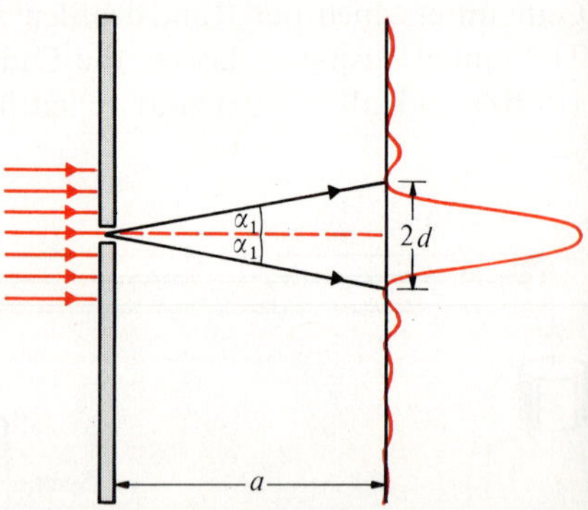

104.2 Die beiden ersten Dunkelstellen rechts und links des Hauptmaximums besitzen den Abstand $2d$.
α_1: Winkel zur 1. Dunkelstelle; a: Abstand des Schirmes vom Spalt.

In einem Versuch mit Laserlicht wurde folgendes gemessen: Spaltbreite $l=0{,}20$ mm; Entfernung des Schirmes vom Spalt $a=2{,}50$ m; Abstand der beiden ersten Minima links und rechts des Hauptmaximums $2d=1{,}6$ cm.

Aus *Gl. 104.2* folgt $\tan\alpha_1=\frac{8{,}0\cdot10^{-3}\,\text{m}}{2{,}50\,\text{m}}=3{,}2\cdot10^{-3}$, also ist $\alpha_1=0°11'$. Bei einem so kleinen Winkel dürfen wir mit großer Näherung $\sin\alpha_1\approx\tan\alpha_1$ setzen. Damit erhalten wir aus *Gl. 104.1* und *Gl. 104.2*

$$\frac{\lambda}{l}\approx\frac{d}{a},\quad \text{also}\ \lambda\approx\frac{d\cdot l}{a}=\frac{8{,}0\cdot10^{-3}\,\text{m}\cdot2{,}0\cdot10^{-4}\,\text{m}}{2{,}50\,\text{m}}=640\,\text{nm}.$$

3. Vergleich zwischen Einzel- und Doppelspalt

Beim *Einzelspalt* liefert die Gleichung $\sin\alpha_k=\frac{k\cdot\lambda}{l}$ für $k=1, 2, 3, \ldots$ die Richtungen zu den *Dunkelstellen.* Beim *Doppelspalt* dagegen erhalten wir mit dem gleichlautenden Ausdruck $\sin\beta_k=\frac{k\cdot\lambda}{g}$ ($k=0, 1, 2, \ldots$) die Richtungen zu den *Helligkeitsmaxima.* Die Beugung am Doppelspalt haben wir nämlich mit nur *zwei* Elementarzentren erklärt, die den Abstand g besitzen; die von ihnen ausgehenden Wellenstrahlen verstärken sich bei einem Gangunterschied von $\delta=k\cdot\lambda$ ($k=0,1,2,\ldots$). Bei der Beugung am Einzelspalt müssen wir jedoch die zwischen den beiden äußersten Elementarzentren *beliebig dicht* liegende Reihe von weiteren Elementarzentren gleichwertig mitberücksichtigen. Dies führt nach Seite 102 zur *Auslöschung*, wenn der Gangunterschied der beiden Randstrahlen $\delta=k\cdot\lambda$ beträgt ($k=1,2,3,\ldots$).

Um beim Doppelspaltversuch helle Beugungsbilder zu erhalten, benutzt man meist Öffnungen, deren Breite l sehr viel größer als die Lichtwellenlänge λ ist. Dann kann man sich aber nicht mehr darauf beschränken, jeden der beiden Einzelspalte als Ausgangspunkt einer Elementarwelle zu betrachten, die sich in einem Winkelraum von 180° ausbreitet, ohne dort durch Dunkelstellen unterbrochen zu werden. Man muß vielmehr beachten, daß die beiden Einzelspalte jeweils schon *für sich* eine Beugungsfigur *(Abb. 104.1)* erzeugen.

Versuch 76: Wir wiederholen den Versuch 66 (Seite 92), benutzen aber eine Sammellinse der Brennweite $f=10$ cm. Dabei gehen wir von einer großen Breite des Beleuchtungsspaltes Sp aus und verringern diese allmählich, bis sich auf dem Schirm ein Interferenzmuster zeigt. Wir erkennen an der hellen Mitte und den seitlichen schwachen, von dunklen Streifen unterbrochenen Resthelligkeiten, daß wir das Beugungsbild eines *Einzelspaltes* erhalten haben: Sp ist jetzt gerade so breit, daß die Kohärenzbedingung zwar für die einzelne Öffnung (Breite l) gilt, für den Doppelspalt (Entfernung der Spaltmitten $g>l$) jedoch *noch nicht* erfüllt ist. In diesem Fall wirken die Öffnungen des Doppelspaltes wie zwei Lichtquellen, die *nicht* zueinander kohärent sind: Die Intensitäten ihrer Beugungsbilder addieren sich. Bei großem Schirmabstand liegen die ersten Dunkelstellen A und B links und rechts der hellen Mitte *(Abb. 105.1)* viel

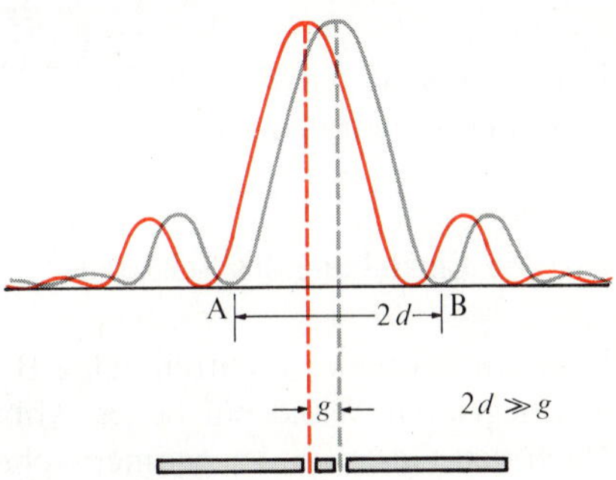

105.1 Die Beugungsbilder der beiden nahe beieinander liegenden Spalte decken sich fast genau. Ihre Intensitäten werden addiert.

▽ weiter auseinander als die Spalte selbst ($\overline{AB} \gg g$). Deshalb decken sich die beiden Beugungsbilder fast genau. Die Spalte erzeugen also zusammen ein Interferenzmuster etwa gleicher Struktur, aber doppelter Helligkeit wie eine Öffnung allein. Für die Richtung α_1 zur ersten Dunkelstelle A bzw. B gilt $\sin\alpha_1 = \frac{\lambda}{l}$.

Nun stellen wir den Beleuchtungsspalt Sp enger ein: Auf dem Schirm erscheinen *zusätzliche dunkle Interferenzstreifen*, die besonders deutlich in der hellen Mitte zwischen A und B zu erkennen sind. Nun ist Sp so eng geworden, daß die Kohärenzbedingung auch für den Doppelspalt erfüllt ist. Sicher erhalten wir weiterhin in denselben Richtungen Auslöschung, die auch bei jedem der Einzelspalte für sich schon Dunkelheit ergaben, insbesondere in A und B *(Abb. 105.1)*. Da aber die Wellenstrahlen 1, 2, ... gegenüber den Strahlen 1′, 2′, ... *(Abb. 106.1)* jetzt kohärent sind, erzeugen sie ein *neues* Interferenzmuster mit *weiteren Dunkelstellen*. Sie bilden sich in Richtungen α'_k aus, bei denen die Wellenstrahlen 1 und 1′, 2 und 2′, ... usw. jeweils den Gangunterschied $\Delta = \frac{\lambda}{2}, \frac{3\lambda}{2}, \frac{5\lambda}{2}, \ldots$ besitzen. Aus *Abb. 106.1* folgt für α'_k

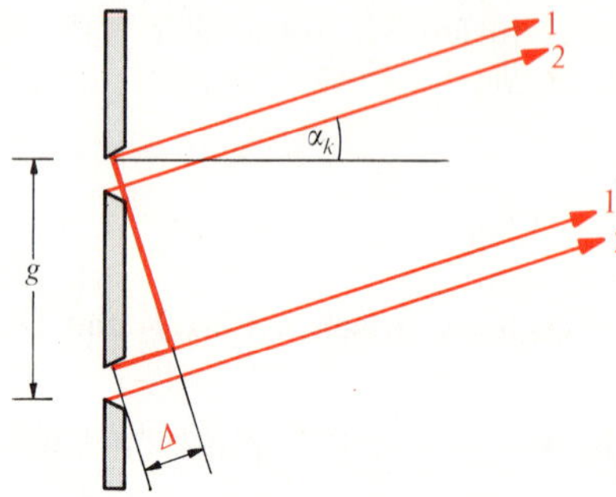

106.1 Wenn die an den beiden Öffnungen gebeugten Lichtbündel zueinander kohärent sind, interferieren die Wellenstrahlen 1 und 1′, 2 und 2′ ... usw.

$$\sin\alpha'_k = \frac{(2k-1)\cdot\lambda}{2g} \quad \text{mit} \quad k = 1, 2, 3, \ldots.$$

Für die Richtungen zu den Minima beim Doppelspalt mit schmalen Öffnungen ($l < \lambda$) erhielten wir *dieselbe Gleichung (Gl. 91.2)*. Wenn $g > l$ ist, gilt für die Richtung α'_1 zu den beiden ersten zusätzlichen dunklen Streifen links und rechts der optischen Achse

$$\sin\alpha'_1 = \frac{\lambda}{2g} < \frac{\lambda}{l} = \sin\alpha_1.$$

Zwischen A und B entstehen also mindestens 2 dunkle Interferenzstreifen. Für alle innerhalb $\overline{AB}$ liegenden dunklen Streifen muß $\sin\alpha'_k < \sin\alpha_1$ sein. Daraus folgt

$$\frac{(2k-1)\cdot\lambda}{2g} < \frac{\lambda}{l}, \quad \text{also} \quad 2k < \frac{2g}{l} + 1.$$

Für $g = 3l$ erhalten wir z.B. $2k < 7$; diese Ungleichung ist erfüllt für $k = 1$, 2 und 3. Zwischen A und B entstehen demnach $2k = 6$ Dunkelstellen. △

▼ 4. Die Entstehung des Schattens

Fällt ein paralleles Lichtbündel, z.B. Sonnenlicht, durch ein Fenster, so entsteht auf der gegenüberliegenden Wand ein helles Abbild der Fensteröffnung mit scharf abgegrenzten Schatten. Nach den Gesetzen der geometrischen Optik scheint die Erklärung leicht zu sein: Die dort als Modellvorstellung eingeführten *Lichtstrahlen* sollen sich nur geradlinig ausbreiten. Im Bereich der Sprossen und der Umrandung des Fensters werden sie absorbiert, also zurückgehalten. Auf ▲ der gegenüberliegenden Wand sind solche undurchsichtigen Stellen als *Schatten* „ausgespart“.

Nach den Gesetzen der Wellenoptik sendet aber jeder Punkt einer Wellenfront allseitig eine *Elementarwelle* aus, die eine *Beugung* des Lichts zur Folge hat. Der aus der geometrischen Optik leicht zu erklärende Schatten müßte also nach der Wellenoptik aufgehellt sein. Um diesen Widerspruch zu klären, führen wir den folgenden Versuch aus.

Versuch 77: Wir lassen ein mit Hilfe zweier Sammellinsen aufgeweitetes paralleles Laserlichtbündel durch einen Spalt mit verstellbarer Breite l fallen. Zuerst verkleinern wir l langsam auf Null. Dann zerfließt das auf dem Schirm entstandene Spaltbild wegen der Beugung mehr und mehr. Nach der Gleichung $\sin\alpha_1 = \frac{\lambda}{l}$ rücken die beiden ersten Minima links und rechts der hellen Mitte bei kleiner werdender Spaltbreite l immer weiter auseinander. Für $l = \lambda$ ist nach dieser Gleichung $\alpha_1 = 90°$ geworden. Dann wäre der Idealfall einer Elementarwelle erreicht, die sich hinter dem Spalt ausbreitet, ohne Interferenzstreifen aufzuweisen. Doch ist der Schirm durch die starke Verengung des Spaltes jetzt so schwach beleuchtet, daß man nichts mehr erkennen kann. Das Zerfließen der hellen Mitte läßt sich in der Intensitätsverteilung des am Einzelspalt gebeugten Lichts *(Abb. 104.1)* als eine *Dehnung* des Schaubildes auffassen. Nun öffnen wir den Spalt wieder langsam und beobachten auf dem Schirm, wie die helle Mitte um das Hauptmaximum zusammenschrumpft. Dabei rücken die seitlichen dunklen Interferenzstreifen schließlich so dicht zu dieser hellen Mitte hin, daß die zwischen ihnen liegenden geringen Aufhellungen kaum noch wahrgenommen werden. Öffnen wir den Spalt noch weiter, so werden die in den Schattenraum gebeugten Elementarwellen durch Interferenz *praktisch völlig ausgelöscht* (Fall f von Seite 103). Damit haben wir die Schwelle zur *geometrischen Optik* erreicht: Jetzt dürfen wir in guter Näherung die Schattengrenzen mit Lichtstrahlen konstruieren, die *geradlinig* durch die Spaltöffnung gehen.

Der Schatten ist eine Folge der Auslöschung von Elementarwellen durch Interferenz. Die geometrische Optik ist dann ein brauchbarer und bequemer Grenzfall der Wellenoptik, wenn Öffnungen und Körper, an denen Licht gebeugt wird, groß gegen die Wellenlänge des Lichts sind. In diesem Fall kann man die Schattengebiete durch geradlinige Lichtstrahlen konstruieren.

5. Beugung von Schallwellen an einem Spalt

Bei *Schallwellen* beobachtet man i.a. keinen ausgeprägten „Schatten"; dies liegt an ihrer großen Wellenlänge. Deshalb ist die Beugung von Schallwellen an einem Spalt eine alltägliche Erfahrung. Ein Ton, der aus einem geöffneten Fenster der Breite l dringt, kann z.B. auch dann gehört werden, wenn der Beobachter *seitlich* vom Fenster steht. Für $\lambda > l$ kommt nicht einmal das 1. Minimum zustande. Wenn also $\lambda = \frac{c}{f} > l$ oder $f < \frac{c}{l}$ ist, kann die gebeugte Schallwelle an keiner Stelle durch Interferenz völlig ausgelöscht werden. Alle Töne mit Frequenzen $f < \frac{c}{l}$ sind also an jeder Stelle rings um ein Fenster der Breite l zu hören, allerdings mit seitlich abnehmender Intensität. Ihr Hauptmaximum *(Abb.104.1)* wird mit zunehmender Wellenlänge flacher, während es sich mit abnehmender Wellenlänge immer stärker ausprägt. Deshalb können tiefe Töne besser um die Ecke dringen als hohe. Z.B. sind von einer Musikkapelle, die durch eine Straße marschiert, in einer Querstraße fast nur die Bässe zu hören.

6. Beugung von Mikrowellen am Spalt

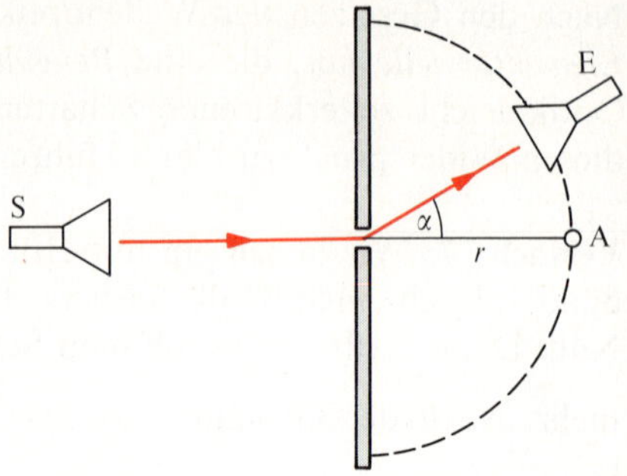

108.1 Beugung von Mikrowellen an einem Spalt

Versuch 78: Wir bilden aus zwei Blechstreifen einen $l = 9$ cm breiten Spalt, den wir aus etwa 50 cm Entfernung mit einem Bündel von *Mikrowellen* bestrahlen *(Abb. 108.1)*. Wir schwenken den Empfänger E auf einem Halbkreis ($r = 50$ cm) um die Mitte des Spaltes; dabei stellen wir im Punkt A maximalen Empfang fest. Auf beiden Seiten von A finden wir unter dem Winkel $\alpha_1 = 20°$ das 1. Minimum. Aus $\sin\alpha_1 = \frac{\lambda}{l}$ folgt für die Wellenlänge der Mikrowelle $\lambda = l \cdot \sin\alpha_1 = 9\,\text{cm} \cdot \sin 20° \approx 3{,}1$ cm. Das 2. Minimum tritt beim Winkel $\alpha_2 = 43°$ auf. Daraus ergibt sich $\lambda = \frac{l}{2} \cdot \sin\alpha_2 = 4{,}5\,\text{cm} \cdot \sin 43° \approx 3{,}1$ cm. Ein drittes Minimum kann nicht zustandekommen, da $3\lambda > l$ ist; also wäre $\sin\alpha_3 > 1$.

Aufgaben

1. *Wie groß ist der Abstand der ersten dunklen Streifen rechts und links bei einem Spalt von* 0,5 mm *Breite und einem Schirmabstand von* 1,5 m *für rotes Licht* ($\lambda = 760$ nm) *und für blaues Licht* ($\lambda = 400$ nm)?

2. *Senkrecht auf einen beugenden Spalt von* 0,3 mm *Breite fällt einfarbiges Licht. Auf einem Schirm, der in* 3 m *Entfernung parallel zur Spaltebene steht, haben die beiden mittleren dunklen Interferenzstreifen den Abstand* $d = 10$ mm. *Welche Wellenlänge und welche Farbe hat das Licht?*

3. *Man beobachtet auf einem Schirm den 1. hellen Interferenzstreifen, der von einem Spalt erzeugt wird. Was geschieht, wenn von einem der Ränder her 1/3 des Spaltes mit einer undurchsichtigen Blende abgedeckt wird?*

4. *Senkrecht auf einen Spalt der Breite* 0,4 mm *fällt paralleles Licht der Wellenlänge* $\lambda = 750$ nm *und erzeugt auf einem* 4 m *entfernten Schirm eine Beugungsfigur.*
   a) Wie weit sind die beiden 1. Dunkelstellen links und rechts der hellen Mitte voneinander entfernt?
   b) Nun läßt man paralleles Licht der Wellenlänge $\lambda_1 = 600$ nm *senkrecht auf den Spalt fallen. Wie breit muß man jetzt den Spalt machen, damit die beiden 1. Dunkelstellen links und rechts der Mitte gleich weit voneinander entfernt sind wie in a)?*
   c) Untersuchen Sie, ob dann auch die übrigen dunklen Streifen der Beugungsfigur gleich weit voneinander entfernt sind wie in a)!

5. *Ein Doppelspalt besteht aus zwei Spalten mit jeweils* $l = 0{,}10$ mm *Breite. Der Abstand der Spaltmitten beträgt* $g = 0{,}45$ mm. *Auf diesen Doppelspalt fällt in Richtung der optischen Achse paralleles Licht der Wellenlänge* $\lambda = 630$ nm.
   a) Einer der beiden Spalte wird zunächst verdeckt. Berechnen Sie die Lage der Dunkelstellen 1. und 2. Ordnung der Beugungsfigur, die auf einem $a = 10$ m *entfernten Schirm entsteht!*
   b) Wenn man beide Spalte öffnet, so ist der Bereich zwischen den Dunkelstellen 1. Ordnung aus a) von einem neuen Streifensystem durchzogen. Berechnen Sie den gegenseitigen Abstand zweier dunkler Streifen dieses Systems!
   c) Wieviel helle Streifen liegen jetzt innerhalb des in b) angegebenen Bereichs? Zeigen Sie, daß diese Anzahl lediglich von den Größen l *und* g *abhängt!*

6. *Wenn man den Versuch 66 (Seite 92) mit weißem Licht durchführt, treten auf dem Schirm Interferenzstreifen mit Farbsäumen auf. Wie kommen sie zustande? Handelt es sich bei den Farben um Spektralfarben oder um Mischfarben?*

§ 22 Beugung und Interferenz am optischen Gitter

1. Die Entstehung scharfer Helligkeitsmaxima

Die Wellenlänge des Lichts läßt sich aus der Beugungsfigur eines *Einzelspaltes* nur ungenau ermitteln. Die Winkel zu den Interferenzstreifen werden nämlich erst groß, wenn die Spaltöffnung sehr klein ist; dann aber ist das Beugungsbild zu dunkel. Um auch bei großen Winkeln helle Beugungsbilder zu erhalten, benutzt man ein *optisches Gitter*. Es besteht aus sehr vielen gleichen Spalten, die in gleichen Abständen nebeneinander angeordnet sind. Bei seiner Herstellung, die zu den Meisterleistungen der Feinmechanik zählt, werden mit einem Diamanten feine Striche auf eine Glasplatte geritzt. Die eingravierten Linien lassen im Idealfall kein Licht durch, die nichtgeritzten Glasflächen wirken als Spaltöffnungen. In der Praxis werden meist *fotografische Gitterkopien* benutzt.

Versuch 79: Wir durchstrahlen ein optisches Gitter mit Laserlicht. Auf dem etwa 4 m entfernten Schirm sieht man eine Reihe scharfer leuchtender Punkte *(Abb. 109.1)* auf fast dunklem Grund. Der Laserstrahl wird offenbar senkrecht zu den Gitterstrichen in ganz bestimmte Richtungen aufgefächert.

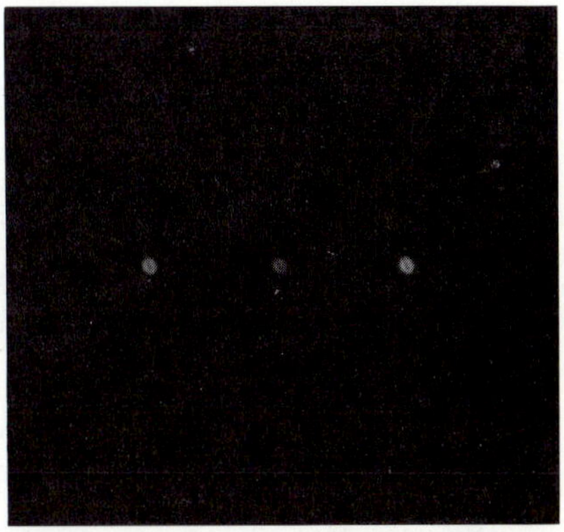

109.1 Auf dem Schirm entsteht eine Reihe scharfer leuchtender Punkte.

Während in den Beugungsfiguren des Einzel- und auch des Doppelspaltes die hellen Streifen allmählich in die dunklen übergehen, entstehen beim optischen Gitter durch das Zusammenwirken der vielen Einzelspalte *scharfe Beugungsbilder*. Sie ermöglichen eine präzise Messung der Wellenlänge des Lichts. Hierin liegt der Hauptvorteil des optischen Gitters.

Zur Erklärung betrachten wir die *Abb. 109.2*. Die Breite l einer einzelnen Spaltöffnung sei so gering, daß $l<\lambda$ ist (vgl. Versuch 77, Seite 107). Die Entfernung zweier benachbarter Spaltmitten wird **Gitterkonstante g** genannt. Wir ordnen nun die gebeugten Wellenstrahlen, indem wir bestimmte Richtungen herausgreifen, und beginnen mit solchen, bei denen der Gangunterschied δ der aus zwei benachbarten Spalten kommenden Strahlen Null ist bzw. ein ganzzahliges Vielfaches der Wellenlänge λ beträgt. Für sie gilt also $\delta=k\cdot\lambda$ ($k=0, 1, 2, \ldots$). Sie verstärken sich nach ihrer Vereinigung auf dem Schirm und erzeugen dort *Helligkeitsmaxima*. Wie beim Doppelspalt betrachten wir Strahlen, die sich auf dem Schirm treffen, als parallel. Nach Abb. 109.2 gilt für die Richtungen zu den Maxima

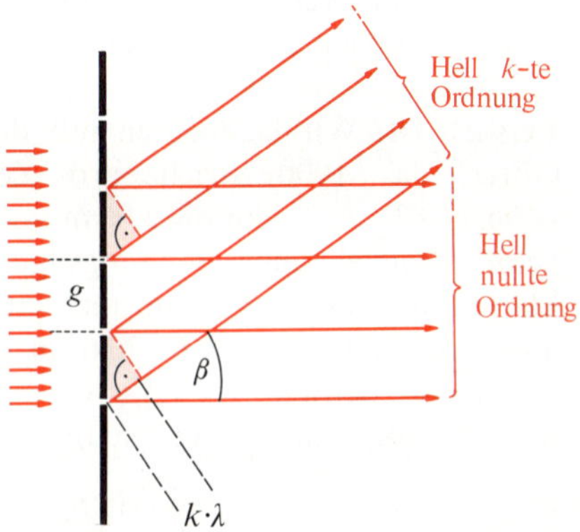

109.2 Beugung am Gitter

$$\sin\beta_k=\frac{k\cdot\lambda}{g}; \quad k<\frac{g}{\lambda} \quad (k=0, 1, 2, 3, \ldots). \tag{109.1}$$

Man unterscheidet die einzelnen Maxima nach ihrer *Ordnungszahl k:* In der Mitte der Beugungsfigur liegt das Maximum 0. Ordnung, links und rechts schließen sich jeweils die Maxima 1., 2., …, k-ter Ordnung an.

Für die Richtungen zu den Maxima gelten beim Gitter dieselben Gleichungen wie beim Doppelspalt. Für die Minima erhält man dagegen wesentlich andere Ergebnisse. Wir zeigen dies an der Beugungsfigur zwischen dem Maximum 1. und 2. Ordnung. Beim Doppelspalt liegt dort nur ein einziges Minimum. Es entsteht, wenn zwei gebeugte Wellenstrahlen den Gangunterschied $\delta = 3\lambda/2$ annehmen. Bei einem Gitter mit 100 Spalten erhält man schon für einen Gangunterschied zweier benachbarter Wellenstrahlen von $\delta = \lambda + \lambda/100$ eine Dunkelstelle dicht neben dem Maximum 1. Ordnung. Dann löschen sich nämlich diejenigen auf dem Schirm zusammentreffenden Strahlen aus, die vom 1. und 51., vom 2. und 52., …, vom 50. und 100. Spalt ausgehen. Bei $\delta = \lambda + 2\lambda/100$ entsteht eine weitere Dunkelstelle: Jetzt löschen sich der 1. und 26., der 2. und 27., …, der 75. und 100. Strahl aus. Wegen der großen Anzahl der Gitterspalte kommt es zwischen zwei Maxima zu sehr vielen solchen Auslöschungen, die – wie bei der Beugung am Einzelspalt – nur von geringfügigen Resthelligkeiten unterbrochen werden. *Abb. 110.1* zeigt, wie die Dunkelstellen mit wachsender Anzahl der Gitterspalte dichter werden und dabei enger an die Maxima heranrücken. Diese werden dadurch immer schärfer.

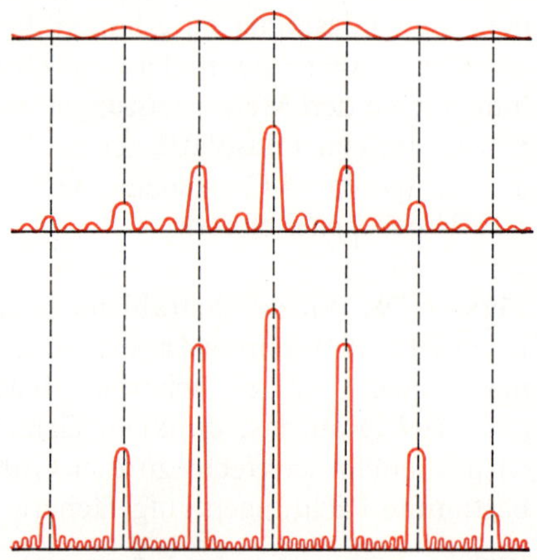

110.1 Beugung bei 2, 4 und 8 Spalten

Die bei der Beugung eines parallelen Lichtbündels an einem optischen Gitter nach *Gl. 109.1* entstehenden Helligkeitsmaxima sind um so intensiver und schärfer, je größer die Anzahl der beugenden Spaltöffnungen ist.

Die Intensitätsverteilung des am optischen Gitter gebeugten Lichts wird auf Seite 202f. der mathematischen Ergänzungen noch genauer untersucht.

Versuch 80: Wir beleuchten mit dem Laserstrahl ein Gitter, das 1000 Striche pro Zentimeter aufweist *(Abb. 110.2)*. Auf dem $a = 3{,}00$ m vom Gitter entfernten Schirm entsteht eine Beugungsfigur, in der das linke Maximum 2. Ordnung vom rechten Maximum 2. Ordnung die Entfernung $2d = 76{,}6$ cm besitzt. Die Gitterkonstante beträgt $g = \frac{1}{1000}$ cm $= 1{,}00 \cdot 10^{-5}$ m. Aus *Gl. 109.1* folgt für die Wellenlänge des Laserlichts

$$\lambda = \frac{g}{k} \cdot \sin \beta_k.$$

Aus *Abb. 110.2* lesen wir ab

$$\tan \beta_2 = \frac{d}{a} = \frac{0{,}383\,\text{m}}{3{,}00\,\text{m}}.$$

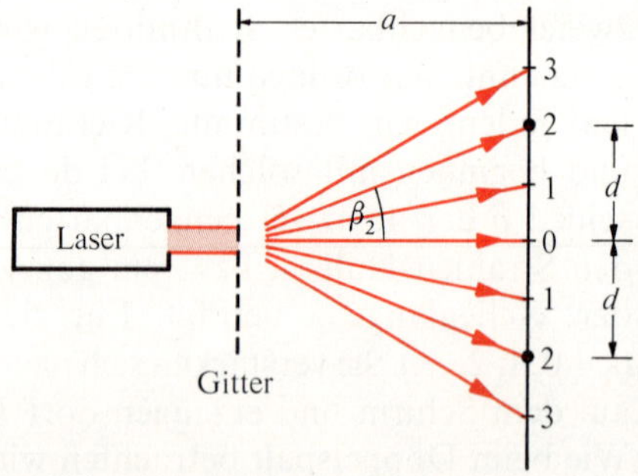

110.2 Bestimmung der Wellenlänge des Laserlichts mit Hilfe eines optischen Gitters. *a* Entfernung des Schirms vom Gitter; *d* Entfernung des Maximums k-ter Ordnung (hier $k = 2$) vom Maximum nullter Ordnung.

Daraus folgt $\beta_2 = 7{,}28°$; damit ist die Wellenlänge des Laserlichts $\lambda = \frac{1{,}00 \cdot 10^{-5}}{2} \cdot \sin 7{,}28° \approx 633$ nm.

Genauere Messungen haben für das Licht des hier benutzten He-Ne-Lasers die Wellenlänge 632,8 nm ergeben.

2. Gitterspektren; Spektrallinien

Nun wollen wir mit Hilfe des Gitters auch die Wellenlänge des Lichts *ausgedehnter, nicht kohärenter* Lichtquellen messen.

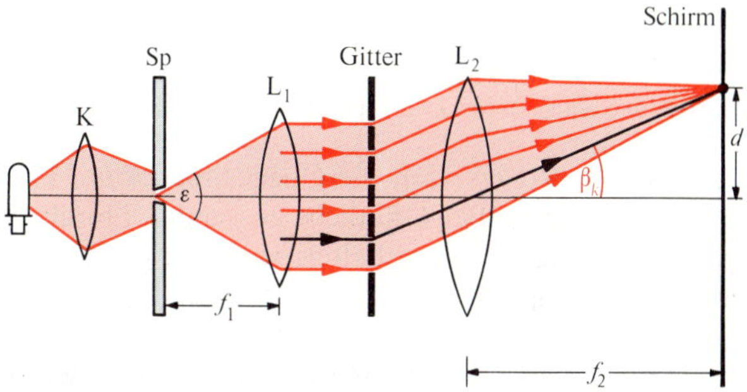

111.1 Messung der Wellenlänge von Natriumlicht

Versuch 81: Das Licht einer Natriumdampf-Lampe wird nach *Abb. 111.1* durch die Kondensorlinse K auf den Spalt Sp konzentriert, der sich in der Brennebene der Sammellinse L_1 befindet. Hinter L_1 entsteht also ein paralleles Lichtbündel, das am Gitter gebeugt wird. Die in Richtung der Maxima gebeugten Parallelstrahlen werden durch die Sammellinse L_2 auf dem Schirm zu Linien vereinigt. Ändern wir die Spaltbreite, so erkennen wir, daß es sich bei diesen Linien um *Spaltbilder* handelt. Da sich parallele Lichtstrahlen nach der Brechung an der Linse L_2 in deren *Brennebene* treffen, muß dort der Schirm aufgestellt werden. Sein Abstand von der Linse L_2 muß also gleich der Brennweite f_2 dieser Linse sein.

Wir messen den Abstand $2d$, den die beiden Linien k-ter Ordnung links und rechts der Mitte voneinander besitzen; da der Mittelpunktsstrahl (in *Abb. 111.1* schwarz) die Linse L_2 ohne Richtungsänderung durchsetzt, gilt $\tan \beta_k = \frac{d}{f_2}$; aus $\lambda = \frac{g}{k} \cdot \sin \beta_k$ erhalten wir die Wellenlänge des gelben Natriumlichts zu $\lambda = 589$ nm. Um die Wellenlänge exakt messen zu können, brauchen wir schmale Spaltbilder. Wir erhalten sie, indem wir den Spalt Sp möglichst eng wählen. Dabei wird dann auch die *Kohärenzbedingung* $l \cdot \sin \varepsilon \ll \frac{\lambda}{2}$ erfüllt (Seite 98). Damit alle Gitterspalte, die im Bereich des Winkels ε liegen *(Abb. 111.1)*, von kohärentem Licht beleuchtet werden, muß nämlich die Ausdehnung der als Lichtquelle wirkenden Spaltöffnung mit der Breite l entsprechend eingeschränkt werden. Dann senden sämtliche Gitterspalte kohärent schwingende Elementarwellen aus. Die auf diese Weise entstehenden extrem schmalen Beugungsbilder des Beleuchtungsspaltes werden **Spektrallinien** genannt.

Versuch 82: Nun setzen wir als Lichtquelle eine Quecksilberdampf-Lampe ein: Auf dem Schirm erscheint eine Folge einzelner farbiger *Linien*. Die durch Elektronenstoß angeregten Quecksilberatome senden also verschiedenfarbige Lichter aus, die im sichtbaren Bereich nur wenige ganz bestimmte Wellenlängen besitzen. Wir erhalten ein solches **Linienspektrum** auch durch Dispersion an einem Glasprisma. Der Vorzug des durch ein Gitter erzeugten Spektrums besteht darin, daß wir die Wellenlängen der einzelnen Spektrallinien aus der *Gl. 109.1* leicht ermitteln können. Für Prismenspektren gilt keine so einfache Beziehung. Die Wellenlängen der

Linien sind für die Art der angeregten Atome typisch. Bei der Ausmessung des Linienspektrums einer Quecksilberdampf-Lampe ergeben sich für die Spektrallinien im Vakuum (und praktisch auch in der Luft) die in *Tabelle 112.1* angegebenen Wellenlängen.

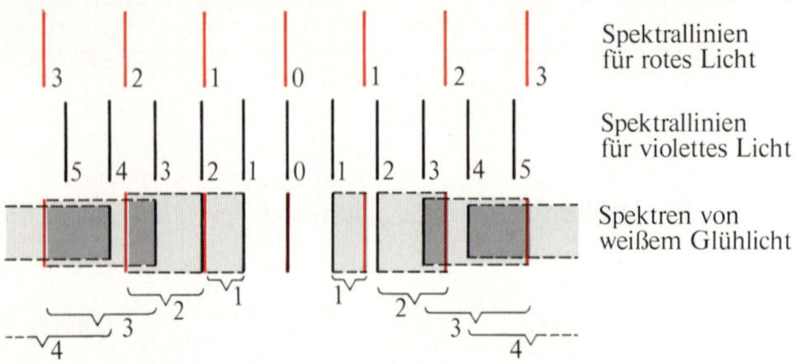

112.1 Die Spaltbilder der verschiedenfarbigen Lichter setzen sich bei der Beugung am Gitter zu Gitterspektren zusammen.

Tabelle 112.1

Farbe der Spektrallinie	Wellenlänge in nm (im Vakuum)
violett	405
blau	436
grün	546
gelb	577 und 579

Versuch 83: Wir ersetzen die Quecksilberdampf-Lampe in Versuch 82 durch eine Experimentierleuchte, die weißes Glühlicht aussendet. Durch die Beugung am Gitter werden alle Farben, die im weißen Licht enthalten sind, in jeder Ordnung des Gitterspektrums kontinuierlich nebeneinandergelegt: Es entsteht ein Band leuchtender Spektren; sie überlagern sich allerdings von der 2. Ordnung an gegenseitig *(Abb. 112.1)*. Die Richtung zum 0. Maximum ($k=0$) ist von der Wellenlänge λ unabhängig; deshalb erscheinen in der Mitte der Beugungsfigur alle Farben an derselben Stelle: Wir sehen ein weißes Spaltbild.

Nach *Gl. 109.1* wird rotes Licht mit der größten Wellenlänge am stärksten, violettes Licht am schwächsten zu den Maxima hin *gebeugt*. Bei der Dispersion am *Prisma* dagegen wird *Violett* am *stärksten*, *Rot* am *schwächsten gebrochen.*

3. Das Spektrometer

Zur genauen Bestimmung der Wellenlänge von Spektrallinien benutzen wir ein sogenanntes **Gitterspektrometer.** Sein Aufbau ist in *Abb. 112.2* schematisch dargestellt. Der Spalt Sp sowie die Linsen L_1 und L_2 haben dieselbe Funktion wie in Versuch 81. Das Beugungsbild entsteht in der *Brennebene* B der Linse L_2; dort sind zwei dünne gekreuzte Fäden angebracht. L_3 dient als *Lupe;* durch sie betrachtet man das Gitterspektrum samt dem *Fadenkreuz.* L_2 und L_3 bilden zusammen ein Fernrohr; es ist um die Mittelachse schwenkbar. Mit dem Fadenkreuz lassen sich die einzelnen Spektrallinien genau anvisieren; der zugehörige Winkel β_k wird auf einem Teilkreis abgelesen. Aus der Gleichung $\lambda=\frac{g}{k}\cdot\sin\beta_k$ kann man dann die Wellenlänge sehr genau ermitteln.

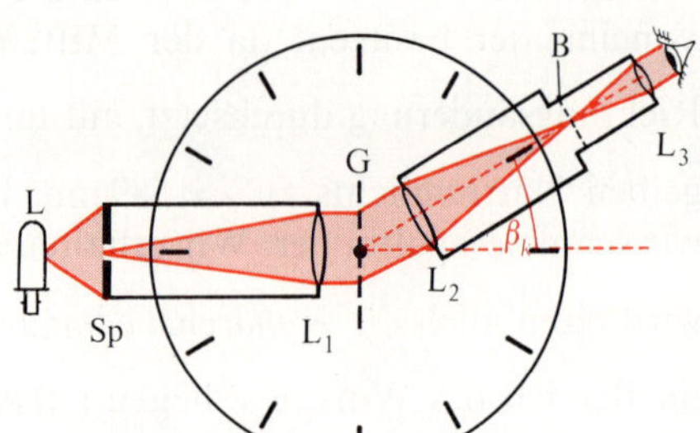

112.2 Gitterspektrometer. L Lichtquelle; Sp Spalt; L_1 Sammellinse; G Gitter; B Ebene des Gitterspektrums; L_2 Objektiv, L_3 Okular eines Fernrohrs

Das optische Gitter erzeugt für jede Wellenlänge eine scharfe Spektrallinie auf einem Schirm oder in der Beobachtungsebene B des Spektrometers. Nun sprechen wir zwar von der „gelben Natriumlinie" oder der „violetten Quecksilberlinie", dürfen aber nicht glauben, am Ort solcher Linien befänden sich *Farben.* Vielmehr werden durch das Gitter dorthin *Wellen* geführt, die in unser Auge gelangen. Die *Farbempfindung* entsteht erst in unserer *Wahrnehmung*. Ein total Farbenblinder sieht auf dem Schirm oder im Spektrometer nur *Grautöne*. Er kann aber ohne weiteres die Wellenlänge einer bestimmten Spektrallinie ausmessen. Wir müssen also scharf unterscheiden zwischen den *objektiven* physikalischen Gegebenheiten, die meßbar sind (Wellenlängen, Intensitäten usw.) und den *subjektiven* Empfindungen (rot, hell usw.). Die Zuordnung zwischen Farben und Wellenlängen kann man der *Spektraltafel* (nach Seite 130) entnehmen.

Versuch 84: Wir stellen eine gasgefüllte Spektralröhre so auf, daß ihre dünne hell leuchtende Kapillare senkrecht vor einem horizontalen Maßstab angebracht ist *(Abb. 113.1)*. Blicken wir durch ein optisches Gitter zur Röhre hin, so sehen wir vor dem Maßstab das weit auseinandergezogene Linienspektrum des zum Leuchten angeregten Füllgases. Das beispielsweise zum Maximum 1. Ordnung gebeugte Licht einer bestimmten Wellenlänge verläßt das Gitter (nahezu) parallel unter einem Winkel β_1 zur optischen Achse; es wird von unserem Auge auf der Netzhaut als farbiges Bild der Spektralröhre gesammelt. Das Auge verlängert die zu ihm gelangenden Strahlen nach rückwärts und erhält den Eindruck, die in einer bestimmten Farbe leuchtende Kapillare befinde sich auf dem Maßstab im Abstand d von der optischen Achse. Aus $\tan\beta_1 = \frac{d}{a}$ kann man den Winkel β_1 zum 1. Maximum ermitteln. Aus *Gl. 109.1* folgt dann die Wellenlänge λ der betreffenden Spektrallinie.

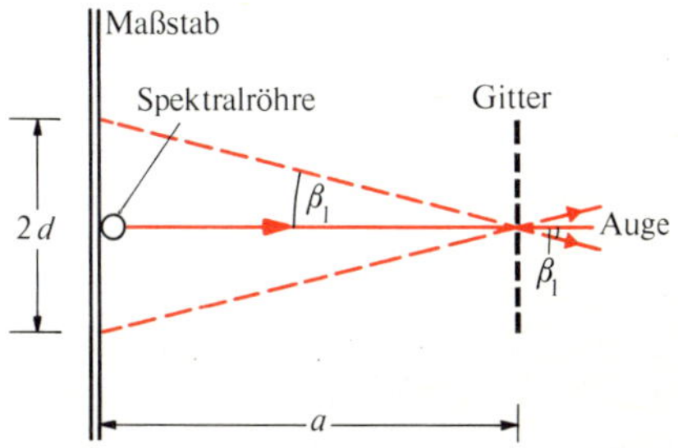

113.1 Subjektive Beobachtung eines Linienspektrums

4. Spektralanalyse

Aus der Erkenntnis, daß Anzahl und Wellenlängen der Linien eines Linienspektrums für jedes Element charakteristisch sind, entwickelten *R. W. Bunsen* (1811 bis 1899) und *G. R. Kirchhoff* (1824 bis 1887) die Methode der **Spektralanalyse.** Mit ihr kann man nicht nur chemische Substanzen im Laboratorium untersuchen, sondern ebenso Aufschluß über die stoffliche Zusammensetzung von Gestirnen erhalten.

J. von Fraunhofer entdeckte 1814 im sonst kontinuierlichen *Sonnenspektrum* eine große Zahl dunkler Linien. Sie entstehen dadurch, daß die Dämpfe der Sonnenoberfläche ganz bestimmte Wellenlängen des in tieferliegenden Schichten der Sonne entstandenen weißen Lichts absorbieren. *Rowland* hat über 20000 solcher **Fraunhoferscher Linien** mit hoher Genauigkeit vermessen. Derartige Arbeiten aus dem 19. Jahrhundert lieferten Grundlagen für die heutige Atomtheorie. *Tabelle 113.1* gibt die Wellenlängen der wichtigsten Fraunhoferschen Linien an. Sie sind auf der Spektraltafel (nach Seite 130) in das Spektrum des Sonnenlichts eingezeichnet.

Tabelle 113.1 Wichtige Fraunhofersche Linien (Absorptionslinien im Sonnenspektrum)

Farbe	Rot	Gelb	Grün	Blau	Violett	
	B	D	E	F	G	H
Wellenlänge λ in nm (im Vakuum)	687	589	527	486	431	397
Frequenz f in 10^{12} Hz	437	509	569	617	696	755

▽ **5. Kreuzgitter**

Wenn man zwei Strichgitter so übereinanderlegt, daß ihre Spalte den Winkel 90° bilden, entsteht ein *Kreuzgitter*.

Versuch 85: Wir schicken durch das Kreuzgitter einen Laserstrahl. Dabei entsteht auf einem hinter dem Gitter aufgestellten Schirm die in *Abb. 114.1* dargestellte zweidimensionale Beugungsfigur. Verwendet man weißes Licht, so bildet sich ein Kranz farbiger Spektren um den mittleren Strahl, der weiß bleibt *(Abb. 114.2)*. Derartige Farberscheinungen können wir auch wahrnehmen, wenn wir z.B. eine Lichtquelle durch die Bespannung eines Regenschirmes, durch Musselin oder Drahtgaze betrachten. Die Farben von Schmetterlingsflügeln und Pfauenfedern lassen sich auf ähnliche Weise als Beugungserscheinungen an dichtliegenden Strichelungen im reflektierten Licht deuten. △

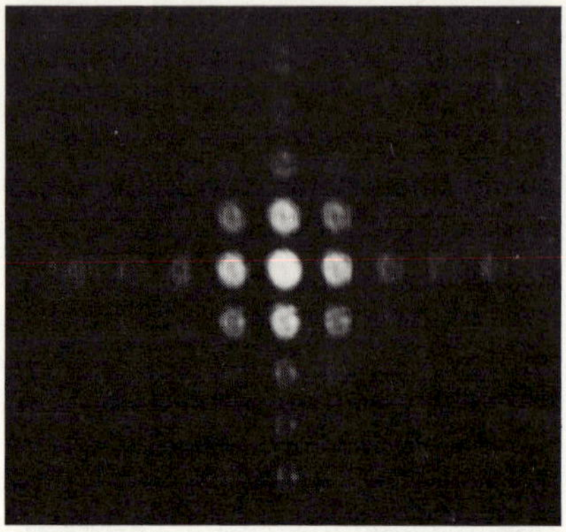

114.1 Beugung eines Laserstrahls am Kreuzgitter

114.2 Beugung weißen Lichts am Kreuzgitter

Aufgaben:

▼ **1.** *Welche Entfernung hat die Spektrallinie 1. Ordnung von der Spektrallinie 2. Ordnung für rotes Licht* ($\lambda_1 = 760$ nm) *und für blaues Licht* ($\lambda_2 = 400$ nm) *bei einem Gitter mit 500 Linien pro mm und einem Schirmabstand von* 1,50 m?

2. *Wieviel Striche pro mm besitzt ein Gitter, bei dem die Spektrallinie 1. Ordnung für blaues Licht* ($\lambda = 436$ nm) *auf einem* 1,00 m *entfernten Schirm von der Mitte des Beugungsbildes* 40,0 mm *entfernt ist?* ▲

▽ **3.** *Senkrecht auf die Ebene eines optischen Gitters mit 5000 Strichen pro* cm *fällt paralleles weißes Licht* (400 nm $\leqq \lambda \leqq$ 800 nm).

a) Wie breit wird das Spektrum 1. Ordnung auf einem 2,0 m *entfernten Schirm?*

b) Bis zu welcher Ordnung können vollständige Spektren entstehen?

c) Wie ändern sich die Ergebnisse von a) und b), bei Versuchsdurchführung in Wasser ($n = 4/3$)?

4. *Paralleles weißes Licht* (400 nm $\leqq \lambda \leqq$ 800 nm) *fällt senkrecht durch die Ebene eines optischen Gitters auf einen* 2,0 m *entfernten Schirm.*

a) Berechnen Sie die Breite des auf dem Schirm erscheinenden Spektrums 1. Ordnung und zeigen sie, daß diese zur Gitterkonstanten annähernd umgekehrt proportional ist!

b) Zeigen Sie, daß die Breite eines solchen Spektrums mit höherer Ordnung zunimmt. Ist diese Zunahme exakt proportional zur Ordnung k?

c) Zeigen Sie, daß sich die sichtbaren Spektren zweiter und dritter Ordnung überlagern!

d) Könnte man es durch Wahl einer anderen Gitterkonstanten g erreichen, daß sich die sichtbaren Spektren zweiter und dritter Ordnung nicht überlagern?

5. *a) Welche Gitterkonstante besitzt ein Gitter, bei dem die beiden Spektrallinien 1. Ordnung für Natriumlicht* ($\lambda = 590$ nm) *auf einem* 1 m *entfernten Schirm* 11,8 cm *voneinander entfernt liegen?*

b) Wenn man eine durchsichtige Flüssigkeit zwischen Gitter und Schirm bringt, mißt man für die beiden in a) genannten Spektrallinien 1. Ordnung einen gegenseitigen Abstand von nur noch 8,8 cm. *Berechnen Sie die Brechungszahl der Flüssigkeit!* △

§ 23 Der Einfluß der Beugung auf die Bildentstehung

1. Beugung an kreisförmigen Öffnungen

In der geometrischen Optik sprechen wir von *Gegenstandspunkten*, die z.B. mit Hilfe einer *Sammellinse* oder angenähert durch die Blende einer *Lochkamera* wieder in Punkte abgebildet werden. Zur Konstruktion solcher Bildpunkte arbeiten wir mit der Modellvorstellung von Lichtstrahlen, die sich nach den Gesetzen der geometrischen Optik ausbreiten. Nun kann aber der Verlauf eines Lichtbündels, das durch einen Spalt der Breite l geht, wegen der Beugung nur für $l \gg \lambda$ mit Hilfe sich geradlinig fortsetzender Lichtstrahlen beschrieben werden. Dies gilt auch für die Ausbreitung des Lichts durch *kreisförmige* Öffnungen.

Versuch 86: Wir lassen das parallele Lichtbündel eines Lasers durch eine Lochblende (Durchmesser der kreisrunden Öffnung ca. 1 mm) auf einen ca. 5 m entfernten Schirm fallen. Dort beobachten wir eine Beugungsfigur; sie besteht wegen der Symmetrie der Blendenöffnung aus einer hellen Kreisfläche, die von konzentrischen dunklen und hellen Ringen umgeben ist *(Abb. 115.1)*. Die Mitte dieser Figur – das sogenannte **Beugungsscheibchen** – entspricht der hellen Mitte, die bei der Beugung des Lichts an einem Spalt entsteht. Das erste Minimum besitzt hier die Form eines dunklen Ringes, der das Beugungsscheibchen begrenzt.

115.1 Beugung des Lichts an einer kreisförmigen Öffnung. Dieses Beugungsbild entsteht mit Laserlicht, das durch eine 1 mm-Lochblende auf einen 5 m entfernten Schirm fällt.

Wenn wir die kreisförmige Blendenöffnung mit dem Durchmesser l näherungsweise als einen Spalt der Breite l betrachten, erhalten wir für den Winkel α_1 zum ersten dunklen Ring $\sin\alpha_1 \approx \frac{\lambda}{l}$. Die genaue Theorie liefert für diesen Fall $\sin\alpha_1 = 1{,}22 \cdot \frac{\lambda}{l}$ (Mathematische Ergänzungen Seite 204ff.).

2. Beugung an einer Sammellinse

Im vorigen Versuch war der Beobachtungsschirm *weit entfernt*. Wellenstrahlen, die sich auf ihm treffen, verlassen die Öffnung der Lochblende *fast parallel*. Deshalb durften wir für den Winkel α_1 zum ersten dunklen Interferenzring der Beugungsfigur die Gleichung $\sin\alpha_1 \approx \frac{\lambda}{l}$ benutzen. Nun setzen wir hinter die Lochblende eine *Sammellinse (Abb. 115.2)*. Dann werden alle Wellenstrahlen, die exakt parallel aus der Öffnung kommen, in einem Punkt der *Brennebene* dieser Linse

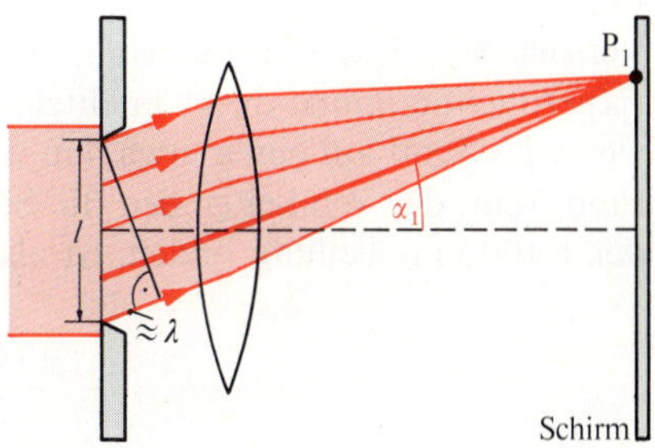

115.2 Beugung des Lichts an einer Öffnung, hinter der sich eine Sammellinse befindet

▽ vereinigt; dort muß also der Beobachtungsschirm aufgestellt werden. P_1 sei ein Punkt des ersten dunklen Interferenzringes auf diesem Schirm *(Abb. 115.2)*. Der Strahl des Parallelbündels, der durch die *Linsenmitte* geht, wird *nicht* aus seiner Richtung abgelenkt. Der Winkel α_1, den er mit der optischen Achse bildet, ist also derselbe, der ohne Linse zum weit entfernten ersten dunklen Interferenzring führen würde. Daher gilt die Gleichung $\sin\alpha_1 \approx \frac{\lambda}{l}$ auch für die Beugung an einer Sammellinse, wenn man unter α_1 den Winkel eines *Mittelpunktsstrahles* zum ersten dunklen Interferenzring der Beugungsfigur versteht und mit l den Durchmesser der Linsenöffnung bezeichnet.

Nun seien P_1 und P_2 *(Abb. 116.1)* zwei Gegenstandspunkte, die durch diese Sammellinse abgebildet werden sollen. In der *geometrischen Optik* nehmen wir an, es gäbe zwei Bildpunkte, die wir mit Hilfe der nicht abgelenkten *Mittelpunktsstrahlen* durch die Linse konstruieren können. Nun entstehen aber wegen der *Beugung* des Lichts an der kreisförmigen Begrenzung der Linse strenggenommen gar keine Bildpunkte von P_1 und P_2, sondern zwei *Beugungsscheibchen.* Diese sind gerade noch getrennt wahrzunehmen, wenn die Mitte des einen Scheibchens in den *dunklen Ring* fällt, der das andere umgibt. Dann ist der Winkel φ, den die beiden durch die Mitte der Linse gehenden Strahlen miteinander bilden *(Abb. 116.1)*, gleich dem Winkel α_1 zum ersten Minimum; es gilt also $\sin\varphi \approx \frac{\lambda}{l}$.

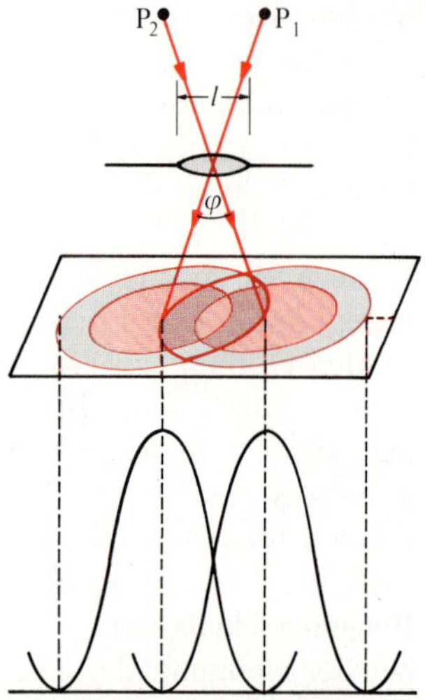

116.1 Die beiden Punkte P_1 und P_2 werden gerade noch getrennt abgebildet, wenn die Mitte des einen Beugungsscheibchens auf den Rand des anderen fällt.

Da der Durchmesser l einer Linse sehr viel größer als die Wellenlänge λ des Lichts ist, wird der Winkel φ sehr klein, so daß wir $\sin\varphi \approx \varphi$ setzen dürfen. Damit ergibt sich

$$\varphi \approx \frac{\lambda}{l} \quad \text{(im Bogenmaß).}$$

Zwei Objektpunkte, die von einer Linse mit dem Durchmesser l getrennt abgebildet werden sollen, müssen so weit auseinanderliegen, daß die von ihnen zur Linsenmitte gezogenen Strahlen mindestens den Winkel $\varphi = \frac{\lambda}{l}$ bilden.

Versuch 87: Ein Glasmaßstab, der in hundertstel Millimeter geteilt ist[1]), wird von einer Experimentierlampe durchleuchtet und mit einem guten Objektiv eines Fotoapparates (Brennweite $f = 5\,\text{cm}$) auf einen etwa 4 m entfernten Schirm abgebildet. Die Gegenstandsweite beträgt rund 5 cm; der Winkel φ, den die Strahlen von der Linsenmitte zu zwei benachbarten Strichen der 1/100-mm-Teilung bilden, ist also

$$\varphi = \frac{1 \cdot 10^{-5}\,\text{m}}{5 \cdot 10^{-2}\,\text{m}} = 2 \cdot 10^{-4}.$$

△ [1]) ein sogenanntes Objektivmikrometer, das man zu Messungen unter dem Mikroskop benutzt.

Damit die Objektpunkte hinreichend getrennt abgebildet werden, muß $\varphi > \frac{\lambda}{l}$, also $l > \frac{\lambda}{\varphi}$ sein. Bei einer mittleren Lichtwellenlänge von $\lambda = 600$ nm folgt für den Durchmesser l der Linse die Bedingung

$$l > \frac{6 \cdot 10^{-7}\,\text{m}}{2 \cdot 10^{-4}} = 3\,\text{mm}.$$

Wir verkleinern die Linsenöffnung mit Hilfe einer Irisblende auf einen Durchmesser von 3 mm und stellen fest, daß die Abbildung der Hundertstelmillimeter-Teilung, die vorher gut sichtbar war, jetzt völlig verschwimmt, während die Zehntelmillimeter-Striche noch klar zu erkennen sind. Der Quotient $\frac{f}{l}$ wird beim Objektiv des Fotoapparates als „Blendenzahl" (kurz: „Blende") bezeichnet. Mit $l = 3$ mm und $f = 5$ cm erhalten wir $\frac{f}{l} = \frac{50}{3} \approx 16$; d.h. der im vorigen Versuch geschilderte Effekt des Verschwimmens der Hundertstelmillimeter-Teilung tritt etwa bei der Blendenzahl 16 (kurz: bei Blende 16) ein.

3. Das Auflösungsvermögen des Auges

Die Pupille unseres Auges hat bei durchschnittlicher Tagesbeleuchtung 3 mm Durchmesser. Es ist daher

$$\varphi = \frac{6 \cdot 10^{-4}\,\text{mm}}{3\,\text{mm}} = 2 \cdot 10^{-4} \quad \text{(im Bogenmaß)}.$$

Im Gradmaß bedeutet dies etwa $\frac{1}{80}$ Grad. Unser Auge kann also zwei Gegenstandspunkte gerade noch getrennt wahrnehmen, die zu einem Sehwinkel von etwa $\frac{1}{80}$ Grad gehören. Diese Grenze für das Auflösungsvermögen fand *Hooke* schon 1674. Die Sehschärfe des Auges wird andererseits durch die *Struktur der Netzhaut* begrenzt (vgl. Mittelstufenband Seite 257). Die Bilder von zwei leuchtenden Objektpunkten können nur dann getrennt wahrgenommen werden, wenn sie im gelben Fleck der Netzhaut auf zwei Zäpfchen fallen, die durch ein drittes getrennt sind. Der Abstand solcher Zäpfchen ist nun gerade so groß, daß die von der Mitte der Augenlinse zu ihnen führenden Strahlen einen Winkel von ca. $\frac{1}{80}$ Grad bilden. Das ist der Sehwinkel, unter dem zwei Objektpunkte sowohl wegen der Beugung als auch wegen der Netzhautstruktur eben noch getrennt abgebildet werden können. Das Raster der Netzhaut ist demnach so fein eingeteilt, daß es die von der Beugung des Lichts gesetzte Grenze voll ausnutzt; eine feinere Struktur wäre zwecklos.

4. Das Auflösungsvermögen des Fernrohrs

Damit die vom Licht zweier benachbarter Sterne in der Brennebene des Fernrohrobjektivs hervorgerufenen *Beugungsscheibchen* gerade noch getrennt wahrgenommen werden können, muß $\varphi \approx \frac{\lambda}{l}$ sein. Ist der Durchmesser des Objektivs z.B. $l = 3000$ mm, so kann noch ein Winkelabstand aufgelöst werden, der 1000mal kleiner ist als bei Beobachtung mit „bloßem Auge". Ein großer Durchmesser des Fernrohrobjektivs erzeugt also nicht nur ein helleres Bild, sondern auch ein besseres **Auflösungsvermögen.** Deshalb kann man in Teleskopen mit großer Öffnung sogenannte *Doppelsterne* erkennen, die einen so kleinen Winkelabstand besitzen, daß sie dem freien Auge als ein einziges Beugungsscheibchen erscheinen.

▽ 5. Das Auflösungsvermögen des Mikroskops

Beim Mikroskop wird der zu untersuchende Gegenstand i.a. von rückwärts beleuchtet; das Objektiv erzeugt von ihm ein vergrößertes *Zwischenbild*, das durch eine Lupe (das Okular) betrachtet wird. Dabei sollen sehr dicht beieinander liegende Objektpunkte noch getrennt abgebildet werden.

Versuch 88: Als Gegenstand benutzen wir ein optisches Gitter G ($g=2\cdot 10^{-5}$ m). Es wird nach *Abb. 118.1* vom Lichtbündel eines Lasers durchstrahlt. Mit einem guten Projektionsobjektiv O stellen wir auf einem etwa 5 m entfernten Schirm S_1 eine vergrößerte Abbildung her, in der wir die Gitterstriche deutlich wahrnehmen können. Nun wird das Licht aber an den Gitterspalten *gebeugt* und durch Interferenz in die Richtungen des 0., 1., 2., ... Maximums geführt. Das Projektionsobjektiv spielt hier dieselbe Rolle wie die Linse L_2 in Versuch 81 (Seite 111): Auf einem Schirm S_2, den wir vorübergehend in die Brennebene B des Objektivs bringen *(Abb. 118.1)*, erscheinen die Maxima der Beugungsfigur als eine Reihe leuchtender Punkte. Anstelle dieses Schirmes S_2 bringen wir nun einen Spalt so an, daß wir durch Verkleinern seiner Breite nach und nach alle Maxima dieser Beugungsfigur verdecken können. Wenn nur noch das Maximum 0. Ordnung durchgelassen wird, verschwindet die vergrößerte Abbildung des Gitters auf dem Schirm S_1 völlig. Geben wir wenigstens die Maxima 1. Ordnung frei, so erscheint die Abbildung wieder. Im Maximum 0. Ordnung allein ist noch keine Information über die Struktur des abzubildenden Gitters enthalten; offenbar müssen mindestens die Maxima 1. Ordnung herangezogen werden.

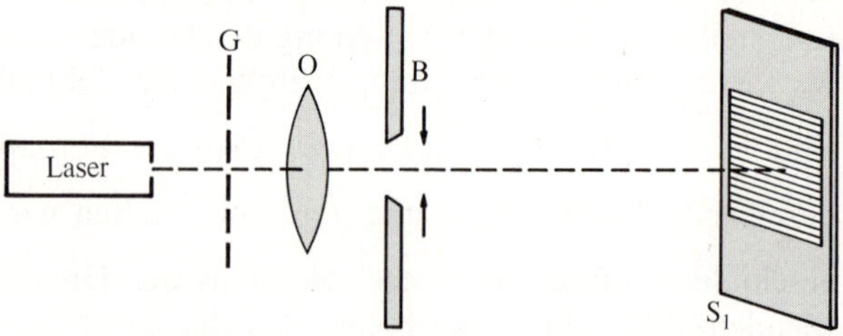

118.1 Das Objektiv O erzeugt auf dem Schirm S_1 eine vergrößerte Abbildung des Gitters G. Durch das Gitter entsteht in der Brennebene B des Objektivs ein Beugungsbild.

Wir machen uns dieses Versuchsergebnis durch folgende Überlegung klar: Haben wir durch einen Beugungsversuch mit Licht der Wellenlänge λ an einem optischen Gitter den Winkel β_1 zum 1. Beugungsmaximum ermittelt, so können wir aus $\sin\beta_1=\frac{\lambda}{g}$ die Gitterkonstante $g=\frac{\lambda}{\sin\beta_1}$ bestimmen; das heißt aber: Wir erhalten eine Information über die Struktur des Gitters. Ist uns dagegen lediglich die Lage des Maximums 0. Ordnung bekannt, so läßt sich damit allein die Gitterkonstante g nicht berechnen, da $\beta_0=0$ von g unabhängig ist. Wir bekommen also keinen Aufschluß über die Gitterstruktur.

„Sehen" bedeutet, daß wir mit Hilfe des Lichts Informationen über die Struktur eines Gegenstandes erhalten.

Aufgrund solcher Erkenntnisse entwickelte *Ernst Abbe* (1840 bis 1905) eine Theorie für das **Auflösungsvermögen des Mikroskops.** Zum Verständnis dieser Theorie verwenden wir weiterhin ein optisches Gitter mit der Gitterkonstanten g als *Modell* eines im Mikroskop zu betrachtenden Gegenstands. Zwei sehr nahe beieinanderliegende Gitterspalte werden nicht nur im
△ Laserlicht des Versuchs 88, sondern auch bei normaler Beleuchtung von *kohärentem* Licht

getroffen. Damit diese zwei Spalte im Zwischenbild des Mikroskops gerade noch deutlich voneinander getrennt erscheinen, muß das Objektiv nach dem Ergebnis des Versuchs 88 mindestens von beiden Beugungsmaxima 1. Ordnung getroffen werden. Für den zugehörigen Beugungswinkel β_1 gilt $\sin\beta_1 = \frac{\lambda}{g}$, daraus folgt $g = \frac{\lambda}{\sin\beta_1}$. Nach *Abb. 119.1* erscheint dann die Objektivöffnung vom Gitter aus unter dem Winkel $\psi = 2\beta_1$.

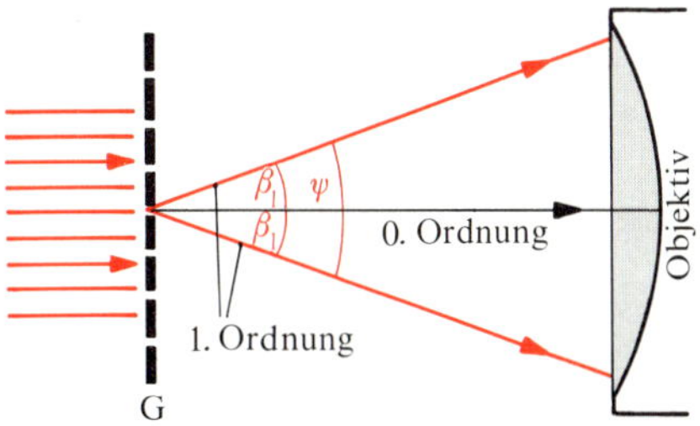

119.1 Damit eine optische Abbildung des Gitters G entstehen kann, muß das Objektiv O mindestens von den Beugungsmaxima 1. Ordnung getroffen werden.

Damit zwei benachbarte Gitterspalte gerade noch erkennbar abgebildet werden, muß also die Bedingung

$$g = \frac{\lambda}{\sin\frac{\psi}{2}} \quad \text{gelten.}$$

Dieses Ergebnis läßt sich nach Abbe verallgemeinern. An die Stelle zweier benachbarter Spalte unseres als Modellgegenstand benutzten Gitters treten dann sehr nahe beieinander liegende Objektpunkte:

Zwei Objektpunkte sind im Mikroskop gerade noch getrennt wahrnehmbar, wenn für ihre Entfernung

$$g = \frac{\lambda}{\sin\frac{\psi}{2}} \quad \textbf{gilt.} \qquad \textbf{(119.1)}$$

Dabei ist ψ der Winkel, unter dem die Objektivöffnung vom Objekt aus erscheint.

Aus *Gl. 119.1* folgt, daß zwei noch auflösbare Objektpunkte um so dichter beieinander liegen dürfen, je kurzwelliger das verwendete Licht ist. Das Auflösungsvermögen des Mikroskops ist deshalb bei violettem Licht größer als bei rotem. Eine Beleuchtung mit ultraviolettem Licht, das eine noch kleinere Wellenlänge besitzt, bringt eine weitere Verbesserung des Auflösungsvermögens mit sich. Da ultraviolettes Licht vom Auge nicht wahrgenommen wird, muß die vergrößerte Abbildung des Objekts auf einem Fluoreszenzschirm beobachtet oder fotografisch festgehalten werden.

Es gibt noch eine weitere Möglichkeit, die Wellenlänge des verwendeten Lichts herabzusetzen und damit das Auflösungsvermögen des Mikroskops zu steigern: Man bringt zwischen Objekt und Objektiv eine sogenannte *Immersionsflüssigkeit* mit hoher Brechungszahl n. Dadurch geht die Wellenlänge vom Vakuumwert λ auf $\frac{\lambda}{n}$ zurück. Die gerade noch auflösbare Entfernung zweier Objektpunkte sinkt damit auf

$$g = \frac{\lambda}{n \cdot \sin\frac{\psi}{2}}. \qquad (119.2)$$

Als Immersionsflüssigkeit verwendet man z.B. Zedernholzöl ($n = 1{,}5$) oder Monobromnaphtalin ($n = 1{,}66$).

Man nennt das Produkt $n \cdot \sin\frac{\psi}{2}$ die **numerische Apertur** des Objektivs. Sie kann bestenfalls einen Wert von etwa 1,5 erreichen, da der Öffnungswinkel $\psi < 180°$ bleibt und die Brechungs-

▽ zahl n der in Frage kommenden Immersionsflüssigkeiten höchstens bei etwa 1,7 liegt. Wir runden den maximal erreichbaren Wert der numerischen Apertur auf $n \cdot \sin\frac{\psi}{2} \approx 2$ und erhalten damit aus *Gl. 119.2* für die Entfernung zweier Objektpunkte, die gerade noch auflösbar sind:

$$g \approx \frac{\lambda}{2}. \tag{120.1}$$

Objektpunkte, die näher als eine halbe Wellenlänge des benutzten Lichts beieinanderliegen, kann man wegen der Wellennatur des Lichts auch im besten Mikroskop nicht getrennt wahrnehmen.

Noch feinere Strukturen lassen sich mit Hilfe des *Elektronenmikroskops* auflösen (Band E Seite 105). Elektronenstrahlen besitzen *Welleneigenschaften*, die wir in Band A (Atom-, Kern- und Quantenphysik) genauer untersuchen. Bei einer Beschleunigungsspannung von $U = 60$ kV ist einem solchen Elektronenstrahl die Wellenlänge $\lambda = 5 \cdot 10^{-12}$ m zugeordnet. Auch hier spielt die *Apertur* des elektronenoptischen Objektivs eine Rolle; sie ist wesentlich kleiner als die des Lichtmikroskops. Da außerdem noch Abbildungsfehler der elektromagnetischen Linsensysteme zu berücksichtigen sind, kann man beim Elektronenmikroskop *nicht* mit einem Auflösungsvermögen von $\frac{\lambda}{2}$ rechnen. Man erreicht etwa $6 \cdot 10^{-10}$ m $= 0{,}6$ nm.

Erfahrungsgemäß kann man mit bloßem Auge in deutlicher Sehweite (25 cm) Objektpunkte noch gut unterscheiden, die 0,3 mm voneinander entfernt sind. Die Leistungsfähigkeit eines Lichtmikroskops ist demnach ausgeschöpft, wenn die nach *Gl. 120.1* gerade noch auflösbare Entfernung zweier Objektpunkte von $2 \cdot 10^{-4}$ mm auf 0,3 mm vergrößert wird. Die dazu notwendige sogenannte **förderliche Vergrößerung** beträgt $\frac{0{,}3\text{ mm}}{2 \cdot 10^{-4}\text{ mm}} = 1500.$

Eine stärkere Vergrößerung würde zwar die Objektpunkte dem Auge noch weiter voneinander entfernt erscheinen lassen, jedoch keine neuen Einzelheiten der Struktur des Gegenstandes aufdecken. Die förderliche Vergrößerung des Elektronenmikroskops beträgt entsprechend $\frac{0{,}3\text{ mm}}{6 \cdot 10^{-7}\text{ mm}} = 500\,000.$

Aufgaben:

1. *Wie groß muß der Objektivdurchmesser eines Fernrohrs sein, das zwei Sterne im Winkelabstand von* $1 \cdot 10^{-4}$ *Grad getrennt erkennen läßt?* (*Wellenlänge des Lichts* $\lambda = 600$ nm.)

2. *Ein Doppelstern soll durch ein Fernrohr mit der Objektivöffnung* 100 mm *im Licht der Wellenlänge* 500 nm *beobachtet werden. Welchen Winkelabstand dürfen die beiden Teilsterne höchstens haben, damit man sie noch getrennt wahrnehmen kann?*

3. *Ein Fixstern wird durch ein Fernrohr fotografiert. Auf welches Vielfaches steigt die mittlere Bestrahlungsstärke* $\bar{S}$ *(Seite 58) der Fotoplatte in der Brennebene des Objektivs, wenn ein anderes Fernrohr mit n-fachem Objektivdurchmesser und gleicher Brennweite benutzt wird? Auf welchen Teil kann dann die Belichtungszeit reduziert werden? (Vergleichen Sie die Flächen der Objektivlinsen und der Beugungsscheibchen!)* △

§ 24 Die Polarisation des Lichts

Wir haben nun fast alle Eigenschaften elektromagnetischer Wellen, die uns bekannt sind, auch für das Licht nachgewiesen. Die in § 15 mit Mikrowellen angestellten Versuche ließen sich mit gleichartigen Ergebnissen auch für Licht durchführen. Lediglich eine nur bei *Querwellen* auftretende Erscheinung konnten wir bis jetzt beim Licht noch nicht entdecken: Die **Polarisation.**

1. Die Polarisationsfolie

In unseren Versuchen mit Mikrowellen benutzten wir zur Polarisation ein Gitter aus parallelen Drähten, das *Hertzsche Gitter*. Die sogenannte **Polarisationsfolie** ist im Grunde ganz ähnlich aufgebaut: Eine Folie aus Kunststoff wird bei der Herstellung in einer Richtung sehr stark auseinandergezogen. In die sich dabei bildenden parallelen Kohlenwasserstoffketten werden Jodverbindungen eingelagert. Die Jodatome liefern, ähnlich wie die Dotierungsatome eines n-Halbleiters, Elektronen, die sich aber nur längs dieser Ketten bewegen können. Dadurch entstehen in einer die Folie charakterisierenden Richtung mikroskopisch dünne parallel ausgerichtete „Leitungsdrähte".

Versuch 89: Wir durchstrahlen eine solche Polarisationsfolie mit dem Lichtbündel einer Experimentierlampe. Außer einer geringen Absorption bemerken wir keinen weiteren Effekt, auch dann nicht, wenn wir die Folie um die *„optische Achse"*, also in ihrer Ebene drehen. Nun lassen wir das Lichtbündel durch zwei hintereinander aufgestellte Polarisationsfolien auf einen Schirm fallen *(Abb. 121.1)*. Drehen wir *eine* der Folien um die optische Achse, so ändert sich die Helligkeit des Lichtflecks auf dem Schirm von einem Maximalwert (charakteristische Richtungen parallel) bis zu völliger Dunkelheit (charakteristische Richtungen „gekreuzt", d.h. senkrecht zueinander).

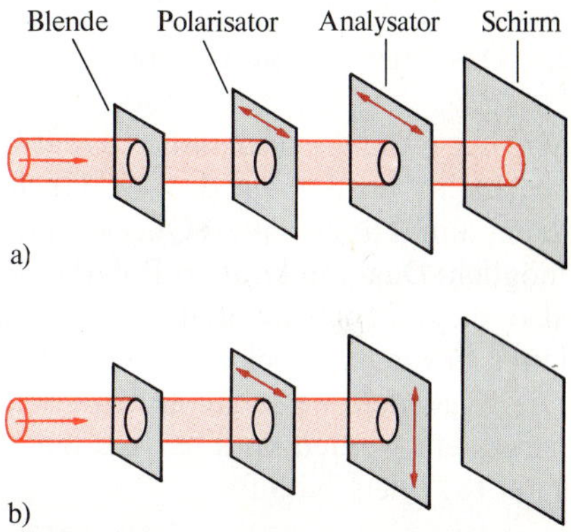

121.1 Zwei hintereinanderstehende Polarisationsfolien, a) charakteristische Richtungen parallel, b) gekreuzt

Unser Versuchsergebnis zeigt, daß das Glühlicht der Experimentierlampe nicht polarisiert ist. Wiederholen wir den Versuch mit anderen Lichtquellen, so stellen wir fest, daß auch sie kein polarisiertes Licht aussenden. Selbst Laserlicht ist nur polarisiert, wenn das Lasergerät eine besondere Polarisationseinrichtung besitzt. Das Versuchsergebnis zeigt außerdem, daß das Licht nach dem Durchstrahlen der ersten Folie polarisiert ist. Die Erklärung dafür ergibt sich aus Versuch 49. Dort traf eine elektromagnetische Welle auf ein Hertzsches Gitter. Wir konnten zeigen, daß dabei nur eine *Komponente* des $\vec{E}$-Vektors durchgelassen wurde, deren Richtung senkrecht zu den Gitterstäben verlief. Nun wissen wir, daß die Atome eines leuchtenden Körpers in unregelmäßiger Folge *Wellenzüge* aussenden, von denen wir annehmen dürfen, daß ihre Schwingungsebenen in den verschiedensten Richtungen senkrecht zum Strahl liegen.

▼ Analog dazu denken wir uns z.B. eine große Zahl von Mikrowellensendern, deren Dipole alle möglichen Richtungen aufweisen. Wenn die von ihnen ausgehenden elektromagnetischen Wellen auf ein Hertzsches Gitter treffen, werden von sämtlichen $\vec{E}$-Vektoren nur die Komponenten senkrecht zu den Stäben durchgelassen: Hinter dem Gitter herrscht nur noch eine einzige Schwingungsrichtung der $\vec{E}$-Vektoren (und damit auch der mit ihnen gekoppelten $\vec{B}$-Vektoren) vor; die Welle ist *linear polarisiert.* Die erste Folie unseres Versuchs wirkt wie ein solches Hertzsches Gitter; man nennt sie deshalb den **Polarisator.** Die Wirkungsweise der zweiten Folie, die man **Analysator** nennt, erklärt sich ebenso.

Versuch 90: Wir stellen die beiden Polarisationsfolien nach *Abb. 121.1b* gekreuzt auf, so daß das Lichtbündel der Experimentierlampe nicht auf den Schirm gelangen kann. Nun schieben wir zwischen die zwei Folien eine dritte Polarisationsfolie so ein, daß ihre charakteristische Richtung unter 45° zu den gekreuzten Richtungen der beiden anderen Folien verläuft *(Abb. 122.1).* Der Schirm hellt sich auf; jetzt wird also Licht durchgelassen. Die Erklärung für diese verblüffende Erscheinung finden wir in Versuch 50. Dort wurde derselbe Effekt erzielt, indem wir zwischen Mikrowellensender und „gekreuzten" Empfänger ein Hertzsches Gitter einschoben, dessen Stäbe schräg zu den Dipolrichtungen verliefen. ▲

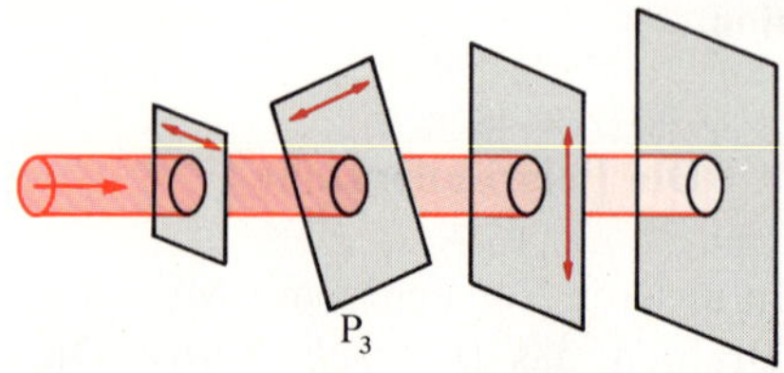

122.1 Schiebt man zwischen die gekreuzten Polarisationsfolien unter 45° eine dritte Folie P_3, so kann Licht auf den Schirm gelangen.

▽ 2. Das Brewstersche Gesetz

Mit der Young-Fresnelschen Deutung der Interferenz und Beugung schien die Wellentheorie des Lichts im Anfang des 19. Jahrhunderts gesichert. Doch blieb die Frage offen, ob es sich dabei um Längs- oder Querwellen handle; denn Interferenz und Beugung sind bei beiden möglich. Dagegen können Polarisationserscheinungen nur bei Querwellen auftreten. Man suchte also nach Möglichkeiten, solche Effekte für das Licht nachzuweisen. Sie wurden entdeckt, lange bevor man elektromagnetische Wellen, Hertzsche Gitter und Polarisationsfolien kannte. Die folgenden Versuche sollen zeigen, mit welchen Mitteln schon damals polarisiertes Licht hergestellt werden konnte. Aus den dadurch gewonnenen Erkenntnissen zog *Thomas Young* im Jahr 1817 den Schluß:

Lichtwellen sind Querwellen.

Versuch 91: Wir befestigen einen Stapel von 20 Glasplatten (z.B. Objektträger) so auf einer optischen Scheibe, daß die Glasflächen senkrecht zur Scheibenfläche angeordnet sind. Auf diesen Plattensatz richten wir nach *Abb. 122.2* unter dem Einfallswinkel $\alpha = 57°$ ein schmales Lichtbündel und untersuchen sowohl den reflektierten als auch den durchgelassenen (und dabei gebrochenen) Anteil mit einer Polarisationsfolie als △ Analysator. Dabei stellen wir fest, daß reflektiertes und

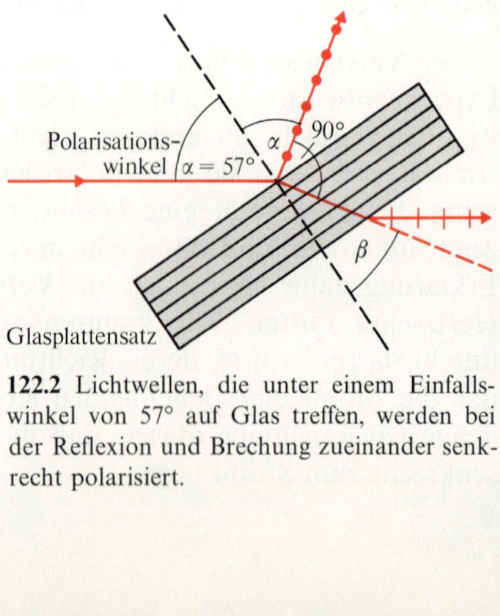

122.2 Lichtwellen, die unter einem Einfallswinkel von 57° auf Glas treffen, werden bei der Reflexion und Brechung zueinander senkrecht polarisiert.

durchgelassenes Lichtbündel senkrecht zueinander polarisiert sind. Verwenden wir einen anderen Winkel als den „*Polarisationswinkel*" von 57°, so ist die Polarisation nicht vollständig, d.h. der Analysator vermag keine völlige Dunkelheit herzustellen. *David Brewster* (1781 bis 1868) fand im Jahr 1813 für den Polarisationswinkel folgende Gesetzmäßigkeit:

Fällt Licht so auf ein durchsichtiges Mittel, daß der reflektierte und der gebrochene Strahl einen rechten Winkel bilden, dann ist das reflektierte Licht vollständig linear polarisiert.

Aus *Abb. 122.2* lesen wir ab: $\alpha+90°+\beta=180°$, also $\beta=90°-\alpha$; damit wird $\sin\beta=\cos\alpha$. Nach dem Brechungsgesetz gilt dann

$$\frac{\sin\alpha}{\sin\beta}=\frac{\sin\alpha}{\cos\alpha}=\tan\alpha=n.$$

Für Kronglas mit $n=1{,}53$ wird $\alpha=57°$.

Wir erklären das von *Brewster* empirisch gefundene Gesetz, indem wir Licht als elektromagnetische Welle betrachten: Nach *Abb. 123.1* breiten sich längs des einfallenden Strahls 1 elektromagnetische Wellen aus. Ihre $\vec{E}$-Vektoren weisen i.a. alle möglichen Schwingungsrichtungen auf, die in Ebenen senkrecht zu Strahl 1 liegen. Nun können wir jeden $\vec{E}$-Vektor in zwei Komponenten zerlegen, von denen die eine in der Einfallsebene (durch Strahl 1 und Strahl 2 sowie das Einfallslot aufgespannt), die andere senkrecht dazu verläuft. In *Abb. 123.1* sind ihre Richtungen durch rote Striche bzw. schwarze Punkte markiert. Wir wollen diese Komponenten im folgenden kurz die „rote Komponente" bzw. „schwarze Komponente" nennen. Im Glas werden die Elektronen durch die elektromagnetische Welle zu erzwungenen Schwingungen in Richtung der $\vec{E}$-Vektoren angeregt. Solche Elektronenbewegungen rufen nun wiederum elektromagnetische Wellen hervor; auf diese Weise kommt eine Reflexion zustande. Vom Hertzschen Dipol wissen wir, daß er in seiner Längsachse keine elektromagnetischen Wellen abstrahlen kann (Seite 51). Für die im Glas schwingenden Elektronen gilt dasselbe. Dies bedeutet, daß Elektronen, die längs der roten Komponente schwingen, in deren Richtung *keine* Welle abstrahlen. In eben dieser Richtung verläuft aber wegen des rechten Winkels der reflektierte Strahl 2. Damit wird die rote Komponente der $\vec{E}$-Vektoren in der reflektierten Welle ganz unterdrückt; allein schwarze Komponenten bleiben übrig: Diese reflektierte Welle ist *völlig linear polarisiert.*

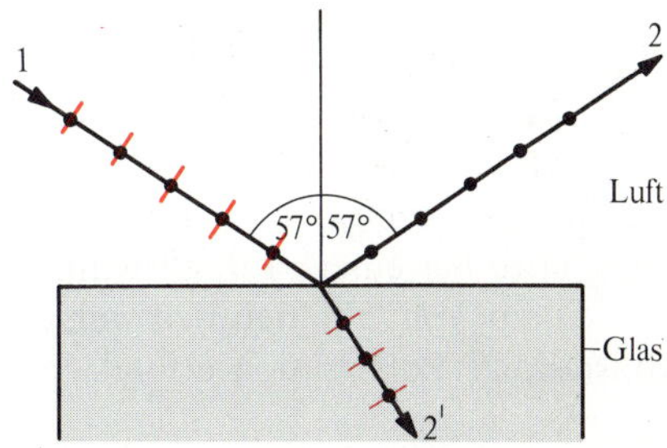

123.1 Polarisation einer elektromagnetischen Welle bei der Reflexion an einer Glasplatte. Rote Striche und schwarze Punkte: Richtungen der Komponenten, in die der $\vec{E}$-Vektor zerlegt wird.

In der durchgehenden Welle gibt es selbstverständlich nicht nur rote, sondern auch schwarze Komponenten, doch ist deren Anteil nach Abspalten der reflektierten Welle geringer geworden. Dadurch besitzt auch die durchgehende Welle eine gewisse bevorzugte Schwingungsrichtung; sie ist aber nicht 100%ig linear polarisiert. Wenn man den Vorgang an mehreren Glasplatten wiederholt, verarmt die durchgehende Welle immer mehr an schwarzen Komponenten. Bei ca. 20 Glasplatten ist auch die durchgehende Lichtwelle weitgehend linear polarisiert. – Diese Begründung des *Brewsterschen Gesetzes* läßt sich durch einen Versuch mit Mikrowellen noch erhärten:

Versuch 92: Wir bestimmen zuerst die Schwingungsebene des $\vec{E}$-Vektors der von einem Mikrowellensender abgestrahlten elektromagnetischen Welle. Dazu stellen wir Sender und Empfänger einander gegenüber und drehen den Empfangsdipol so, daß er maximal anspricht; dann liegt er in der Schwingungsebene des $\vec{E}$-Vektors. Nun lassen wir das Mikrowellenbündel nach *Abb. 124.1* unter dem Winkel $\alpha = 57°$ auf eine 3 mm dicke Glasplatte fallen. Den Empfänger stellen wir unter dem Reflexionswinkel $\beta = 57°$ so auf, daß sein Dipol in der Einfallsebene liegt (in *Abb. 124.1* ist dies die Zeichenebene): Der Empfänger spricht nicht an. Nun drehen wir den Sender um die Achse SB *(Abb. 124.1)* und geben dem $\vec{E}$-Vektor damit verschiedene Schwingungsrichtungen; wir erhalten jedoch keinen Empfang. Dies kann zwei Gründe haben:

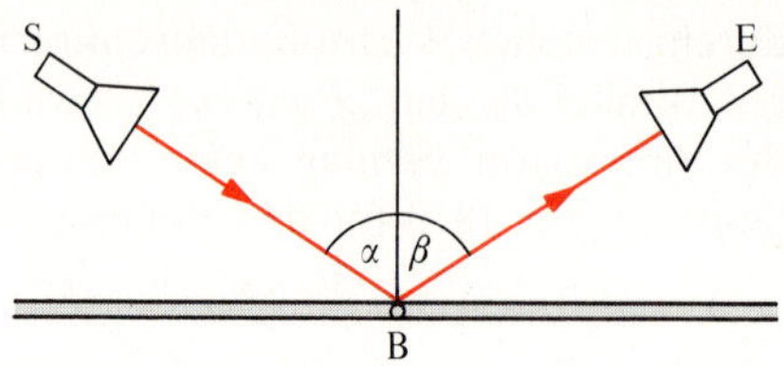

124.1 Polarisation eines Mikrowellenbündels bei der Reflexion an einer Glasplatte

1. Es werden überhaupt keine Wellen reflektiert, oder
2. es werden Wellen reflektiert, deren $\vec{E}$-Vektor stets senkrecht zur Einfallsebene verläuft, so daß der in der Einfallsebene liegende Empfangsdipol keine Komponente des elektrischen Wechselfeldes aufnehmen kann.

Zur Entscheidung drehen wir den Empfangsdipol um 90°: Jetzt spricht er maximal an. Damit haben wir gezeigt, daß Fall 2 zutrifft: Die Mikrowelle wird bei der Reflexion an der Glasplatte bei einem Einfallswinkel von 57° linear polarisiert. Wir wiederholen den Versuch mit einem von 57° deutlich verschiedenen Einfallswinkel und stellen fest, daß dann keine vollständige Polarisation erfolgt.

Versuch 93: In eine Küvette wird Wasser gefüllt, das durch Zugabe von etwas Milch oder Mastixlösung leicht getrübt ist. Das von einer Experimentierlampe ausgehende Licht wird dadurch gestreut. Beobachten wir dieses Streulicht durch einen Analysator, so stellt sich heraus, daß es polarisiert ist. Entsprechend erweist sich auch das blaue Himmelslicht, das – an den Molekülen der Atmosphäre gestreut – in unser Auge gelangt, als teilweise polarisiert.

3. Doppelbrechung

Versuch 94: Legen wir einen Kalkspat, der in Rhomboederform kristallisiert, auf ein beschriebenes Blatt, so sehen wir die Schrift doppelt; deshalb wird der Kalkspat auch Doppelspat genannt *(Abb. 124.2)*. Um diese Erscheinung genauer zu untersuchen, lassen wir ein paralleles Lichtbündel senkrecht auf die vordere Begrenzungsfläche des Kalkspats fallen. *Abb. 125.1* zeigt den Verlauf im sogenannten *Hauptschnitt* des Kristalls. Auf der entgegengesetzten Seite verlassen zwei parallele Lichtbündel den Kristall. Das eine befolgt die Gesetze der Strahlenoptik, d.h. es verläuft bei senkrechtem Einfall ungebrochen – wir nennen es den ordentlichen Strahl –, das andere wird beim senkrechten Eintritt in den Kristall abgelenkt, beim Verlassen um den gleichen Winkel in entgegengesetzter Richtung – wir nennen es den *außerordentlichen Strahl.* Beide Teile des Lichts sind senkrecht zueinander vollständig polarisiert, wie ein Analysator zeigt.

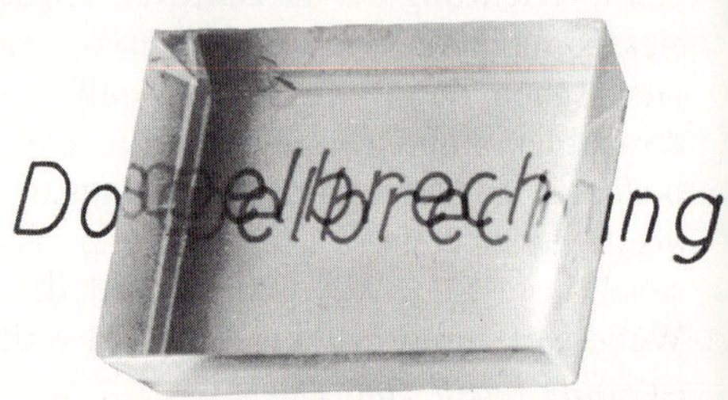

124.2 Durch einen Kalkspatkristall sieht man eine untergelegte Schrift doppelt (Doppelspat).

Huygens gelang die Erklärung der Erscheinung nicht, weil er für das Licht Längswellen annahm. Trotzdem erkannte er, „daß die Lichtwellen nach dem Durchgang durch den Kristall eine gewisse ‚Form' oder ‚Anlage' erhalten". *Newton* versuchte im Sinne seiner Theorie eine Deutung, indem er seinen Korpuskeln die Form eines Ellipsoids gab, also eines Körpers, der Pole aufweist.

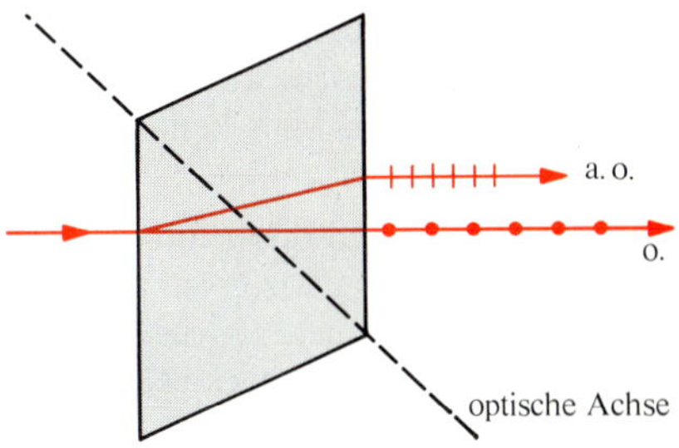

125.1 Licht, das durch den Hauptschnitt eines Kalkspatrhomboeders verläuft, wird in einen ordentlichen und einen außerordentlichen Anteil zerlegt, die senkrecht zueinander polarisiert sind.

Fresnel hat die Erklärung der Doppelbrechung gefunden, indem er für den ordentlichen Strahl eine allseitig gleiche Ausbreitungsgeschwindigkeit der Lichtwellen, für den außerordentlichen aber in einer bestimmten, durch die Kristallstruktur bedingten Richtung eine größere Geschwindigkeit annahm. Im ersten Falle entstehen als Elementarwellen die üblichen Kugelwellen, im zweiten ellipsoidförmige Wellen *(Abb. 125.2)*. Dies trifft nicht nur für den Doppelspat, sondern für alle nicht im regulären System kristallisierenden Mineralien zu. Man spricht dann von *Anisotropie.*

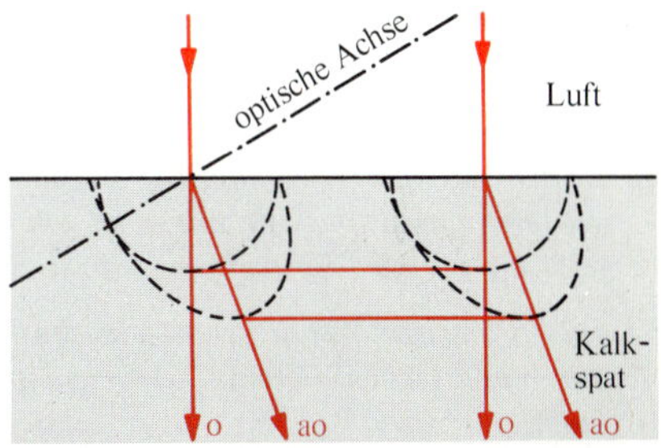

125.2 Lichtwellen haben im Kalkspatkristall verschiedene Ausbreitungsgeschwindigkeit, so daß sowohl Kugelwellen (ordentlicher Strahl) wie ellipsoidförmige Wellen (außerordentlicher Strahl) entstehen.

4. Anwendungen der Polarisation

Eine *Biene* kann mit ihrem Auge polarisiertes Licht von nicht polarisiertem unterscheiden; der Mensch ist dazu nicht imstande. Wir brauchen stets einen Analysator, um Polarisation feststellen zu können.

Mit polarisiertem Licht kann man *plastisch wirkende Filme* herstellen: Auf die Projektionswand im Kino werden gleichzeitig aus zwei Projektoren stereoskopisch aufgenommene Filme mit polarisiertem Licht projiziert. Die Schwingungsrichtungen des Lichts der beiden Geräte sind um 90° gegeneinander gedreht. Der Besucher betrachtet die Bilder durch eine Brille, die zwei Polarisationsfilter mit senkrecht aufeinanderstehenden Polarisationsrichtungen enthält. Jedes Auge sieht dann nur eines von den beiden projizierten Bildern, beide Augen zusammen vermitteln den räumlichen Eindruck.

In der *Fotografie* dienen Polarisationsfilter vor dem Objektiv dazu, störende Reflexe von Glasscheiben und anderen spiegelnden Flächen auszulöschen.

Schaltet man zwischen Polarisator und Analysator in gekreuzter Stellung eine Röhre mit *Zuckerlösung* ein, so wird das Gesichtsfeld etwas aufgehellt. Erst eine Drehung des Analysators ergibt wieder völlige Dunkelheit. Die Zuckerlösung dreht die Polarisationsrichtung, dabei ist der Drehwinkel (bei gleichbleibender Länge der Röhre) zur Konzentration der Lösung proportional. Daher kann man mit dem Gerät den Zuckergehalt von Lösungen bestimmen *(Saccharimeter).*

Eine *Drehung der Polarisationsrichtung* erfolgt auch durch zahlreiche feste Körper, z.B. durch *Quarz.* Man verwendet dünne Quarzplatten, die senkrecht zur optischen Achse aus einem Kristall geschnitten sind. Dabei kann eine Links- oder Rechtsdrehung erfolgen, entsprechend den beiden symmetrischen Kristallformen. Der wasserklare Quarz ist meist ein „Rechtsquarz", der Rauchtopas meist ein „Linksquarz". Wenn diese „optische Aktivität" bei organischen Verbindungen auftritt, z.B. dem Zucker, so liegt ein sogenanntes *asymmetrisches Kohlenstoffatom* im Molekülaufbau vor (Näheres s. Chemielehrbuch).

In einem Kunstharzstab, der gebogen wird, tritt in den durch Druck- oder Zugspannung mechanisch beanspruchten Teilen *Anisotropie* auf wie beim Kalkspat. Dadurch entsteht *Doppelbrechung.* Liegt der

▽ Stab während der Beanspruchung zwischen zwei gekreuzten Polarisationsfolien und wird Licht durch die ganze Anordnung geschickt, so wird das Gesichtsfeld für die Teile des Stabes aufgehellt, die mechanisch beansprucht werden. Man kann nach diesem Verfahren die inneren mechanischen Spannungszustände von Körpern prüfen.

Ein Flintglasstab wird doppelbrechend, wenn er in Richtung des durchgehenden Lichts von *magnetischen* Feldlinien durchsetzt wird. Ist das Licht linear polarisiert, so wird dabei seine Schwingungsrichtung gedreht. Man nennt diese Erscheinung *Faraday-Effekt*. Auch *elektrische* Felder können ähnlich wirken. So wird Nitrobenzol durch starke elektrische Felder ebenfalls doppelbrechend (*Kerr-Effekt*).

Aufgaben:

1. *Wie groß ist der Polarisationswinkel für Diamant ($n=2{,}5$) und für Schwefelkohlenstoff ($n=1{,}63$)?*
2. *Was ist zur Polarisierbarkeit von Schallwellen zu sagen?*
3. *Ein Lichtbündel durchstrahlt zwei hintereinander aufgestellte Polarisationsfolien, deren Durchlaßrichtungen parallel sind, und fällt dann auf einen Schirm. Dieser wird dadurch mit der mittleren Bestrahlungsstärke $\bar{S}_0$ beleuchtet. Nun dreht man eine der Folien um die optische Achse; der Drehwinkel sei α. Zeigen Sie, daß für die mittlere Bestrahlungsstärke $\bar{S}=\bar{S}_0 \cdot \cos^2\alpha$ gilt!*
4. *In der Versuchsanordnung der Aufgabe 3 werden die beiden Polarisationsfolien gekreuzt; dann wird eine dritte Polarisationsfolie mit einer um 45° gedrehten Durchlaßrichtung dazwischen gebracht. Wie groß ist jetzt die mittlere Bestrahlungsstärke $\bar{S}$ auf dem Schirm?*
5. *Jede Polarisationsfolie weist eine bestimmte Richtung auf, in der sie den $\vec{E}$-Vektor einer Lichtwelle nicht durchläßt. Geben Sie eine Versuchsanordnung an, mit der man diese charakteristische Richtung feststellen kann!*
6. *Deuten Sie das Ergebnis des Versuchs 93 nach der Erklärung von Seite 123!*

§ 25 Die Interferenz des Lichts an dünnen Schichten

In Versuch 57 (Seite 73) trennten wir mit einer dünnen Glasplatte und einem zu ihr parallelen Metallblech eine Luftschicht der Dicke s ab. Ein Bündel elektromagnetischer Wellen wurde zu einem Teil an der Vorderseite, zu einem anderen Teil an der Rückseite dieser Schicht reflektiert. Die auf diese Weise aufgespaltenen Wellenbündel erhielten dadurch einen Gangunterschied, der je nach der Schichtdicke s Verstärkung oder Auslöschung herbeiführte. Auch bei Lichtwellen treten derartige Interferenzerscheinungen an Schichten auf.

1. Interferenz an Schichten konstanter Dicke

Versuch 95: Vor eine Quecksilberdampflampe oder eine Natriumdampflampe halten wir ein dünnes Glimmerblatt. Das an ihm reflektierte Licht erzeugt an der Zimmerwand ein deutlich sichtbares System heller und dunkler Kreisringe *(Abb. 127.1)*. Zur Erklärung dieses eindrucksvollen Effekts greifen wir einen beliebigen Punkt P der Projektionswand heraus *(Abb. 127.2)*.
△ Das von der Lampe L ausgehende Licht kann im wesentlichen auf zwei Wegen dorthin

reflektiert werden, die in *Abb. 127.2* durch Strahl 1 (schwarz) und Strahl 2 (rot) dargestellt sind. Die sich in P treffenden Wellen besitzen aus drei Gründen einen Gangunterschied:

1. Bei der Reflexion einer Lichtwelle am dichteren Medium (in A) entsteht ein Phasensprung von 180° (vgl. Seite 74), während eine Reflexion am dünneren Medium in B ohne Phasensprung erfolgt.
2. Die beiden Strahlen legen verschiedene lange Wege zurück.
3. Der Umweg des Strahls 1 führt zum Teil durch das Glimmerblatt. Dort besitzt das Licht eine andere Wellenlänge als in Luft.

Die Länge des Umwegs hängt vom Ort des Vereinigungspunktes P ab. Also ändert sich der Gangunterschied, den die Strahlen 1 und 2 in P besitzen, mit der Lage dieses Punktes.

Dadurch entstehen dann auf der Projektionswand abwechselnd Minima und Maxima. Die von der Lichtquelle L ausgehenden Strahlen 1 und 2 *(Abb. 127.2)* verlaufen nicht nur in einer Ebene, sondern bilden jeweils einen *Lichtkegel* mit der Achse ML. Die auf der Projektionswand entstehende Interferenzfigur ist deshalb zur Achse LM rotationssymmetrisch: Die Minima und Maxima treten in Form von *Kreisringen* auf.

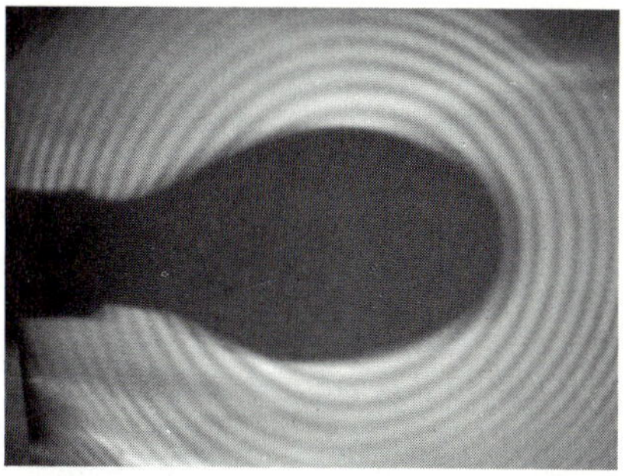

127.1 Bei der Reflexion des Lichts einer Quecksilberdampflampe an einem dünnen Glimmerblatt entstehen ringförmige Interferenzerscheinungen.

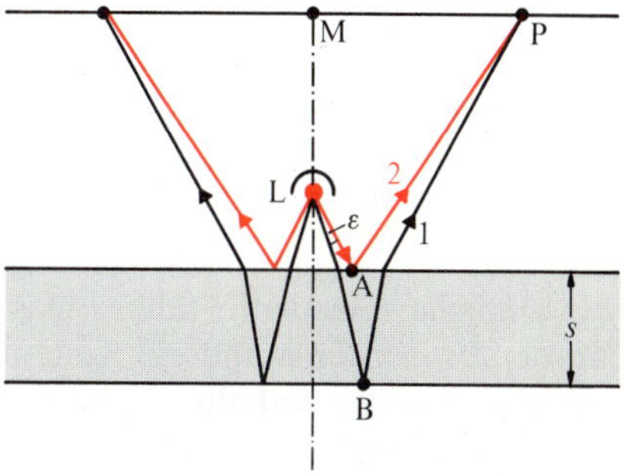

127.2 Das von einem Punkt der Lampe L kommende Licht wird auf zwei verschiedenen Wegen zum Punkt P reflektiert. s Dicke der Glimmerschicht

Nun ist noch die Frage zu klären, warum der Versuch nicht mit einer gewöhnlichen Glasscheibe, sondern nur mit einem Glimmerblatt funktioniert. Dies liegt daran, daß eine solche Glimmerscheibe nur wenige hundertstel Millimeter dick ist. Es ist leicht einzusehen, daß der Winkel ε zwischen den Strahlen 1 und 2 *(Abb. 127.2)* um so kleiner wird, je geringer die Schichtdicke s ist. Wenn s nur wenige hundertstel Millimeter beträgt, ist der zur Interferenz benutzte Winkelbereich ε so klein, daß die Kohärenzbedingung $l \cdot \sin \varepsilon \ll \frac{\lambda}{2}$ (Seite 98) auch noch für natürliche Lichtquellen mit relativ großer Ausdehnung l erfüllt wird. Die Interferenzringe treten noch aus einem anderen Grund nur bei sehr geringen Schichtdicken auf. Dies zeigt der folgende Versuch.

Versuch 96: Wir beleuchten das dünne Glimmerblatt mit einer *Quecksilber-Höchstdrucklampe* (Enddruck im heißen Zustand $p = 40$ bar). Anfangs erhalten wir die schon bekannten kreisförmigen Interferenzstreifen; nach etwa 4 Minuten verschwinden sie jedoch völlig. Diese Erscheinung wird damit erklärt, daß ein Atom der Lichtquelle jeweils nur einen *kurzen Wellenzug* aussendet. Wenn der Wegunterschied zweier sich in einem Punkt P der Projektionswand treffender Lichtstrahlen größer als die Länge eines solchen Wellenzuges ist, kommen die in P zusammentreffenden Wellenzüge von *verschiedenen* Atomen. Sie sind also nicht kohärent, d.h. sie weisen keine zeitlich konstante Phasendifferenz auf. Damit entsteht in P keine dauernd gleichbleibende Interferenzerscheinung: Der Schirm ist insgesamt gleichmäßig hell. Bei hohem Dampfdruck, also hoher Dichte der Quecksilberatome, stoßen diese häufiger zusammen. Dadurch werden die Ausstrahlungsakte zeitlich kürzer: Die Länge der ausgesandten kohärenten Wellenzüge nimmt ab. Da sich der maximale Druck in der Lampe erst nach einigen Minuten einstellt, werden anfangs Wellenzüge ausgesandt, deren Länge gerade noch für eine zeitlich konstante Interferenzerscheinung ausreicht.

Für die Kohärenz ist also nicht nur die *Ausdehnung der Lichtquelle* maßgebend, sondern auch die *Länge der von ihr ausgesandten Wellenzüge*, die deshalb **Kohärenzlänge** genannt wird. Sie beträgt kurz nach dem Einschalten der Quecksilberdampflampe über 1 mm, im Licht einer sehr guten Spektrallampe ungefähr 30 cm, im Sonnenlicht dagegen nur etwa 10^{-3} mm.

Wegen der Kohärenzbedingung $l \cdot \sin\varepsilon \ll \frac{\lambda}{2}$ und der Kohärenzlänge der ausgesandten Wellenzüge kann eine natürliche Lichtquelle nur an sehr dünnen Schichten Interferenzerscheinungen erzeugen.

Versuch 97: Wir lassen das divergent aufgeweitete Lichtbündel eines Lasers schräg auf eine gewöhnliche Glasplatte fallen. Das reflektierte Licht erzeugt wie beim Glimmerblattversuch auf der Projektionswand ein System von Interferenzstreifen. Sie bestehen aus Kreisen mit sehr großem Radius; deshalb erscheinen sie fast als parallele Geraden. Kleine Unebenheiten der Glasscheibe wirken sich als Verzerrungen des Streifensystems aus.

Mit *Laserlicht* erhält man also auch an *dicken* Schichten Interferenzerscheinungen. Damit haben wir einen neuen Vorzug des Lasers entdeckt: Die von ihm ausgesandten Wellenzüge besitzen eine *sehr große Kohärenzlänge.* Aus unserem Versuch können wir lediglich schließen, daß diese Kohärenzlänge größer als die doppelte Dicke der Glasscheibe ist. Tatsächlich ist es gelungen, bei Gaslasern Interferenzlängen von vielen hundert Kilometern zu messen.

2. Interferenz an Schichten unterschiedlicher Dicke

Versuch 98: Gegen eine planparallele Glasplatte P wird eine schwach gekrümmte plankonvexe Linse L gedrückt, so daß zwischen den beiden Glaskörpern eine dünne Luftschicht entsteht; ihre Dicke s nimmt von der Berührungsstelle ($s=0$) nach außen zu. Diese Anordnung wird nach *Abb. 128.1* von einem annähernd parallelen einfarbigen Lichtbündel getroffen, das mit Hilfe einer Natriumdampflampe und der Kondensorlinse K ($f = 10$ cm) hergestellt wird. Die

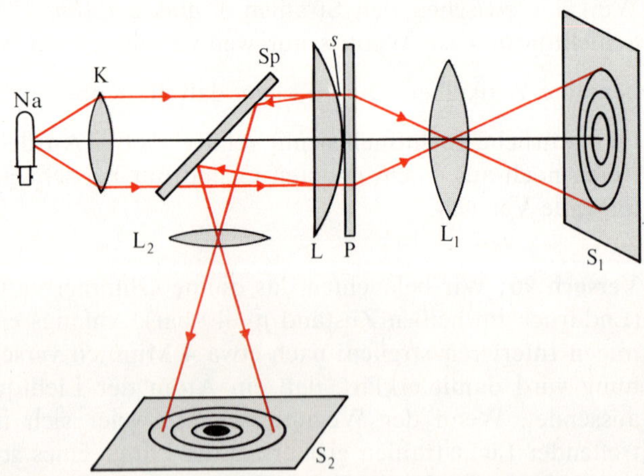

128.1 Anordnung zur Erzeugung *Newtonscher Ringe* im durchgehenden und reflektierten Licht einer Natriumdampflampe

Sammellinse L_1 ($f = 15$ cm) bildet die Oberfläche der gegeneinandergedrückten Glaskörper im durchgehenden Licht auf den Schirm S_1 ab; über den halbdurchlässigen Spiegel Sp und die Linse L_2 ($f = 15$ cm) entsteht auf Schirm S_2 eine Abbildung im reflektierten Licht. Auf beiden Schirmen ist ein System konzentrischer heller und dunkler Kreise zu sehen, die man **Newtonsche Ringe** nennt. Sie erscheinen im reflektierten Licht wesentlich kontrastreicher als im durchgehenden. Wir bringen eine Stecknadel dicht vor die Glaskörper und markieren mit ihrer Spitze einen Ring: Er erscheint auf einem Schirm dunkel, auf dem anderen dagegen hell.

Die Newtonschen Ringe entstehen durch Interferenz an der dünnen Luftschicht zwischen den beiden Glaskörpern. Während beim Glimmerblattversuch Lichtstrahlen mit verschiedenen Neigungen an einer Schicht *konstanter Dicke* reflektiert wurden, liegt hier der umgekehrte Fall vor: Paralleles Licht (mit Lichtstrahlen konstanter Neigung) wird an einer Schicht reflektiert, die *verschiedene Dicken* aufweist. Wir machen uns anhand von *Abb. 129.1* klar, wie sich die Schichtdicke s auf das an den beiden Grenzflächen der Schicht reflektierte Licht auswirkt. Das Medium außerhalb der Schicht besitze die Brechungszahl n_A, entsprechend sei die Wellenlänge des Lichts dort λ_A, während die Brechungszahl der Schicht n_S und die Wellenlänge des Lichts in ihr λ_S betrage. Der Einfachheit halber wurde in der *Abb. 129.1* die Brechung des Lichts nicht berücksichtigt. Dies ist schon deshalb vertretbar, weil wir uns denken wollen, der Lichtstrahl 0 falle senkrecht auf die Schicht, so daß die reflektierten Strahlen ungebrochen in sich selbst zurücklaufen. In *Abb. 129.1* ist der Lichteinfall jedoch wegen der Übersichtlichkeit etwas schräg gezeichnet worden.

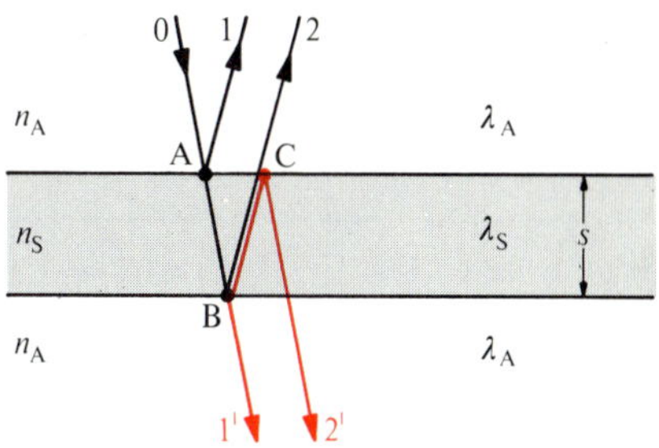

129.1 Reflexion und Durchgang von Lichtstrahlen bei einer Schicht der Dicke s

Wir betrachten zuerst das von der Schicht *reflektierte* Licht. Es gibt zwei Möglichkeiten:

1. Es ist $n_S > n_A$, d.h. die Schicht besteht aus dem dichteren Medium. Dann erfährt der in A reflektierte Strahlanteil einen Phasensprung von 180°, der in B reflektierte dagegen keinen.
2. Wenn dagegen $n_S < n_A$ ist, bildet die Schicht das *dünnere* Medium. Jetzt entsteht bei B ein Phasensprung von 180°, bei A dagegen keiner.

In beiden Fällen besitzt also einer der beiden Strahlen 1 und 2 wegen der Reflexion allein eine Phasenverschiebung von 180°. Bei einer Schichtdicke, die gegenüber λ klein ist, entsteht kein zusätzlicher Wegunterschied, so daß sich die Strahlen 1 und 2 wegen ihrer Phasendifferenz von 180° abschwächen. Ist $s = \lambda_S/4$, kommt zum *Phasensprung* noch ein *Wegunterschied* von $2s = \lambda_S/2$ hinzu, so daß insgesamt Phasengleichheit entsteht: Die Strahlen 1 und 2 verstärken sich. Nun überlegen wir uns, wie sich weitere Zunahmen der Schichtdicke von jeweils $\frac{1}{4}\lambda_S$ auswirken: Ist $s = \frac{2}{4}\lambda_S$, so schwächen sich die Strahlen 1 und 2 ab und wir erhalten Dunkelheit. Ist dagegen $s = \frac{3}{4}\lambda_S$, so verstärken sich beide Strahlen wieder usw. Mit zunehmender Schichtdicke entsteht also im reflektierten Licht abwechselnd Dunkelheit und Helligkeit *(Tabelle 130.1)*.

Im *durchgehenden* Licht betrachten wir den die Schicht direkt durchlaufenden Strahl 1′ und den zweimal reflektierten Strahl 2′. Wieder gibt es zwei Möglichkeiten:

1. Es ist $n_S > n_A$; dann entsteht bei der Reflexion weder in B noch in C ein Phasensprung.
2. Ist dagegen $n_S < n_A$, dann entsteht sowohl in B als auch in C ein Phasensprung von 180°: die dadurch bedingten Phasenverschiebungen heben sich gerade auf.

Im durchgehenden Licht ist also für das Interferenzverhalten der Strahlen 1′ und 2′ allein der Wegunterschied maßgebend. Eine verschwindend kleine Schichtdicke gibt im durchgehenden Licht Helligkeit, bei der Schichtdicke $s = \lambda_S/4$ entsteht der Wegunterschied $2s = \lambda_S/2$, also schwächen sich die Strahlen usw. Aus der *Tabelle 130.1* geht hervor, daß wir für das durchgehende Licht stets die zum reflektierten Licht komplementäre Interferenzerscheinung erhalten. Würden sich die Lichtwellen bei einer gewissen Schichtdicke sowohl im durchgehenden als auch im reflektierten Licht verstärken, so entstünde ein Widerspruch zum Energieerhaltungssatz (vgl. Aufgabe 4 auf Seite 132).

Tabelle 130.1 Reflexion und Durchgang des Lichts bei einer Schicht der Dicke s

Dicke der Schicht in Wellenlängen s	Geometrischer Wegunterschied $2s$	Phasenunterschied für reflektiertes Licht	Phasenunterschied für durchgehendes Licht	Ergebnis für reflektiertes Licht	Ergebnis für durchgehendes Licht
≈ 0	≈ 0	180°	0	D	H
$\lambda_S/4$	$\lambda_S/2$	0	180°	H	D
$\lambda_S/2$	λ_S	180°	0	D	H
$3\lambda_S/4$	$3\lambda_S/2$	0	180°	H	D
λ_S	$2\lambda_S$	180°	0	D	H
$k \cdot \lambda_S/2$	$k \cdot \lambda_S$	180°	0	D	H
$(2k+1) \cdot \lambda_S/4$	$(2k+1) \cdot \lambda_S/2$	0	180°	H	D

$k = 0, 1, 2, 3 \ldots$; D = Dunkelheit; H = Helligkeit

Anhand der *Tabelle 130.1* erkennen wir, daß an einer schmalen Luftschicht unterschiedlicher Dicke s sowohl im reflektierten als auch im durchgehenden Licht zwei zueinander komplementäre Systeme von Interferenzstreifen entstehen. Ein Lichtbündel, das annähernd senkrecht auf eine Grenzschicht zwischen Luft und Glas trifft, wird mit nur 4% seiner Intensität reflektiert. Sieht man von geringfügigen Verlusten ab, so kann man sagen, daß 96% der Intensität durch die Grenzschicht gehen. Damit können wir erklären, warum die *Newtonschen Ringe* im *reflektierten Licht* besonders kontrastreich erscheinen: Nach *Abb. 129.1* kommen die dunklen Streifen bei der Reflexion durch die Interferenz der Strahlen 1 und 2 zustande. Strahl 1 ist einmal reflektiert worden und hat deshalb noch 4% der anfänglichen Intensität; Strahl 2 hat zweimal eine Grenzschicht durchsetzt und ist einmal reflektiert worden; er besitzt demnach einen Bruchteil von $0{,}96 \cdot 0{,}04 \cdot 0{,}96 = 0{,}037$ der anfänglichen Intensität, das sind 3,7%. Die Amplituden der miteinander interferierenden Wellen sind also annähernd gleich; wenn ein Wellenberg auf ein Wellental fällt, löschen sie sich fast vollständig aus.

Ganz anders liegen die Verhältnisse im *durchgehenden Licht:* Strahl 1′ hat zweimal eine Grenzschicht durchsetzt und besitzt noch einen Bruchteil von $0{,}96 \cdot 0{,}96 = 0{,}92$, also 92% der ursprünglichen Intensität; Strahl 2′ hat zweimal eine Grenzschicht durchsetzt und ist zweimal reflektiert worden, so daß nur noch ein Bruchteil von $0{,}96 \cdot 0{,}04 \cdot 0{,}04 \cdot 0{,}96 = 0{,}0015$ der ursprünglichen Intensität vorhanden ist, das sind 0,15%! Die Amplituden der miteinander interferierenden Wellen sind so verschieden, daß beim Zusammentreffen von Wellenbergen und -tälern nur eine ganz geringfügige Abschwächung der Helligkeit eintreten kann.

Versuch 99: Wir beleuchten die Anordnung zur Erzeugung Newtonscher Ringe mit *weißem* Licht. Es entstehen wieder kreisförmige Interferenzerscheinungen, die aber jetzt von *Farbsäu-*

Spektraltafel

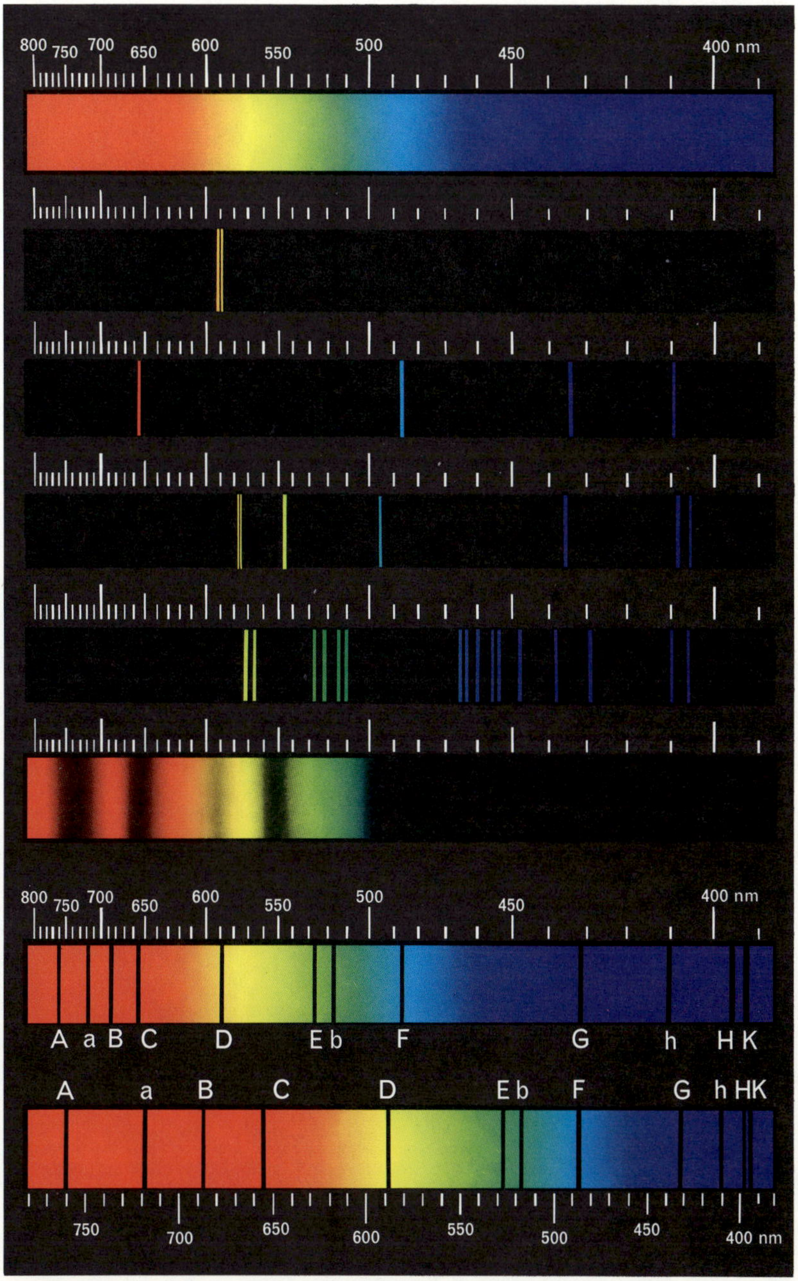

men umgeben sind; man kann sie besonders gut im reflektierten Licht beobachten. Längs eines Kreisringes, für den z.B. ein bestimmtes Gelb ganz ausgelöscht wird, fällt bei der Beleuchtung mit weißem Licht aus der Summe aller Farben dieses Gelb ganz weg; die Nachbarfarben treten dort nur geschwächt auf. Das Auge empfindet deshalb an dieser Stelle die *Komplementärfarbe* zu Gelb, nämlich Violett, als Mischfarbe. Im durchgehenden Teil wird Gelb dagegen verstärkt.

Die Erscheinung der *Newtonschen Ringe* war schon *Robert Hooke* (1635 bis 1703) bekannt; sie wurde von *Newton* im Jahr 1675 aufgegriffen. Er benutzte für seine Untersuchungen dieselbe aus einer Glasplatte und einer plankonvexen Linse bestehende Anordnung, die wir in Versuch 98 beschrieben haben. *Newton* bemerkte bereits, daß die Radien der Interferenzringe von der Farbe des Lichts abhängen und versuchte auch, eine Deutung für diese Erscheinung zu finden. Die erste brauchbare Erklärung der Newtonschen Ringe stammt von *Thomas Young* (1801). Er erkannte, daß es sich dabei um eine Interferenzerscheinung handelt und berechnete als erster aus dem Krümmungsradius der plankonvexen Linse und den Radien der Ringe die Wellenlänge des Lichts.

Versuch 100: Wir ziehen einen rechteckigen Drahtrahmen aus einer Seifenlösung heraus, so daß sich zwischen den Drähten eine dünne Seifenhaut bildet. Wenn diese mit dem einfarbigen Licht einer Natriumdampf-Lampe beleuchtet wird, erscheinen auf ihr waagerechte helle und dunkle Streifen *(Abb. 131.1)*. Sie entstehen ebenso wie die *Newtonschen Ringe:* Die durch die Seifenhaut gebildete dünne Schicht besitzt eine nach unten zunehmende Dicke, da das in ihr enthaltene Wasser wegen seiner Schwere nach unten sinkt. Bei der Beleuchtung mit weißem Licht beobachtet man Mischfarben, die zu den ausgelöschten Farben komplementär sind. Auf diese Weise erklären sich auch die schillernden Farben von *Seifenblasen.*

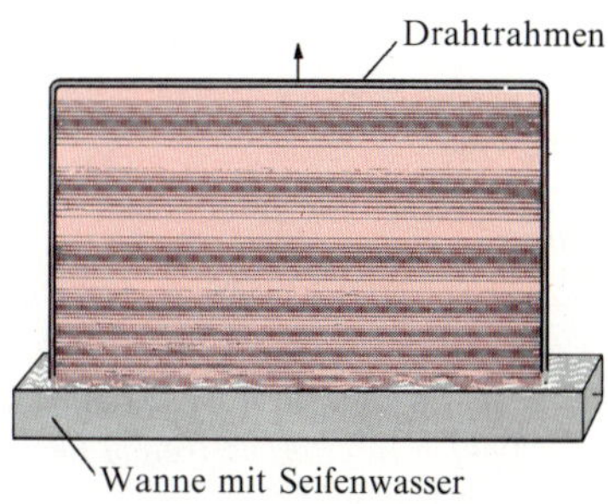

131.1 Interferenzstreifen auf einer Seifenhaut

Versuch 101: Wir legen zwei ebene Glasplatten so aufeinander, daß sie sich an der einen Seite berühren, auf der anderen dagegen durch einen zwischengelegten Stanniolstreifen etwas voneinander abgehoben sind. Dadurch entsteht eine keilförmige Luftschicht mit zunehmender Dicke *(Abb. 131.2)*, an der im Natriumlicht abwechselnd helle und dunkle Interferenzstreifen entstehen. Sie sind besonders gut im reflektierten Licht zu erkennen, das von einem rückwärts beleuchteten Transparentschirm diffus auf die Glasplatten fällt.

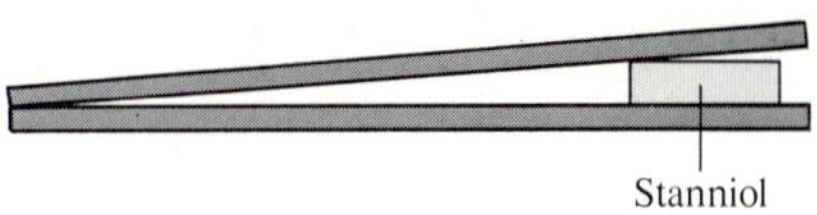

131.2 Luftkeil zwischen Glasplatten

Versuch 102: Wir lassen auf eine Wasseroberfläche etliche Tropfen *Zaponlack* fallen, die sich ausbreiten und dabei eine dünne Schicht bilden. Wenn wir diese nach *Abb. 131.3* mit einer sehr hellen Experimentierlampe (z. B. einer Halogenlampe) von oben beleuchten und durch eine große Sammellinse auf die Zimmerdecke abbilden, können wir dort eindrucksvolle Farberscheinungen beobachten.

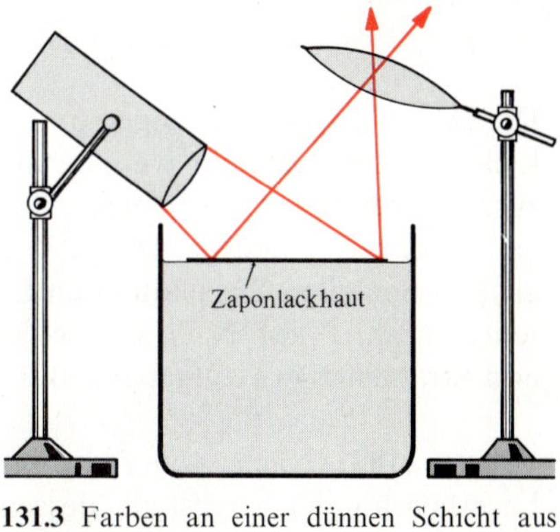

131.3 Farben an einer dünnen Schicht aus Zaponlack

▽ Die Lackschicht nimmt unterschiedliche Dicken an, die sich während des Zerfließens dauernd ändern und so die wechselnden Interferenzfarben hervorrufen. Ebenso entstehen die Farben auf Ölschichten nasser Straßen und auf Perlmutter sowie die sogenannten Anlaßfarben bei Stahl.

3. Anwendungen

Die Interferenz an dünnen Schichten wird dazu benutzt, um störende Reflexe an Glasflächen optischer Geräte zu beseitigen. Dazu wird ein durchsichtiger Stoff passender Brechungszahl (Kryolith, Magnesiumfluorid) auf das Glas mit einer Schichtdicke von $\lambda_S/4$ aufgetragen. Dann löschen sich die Strahlen, die an der Vorder- und Rückseite reflektiert werden, für eine bestimmte Wellenlänge aus und vermindern dadurch für den ganzen Bereich des Lichts die Reflexe sehr stark. Eine solche Behandlung der Glasflächen nennt man *Vergütung*. Die Lichtstärke fotografischer Objektive kann so bis zu 30% gesteigert werden. Vor allem entfallen störende Reflexe, z.B. bei vergüteten Brillengläsern, die man an ihrem bläulichen Glanz erkennt. Er entsteht als Komplementärfarbe zur vollständig durchgelassenen Mitte des Spektrums, die ungeschwächt ins Auge gelangen soll.

Aufgaben:

1. *Vergleichen Sie Interferenzstreifen mit den Höhenlinien einer Landkarte!*
2. *Warum beobachtet man bisweilen farbige Ringe, wenn man ein zwischen Glasplatten gelegtes Dia projiziert?*
3. *Ein Haar liegt nach Abb. 131.2 (Versuch 101) zwischen zwei eben geschliffenen Glasplatten. Diese werden mit* Na-*Licht der Wellenlänge* $\lambda = 590$ nm *bestrahlt. Der erste der im reflektierten Licht beobachteten dunklen Interferenzstreifen liegt an der Berührungskante der Gläser, der 43. am Haar. Welchen Durchmesser hat dieses?*
4. *Angenommen, es entstünde auch bei der Reflexion einer elektromagnetischen Welle am dünneren Medium ein Phasensprung von 180°. Untersuchen Sie am Beispiel einer Glasschicht der Dicke* $\lambda_S/2$, *ob diese Annahme mit dem Energieerhaltungssatz verträglich ist!*

§ 26 Das Michelson-Interferometer

Die Interferenzerscheinungen an dünnen Schichten kommen dadurch zustande, daß kohärente Lichtstrahlen aufgeteilt werden, auf verschieden langen Wegen weiterlaufen und dann wieder zusammentreffen. Dabei spielen die Begrenzungsebenen der Schicht die Rolle von Spiegeln, die das Licht bei A und B *(Abb. 129.1)* reflektieren. Die Vorderfläche der Schicht wirkt außerdem als Strahlenteiler: Sie spaltet den Lichtstrahl 0 in den reflektierten Strahl 1 und den durchgelassenen Strahl 1′ auf. Nach demselben Prinzip sind die sogenannten **Interferometer** aus Spiegeln und Strahlenteilern aufgebaut. Besonders geeignet ist die folgende Anordnung:

Versuch 103: Nach *Abb. 133.1* wird mit Hilfe zweier Sammellinsen ein leicht divergentes Laserlichtbündel hergestellt, dessen mittleren Strahl wir weiter verfolgen wollen. Er trifft auf △ eine schräggestellte Glasplatte, die als Strahlenteiler wirkt. Der rot gezeichnete Anteil 1

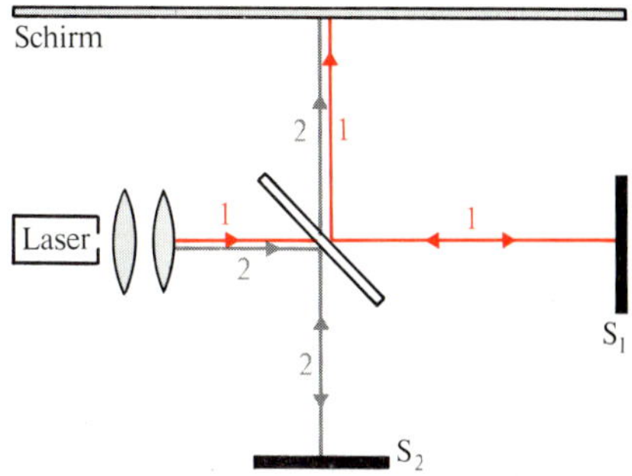

133.1 Interferometer nach *Michelson*

durchdringt die Platte, wird am Spiegel S_1 reflektiert, läuft zurück, wird wieder teilweise an der schräggestellten Glasplatte reflektiert und trifft auf den Schirm. Der grau gezeichnete Strahl 2 besteht aus dem Anteil, der zuerst an der schräggestellten Platte reflektiert wird und dann nach der Reflexion am Spiegel S_2 den Strahlenteiler wieder durchdringt und so an derselben Stelle wie der Strahl 1 auf den Schirm gelangt. Dort interferieren beide Strahlen und geben je nach Gangunterschied Hell oder Dunkel. Da wir nur den Strahl in Richtung der Mittelachse eines Lichtkegels betrachtet haben, gilt unsere Überlegung nur für die Mitte einer ausgedehnten Interferenzfigur, die auf dem Schirm erscheint. Sie besteht wie beim Glimmerblattversuch aus abwechselnd hellen und dunklen konzentrischen Kreisringen (vgl. *Abb. 127.1*). Die hier beschriebene Anordnung wird nach ihrem Erfinder **Michelson-Interferometer** genannt.

Versuch 104: Wir setzen einen der beiden Spiegel des Michelson-Interferometers auf einen *Feinstelltrieb*. Dieser besteht aus einer Mikrometerschraube, der eine Untersetzung 100:1 vorgeschaltet ist. Dreht man den Bedienungsknopf des Untersetzungsgetriebes um 360°, so wird der aufgesetzte Spiegel um nur 0,005 mm = 5000 nm in Richtung der optischen Achse verschoben, während der andere Spiegel in Ruhe bleibt. Wir beobachten, daß sich dabei die Mitte der Interferenzfigur periodisch verändert. Dies ist so zu erklären: Angenommen, die Mitte des Ringsystems sei dunkel. Durch eine Verschiebung des einen Spiegels um die Strecke $\Delta s = \frac{\lambda}{4}$ wird der Weg des an ihm reflektierten senkrecht auftreffenden Strahls um $\frac{\lambda}{2}$ vergrößert: Jetzt wird die Mitte durch Interferenz mit dem unveränderten Strahl hell. Nach einer weiteren Verschiebung des Spiegels um $\Delta s = \frac{\lambda}{4}$ ist der ursprüngliche Zustand mit dunkler Mitte wieder erreicht. Wenn also die anfangs dunkle Mitte einmal hell und wieder dunkel geworden ist, hat sich der Spiegel um eine Strecke der Länge $\frac{\lambda}{2}$ verschoben; der Weg des an ihm reflektierten in Richtung der optischen Achse verlaufenden Strahles ist dann um eine volle Wellenlänge λ geändert worden.

Wir drehen nun den Bedienungsknopf des Untersetzungsgetriebes einmal um seine Achse und stellen fest, daß sich die Mitte der Interferenzfigur dabei 16mal in der geschilderten Weise verändert. Daraus folgt $16 \cdot \frac{\lambda}{2} = 5000\,\text{nm}$, also $\lambda = \frac{5000}{8}\,\text{nm} = 625\,\text{nm}$. Der exakte Wert der Wellenlänge des benutzten Laserlichts beträgt 632,8 nm.

Versuch 105: Wir befestigen einen der beiden Spiegel des Michelson-Interferometers am Ende eines Metallstabes. Dieser wird durch eine übergeschobene Heizwicklung elektrisch erwärmt: Er dehnt sich aus und verschiebt dabei den Spiegel. Die Zahl der Veränderungen in der Mitte des Ringsystems gibt die Verlängerung des Stabes in Vielfachen der halben Wellenlänge des Laserlichts an. Wenn wir gleichzeitig die Temperaturerhöhung mit Hilfe einer Meßsonde feststellen, können wir den Ausdehnungskoeffizienten des betreffenden Stabmaterials berechnen (Mittelstufenband Seite 128).

▽ Bei diesem Versuch haben wir zur Ermittlung der Länge einer Strecke die halbe Wellenlänge des Laserlichts als Maßstab benutzt. Derartige interferometrische Methoden spielen bei Präzisionsmessungen eine wichtige Rolle. Da sich ein solcher „$\lambda/2$-Maßstab" jederzeit reproduzieren läßt, wird die Längeneinheit 1 m mit Hilfe einer ganz bestimmten Spektrallinie definiert:

1 Meter ist das 1650763,73fache der Wellenlänge einer bestimmten Spektrallinie, die von dem elektrisch angeregten Kryptonisotop $^{86}_{36}Kr$ im Vakuum ausgesandt wird.

Versuch 106: Wir bringen zwischen den Strahlenteiler und einen Spiegel des Michelson-Interferometers eine durchsichtige Kammer. Diese wird mit Hilfe einer Vakuumpumpe bis auf einen Druck von ca. 1 mbar evakuiert. Wir lassen nun die Luft langsam wieder einströmen und beobachten periodische Veränderungen in der Mitte der Interferenzfigur. Sie entstehen, weil die Lichtwellen in Luft eine geringere Ausbreitungsgeschwindigkeit besitzen als im Vakuum.

Wir bezeichnen die Lichtgeschwindigkeit im Vakuum mit c_0, in Luft mit c; dann gilt für die Brechungszahl der Luft $n=\frac{c_0}{c}$. Das Licht durchläuft die Kammer der Länge l zweimal und braucht dazu im Vakuum die Zeit $t_0=\frac{2l}{c_0}$. Nach dem Einströmen der Luft hat sich die Laufzeit des Lichts in der Kammer auf $t=\frac{2l}{c}=\frac{2l\cdot n}{c_0}$ erhöht. Dies wirkt sich genauso aus, wie wenn das Vakuum beibehalten und der Laufweg des Lichts von $s_0=c_0\cdot t_0$ auf $s=c_0\cdot t=2l\cdot n$, also um die Strecke $\Delta s=2l\cdot n-2l$, verlängert worden wäre. Wir drücken diese Strecke durch die Zahl k der in ihr enthaltenen Wellenlängen aus und finden $\Delta s=k\cdot\lambda=2l\cdot n-2l$. Daraus folgt für die Brechungszahl der Luft

$$n=\frac{k\cdot\lambda+2l}{2l}=\frac{k\cdot\lambda}{2l}+1. \qquad (134.1)$$

Bei einer Vergrößerung des Lichtweges um k Wellenlängen wird die zunächst dunkle Mitte der Interferenzfigur k mal hell und wieder dunkel. In einem Versuch wurde $k=43$ gezählt (Länge der Kammer $l=5{,}0$ cm, Wellenlänge des Laserlichts $\lambda=632{,}8$ nm). Damit wird $n=\frac{43\cdot 632{,}8\cdot 10^{-9}\,\text{m}}{1\cdot 10^{-1}\,\text{m}}+1=1{,}00027$. Heute bester Wert: $n=1{,}0002765$ bei 15 °C und 1013 mbar. △

▼

§ 27 Infrarot (IR)

1. Nachweis

Unser Auge nimmt elektromagnetische Wellen, deren Wellenlängen etwa zwischen 400 nm (Violett) und 800 nm (Rot) liegen, als Licht wahr. Im kontinuierlichen Spektrum des Glühlichts (Spektraltafel nach Seite 130) ist dieser sichtbare Wellenlängenbereich vollständig enthalten. Wir wollen nun untersuchen, ob eine Lichtquelle auch jenseits von Violett (also für $\lambda<400$ nm) und jenseits von Rot (für $\lambda>800$ nm) elektromagnetische Wellen aussendet. ▲

Versuch 107: Wir erzeugen nach *Abb. 135.1* das Spektrum des Glühlichts einer starken Experimentierlampe (z.B. einer Halogenleuchte). Sammellinse und Prisma sollten möglichst aus *Quarzglas* bestehen. Durch dieses Spektrum führen wir eine als Fotoelement wirkende *Silizium-Fotodiode*, die mit einem Meßverstärker verbunden ist (Band E Seite 120). Sie spricht nicht nur im sichtbaren Bereich an, sondern auch in den dunklen Gebieten, die jenseits von Rot bzw. Violett an das Spektrum anschließen. Überraschenderweise entsteht an dem Fotoelement jenseits von Rot sogar eine besonders hohe Spannung. Die Glühlampe sendet offenbar über beide Enden des sichtbaren Spektrums hinaus *unsichtbare Strahlung* aus.

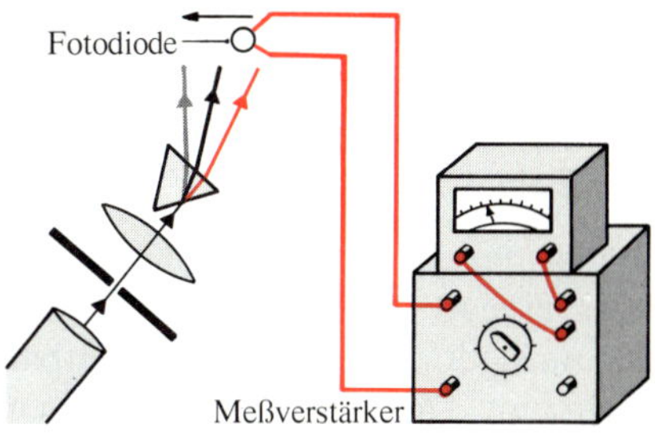

135.1 Durch das Prismenspektrum von Glühlicht wird eine Fotodiode geführt.

Die Strahlung, die wir im dunklen Gebiet jenseits von Rot festgestellt haben, wird **Infrarotstrahlung** genannt. Wir nehmen an, daß sie sich ebenso wie das sichtbare Licht als elektromagnetische Welle auffassen läßt. Eine typische Welleneigenschaft wurde in Versuch 107 bereits nachgewiesen:

Infrarotstrahlen werden an einem Prisma gebrochen.

Versuch 108: Wir bringen die Fotodiode im Versuchsaufbau der *Abb. 135.1* an die Stelle des Infrarotbereichs, an der sie maximal anspricht. Dann halten wir verschiedene Körper in den Strahlengang und stellen fest, daß die meisten Stoffe, die für Licht undurchsichtig sind – wie z.B. alle Metalle – auch keine Infrarotstrahlen durchlassen. Dünnes schwarzes Papier dagegen wird von Infrarot durchstrahlt, ebenso ein mit Manganoxid geschwärztes Glas. Solche Stoffe, die zwar sichtbares Licht (und das unsichtbare Ultraviolett) völlig absorbieren, Infrarot dagegen durchlassen, wirken als sogenannte *Infrarotfilter*. Weiter finden wir, daß die Infrarotstrahlung von Glas teilweise, von Wasser stark absorbiert wird. Quarz, Steinsalz, Flußspat sind für kleinere oder größere Bereiche des Infrarot durchlässig. Deshalb benutzen wir in unseren Versuchen auch zweckmäßigerweise Linsen und Prismen aus Quarz.

2. Wellenlängen der Infrarotstrahlung

Während das *Prismenspektrum* durch die unterschiedliche *Brechung* von Lichtwellen erklärt werden kann, beruht die Entstehung des *Gitterspektrums* auf der *Beugung* und der *Interferenz* von Wellen. Der nächste Versuch soll nun zeigen, daß sich auch im Gitterspektrum des Glühlichts eine Infrarotstrahlung feststellen läßt. Damit sind für das Infrarot zwei typische Welleneigenschaften, **Beugung** und **Interferenz,** nachgewiesen.

Versuch 109: Wir erzeugen nach Versuch 83 (Seite 112) das Gitterspektrum einer Halogenleuchte (Linsen aus Quarzglas!). Durch das Spektrum 1. Ordnung führen wir, bei Violett beginnend, eine als Fotoelement wirkende *Germanium-Fotodiode*, die mit einem Meßverstärker verbunden ist. Das Voltmeter zeigt eine Spannung, die ansteigt, je mehr das Fotoelement in Richtung auf Rot verschoben wird. Die Spannung wird noch höher, wenn wir die Diode über das Spektrum 1. Ordnung hinausführen; sie erreicht etwa im Grün des Spektrums 2. Ordnung ein Maximum: Jetzt überlagern sich das in der 1. Ordnung gebeugte Infrarot und der Anfang des sichtbaren Spektrums 2. Ordnung. Wir bringen ein Infrarotfilter in den Strahlengang und schalten damit den Anteil des sichtbaren Lichts aus. Die Spannung am Voltmeter geht dabei etwas zurück: Das Fotoelement registriert nur noch die in der 1. Ordnung gebeugte *Infrarotstrahlung*.

Wir lassen das Infrarotfilter im Strahlengang und führen das Fotoelement nochmals durch das (jetzt unsichtbare) Spektrum. Dies kann auch so geschehen, daß die an einem Wagen befestigte Diode wie in Versuch 74 (Seite 104) mit Hilfe eines langsam laufenden Motors über eine Fahrbahn gezogen wird; ein *t-y*-Schreiber zeichnet dabei den Verlauf der Spannung auf. In der 0. Ordnung spricht das Fotoelement besonders stark an: Hier treffen Infrarotstrahlen aller (durchgelassenen) Wellenlängen ungebeugt zusammen. Anschließend geht die Spannung an der Diode auf Null zurück; sie steigt erst wieder in der Entfernung $d_1 = 14{,}9\,\text{cm}$ von der 0. Ordnung an. Bis zu dieser Stelle wurde die Strahlung durch das Filter zurückgehalten. In der Entfernung $d_2 = 19{,}9\,\text{cm}$ von der 0. Ordnung registriert das Fotoelement ein *Maximum;* in der Entfernung $d_3 = 28{,}0\,\text{cm}$ empfängt es immer noch eine merkliche Infrarotstrahlung. Die Daten sind den Aufzeichnungen eines *t-y*-Schreibers entnommen *(Abb. 136.1)*. Der Abstand von der Beobachtungsebene *(Abb. 111.1)* betrug bei diesem Versuch $f_2 = 187\,\text{cm}$, das optische Gitter besaß die Gitterkonstante $g = 1{,}0 \cdot 10^{-3}\,\text{cm}$. Aus den Gleichungen $\lambda = g \cdot \sin\beta_1$ und $\tan\beta_1 = \frac{d}{f_2}$ (Seite 110) erhalten wir folgende Versuchsergebnisse:

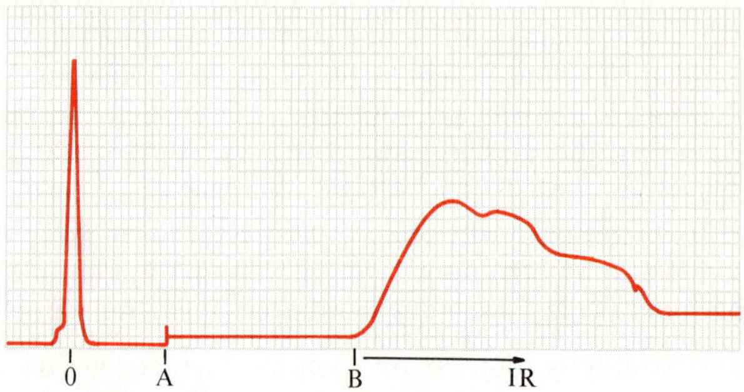

136.1 Verlauf der Spannung an einem Fotoelement, das durch das Gitterspektrum einer Halogenlampe mit vorgeschaltetem Infrarotfilter geführt wurde. 0 = Maximum 0. Ordnung. An der Stelle A wurde der *t-y*-Schreiber auf die 10fache Empfindlichkeit eingestellt. In B beginnt der Durchlaßbereich des Infrarotfilters.

Die *kleinste* Wellenlänge, die vom Filter (es enthält Manganoxide) durchgelassen wird, beträgt $\lambda_1 = 794\,\text{nm}$; sie liegt am Rand des sichtbaren Spektrums bei Rot. Maximale Spannung am Fotoelement entsteht bei der Wellenlänge $\lambda_2 = 1060\,\text{nm}$. Die größte Wellenlänge, die sich mit der Fotodiode noch einwandfrei registrieren läßt, liegt bei $\lambda_3 = 1500\,\text{nm}$.

Die Ergebnisse der Versuche 107 und 109 deuten darauf hin, daß das *Intensitätsmaximum* beim Glühlicht im infraroten Bereich liegt. Doch müssen wir berücksichtigen, daß die Fotodiode nicht für alle Wellenlängen gleich empfindlich ist; für $\lambda > 1600\,\text{nm}$ spricht sie überhaupt nicht mehr an. Hier müßte man Detektoren benutzen, die alle Strahlungsenergie *unabhängig von der Wellenlänge* absorbieren wie z. B. eine *Thermosäule* (Seite 148); diese ist jedoch verhältnismäßig schwach empfindlich. Weiter ist noch zu beachten, daß auch die Quarzlinse und das Gitter bestimmte Wellenlängenbereiche mehr oder weniger stark zurückhalten. Intensitätsmessungen in Spektren sind also mit gewissen Schwierigkeiten verbunden. Mit feineren Meßmethoden ist es gelungen, Infrarotstrahlen mit noch wesentlich größeren Wellenlängen nachzuweisen. So konnten z. B. im Spektrum von Quecksilberdampf-Lampen Infrarotstrahlen mit einer Wellenlänge von 1,3 mm festgestellt werden.

Infrarote Strahlen zeigen an optischen Gittern Beugung und Interferenz.

3. Praktische Bedeutung

Bei der Absorption elektromagnetischer Strahlung wird ihre *Energie* frei. Dies konnten wir bei unseren Versuchen mit Dezimeterwellen am Glühlämpchen des Empfangsdipols beobachten. Es zeigte durch sein Aufleuchten den „Empfang" der Welle an; dabei wurde seine Glühwendel aufgeheizt. Die der elektromagnetischen Welle entzogene Energie wurde als *Wärme* abgeführt.

Die Sonne strahlt neben sichtbarem Licht und anderen elektromagnetischen Wellen auch nahes Infrarot bis zu einer Wellenlänge von 5300 nm auf die Erde. Der langwellige Anteil dieser Infrarotstrahlung wird vom in der Luft enthaltenen Wasser absorbiert. Feuchte Luft wird dadurch unmittelbar erwärmt, während trockene Luft nur durch Konvektion vom Boden her aufgeheizt werden kann. So erklärt sich auch, daß die trockene Luft im Hochland trotz der starken Sonnenstrahlung kalt ist. Für kurzwelliges Infrarot ist Nebel durchlässig. Darauf beruht die *Infrarot-Fotografie*, die mit „sensibilisierten", das heißt für Infrarot empfindlich gemachten Filmen arbeitet. Das vom Nebel gestreute sichtbare Licht wird durch Filter ferngehalten. Damit gelingt es, durch Nebel und Dunst hindurch klare Bilder zu erhalten *(Abb. 137.1* und *137.2)*

137.1 Infrarot-Fotografie

137.2 Dasselbe Bild, normal aufgenommen

Um bei der Mikroprojektion die Linsen und das Präparat vor übermäßiger Erwärmung zu schützen, absorbiert man die Infrarotstrahlung der Projektionslampe durch Wasser in einer Kühlküvette. Elektrisch angeregte Moleküle erzeugen zahlreiche eng benachbarte Linien im IR. Mit ihrer Hilfe erforscht man die Molekülstruktur. In der *medizinischen Therapie* wird die Infrarotstrahlung zum Erwärmen benutzt (IR-Strahler, Solluxlampe).

Aufgaben

1. *Warum erwärmen sich hochgelegene Seen in ihren obersten Schichten trotz „kühler" Luft? Was bemerkt man, wenn man in einem solchen See tiefer taucht?*
2. *Welche Rolle spielen die Glasfenster bei Frühbeeten? Beachten Sie, daß sie für sichtbares Licht gut, für Infrarot schlecht durchlässig sind.*
3. *W. Herschel entdeckte 1800 das Infrarot, indem er die berußte Thermometerkugel in den entsprechenden Bereich des Spektrums führte. Erklären Sie diesen Versuch!*

§ 28 Ultraviolett (UV)

1. Nachweis

In Versuch 107 wurde schon mit Hilfe einer Silizium-Fotodiode gezeigt, daß im Spektrum des Glühlichts auch jenseits von Violett eine unsichtbare Strahlung auftritt. Sie wird **ultraviolette** Strahlung genannt.

Versuch 110: Wir erzeugen wie in Versuch 107 das Spektrum des Glühlichts einer Halogenlampe (Linse und Prisma aus Quarzglas) und fangen es mit einem *Fluoreszenzschirm* auf. Jenseits von Violett leuchtet er – je nach der Art des Schirms – grün, blau oder rot. Er wandelt die Energie des unsichtbaren kurzwelligen UV in längerwelliges, sichtbares Licht (und Wärme) um. Halten wir ein sogenanntes *UV-Filter* in den Strahlengang, so verschwindet das sichtbare Spektrum; wir sehen auf dem Fluoreszenzschirm nur noch den leuchtenden Streifen, der vom UV hervorgerufen wird.

Den heutigen synthetischen Waschmitteln gibt man sogenannte optische Aufheller bei. Sie setzen das UV in sichtbares bläuliches Licht um, damit die Wäsche weiß erscheint, auch wenn sie an sich einen Gelb- oder Grauschimmer besitzt. (Gelb und Blau geben als Komplementärfarben zusammen Weiß!)

2. Wellenlängen der ultravioletten Strahlung

Versuch 111: Wir erzeugen vom Glühlicht einer Halogenlampe ein Gitterspektrum (Linsen aus Quarzglas). Auf dem Fluoreszenzschirm erscheinen anschließend an das Violett die von der UV-Strahlung hervorgerufenen leuchtenden Streifen. Sie sind in der 1. Ordnung gut zu erkennen; in den höheren Ordnungen treten sie erst deutlich hervor, wenn das sichtbare Licht mit einem UV-Filter zurückgehalten wird. Bei einem Schirmabstand von $f_2 = 100\,\text{cm}$ *(Abb. 111.1)* und einem Gitter mit der Gitterkonstanten $g = 1{,}0 \cdot 10^{-5}\,\text{m}$ besitzen die äußersten Ränder der fluoreszierenden Streifen links und rechts der Mitte in der 1. Ordnung den Abstand $2d = 7{,}2\,\text{cm}$. Daraus erhalten wir für die kürzeste Wellenlänge, die wir im UV-Bereich des Glühlichts der Halogenlampe nachweisen können, $\lambda_{\text{min}} = 360\,\text{nm}$.

Versuch 112: Wir erzeugen mit der vorigen Versuchsanordnung das Gitterspektrum einer Quecksilberdampf-Lampe. Auf dem Fluoreszenzschirm leuchten jenseits der gerade noch sichtbaren violetten Linie ($\lambda = 405\,\text{nm}$) weitere Linien auf. Zwei davon sind besonders deutlich zu erkennen; wir messen ihre Wellenlängen zu 360 nm und 310 nm.

Unsere Versuche mit dem optischen Gitter zeigen, daß ultraviolette Strahlen die typischen Welleneigenschaften der **Beugung** und der **Interferenz** aufweisen.

Ultraviolette Strahlen werden durch ein Quarzprisma gebrochen; sie zeigen an einem optischen Gitter Beugung und Interferenz.

3. Wirkungen ultravioletter Strahlung

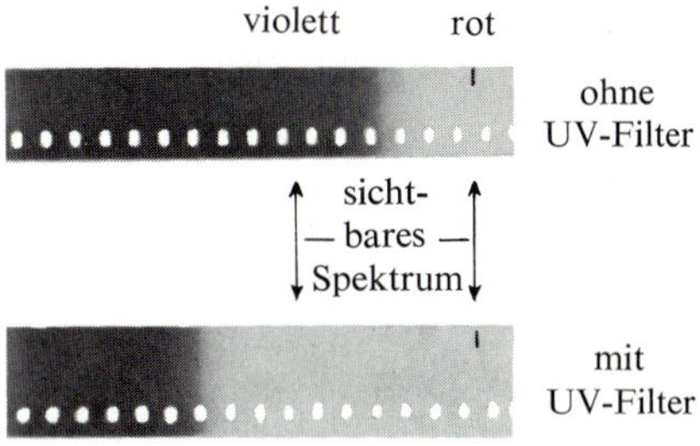

139.1 Schwärzung von rot-unempfindlichem Film durch Bogenlicht, rechts „Rot", links UV

Die fluoreszierende Wirkung von UV haben wir schon kennengelernt. Aus der Elektrizitätslehre wissen wir, daß ultraviolette Strahlen z.B. aus einer Zinkplatte Elektronen ablösen können (*äußerer lichtelektrischer Effekt;* Band E Seite 111). UV vermag Gasmoleküle zu ionisieren; Filme und Fotopapiere reagieren nicht nur auf sichtbares Licht, sondern sogar noch besser auf ultraviolette Strahlung. *Abb. 139.1* zeigt zwei Kopierpapierstreifen gleicher Sorte, die mit dem Gitterspektrum einer Bogenlampe belichtet wurden. Wir erkennen am oberen Streifen, daß die fotochemischen Wirkungen etwa im Gelb einsetzen und weit ins UV reichen. Beim unteren Streifen war ein UV-Filter in den Strahlengang geschaltet; die Schwärzung im linken Bereich des Kopierpapiers rührt also allein von der ultravioletten Strahlung her.

Weitere Wirkungen des UV sind die *Pigmentierung der Haut,* also Hautbräunung und der Sonnenbrand (UV B mit $280\,\text{nm} \leq \lambda \leq 315\,\text{nm}$), die *Bleichung von Farbstoffen* sowie die Fähigkeit, *Bakterien* (z.B. in Trink- und Badewasser) *zu töten.* Besonders das UV A ($315\,\text{nm} \leq \lambda \leq 400\,\text{nm}$) regt viele organische Stoffe zum Aussenden sichtbaren Lichts an. Dies wird bei der *UV-Analyse* von Kunstwerken ausgenutzt. Im UV fluoreszieren die organischen Reste von Versteinerungen und werden dadurch sichtbar. In den *Leuchtstoffröhren* bringt die mit großem Wirkungsgrad (25 %) erzeugte ultraviolette Strahlung den Leuchtstoff an der Innenseite der Glasröhre zum Aussenden von weißem Licht. Von den *therapeutischen Anwendungen* des UV ist die Bekämpfung der *Rachitis* wichtig. Sie beruht auf der Fähigkeit des UV, aus Ergosterin das Vitamin D zu bilden. Als medizinische UV-Strahler dienen vor allem die *„Höhensonnen";* sie bestehen aus Quecksilberdampf-Lampen in Quarzröhren. In Solarien werden sie zusammen mit Glühlampen, die auch IR liefern, benutzt. Das schädliche UV C ($\lambda < 280\,\text{nm}$) wird durch Spezialfilter absorbiert. Es fehlt auch in der natürlichen UV-Strahlung am Erdboden, da es in 20 bis 25 km Höhe bei der Bildung von Ozon in der Atmosphäre verschluckt wird. Auch das *Höhenklima* verdankt seine therapeutisch wertvollen Reizwirkungen der mit der Höhe zunehmenden UV-Strahlung *(Abb. 139.2).* Nicht für alle Lebewesen ist UV „unsichtbar". So können z.B. die *Bienen* UV-Licht wahrnehmen und sich am Polarisationsgrad des am Himmel (an der Luft) gestreuten UV orientieren.

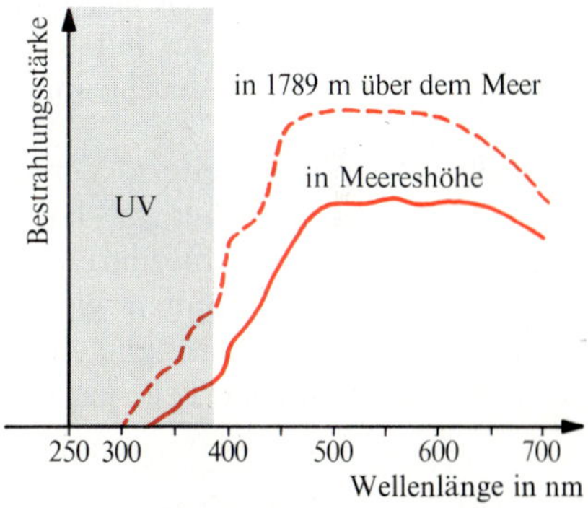

139.2 Bestrahlungsstärken in Abhängigkeit von der Wellenlänge. Auf Meereshöhe ————, auf 1789 m Höhe – – – – –

Aufgaben:

1. *Im Hochgebirge kann man auch bei bedecktem Himmel Sonnenbrand bekommen. Was ist daraus zu folgern?*

2. *Ein optisches Gitter ist* 2,0 m *von einer Projektionswand entfernt. Auf ihr mißt man für das Gitterspektrum 1. Ordnung von Glühlicht* ($400\,\text{nm} \leq \lambda \leq 800\,\text{nm}$) *die Breite* 5,0 cm. *Vertauscht man die Projektionswand mit einem Fluoreszenzschirm, so entsteht in der* 1. *Ordnung zusätzlich zum sichtbaren Spektrum ein* 0,6 cm *breiter fluoreszierender Streifen.*
   Berechnen Sie den Wellenlängenbereich des von der Lampe ausgesandten ultravioletten Lichts! (Die Winkel sind so klein, daß $\sin\alpha = \tan\alpha$ *gesetzt werden darf!)*

§ 29 Röntgenstrahlen und Bragg-Reflexion

1. Grundeigenschaften

In einer Röntgenröhre werden Elektronen hoher Geschwindigkeit auf das Metall der Anode geschossen und dort abgebremst. Von dem nahezu punktförmigen Auftreff-Fleck gehen, für unser Auge unsichtbar, **Röntgenstrahlen** aus (*Abb. 140.1;* Band E Seite 132f.).

Versuch 113: Wir bringen in den Weg der Röntgenstrahlen eines nach außen völlig strahlensicher abgeschirmten, für Schulen zugelassenen Röntgengeräts ein Portemonnaie. Dahinter ist ein Fluoreszenzschirm aufgestellt. Die *Röntgenstrahlen* durchdringen das Leder fast ungeschwächt und geradlinig; sie erregen den Schirm zum Aussenden von sichtbarem Licht, das wir durch eine Scheibe aus Bleiglas (für Röntgenstrahlen undurchlässig) beobachten. Die Münzen im Geldbeutel absorbieren die Röntgenstrahlen weitgehend und erscheinen als dunkle Schatten. Röntgenstrahlen werden von einem Stoff um so stärker absorbiert, je größer die Ordnungszahl der Elemente ist, die er enthält. Röntgenstrahlen breiten sich geradlinig aus und werden so gut wie nicht gebrochen; deshalb kann man mit Röntgenlicht keine Linsenbilder herstellen. Das Schirmbild entstand dadurch, daß ein Gegenstand vom Entstehungspunkt der Strahlen aus auf den Fluorenszenzschirm projiziert wurde.

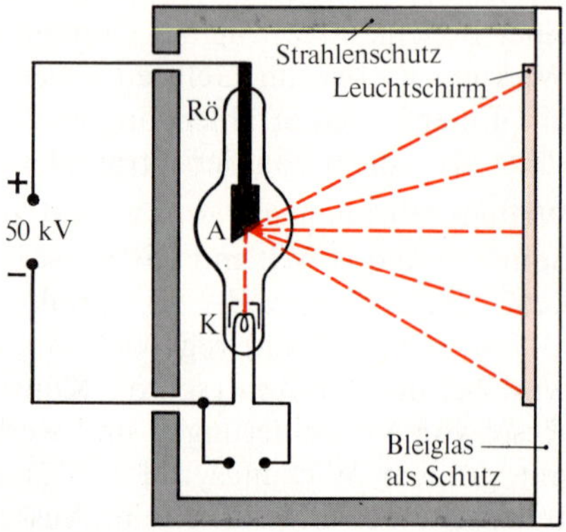

140.1 Röntgenröhre mit Glühkathode und Wehneltzylinder

Versuch 114: Wir erweitern Versuch 113 und schicken Röntgenstrahlen durch ein starkes elektrisches Feld zwischen zwei Kondensatorplatten, bevor sie auf den Leuchtschirm treffen. Das Schirmbild wird hierdurch jedoch nicht im geringsten verschoben. Auch durch ein kräftiges Magnetfeld können wir die Strahlen nicht ablenken; zum Nachweis nähern wir dem Schirm einen kräftigen Magneten von außen. Wir dürfen also schließen, daß Röntgenstrahlen *keine* Ströme geladener Teilchen sind. Handelt es sich um Wellen?

2. Kristalle als Raumgitter

Wenn Röntgenstrahlen, dem Licht ähnlich, *Wellencharakter* haben, so muß es gelingen, Beugung und Interferenz an Gittern nachzuweisen. Doch mißlangen zunächst alle Versuche mit den üblichen optischen Gittern, bis man 1925 durch einen Kunstgriff die wirksame Gitterkonstante g' erheblich verkleinern konnte: Man ließ einen durch Blenden scharf gebündelten Röntgenstrahl fast streifend, das heißt unter einem Einfallswinkel α nahezu gleich 90° auf ein optisches Gitter mit an sich schon kleiner Gitterkonstante g fallen. Für die Beugung ist dann nur die Größe $g' = g \cdot \cos\alpha \ll g$ als Gitterkonstante wirksam; g' ist die Projektion von g auf eine Ebene senkrecht zum Strahl, d.h. auf eine Wellenfront. Nach $\sin\varphi = \frac{n\lambda}{g'}$ konnte man so Wellenlängen von 1 nm und darunter mit großer Genauigkeit bestimmen. In einem Analogieversuch dreht man ein optisches Gitter, das zunächst senkrecht zum Strahlengang eines Lasers steht, um eine lotrechte Achse parallel zu den Gitterstrichen: Die Helligkeitsmaxima (Versuch 79) der verschiedenen Ordnungen wandern dabei immer weiter auseinander!

Schon 13 Jahre vorher (1912) hatte der deutsche Physiker *Max von Laue* (1879 bis 1960) vermutet, Röntgenstrahlen könnten Interferenzerscheinungen beim Durchgang durch Kristalle zeigen. Seit dem Ende des 18. Jahrhunderts nahm man an, die regelmäßigen Formen der Kristalle rührten von einer regelmäßig geordneten Lage ihrer atomaren Bausteine in einem sog. **Kristallgitter** her, ohne für diese Hypothese experimentelle Beweise zu haben. Mathematisch sind 230 verschiedene Anordnungen im Raum möglich. Wir ziehen die einfachste Form, das *einfach-kubische* Gitter als Beispiel heran:

Einen Kochsalzkristall kann man leicht nach Flächen spalten, die aufeinander senkrecht stehen; man erhält so Quader als Teilstücke. In Gedanken kommt man dabei schließlich zu kleinen Würfelchen mit der Kantenlänge d, auf deren 8 Ecken abwechselnd die Mittelpunkte von vier Na^+- und vier Cl^--Ionen liegen *(Abb. 141.1)*. Da Röntgenstrahlen sowohl an Na^+- wie an Cl^--Ionen kohärent, wenn auch mit etwas verschiedener Intensität gebeugt werden, können wir so ein Würfelchen für die folgenden Versuche als die *Grundzelle* des Kristallgitters[1]) ansehen; wir nennen seine Kantenlänge **Gitterkonstante** d. Im Abstand d liegen zahlreiche sog. **Netzebenen,** auf denen die Ionen regelmäßig angeordnet sind und längs derer der Kristall sich spalten läßt.

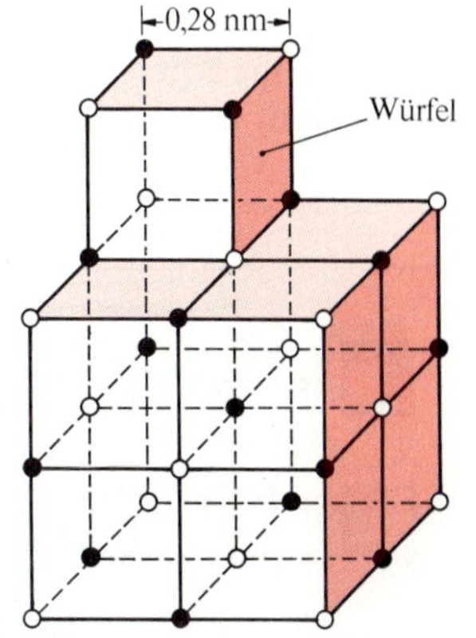

141.1 Kubisches Gitter eines NaCl-Kristalls, Grundzellen und Netzebenen

Die *Gitterkonstante d* kann aus der Dichte $\varrho = \frac{m}{V} = 2{,}16\,\text{g}\,\text{cm}^{-3}$ und der Avogadrokonstante N_A vom Zahlenwert $\{N_A\} = 6{,}022 \cdot 10^{23}$ berechnet werden. Auf einer längs einer Würfelkante gedachten Strecke der Länge $n \cdot d$ liegen n Ionen; ein Würfel dieser Kantenlänge $n \cdot d$ hat das Volumen $(n \cdot d)^3$ und enthält n^3 Ionen. Wir wählen den Würfel so groß, daß er 1 mol Na^+- und 1 mol Cl^--Ionen, also insgesamt 2 mol, nämlich $2 \cdot 6{,}023 \cdot 10^{23}$ Ionen enthält. Es gilt dann $n^3 = 2 \cdot \{N_A\} = 2 \cdot 6{,}022 \cdot 10^{23}$. Die Masse dieses Würfels beträgt nach der Tabelle der relativen Atommassen $m = 22{,}99\,\text{g} + 35{,}45\,\text{g} = 58{,}44\,\text{g}$. Sein Volumen ist $V = \frac{m}{\varrho}$. Durch Gleichsetzen mit $V = (n \cdot d)^3$ folgt $(n \cdot d)^3 = 2\{N_A\} \cdot d^3 = \frac{m}{\varrho}$ oder $d = \sqrt[3]{\frac{m}{\varrho \cdot 2\{N_A\}}} = 282\,\text{pm} = 282 \cdot 10^{-12}\,\text{m}$.

3. Modellversuch zur Beugung elektromagnetischer Wellen an Raumgittern

Ehe wir einen Versuch mit Röntgenstrahlen und Kristallen durchführen, untersuchen wir in einem Modellversuch, wie sich elektromagnetische Wellen verhalten, wenn sie auf ein räumli-

[1]) In der Kristallographie versteht man unter der *Elementarzelle* des Kristalls nicht unsere Grundzelle, sondern eine solche, die bei Verschiebung längs der Kanten um die Kantenlänge in eine kongruente Zelle übergeht. Eine solche Elementarzelle setzt sich aus acht unserer Grundzellen zusammen. Bei einer Verschiebung um d geht ja ein Na-Ion in ein Cl-Ion über und umgekehrt. Nur bei der Verschiebung um $2d$ erhält man auch physikalisch kongruente Gebilde.

▽ ches Gitter treffen. Die Netzebenen bauen wir mit Kunststoffplatten nach, deren eine Fläche wir regelmäßig mit Metallplättchen beklebt haben.

Versuch 115: Auf eine Styroporplatte von 4 cm Dicke kleben wir quadratische Stückchen einer von einem Zierband geschnittenen Aluminiumfolie der Größe 2 cm × 2 cm so auf, wie es *Abb. 142.1* angibt. Die Abstände der Folienmittelpunkte in waagerechter und in senkrechter Richtung betragen jeweils 4 cm. Wir lassen parallele elektromagnetische Wellen eines Mikrowellensenders mit der Wellenlänge $\lambda = 3{,}2$ cm unter beliebigen gegen die Platte gemessenen Winkeln φ auf diese eine Platte fallen und stellen mit einem um den Auftreffpunkt drehbaren Empfangsdipol fest, daß die Wellen für alle Werte von φ nach dem Reflexionsgesetz reflektiert werden *(Abb. 142.2)*. Die Richtung der einfallenden Welle, das Einfallslot und die Richtung der reflektierten Welle liegen in einer Ebene. Eine Styroporplatte ohne Metallplättchen reflektiert dagegen nicht merklich. Sie läßt als Nichtleiter elektromagnetische Wellen fast ungeschwächt (ohne Reflexion) hindurch.

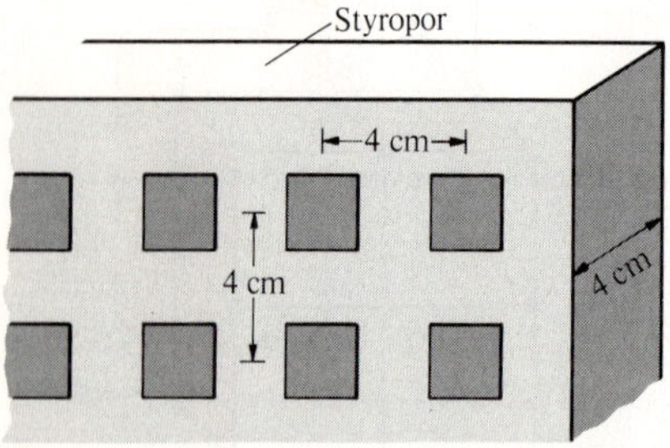

142.1 Zu Versuch 115: Metallplättchen auf einer Styroporplatte

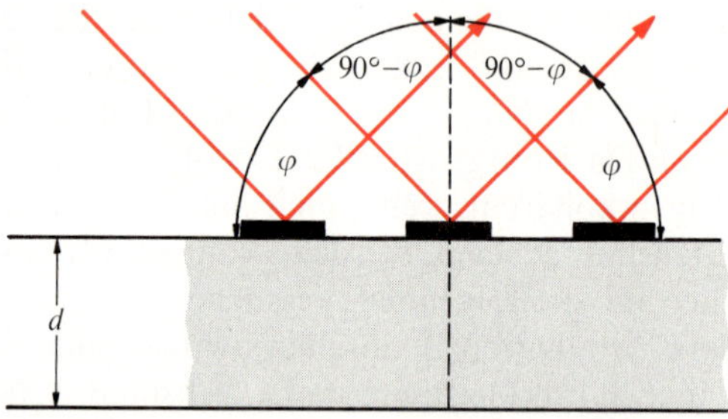

142.2 Reflexion von cm-Wellen an Metallfolienplättchen auf einer Kunststoffplatte

Versuch 116: Wir wollen nun die regelmäßige Anordnung der Kristallatome auch in der dritten Dimension nachahmen und stellen deshalb mehrere solcher mit Plättchen beklebter Styroporplatten hintereinander auf, *(Abb. 142.3)*. Mit diesen in einem räumlichen Gitter angeordneten reflektierenden Zentren wiederholen wir den Reflexionsversuch. Wir finden ein völlig anderes Verhalten. Reflexion tritt nur noch unter ganz bestimmten Winkeln φ_n auf, nämlich bei $\varphi_1 = 24°$ und $\varphi_2 = 53°$. Wir verstehen das Ergebnis dieses Versuchs anhand der Überlegungen der englischen Physiker *W. H.* und *W. L. Bragg*, die sie bei ihren Reflexionsversuchen mit Röntgenstrahlen 1913 anstellten.

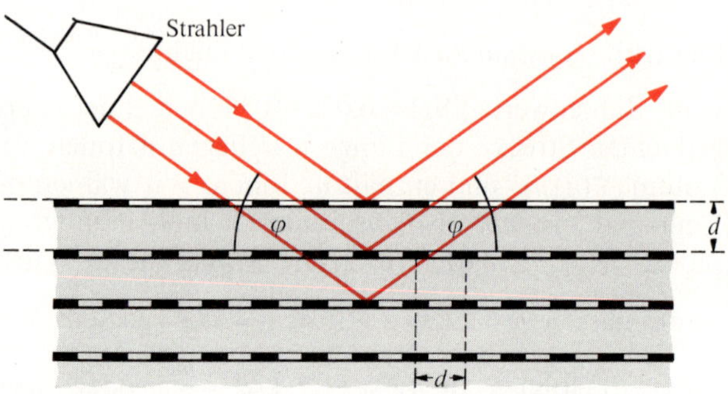

142.3 *Bragg-Reflexion* von Mikrowellen an Metallstückchen

In *Abb. 142.4* sind Netzebenen eines kubischen Kristalls gezeichnet. Treffen Röntgenstrahlen auf den Kri- △

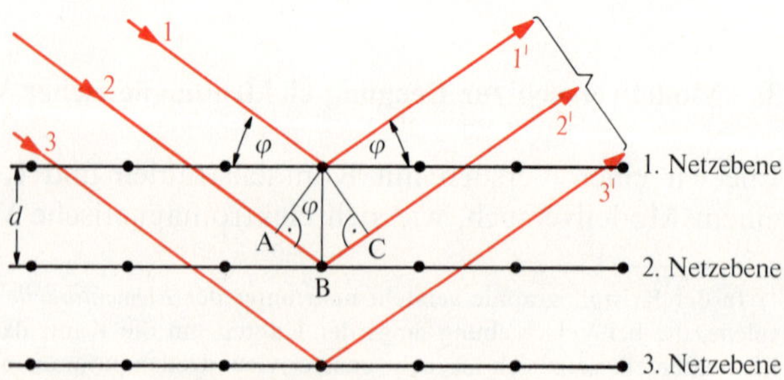

142.4 Zur *Bragg-Reflexion*

stall, so wirken alle Gitterbausteine als Elementarzentren, die kohärent mit der einfallenden Welle mitschwingen; die von ihnen ausgehenden Elementarwellen sind untereinander kohärent und deshalb interferenzfähig. Sie werden sich an einem Beobachtungsort dann verstärken, wenn ihre Wegunterschiede bis zu diesem Punkt ganzzahlige Vielfache einer Wellenlänge sind. Trifft dies für untereinanderliegende Atome der ersten und zweiten Netzebene zu, so gilt es auch für untereinanderliegende Atome aller Netzebenen. In *Abb. 142.4* ist in den Richtungen 1′ und 2′ der Wegunterschied $s=\overline{AB}+\overline{BC}$. Es gilt $\overline{AB}=\overline{BC}=d\cdot\sin\varphi$, wenn d der Netzebenenabstand ist. Verstärkung, also merkliche Reflexion, tritt auf für

$$2d\cdot\sin\varphi_n=n\cdot\lambda \qquad (n=1, 2, 3, \ldots). \qquad (143.1)$$

In allen anderen Richtungen löschen sich die Wellen durch Interferenz gegenseitig aus, ähnlich wie beim ebenen Strichgitter in allen Richtungen, die nicht durch $\sin\alpha=n\cdot\lambda/g$ ausgezeichnet sind. Wir lösen für den Fall unseres Modellversuchs *Gl. 143.1* nach $\sin\varphi_n$ auf und finden für $n=1$ bzw. $n=2$ und $\lambda=3{,}2$ cm sowie $d=4$ cm

$$\sin\varphi_1=\frac{1\lambda}{2d}=\frac{3{,}2\text{ cm}}{8\text{ cm}}=0{,}4; \quad \varphi_1=23{,}5° \qquad \sin\varphi_2=\frac{2\lambda}{2d}=\frac{3{,}2\text{ cm}}{4\text{ cm}}=0{,}8; \quad \varphi_2=53°$$

in guter Übereinstimmung mit den Meßergebnissen $\varphi_1=24°$ und $\varphi_2=53°$.

Die Winkel φ_n, unter denen eine solche **Bragg-Reflexion** (in der n-ten Ordnung) eintritt, nennt man **Glanzwinkel.** Sie werden im Gegensatz zu den Einfallswinkeln in der Optik zwischen einfallendem Strahl und Netzebene gemessen und nicht zwischen Strahl und Einfallslot. Dies hat einen experimentellen Grund: Der Winkel $2\varphi_n$ zwischen reflektiertem und ungestört verlaufendem Strahl kann besonders leicht gemessen werden *(Abb. 144.1)*.

Bei der Bragg-Reflexion an räumlichen Gittern findet man eine merkliche Intensität nur bei ganz bestimmten Glanzwinkeln φ_n, für die gilt:

$$\mathbf{2d\sin\varphi_n=n\cdot\lambda \qquad (n=1, 2, 3, \ldots).} \qquad \mathbf{(143.2)}$$

Dabei ist d der Netzebenenabstand; der Glanzwinkel wird zwischen Einfallsrichtung und Netzebene gemessen. Der reflektierte Strahl verläßt den Kristall unter dem gleichen Glanzwinkel φ_n und bildet mit dem ungestörten Strahl den Winkel $2\varphi_n$.

4. Wellenlängenmessung bei Röntgenstrahlen

a) Die Drehkristallmethode (*Bragg*)

Röntgenlicht schwärzt wie sichtbares Licht Filme. Bei Schulversuchen benutzt man häufig ein anderes Nachweisgerät, nämlich ein *Geiger-Müller-Zählrohr*. Röntgenstrahlen, die in das Zählrohr eindringen, befreien dort *Fotoelektronen*, die Stoßionisation auslösen, und deren Zählrate (Zählakte je Sekunde) proportional zur Intensität der Röntgenstrahlen ist. Das Zählrohr ist so gehaltert, daß man den Winkel $2\varphi_n$ zwischen reflektiertem und ungebeugt weiterlaufendem Strahl ablesen kann *(Abb. 144.1)*. Wir wollen nun mit Röntgenlicht *einheitlicher* Wellenlänge (*monochromatischem* Licht) den zum Modellversuch analogen Beugungsversuch an einem drehbaren NaCl-Kristall ausführen:

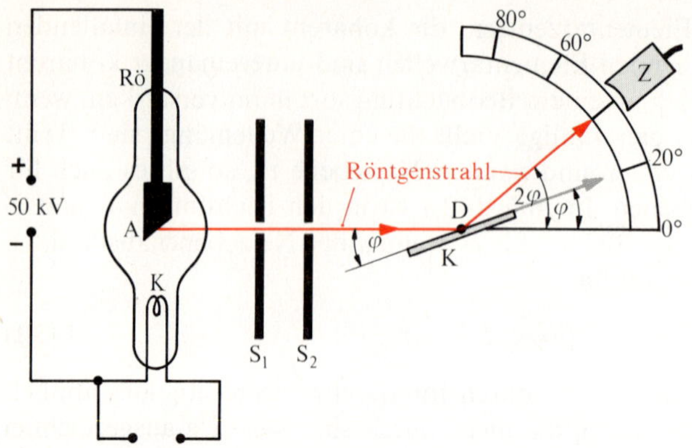

144.1 Nachweis der *Bragg-Reflexion* mit Geigerzähler

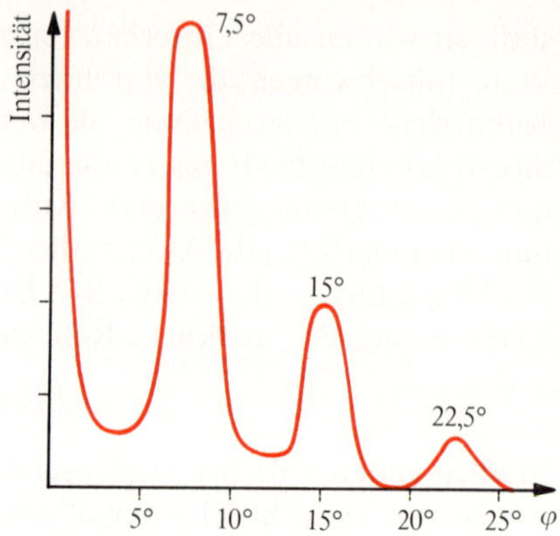

144.2 *Bragg-Reflexion*, 1. bis 3. Ordnung

Versuch 117: *Monochromatisches* Röntgenlicht erhält man aus einer Röntgenröhre mit Molybdän-Anode, wenn man ein Zirkonfilter in den Strahlengang bringt (oder ein Nickelfilter bei einer Röhre mit Kupferanode). Dieses Licht läßt man zunächst unter einem beliebigen festgehaltenen Winkel φ auf den NaCl-Kristall fallen. Ein *Geiger-Müller-Zählrohr*, dessen Halterung um den Auftreffpunkt des Strahls in der Kristallmitte geschwenkt werden kann, mißt die Intensität des reflektierten Röntgenlichts. Im allgemeinen findet man bei keiner Stellung des Zählrohrs eine nennenswerte Zählrate. Sie steigt aber erheblich an, wenn sowohl der drehbare Kristall als auch der Haltearm des Zählrohrs nach *Abb. 144.1* auf einen der *Glanzwinkel* φ_n nach *Gl. 143.2* eingestellt sind. In *Abb. 144.2* ist die Zählrate über dem Winkel aufgetragen. Wenn wir die Verhältnisse des Modellversuchs übertragen, so weisen wir dem ersten Maximum bei $\varphi_1 = 7{,}5°$ in *Gl. 143.2* die Zahl $n=1$ zu, dem zweiten mit $\varphi_2 = 15°$, $n=2$, dem dritten mit $\varphi_3 = 22{,}5°$ die Zahl $n=3$. Den Netzebenenabstand für NaCl haben wir auf Seite 141 zu $d = 282$ pm berechnet. In *Tabelle 144.1* sind die nur wenig streuenden Werte für die nach $\lambda = \frac{2d \cdot \sin\varphi_n}{n}$ erhaltene Wellenlänge eingetragen. Der zuverlässigste Wert für λ dürfte der aus der 3. Zeile sein, weil bei dieser Messung die relativen Fehler am kleinsten sind: $\lambda \approx 72$ pm.

Sichtbares Licht hat Wellenlängen, die etwa 10000mal größer sind. Für Röntgenstrahlen hat man Wellenlängen zwischen 10^{-8} m und 10^{-11} m, also Frequenzen zwischen $3 \cdot 10^{16}$ Hz und $3 \cdot 10^{19}$ Hz gefunden.

Röhren mit Cu-Anode geben bei Nickel-Filtern fast einheitliche Röntgenstrahlung von $\lambda = 154$ pm.

Tabelle 144.1

n	φ_n	λ
1	7,5°	73,6 pm
2	15°	73,0 pm
3	22,5°	71,9 pm

Röntgenstrahlen erweisen sich bei Beugungsversuchen als elektromagnetische Wellen mit besonders kleinen Wellenlängen.

b) Bragg-Reflexion bei polykristallinen Stoffen *(Debye-Scherrer-Verfahren)*

Viele Materialien bestehen nicht aus einem einzigen, homogenen Kristall, einem sogenannten *Einkristall*. Vielmehr sind z.B. die Metalle meist aus einer großen Zahl kleinster Kriställchen aufgebaut, die dicht aneinander liegen. Fällt ein ausgeblendetes Bündel Röntgenstrahlen durch ein solches *polykristallines* Material, so liegt eine große Zahl der regellos angeordneten Kriställchen unter einem Glanzwinkel φ_n nach *Gl. 143.2* zum einfallenden Strahl. An diesen „richtig" liegenden Kristallen wird er dann mit einem Ablenkungswinkel von der Größe $2\varphi_n$ reflektiert. Wegen der zentralsymmetrischen Anordnung liegen alle reflektierten Strahlen auf dem Mantel eines Kegels mit halbem Öffnungswinkel $2\varphi_n$, dessen Spitze in der durchstrahlten Substanz liegt. *Abb. 145.1* zeigt die Kreise, die auf einem Röntgenfilm entstehen, der senkrecht zum einfallenden Strahl montiert ist. Die hier beschriebene Meßmethode an Kristallpulver heißt **Debye-Scherrer-Verfahren.** Kennt man die Gitterkonstante der benutzten Kriställchen, so kann man die Wellenlängen von Röntgenstrahlen messen. Umgekehrt erhält man bei bekannter Wellenlänge die Gitterkonstante und damit Aussagen über die Kristallstruktur. Das *Debye-Scherrer-Verfahren* kann auch im Schulversuch gezeigt werden.

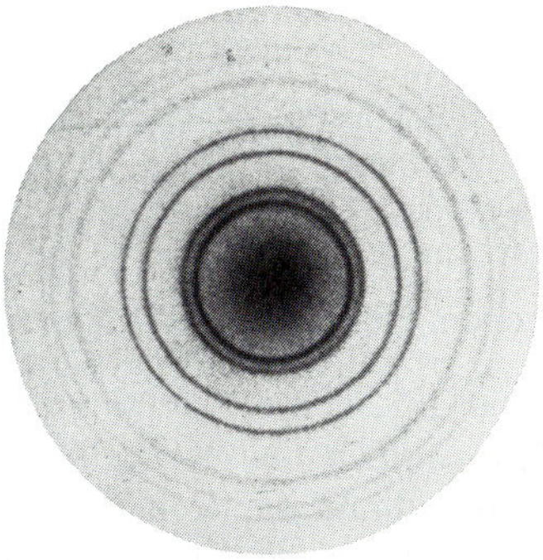

145.1 Beugung und Interferenz von Röntgenstrahlen an einer Ag-Folie

Versuch 118: Wir streuen ganz fein zerriebenes Pulver aus einem Kochsalzkristall auf einen Tesa-Klebestreifen und falten diesen so zusammen, daß eine etwa $\frac{1}{4}$ mm dicke, von Tesafilm umhüllte Pulverschicht entsteht. Dieses Präparat befestigen wir vor der Austrittsöffnung eines Röntgengerätes mit Molybdän-Anode und Zirkonfilter, das nahezu monochromatisches Licht der Wellenlänge 72 pm liefert. Wenige Zentimeter dahinter wird ein in schwarzes Papier gehüllter empfindlicher Röntgenfilm in den Gang des gebeugten Lichts gebracht und einige Stunden belichtet. Nach der Entwicklung zeigt er Beugungsringe entsprechen *Abb. 145.2*. Aus dem Abstand s des Films vom Präparat und den Halbmessern r_n der Kreise ergeben sich die Werte für $\tan 2\varphi_n = \frac{r_n}{s}$. Den Netzebenenabstand bei NaCl hatten wir zu $d = 282$ pm berechnet. Nach *Gl. 143.2* finden wir eine Wellenlänge von etwa 70 pm, was mit dem Ergebnis von Versuch 117 gut übereinstimmt.

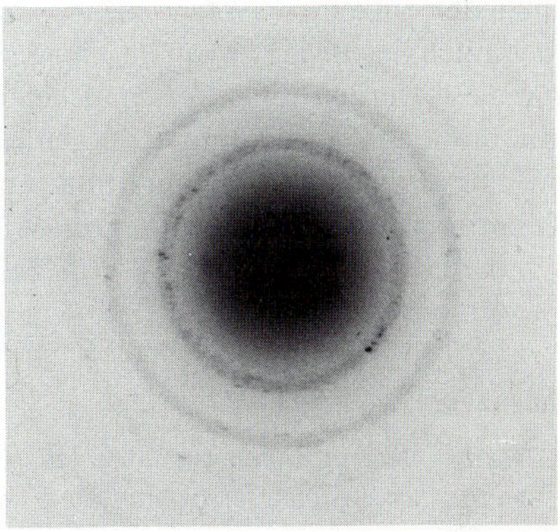

145.2 Debye-Scherrer-Aufnahme der Beugung und Interferenz von Röntgenstrahlen an Kochsalzkristallen

Durchstrahlt man polykristalline Materialien oder Pulver aus Einkristallen mit Röntgenstrahlen, so stellt man auf einem Röntgenschirm, der senkrecht zum einfallenden Licht angebracht ist, konzentrische Kreise fest. Aus ihrer Lage und Größe findet man die Glanzwinkel und bei bekannter Gitterkonstante *d* nach der Gleichung $2d \cdot \sin\varphi_n = n \cdot \lambda$ die Wellenlänge der Röntgenstrahlen *(Debye-Scherrer-Verfahren)*.

Kennt man aus anderen Messungen die Wellenlänge des Röntgenlichts, so kann man Aussagen über die Kristallstruktur machen.

▽ **c) Laue-Diagramme**

Versuch 119: Wir lassen ein eng ausgeblendetes Bündel Röntgenlicht aus einem Röntgengerät *ohne* Filter durch einen LiF-Kristall fallen. In kleinem Abstand hinter dem Kristall ist ein mit schwarzem Papier umhüllter Röntgenfilm angebracht. Nach etwa 15 Minuten Belichtungszeit wird der Film entwickelt. Er zeigt ein Muster geschwärzter Punkte wie in *Abb. 146.1* angegeben, ein sogenanntes **Laue-Diagramm.**

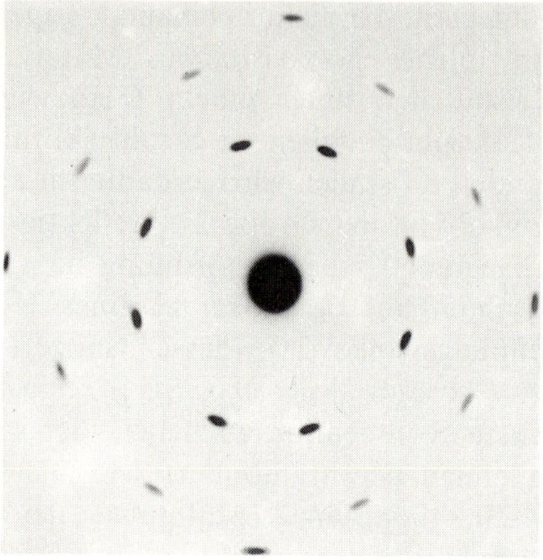

146.1 Laue-Diagramm eines Lithiumfluorid-Kristalls

Laue hat 1912 dieses Verfahren zur Untersuchung der Röntgenstrahlen und Kristalle angegeben; zum ersten Mal wurde damit die Wellennatur der Röntgenstrahlen nachgewiesen. Im Gegensatz zum *Braggschen Drehkristall-* und *Debye-Scherrer-Pulververfahren* hat hier das verwendete Röntgenlicht – ähnlich dem weißen Glühlicht – ein *kontinuierliches Spektrum.* Auch wird der Winkel, den der einfallende Röntgenstrahl mit jeder einzelnen Netzebenenschar des Einkristalls bildet, nicht variiert. Glanzwinkel ist er auch nach der *Braggschen Gleichung* nur für einige wenige der vielen vorhandenen Wellenlängen; nur diese werden reflektiert und liefern für jede Netzebenenschar einen Punkt des Diagramms. Mit monochromatischem Röntgenlicht würde man nur für geeignete Stellungen des Kristalls einzelne Punkte des Diagramms erhalten. Die genauere Erklärung braucht weitergehende Kenntnisse aus der *Kristallografie.* Aus Symmetrieeigenschaften des Kristalls kann man auf Symmetrien des Diagramms schließen und umgekehrt.

Aufgaben:

1. *Warum zeigen Röntgenstrahlen bei technisch gefertigten Strichgittern und senkrechtem Einfall keine merklichen Beugungserscheinungen? Warum wird sichtbares Licht an Kristallgittern nicht gebeugt?*
2. *Was würden wir bei Versuch 114 beobachten, wenn er an Stelle von Röntgenstrahlen mit Kathodenstrahlen durchgeführt würde?*
3. *Die Anzahl der möglichen Werte der Zahl n in Gl. 143.1 ist bei gegebenen Werten von λ und d beschränkt. Wodurch? Geben Sie die möglichen Werte von n bei Versuch 116 und 117 an! Beachten Sie, daß der Betrag des Sinus nicht größer als 1 sein kann!*
4. *Bestimmen Sie die Gitterkonstante d von* LiF, *das wie Kochsalz kristallisiert. Die relativen Atommassen für Lithium und Fluor sind 6,94 bzw. 19,0, die Dichte von* LiF *ist* $\varrho = 2{,}65\ \mathrm{g\,cm^{-3}}$.
5. *Berechnen Sie die Glanzwinkel der Bragg-Reflexion für* LiF *mit der Gitterkonstanten* $d = 201$ pm *bei einer Wellenlänge* $\lambda = 72$ pm *des einfallenden Röntgenlichts!*
6. *Das Laue-Diagramm der Abb. 146.1 stammt von einem* LiF*-Kristall. Je vier Punkte liegen in gleichen Entfernungen vom Mittelpunkt auf einem rechtwinkligen Achsenkreuz. Was für einen geometrischen Körper umschließen die vier jeweils beteiligten Netzebenen? Gibt es demnach nur Netzebenen parallel zu den Flächen der Grundzelle des Kristalls?*
7. *Welches Bild ist bei Versuch 117 auf einem Röntgenfilm zu erwarten, den man an Stelle des Geigerzählrohrs so anbringt, daß er den ganzen von diesem überstrichenen Winkel ausfüllt?*
8. *Erläutern Sie die Hauptunterschiede zwischen der Beugung von sichtbarem Licht an einem optischen Strichgitter und der von Röntgenstrahlen an einem Einkristall!* △

§ 30 Die Strahlungsgesetze für Temperaturstrahler

1. Temperaturstrahlung

Das in unseren optischen Versuchen benutzte Licht wird auf zwei grundsätzlich verschiedene Arten erzeugt. Bei den *Gasentladungslampen* (Leuchstoffröhren) stoßen Elektronen mit großer Geschwindigkeit auf Atome oder Moleküle eines Gases, die dadurch zur Ausstrahlung von Licht „angeregt" werden (Band E Seite 131). Nähere Einzelheiten hierzu werden in der Atomphysik behandelt. Auf eine andere Art entsteht das von der *Glühlampe* erzeugte Licht: Ein Wolframdraht wird durch einen elektrischen Strom sehr stark erhitzt; infolge der Wärmebewegung stoßen Atome aufeinander; dabei senden sie Licht aus. Die auf diese Weise erzeugte Strahlung wird **Temperaturstrahlung** genannt. Wir beobachten sie nicht nur bei der Glühlampe. Erwärmen wir z.B. ein Eisenstück, so beginnt es bei einer Temperatur von etwa 500 °C zu glühen; es strahlt also Licht ab. Seit ältesten Zeiten werden heiße Flammen als Lichtquellen benutzt. Als Beispiel für eine solche Art der Lichterzeugung betrachten wir die *Kerze:* Auch sie ist ein *Temperaturstrahler*. Bei der Verbrennung des Wachses ergeben sich Rückstände in Form von sehr heißem *Ruß*. Er besteht aus festen *Kohlenstoffteilchen*, die infolge ihrer hohen Temperatur Licht aussenden.

2. Der schwarze Körper

Versuch 120: Wir bringen in das Lichtbündel einer starken Experimentierlampe zwei gleiche Thermometer. Ihre Quecksilbergefäße sind jedoch verschieden: Das eine ist mit Ruß geschwärzt, das andere mit Stanniol überzogen. Wir beobachten bei beiden Thermometern eine Temperaturerhöhung; doch ist diese beim berußten Thermometer wesentlich stärker als beim glänzenden. Beide Quecksilbergefäße absorbieren einen Teil der aufgefangenen Strahlungsenergie. Dieser wird als Wärme an das Thermometer weitergegeben (Seite 137); der Rest wird reflektiert.

Unser Versuch zeigt, daß das berußte Gefäß mehr Strahlungsenergie absorbiert als das glänzende. Der Ruß erscheint unserem Auge gerade deshalb schwarz, weil er sichtbares Licht so gut wie ganz verschluckt. Man nennt einen Körper, der die Strahlungsenergie bei sämtlichen Wellenlängen völlig absorbiert, einen **schwarzen Körper.** Der schwarze Körper ist eine Idealisierung, die man nur näherungsweise verwirklichen kann.

Versuch 121: In eine geschlossene Schachtel, deren Innenwände geschwärzt sind, wird ein kleines Loch gebohrt. Blicken wir auf diese Öffnung, so erscheint sie uns noch dunkler als die ebenfalls geschwärzte Vorderwand der Schachtel. Die Innenwände der Schachtel absorbieren nicht die gesamte Strahlungsenergie der Lichtwellen, sondern reflektieren einen gewissen Teil, er betrage z.B. 1 %. Lichtwellen, die durch die Öffnung in die Schachtel gelangen, werden an den Innenwänden mehrmals hin- und herreflektiert. Nach 2 Reflexionen sind dann noch 0,01 % der Strahlungsenergie „übrig", nach 3 Reflexionen nur noch 0,0001 % usw. Ein Hohlraum mit absorbierenden Innenwänden und kleiner Öffnung stellt also mit sehr guter Näherung einen idealen schwarzen Körper dar.

▽ ### 3. Die Thermosäule

Bisher haben wir die von einer Lichtquelle ausgehende Strahlung mit einem *Fotoelement* nachgewiesen. Genaue Untersuchungen ergeben, daß der Anteil der Strahlungsenergie, der in einem solchen Fotoelement in elektrische Energie umgewandelt wird, von der *Wellenlänge* abhängt. Das Fotoelement ist also für bestimmte Wellenlängenbereiche besonders empfindlich, in anderen spricht es kaum an. Es ist deshalb als Meßgerät schlecht geeignet, wenn man Strahlungsleistungen in den verschiedenen Wellenlängenbereichen der von einer Lichtquelle ausgesandten Strahlung vergleichen will. Bessere Ergebnisse liefert eine sogenannte **Thermosäule,** die aber unempfindlicher ist (Band E Seite 119).

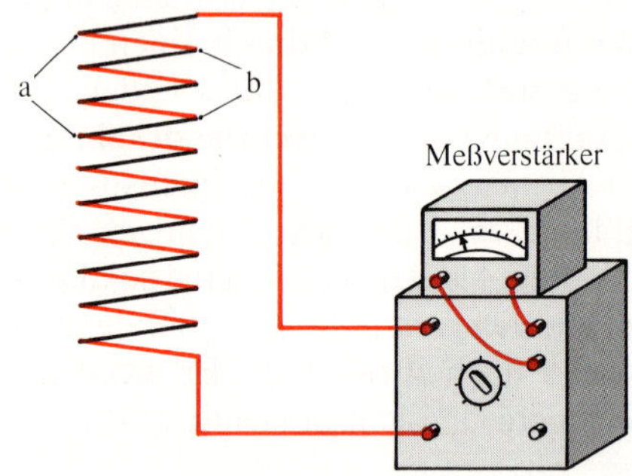

148.1 Thermosäule; a geschwärzte Lötstellen; b vor der Strahlung geschützte Lötstellen

Verbindet man einen Kupferdraht durch eine Lötstelle a mit einem Eisendraht und diesen wieder durch eine Lötstelle b mit einem weiteren Kupferdraht, so entsteht ein sogenanntes **Thermoelement** (Mittelstufenband Seite 344). Wenn Lötstelle a und Lötstelle b auf verschiedene Temperaturen gebracht werden, tritt zwischen den beiden Kupferdrähten eine elektrische Spannung auf, die zur Temperaturdifferenz proportional ist. Man schaltet nun eine Anzahl solcher Thermoelemente zu einer *Thermosäule* hintereinander *(Abb. 148.1).* Dabei schwärzt man die Lötstellen a und ordnet sie auf einer schmalen Rechtecksfläche an, während die Lötstellen b vor Strahlung geschützt dahinter liegen. Trifft auf die Rechtecksfläche eine Strahlung, so wird sie von den geschwärzten Lötstellen a absorbiert; dadurch erhöht sich deren Temperatur gegenüber den geschützten Lötstellen b: An der Thermosäule tritt eine *Spannung* auf. Wegen der Reihenschaltung ist sie die Summe der Spannungen an den einzelnen Thermoelementen; sie ist etwa proportional zur absorbierten Strahlungsleistung.

Versuch 122: Wir bestrahlen eine Thermosäule mit verschiedenen Lichtquellen, z.B. mit einem Laser, einer Quecksilberdampf-Lampe oder einer Glühlampe. In jedem Fall schlägt der über einen Meßverstärker mit der Thermosäule verbundene Spannungsmesser aus. Der Versuch soll dem Mißverständnis vorbeugen, nur bei der Absorption von *Temperaturstrahlung* entstehe Wärme. Die Bezeichnung *Temperatur*strahlung, die vielleicht zu einer solchen falschen Vorstellung verleiten könnte, charakterisiert lediglich die *Entstehungsart* dieser elektromagnetischen Wellen in Glühdrähten oder anderen heißen Körpern; diese strahlen im Gegensatz zu Gasentladungslampen und zum Laser nur wegen ihrer hohen Temperatur.

Versuch 123: Wir bringen eine leuchtende Glühlampe vor die Thermosäule: Das Voltmeter zeigt eine Thermospannung an. Nun betreiben wir die Lampe mit einer so geringen Stromstärke, daß der Glühfaden nicht mehr leuchtet. Dann spricht die Thermosäule immer noch an. Offenbar entsteht auch bei geringeren Temperaturen des Glühfadens eine elektromagnetische Strahlung. An der Thermosäule entsteht sogar eine Spannung, wenn wir ihr unsere Hand auf etwa 1 m nähern.

Versuch 124: Nun benutzen wir als Strahler einen hohlen Metallwürfel, der mit heißem Wasser gefüllt wird. Von den vier Seitenflächen ist eine *geschwärzt*, während die zweite *mattweiß*, die △ dritte *matt glänzend* und die vierte *verspiegelt* ist. Diesen Würfel stellen wir so auf, daß er um seine vertikale Achse gedreht werden kann. Eine etwa 30 cm entfernte *Thermosäule* wird wechselweise von der Strahlung einer dieser Flächen getroffen. Wir finden, daß die schwarze Fläche am stärksten strahlt. Nicht viel schwächer ist die Strahlung der mattweißen Fläche, wesentlich schwächer die der matt glänzenden; die spiegelnde Fläche strahlt fast gar nicht. Der Versuch zeigt:

Der schwarze Körper besitzt im Vergleich zu anderen Körpern nicht nur maximales Absorptionsvermögen, sondern sendet als Temperaturstrahler auch die größtmögliche Strahlungsleistung aus.

Dieses Ergebnis erscheint überraschend. Doch hängt es mit einer alltäglichen Erfahrung zusammen. Wir wissen, daß Körper verschiedener Temperaturen, die sich berühren, nach einiger Zeit *dieselbe Temperatur* annehmen (vorausgesetzt, es werde keinem von ihnen ständig neu Energie zugeführt). Dieselbe Erscheinung tritt aber auch ein, wenn Körper, die sich *nicht* berühren, in einen abgeschlossenen Raum gebracht werden. Alle Körper strahlen nämlich – auch bei Zimmertemperatur – einander elektromagnetische Wellen zu. Jeder *emittiert* einerseits, andererseits *absorbiert* er aber auch Strahlungsenergie. Bei diesem gegenseitigen „Geben" und „Nehmen" stellt sich ein **Strahlungsgleichgewicht** ein: Jeder der betreffenden Körper nimmt in der gleichen Zeit genau den Energiebetrag durch Absorption auf, den er durch Emission verliert. Dieser Gleichgewichtszustand ist dann erreicht, wenn alle beteiligten Körper dieselbe Temperatur besitzen.

Aus dieser Beobachtung können wir nun einen wichtigen Schluß für die Gesetzmäßigkeit ziehen, die dem Strahlungsgleichgewicht zugrunde liegt. Dazu definieren wir zuerst das sogenannte **Absorptionsvermögen:** Wir verstehen darunter den Bruchteil der auf einen Körper treffenden Strahlungsleistung, den dieser *absorbiert.* Angenommen, einer der im Strahlungsgleichgewicht befindlichen Körper besitze ein Absorptionsvermögen von 20%. Dieses werde nun – etwa durch einen anderen Anstrich der Körperoberfläche – auf das k-fache vergrößert (Beispiel: $k=3$ würde bedeuten, daß das Absorptionsvermögen auf 60% erhöht wird). Dann muß der Körper auch k-mal mehr Strahlungsleistung *emittieren* als vorher. Wäre dies nicht so, dann könnte kein Strahlungsgleichgewicht eintreten. Stiege nämlich die *emittierte* Strahlungsleistung auf *weniger* als das k-fache an, so würde der Körper ständig mehr Energie aufnehmen als abgeben und sich so auf Kosten der anderen Körper immer stärker erwärmen. Bei einer Vergrößerung der Strahlungsleistung auf *mehr* als das k-fache würde sich der Körper ständig abkühlen und die anderen Körper dabei aufheizen. Aus solchen Überlegungen folgerte *G. R. Kirchhoff:*

Die Strahlungsleistung eines Temperaturstrahlers ist bei konstanter Temperatur proportional zu seinem Absorptionsvermögen *(Kirchhoffsches Gesetz).*

Farbige Körper absorbieren Strahlung unterschiedlicher Wellenlänge verschieden stark (Mittelstufenband Seite 275). Wir denken uns z.B. einen Körper, der Rot bevorzugt *absorbiert* (er erscheint dann dem Auge grün). Auch bei ihm stellt sich gegenüber anderen Körpern ein Strahlungsgleichgewicht ein. Das heißt aber, er muß Rot auch bevorzugt *emittieren;* sonst würde er seiner Umgebung ständig Strahlung des dieser Farbe entsprechenden Wellenlängenbereichs entziehen. Aus dieser Überlegung folgt:

▽

Das *Kirchhoffsche Gesetz* gilt nicht nur für die Gesamtstrahlung eines Körpers, sondern auch für jeden einzelnen Wellenlängenbereich.

Stellen wir in Versuch 124 neben den Würfel einen zweiten mit derselben Oberfläche und der gleichen Temperatur, so emittieren die beiden Flächen jetzt in der gleichen Zeit doppelt so viel Energie wie vorher eine Fläche allein. Wir können daraus folgern, daß die Strahlungsleistung P zur strahlenden Fläche A proportional ist. Um die Strahlungsleistung von Körpern mit verschieden großen Oberflächen vergleichen zu können, führen wir die von der Fläche unabhängige Größe P/A, also die Strahlungsleistung je Flächeneinheit (gemessen in W/m^2) ein. Sie entspricht der auf Seite 58 für die Absorption elektromagnetischer Wellen definierten Bestrahlungsstärke S. Der schwarze Körper besitzt ein Absorptionsvermögen von 100%. Nach dem *Kirchhoffschen Gesetz* muß also seine *Strahlungsleistung je Flächeneinheit* größer sein als die aller anderen nichtschwarzen Körper derselben Temperatur. In Versuch 121 sahen wir, daß ein Hohlraum einem idealen schwarzen Strahler sehr nahe kommt. Stellt man den dort genannten Kasten aus feuerfestem Material her und bringt ihn auf eine einheitliche Glühtemperatur, so leuchtet das Loch heller als die gleich heißen Außenwände.

Versuch 125: Wir erhitzen eine Porzellanschale, auf der eine schwarze Schrift angebracht ist, bis zur Glut. Die schwarze Schrift leuchtet heller als das weiße Porzellan! Dieselbe Erscheinung kann man auch beobachten, wenn man eine Zeitung verbrennt. Bevor sie zu Asche wird, leuchten die schwarzen Druckbuchstaben in der Glut des Feuers hell auf.

Das Absorptionsvermögen eines idealen schwarzen Körpers beträgt 100%, gleichgültig, aus welchem Material er besteht. Alle schwarzen Körper besitzen also – unabhängig vom Material – bei einer bestimmten Temperatur die größtmögliche und damit auch die *gleiche* Strahlungsleistung je Flächeneinheit. Wegen dieser Eigenschaft werden die Gesetze der Temperaturstrahlung für den *schwarzen* Körper aufgestellt. Aus ihnen kann man dann nach dem *Kirchhoffschen Gesetz* auch für *beliebige* Körper Schlüsse ziehen. Das Absorptionsvermögen eines Körpers sei z.B. für einen gewissen Wellenlängenbereich 40%. Dann beträgt seine Strahlungsleistung je Flächeneinheit in diesem Bereich 40% von der des schwarzen Körpers.

4. Das Stefan-Boltzmannsche Strahlungsgesetz

Es ist eine Erfahrungstatsache, daß die Strahlungsleistung P eines Temperaturstrahlers mit der Temperatur wächst. Wir wollen nun im folgenden untersuchen, nach welcher Funktion die Strahlungsleistung P von der Temperatur T abhängt; dabei legen wir einen schwarzen Strahler zugrunde. Auf Seite 147 haben wir uns überlegt, daß ein Hohlraum mit absorbierenden Innenwänden einem idealen schwarzen Körper sehr nahe kommt. Wenn man also die Wände eines solchen Hohlraumes erwärmt, geht von seiner Öffnung die Strahlung eines schwarzen Körpers aus. Man nennt sie wegen ihrer Entstehung auch „Hohlraumstrahlung“.

Versuch 126: Ein einseitig geschlossenes Messingrohr mit geschwärzten Innenseiten wird in einem elektrischen Heizofen etwa bis zu 360 °C erwärmt *(Abb. 151.1)*. Die Temperatur kann an einem Thermometer abgelesen werden, das mit dem Rohr direkten Wärmekontakt besitzt. Die störende Strahlung der heißen Wände des Heizofens wird durch eine wassergekühlte Blende zurückgehalten. In ihr befindet sich eine kreisförmige Öffnung, aus der die schwarze Strahlung

△

durch ein Papprohr auf eine etwa 30 cm entfernte Thermosäule fällt. Diese ist über einen Meßverstärker mit einem Spannungsmesser verbunden; an ihm lesen wir die Thermospannung U für verschiedene Kelvin-Temperaturen T des schwarzen Strahlers ab. Die Spannung U ist der Strahlungsleistung P proportional; aus der Meßreihe für U und T erhalten wir also (bis auf einen Proportionalitätsfaktor) auch den Zusammenhang zwischen der Strahlungsleistung P und der Temperatur T des schwarzen Strahlers.

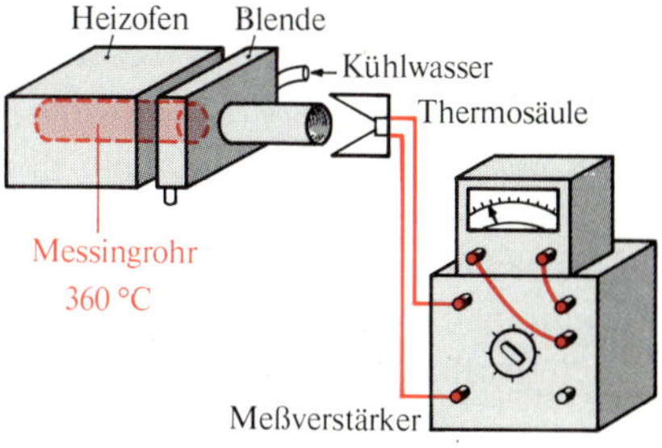

151.1 Zu Versuch 126

Wir entnehmen dem Versuchsergebnis, daß P mit wachsender Temperatur T stark zunimmt; es handelt sich dabei um keine lineare Funktion. Tragen wir jedoch die Daten unseres Versuches in doppelt-logarithmisches Papier ein, so finden wir, daß die Meßpunkte auf einer Geraden liegen *(Abb. 151.2)*. Das doppelt-logarithmische Papier ist ein Koordinatenpapier, dessen x- und y-Achse logarithmisch geteilt sind. Beim Eintragen der Meßpunkte haben wir also die Transformation

$$x = \log\{T\}; \quad y = \log\{U\} \tag{151.1}$$

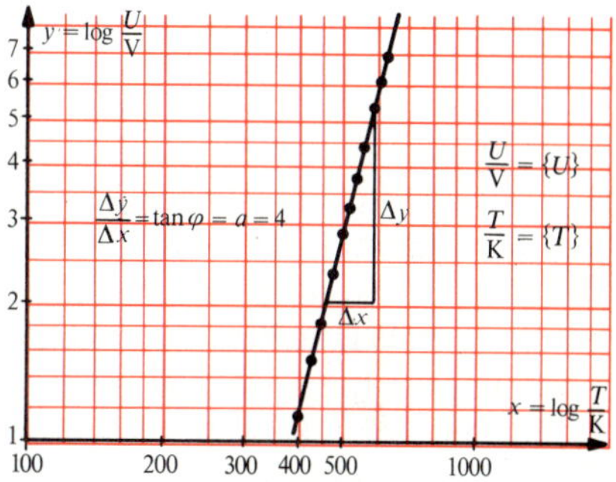

151.2 Die Meßdaten ergeben eine Gerade.

vorgenommen. Dabei ergab sich eine Gerade. Bezeichnen wir ihre Steigung mit a und den Abschnitt auf der y-Achse mit b, so lautet ihre Gleichung $y = a \cdot x + b$. Mit *Gl. 151.1* folgt

$$\log\{U\} = a \cdot \log\{T\} + b.$$

Wir setzen $b = \log\{k\}$ und erhalten damit durch Anwenden der Rechengesetze für die Logarithmusfunktion

$$\log\{U\} = \log\{k \cdot T^a\}, \quad \text{also} \quad U = k \cdot T^a. \tag{151.2}$$

Die Steigung a der Geraden ermitteln wir aus dem Schaubild *(Abb. 151.2)* zu $a = \frac{\Delta y}{\Delta x} = 4$. Es gilt also $U = k \cdot T^4$. Da $U \sim P$ ist, erhalten wir für die Strahlungsleistung

$$P \sim T^4. \tag{151.3}$$

Nach den Überlegungen auf Seite 150, die zur Definition der Strahlungsleistung je Flächeneinheit führten, ist die Strahlungsleistung P eines Temperaturstrahlers seiner strahlenden Fläche A proportional. In unserem Versuch ist A die Fläche der Blendenöffnung. Es gilt also $P \sim A$ (für T = konst.). Zusammen mit *Gl. 151.3* ergibt sich $P \sim A \cdot T^4$. Der Proportionalitätsfaktor wurde zu $\sigma = 5{,}67 \cdot 10^{-8} \frac{\text{W}}{\text{m}^2 \cdot \text{K}^4}$ gemessen. Damit erhalten wir das von *J. Stefan* erstmals formulierte und von *L. Boltzmann* theoretisch begründete Strahlungsgesetz:

Für die gesamte Strahlungsleistung P eines schwarzen Strahlers der Temperatur T und der strahlenden Fläche A gilt

$$P = \sigma \cdot A \cdot T^4 \quad \text{mit} \quad \sigma = 5{,}67 \cdot 10^{-8} \frac{\text{W}}{\text{m}^2\,\text{K}^4} \tag{151.4}$$

(Stefan-Boltzmannsches Strahlungsgesetz).

5. Das Wiensche Verschiebungsgesetz

Das von einem glühenden Körper ausgesandte Licht besitzt ein *kontinuierliches Spektrum*, von dem wir wissen, daß es sich über den sichtbaren Bereich hinaus fortsetzt. Das *Stefan-Boltzmannsche Gesetz* gibt die Strahlungsleistung P des gesamten vom schwarzen Körper ausgestrahlten Spektrums an. Nun haben wir schon bei der Auswertung des Versuchs 109 vermutet, daß die Intensität der Temperaturstrahlung nicht in allen Wellenlängenbereichen gleich groß ist (Seite 136).

Versuch 127: Wir erzeugen nach Versuch 109 das Gitterspektrum des Lichts einer starken Halogenlampe oder einer Bogenlampe und tasten es mit einer Thermosäule ab *(Abb. 152.1)*. Dazu befestigen wir vor deren Öffnung eine Blende, die einen Schlitz von etwa 1 mm Breite freiläßt. Wegen der geringen Empfindlichkeit der Thermosäule richten wir die Abbildung so ein, daß das Spektrum in seiner ganzen Höhe vom Schlitz erfaßt wird. Wir stellen im Violett eine äußerst geringe Strahlungsleistung fest; sie steigt an, je mehr wir den Schlitz vor der Thermosäule dem roten Bereich nähern. Führen wir ihn über den sichtbaren Teil des Spektrums hinaus, so finden wir im Infraroten einen weiteren Anstieg der Strahlungsleistung und schließlich ein Maximum an einer Stelle, die bereits in den Anfang des sichtbaren Spektrums 2. Ordnung fällt. Wie in Versuch 109 schalten wir mit Hilfe eines Infrarotfilters den sichtbaren Anteil des Lichts aus: Das jetzt von der Thermosäule registrierte Maximum wird allein von der *infraroten Strahlung* hervorgerufen.

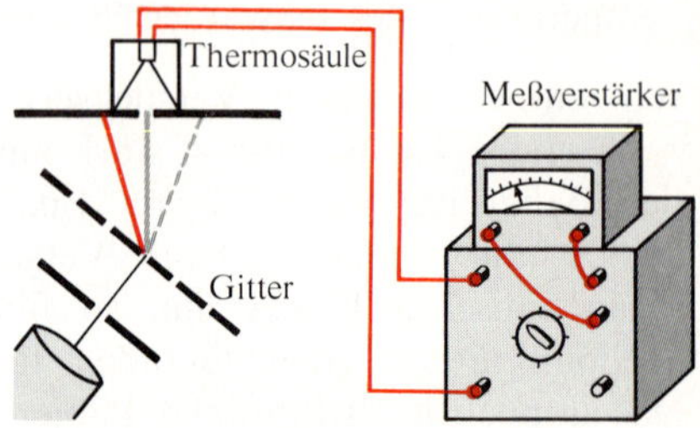

152.1 Zu Versuch 127 (schematisch)

Wir haben nun durch den Schlitz der Breite 1 mm keine bestimmte Wellenlänge, sondern nur einen gewissen Wellenlängenbereich $\Delta\lambda$ aus dem Spektrum herausgegriffen. Da die Wellenlänge λ im Gitterspektrum annähernd proportional zum Abstand d vom Maximum 0. Ordnung ist, bleibt der Betrag dieses herausgegriffenen Bereichs $\Delta\lambda$ jedoch über das ganze Spektrum etwa gleich (vgl. Aufgabe 6).

Für den schwarzen Körper findet man eine ähnliche Verteilung der Strahlungsleistung auf die verschiedenen Wellenlängenbereiche wie in Versuch 127. *W. Wien* (1864 bis 1928) leitete im Jahr 1893 aus theoretischen Überlegungen ein Gesetz für die Wellenlänge λ_m her, bei der das Maximum der Strahlungsleistung des schwarzen Körpers liegt:

Die Wellenlänge λ_m der Strahlung, die von einem schwarzen Körper mit maximaler Leistung emittiert wird, ist zu seiner Temperatur T umgekehrt proportional.

$$\lambda_m = \frac{a}{T} \quad \textit{(Wiensches Verschiebungsgesetz)}. \qquad (152.1)$$

Aus Messungen ergibt sich $a = 2{,}9 \cdot 10^{-3}\ \mathrm{m \cdot K}$.

Nach dem *Wienschen Verschiebungsgesetz* liegt das Maximum der schwarzen Strahlung z.B. für $T = 1000\ \mathrm{K}$ bei $\lambda_m = 2900\ \mathrm{nm}$, also weit im Infraroten. Für wachsendes T verschiebt sich λ_m immer mehr zu kleinen Wellenlängen, also in Richtung auf den sichtbaren Bereich. Das ist der Grund, warum ein heißer Körper erst bei hohen Temperaturen merklich sichtbares Licht ausstrahlt und mit steigender Temperatur zuerst dunkelrot, dann gelb und schließlich weiß leuchtet. Besonders heiße Sterne strahlen sogar bläulich weiß.

Mit der Thermosäule kann man die Wellenlänge des Strahlungsmaximums im Spektrum von Sternenlicht ermitteln und daraus die Oberflächentemperatur eines Sterns bestimmen. Dazu muß man allerdings annehmen, daß sich dieser wie ein schwarzer Strahler verhält. Unter derselben Voraussetzung erhält man aus dem Maximum der Sonnenstrahlung, das bei $\lambda_m = 500$ nm liegt, eine Oberflächentemperatur der Sonne von etwa 6000 K.

6. Das Plancksche Strahlungsgesetz

Die Kurven in *Abb. 153.1* stellen die Verteilung der Strahlungsleistung eines schwarzen Körpers auf die einzelnen Wellenlängenbereiche für verschiedene Temperaturen dar. Die ganze Fläche unter einer Kurve (in *Abb. 153.1* bei $T = 1500$ K grau getönt) gibt die *gesamte* Strahlungsleistung P an; sie ist nach *Gl. 151.4* proportional zu T^4. Für den Wellenlängenbereich $\Delta\lambda = \lambda_2 - \lambda_1$ erhält man die Strahlungsleistung aus der Fläche unter der Kurve zwischen λ_1 und λ_2. Die rot gestrichelte Kurve zeigt, wie das Maximum entsprechend der *Gl. 152.1* bei steigender Temperatur nach links, dem sichtbaren Bereich zu, rückt. *Max Planck* (1858 bis 1947) hat die Gleichung für die in *Abb. 153.1* dargestellte Kurvenschar zunächst empirisch gefunden. Im Jahr 1900 gelang es ihm dann, diese sogenannte „Spektralgleichung" theoretisch herzuleiten. Dazu mußte er die neuartige Hypothese aufstellen, die elektromagnetische Strahlung könne nur in bestimmten *Energiequanten* abgegeben und aufgenommen werden.

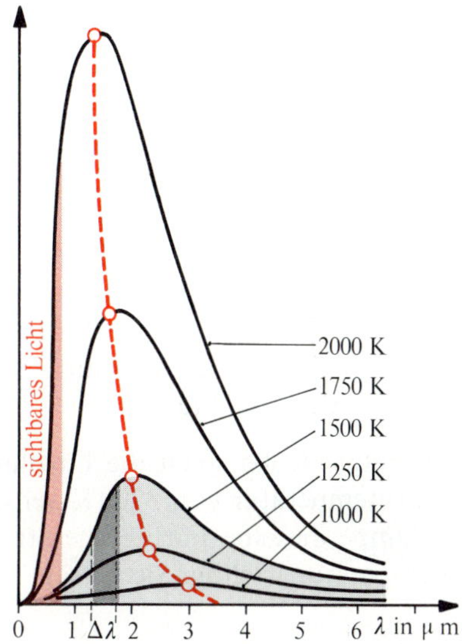

153.1 Verteilung der Strahlungsleistung auf die Wellenlängenbereiche des Spektrums bei verschiedenen Temperaturen des schwarzen Körpers (rot getönt: sichtbarer Anteil)

Der in *Abb. 153.1* rot getönte Ausschnitt stellt nur einen sehr kleinen Teil der jeweiligen Fläche unter einer der Kurven dar. Das bedeutet, daß selbst bei hohen Temperaturen lediglich ein geringer Prozentsatz der gesamten Strahlungsleistung eines schwarzen Körpers auf den *sichtbaren* Bereich entfällt. Dies zeigt auch der folgende Versuch mit einer *Bogenlampe*, die wir näherungsweise als schwarzen Strahler betrachten können.

Versuch 128: Nach *Abb. 153.2* wird das Licht der Bogenlampe durch einen Hohlspiegel auf einen Brennfleck F konzentriert. Ein Streichholz, dessen (dunkler) Kopf sich in F befindet, wird durch die Energie der absorbierten Strahlung nach kurzer Zeit entzündet. Wir wiederholen den Versuch, bringen aber ein Infrarotfilter in den Strahlengang, das den sichtbaren Anteil des Lichts zurückhält. Trotzdem entflammt der jetzt im Dunkeln liegende Streichholzkopf. Nun vertauschen wir das Infrarotfilter mit einer wassergefüllten Glaswanne. Die (mindestens 10 cm dicke) Wasserschicht absorbiert einen großen Teil der infraroten

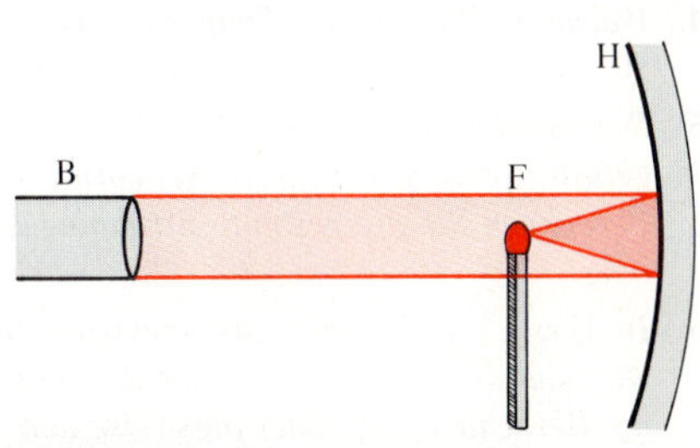

153.2 Durch die Energie der absorbierten Strahlung wird ein Streichholz entzündet. B Bogenlampe; H Hohlspiegel; F Brennfleck; in F befindet sich der Streichholzkopf.

▽ Strahlung; dagegen läßt sie das sichtbare Licht fast ungeschwächt durch. Obwohl der Streichholzkopf hell beleuchtet ist, entzündet er sich jetzt nicht. Solche „Wasserfilter" können wir bei vielen optischen Experimenten einsetzen, bei denen die Infrarotstrahlung der Lampe unerwünscht ist.

7. Die Farbtemperatur

Nach *Abb. 153.1* sendet jeder schwarze Körper bei einer gewissen Temperatur *T Lichtwellen* aus, deren Strahlungsleistungen *P* in ganz bestimmter Weise auf die Wellenlängen des sichtbaren Bereiches verteilt sind. Dadurch erhält man einen *Farbeindruck*, der *eindeutig* von der Temperatur *T* abhängt: Alle schwarzen Körper mit derselben Temperatur erzeugen denselben Farbeindruck. Man spricht deshalb von der **Farbtemperatur** des schwarzen Körpers. Bei beliebigen Körpern sind die Strahlungsleistungen i.a. nicht so verteilt wie in *Abb. 153.1*. Um auch für sie eine eindeutige Farbtemperatur angeben zu können, zieht man den schwarzen Körper als Vergleichskörper heran und definiert: Unter der Farbtemperatur eines beliebigen lichtaussendenden Körpers versteht man die Temperatur des schwarzen Körpers, die dieser besitzen müßte, um denselben Farbeindruck zu erzeugen. Bei Metallen ist die Farbtemperatur höher als ihre wahre Temperatur. Bei Glühlampen liegt sie etwa 40 K über der tatsächlichen Temperatur des Glühfadens.

Eine wichtige Rolle spielt die Farbtemperatur in der Fotografie. Kunstlichtfarbfilme sind auf eine Farbtemperatur von 3200 K sensibilisiert. Damit sie farbrichtig belichtet werden, muß die Studiolampe dieselbe Farbtemperatur besitzen. Auch bei der Projektion von Farbdias ist die Farbtemperatur wichtig. Sie beträgt bei einer Halogenprojektionslampe 3400 K.

Aufgaben:

1. *Welchen Energiebetrag sendet die Sonne in jeder Sekunde in den Weltraum? Die Oberflächentemperatur der Sonne beträgt rund* 6000 K, *ihr Halbmesser* $r = 7 \cdot 10^8$ m; *sie soll näherungsweise als schwarzer Strahler betrachtet werden.*
2. *Bei welcher Wellenlänge liegt das Maximum der Strahlungsleistung im Spektrum eines Fixsterns der Oberflächentemperatur* 18 000 K *unter der Voraussetzung, daß der Stern wie ein schwarzer Körper strahlt?*
3. *Thermosgefäße sind innen verspiegelt. Wie wirkt sich dies aus, wenn eine Flüssigkeit eingefüllt wird, die heißer als die äußere Wand des Thermosgefäßes ist? Wie ist die Auswirkung, wenn die eingefüllte Flüssigkeit kälter als die äußere Gefäßwand ist?*
4. *Warum treibt man die Temperatur von Glühfäden in Lampen so hoch wie technisch möglich? Warum geben sie trotzdem noch ein gelbliches Licht?*
5. *Der Würfel in Versuch 124 besitzt eine Kantenlänge von* 10 cm; *er ist mit Wasser der Temperatur* 77 °C *gefüllt. Seine geschwärzte Seitenfläche besitzt für alle Wellenlängen ein Absorptionsvermögen von* 90%. *Berechnen Sie die gesamte Strahlungsleistung der von dieser Würfelfläche ausgehenden Temperaturstrahlung!*
6. *In Versuch 127 wurde das Spektrum mit einem Gitter der Gitterkonstanten* $g = 1{,}0 \cdot 10^{-5}$ m *erzeugt. Der Abstand des Schlitzes von der Abbildungslinse betrug* $f_2 = 25$ cm.
   a) Berechnen Sie näherungsweise den Wellenlängenbereich $\Delta\lambda$, *der durch den* 1 mm *breiten Schlitz aus dem Spektrum 1. Ordnung herausgegriffen wurde!*
   b) Verschiebt man den Schlitz vom Maximum 0. Ordnung aus um 2,4 cm, *so entsteht an der Thermosäule eine maximale Spannung. Berechnen Sie die Temperatur des Glühfadens der Lampe unter der Voraussetzung, daß er wie ein schwarzer Körper strahlt!* △

§ 31 Das elektromagnetische Spektrum

In den vorangegangenen Untersuchungen haben wir gefunden, daß sich an das sichtbare Spektrum des Lichts sowohl zum langwelligen Infrarot als auch zum kurzwelligen Ultraviolett hin weitere Bereiche elektromagnetischer Wellen anschließen. Sie lassen sich in ein *Gesamtspektrum* einordnen, dessen Wellenlängen von etwa 10000 km bis zu einer Größenordnung von millionstel Nanometer reichen *(Abb. 155.1)*.

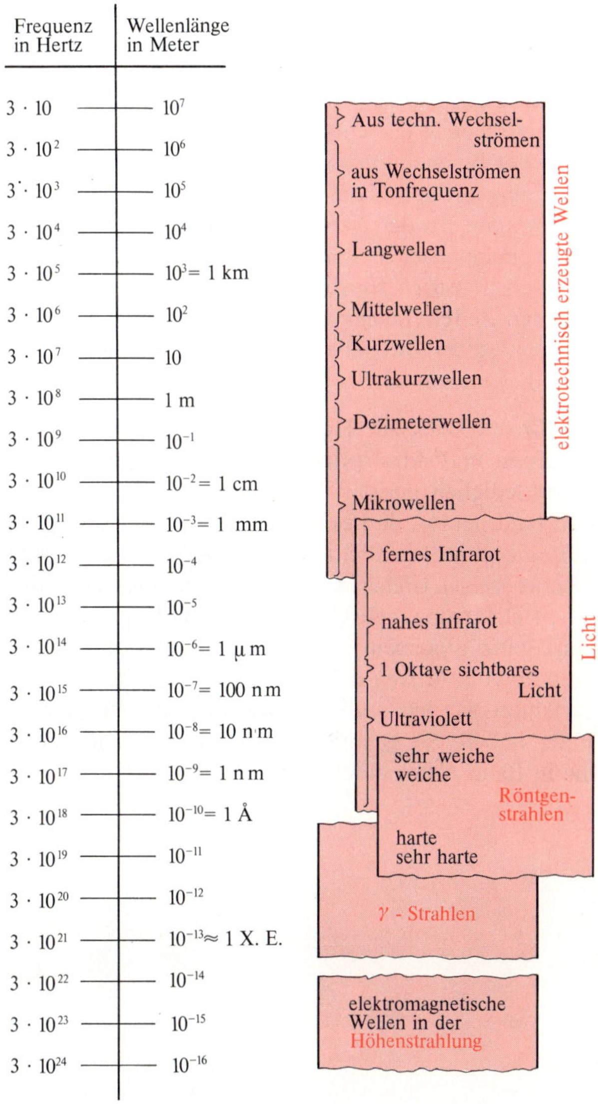

155.1 Gesamtspektrum der elektromagnetischen Wellen

Die längsten Wellen werden von Leitungen abgestrahlt, in denen *technische Wechselströme* fließen; sie werden durch Generatoren erzeugt. Rundfunk- und Fernsehsender strahlen Wellen von 2000 m *(Langwellen)* bis zu etwa 40 cm *(Dezimeterwellen)* Wellenlänge aus. Sie kommen durch Röhren- bzw. Transistorschaltungen mit Schwingkreisen zustande. Auch die *Mikrowellen* bis $\lambda = \frac{1}{10}$ mm werden mit elektronischen Mitteln erzeugt. Kürzeste Mikrowellen und fernes Infrarot stellen elektromagnetische Wellen mit denselben Wellenlängen dar. Sie unterscheiden sich lediglich durch ihre andersartige Entstehungsweise.

Den Wellenlängenbereich vom fernen Infrarot bis zum äußersten Ultraviolett nennt man deshalb „*Licht*", weil er auf dieselbe Weise wie das sichtbare Licht erzeugt wird, nämlich thermisch oder durch Elektronenstoß in Gasentladungen. Mit dem *kurzwelligsten Ultraviolett* decken sich die *langwelligsten Röntgenstrahlen*, die in der Röntgenröhre durch Beschuß des Anodenmaterials mit Elektronen hoher Geschwindigkeit entstehen. Die sogenannten *harten Röntgenstrahlen* stellen die kürzesten elektromagnetischen Wellen dar, die technisch hergestellt werden können. *γ-Strahlen* entstehen bei der Umwandlung radioaktiver Stoffe. Die kürzesten elektromagnetischen Wellen, die uns bekannt sind, werden durch die sogenannte *Höhenstrahlung (kosmische Strahlung)* hervorgerufen.

Rückblick

Das elektromagnetische Spektrum umfaßt weite Bereiche von Strahlungen. Sie werden ganz verschiedenartig erzeugt, z.B. von Sendeantennen, Gasentladungsröhren, Glühlampen, Heizöfen, Röntgenröhren oder bei Kernprozessen in Atomen. Gemeinsam ist ihnen die gleiche Geschwindigkeit im Vakuum, die sich aus der elektrischen und der magnetischen Feldkonstanten berechnen läßt (Seite 50). Um dies erklären zu können, haben wir das Wechselspiel zwischen elektrischen und magnetischen Feldern betrachtet und so das Modell einer elektromagnetischen Welle entwickelt. Es hat sich als tragfähige Grundlage für das Verständnis vieler optischer Erscheinungen erwiesen. Die Lehre vom Licht ist damit in einen großen Zusammenhang eingeordnet. Nach einem oft mit heftiger Erbitterung geführten Meinungsstreit zwischen den Anhängern der *Newtonschen Korpuskel-* und der *Huygensschen Wellentheorie* war mit der elektromagnetischen Lichttheorie ein Abschluß erreicht, der den Physikern damals endgültig erschien. *Heinrich Hertz* sagte im Jahr 1889 zur Wellentheorie des Lichts: „Was ist das Licht? Seit den Zeiten *Youngs* und *Fresnels* wissen wir, daß es eine Wellenbewegung ist … An diesen Dingen ist ein Zweifel nicht mehr möglich, eine Widerlegung dieser Anschauung ist für den Physiker undenkbar."

Als *Max Planck* zur Herleitung der Spektralgleichung die Hypothese von der quantenhaften Emission und Absorption der elektromagnetischen Strahlung aufstellte, dachte er zuerst, sie spiele lediglich bei der Temperaturstrahlung des schwarzen Körpers eine Rolle. Doch stellte sich bald heraus, daß es sich hier nicht um die spezielle Lösung eines Einzelproblems, sondern um eine grundlegende, neue physikalische Denkweise handelte. Die klassischen (d. h. aus den *Maxwellschen Gleichungen* folgenden) Gesetze führen nämlich bei der Wechselwirkung zwischen elektromagnetischen Wellen und einzelnen Mikrogebilden (z. B. Atomen oder Elektronen) ganz allgemein zu Widersprüchen mit der experimentellen Erfahrung. Wir sprechen deshalb vom *Modell* der elektromagnetischen Welle; wir wollen damit ausdrücken, daß es noch verfeinert werden muß, so daß auch die bis jetzt noch unerklärbaren Erscheinungen in ihm Platz haben. So gelangen wir dann zu einer umfassenden, widerspruchsfreien Lichttheorie, die in Band A behandelt wird.

Spezielle Relativitätstheorie

Die Spezielle Relativitätstheorie macht über grundlegende physikalische Größen wie Länge, Zeit und Masse neuartige Aussagen. Sie wurde um 1905 geschaffen, im wesentlichen von *Albert Einstein* (deutscher Physiker, 1879–1955, Nobelpreis für Physik 1921, seit 1933 im Exil in den USA). Niemand rechnete damals damit, daß man über Raum und Zeit – nach *Kant* Kategorien (Grundvoraussetzungen) unserer Anschauung – zu Einsichten gelangen könnte, die über das jedermann von Kind an Geläufige hinausgehen. Die von der Theorie geforderten, höchst ungewohnten Eigenschaften von Raum und Zeit waren demgemäß seinerzeit heftig umstritten und sind es in manchen Kreisen auch heute noch. Tatsächlich sind sie erst bei sehr hohen Geschwindigkeiten, nämlich bei Annäherung an die Lichtgeschwindigkeit, zu erkennen. Sie bleiben uns daher im Alltag verborgen. Im kosmischen Bereich und bei Experimenten mit atomaren Teilchen sind jedoch hohe Geschwindigkeiten nicht selten; dort werden auch die Voraussagen der Relativitätstheorie[1]) durch die Erfahrung bestätigt.

§ 32 Die Messung von Längen und Zeiten

1. Die Problematik der Längenmessung

Physikalische Grundgrößen werden stets durch **Meßverfahren** definiert. Oft sind uns diese Verfahren so vertraut, daß es schwerfällt, sie kritisch zu überdenken. Wie führt man eine direkte, d.h. der ursprünglichen Definition folgende Längenmessung aus?

Man braucht einen starren Körper bekannter Länge, z.B. einen Meterstab. Man legt den Meterstab an die auszumessende Strecke wiederholt an, beginnend am einen Ende, und zählt, wie oft dies möglich ist. Dann erhält man die Länge der Strecke (auf Meter genau). Es liegt auf der Hand, daß diese *direkte* Längenmessung nur sehr beschränkt anwendbar ist. Die größten Längen, die man direkt mit Hilfe von Drähten aus Invarstahl ausgemessen hat, die Standlinien der Landesvermessung, betragen wenige Kilometer. Größere Längen werden mit Hilfe von Winkelmessungen oder aus Luftaufnahmen bestimmt. Man stützt sich dabei auf Gesetze der euklidischen Geometrie und der Optik, mißt also die Längen indirekt, nicht mehr nach der ursprünglichen Meßvorschrift. Ebenso verhält es sich bei sehr kleinen Längen, die man mit Lichtinterferenzen ausmißt (Seite 134).

Es gibt nun eine Methode der *indirekten* Längenmessung, die heute besonders wichtig geworden ist, die *Laufzeitmethode.* Man sendet ein Signal vom einen Ende O der zu messenden Strecke aus, läßt es am anderen Ende P reflektieren und mißt die Zeit zwischen Aussendung

---

[1]) *Einstein* hat auch eine Theorie der Gravitation geschaffen, die sogenannte *Allgemeine Relativitätstheorie.* Sie soll uns hier nur am Rande beschäftigen. Wir lassen daher der Kürze halber den Zusatz „Speziell" bei dem im folgenden dargestellten Teil der Relativitätstheorie weg.

und Rückkehr. Ist t der Zeitpunkt der Aussendung, T der Zeitpunkt der Rückkehr und c die in beiden Richtungen als gleich groß angenommene Ausbreitungsgeschwindigkeit der Signale, so berechnet man die Länge $\overline{\mathrm{OP}}$ der Strecke aus der Gleichung

$$\overline{\mathrm{OP}} = \tfrac{1}{2}\, c \cdot (T - t). \tag{158.1}$$

Als „Echolot" wird dieses Verfahren schon lange auf Schiffen angewandt. $c \approx 1{,}5\ \mathrm{km\,s^{-1}}$ ist dabei die Schallgeschwindigkeit in Wasser. Neuerdings arbeitet man weitgehend mit elektromagnetischen Signalen, z.B. cm-Wellen (Seite 65ff.). Dies ist das sogenannte *Radar-Verfahren;* $c = 3 \cdot 10^5\ \mathrm{km\,s^{-1}}$ ist dabei die Lichtgeschwindigkeit im Vakuum (und praktisch auch in Luft; z.Zt. bester Wert für das Vakuum: 299792,458 $\mathrm{km\,s^{-1}}$). Wegen der Kürze der Laufzeiten – ein Radarsignal legt in Luft in 1 Mikrosekunde 300 m zurück – sind sehr schnell „tickende" Uhren notwendig. Sie stehen heute in Form elektronischer Zählgeräte zur Verfügung. Mit Radar lassen sich auch kosmische Entfernungen mit hoher Genauigkeit ausmessen. So kann man z.B. die Entfernung Erde – Mond mit weniger als 1 m Unsicherheit bestimmen.

Direkte Längenmessungen sind nur in einem auf wenige Kilometer begrenzten Bereich möglich. Mit Laufzeitmessungen von Radarsignalen erhält man in weiten Bereichen die derzeit genauesten Resultate.

2. Die Konstanz der Lichtgeschwindigkeit

Die gewonnenen Erkenntnisse legen es nahe, die Länge nicht mehr mit Hilfe von starren Maßstäben zu definieren, sondern die Längenmessung ganz auf die Laufzeitmessung bestimmter Signale zu gründen. Licht- oder Radiosignale bieten sich dabei wegen der zweifachen Sonderstellung an, die sie einnehmen:

1. Sie benötigen zur Ausbreitung keine Materie.
2. Ihre Geschwindigkeit, die Lichtgeschwindigkeit, wird (im Vakuum) erfahrungsgemäß von der keines anderen Signals übertroffen.

Eine solche Neudefinition der Länge ist aber nicht unproblematisch. Echomessungen können leicht falsche Ergebnisse liefern; jedenfalls ist dies beim Schall so.

Wir messen die Entfernung L zweier fester Punkte A und B auf der Erde durch die Schall-Laufzeit Δt im Echoverfahren. Bei ruhiger Luft gilt: $2L = c \cdot \Delta t$. Bläst aber ein Wind der Geschwindigkeit $v < c$ in der Richtung von A nach B, so ist der Schall relativ zum Boden auf dem Hinweg schneller $(c+v)$, auf dem Rückweg langsamer $(c-v)$ als bei ruhender Luft. Die Laufzeit ist gleich

$$\Delta_{\|}\, t = \frac{L}{c+v} + \frac{L}{c-v} = \frac{2Lc}{c^2 - v^2} = \Delta t \cdot \frac{1}{1-\beta^2} \quad \text{mit} \quad \beta = \frac{v}{c}; \tag{158.2}$$

also $\Delta_{\|}\, t > \Delta t$.

Der Schall braucht insgesamt länger, die Entfernung erscheint größer als bei Windstille.

Dies ist auch dann der Fall, wenn der Wind senkrecht zu der Strecke AB bläst, wie wir nun zeigen wollen *(Abb. 159.1)*. A sende nach allen Seiten Signale aus. Bei B kommt dasjenige an, das in Richtung auf C abgesandt wird (Band MS Seite 67). Beträgt seine Laufzeit auf dem Hinweg τ, so gilt

$$c^2 \cdot \tau^2 = v^2 \cdot \tau^2 + L^2 \quad \text{oder} \quad \tau = \frac{L}{\sqrt{c^2 - v^2}}.$$

B sende unmittelbar nach der Ankunft des Signals ein Echo ebenfalls nach allen Seiten aus. Für die Laufzeit bis zur Ankunft eines Echos bei A ergibt sich durch entsprechende Überlegung ebenfalls τ. Also ist die Laufzeit insgesamt gleich

$$\Delta_{\perp} t = 2\tau = \Delta t \cdot \frac{1}{\sqrt{1-\beta^2}} \quad \text{mit} \quad \beta = \frac{v}{c}; \qquad (159.1)$$

wieder gilt $\Delta_{\perp} t > \Delta t$.

Man kann zeigen, daß das Echo bei jeder beliebigen Windrichtung länger braucht als bei ruhendem Schallträger, daß also alle Entfernungen vergrößert erscheinen.

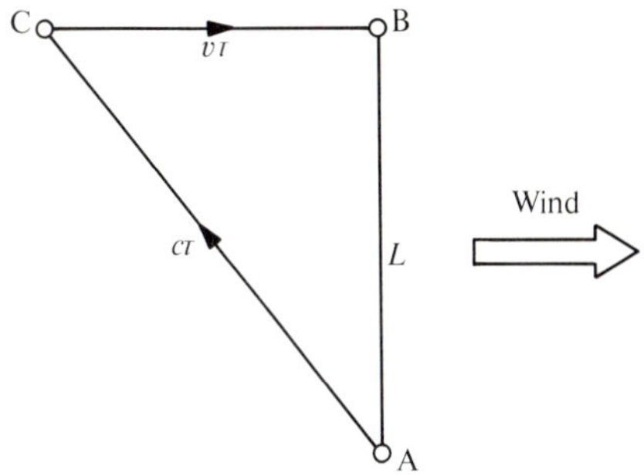

159.1 Einfluß eines Windes senkrecht zur Meßstrecke

Es stellt sich die Frage, ob solche Fehler nicht auch beim Radarecho vorkommen. Luft- oder Wasserströmungen haben allerdings keinen merklichen Einfluß, da ihre Geschwindigkeiten im Vergleich zur Lichtgeschwindigkeit verschwindend klein sind: Für einen Orkan mit $v = 60\,\mathrm{m\,s^{-1}}$ ergibt sich mit $c = 3 \cdot 10^5\,\mathrm{km\,s^{-1}}$ der Wert $\beta = 2 \cdot 10^{-7}$. In die Verfälschung der Laufzeit geht nach der vorigen Rechnung sogar nur β^2, also hier $4 \cdot 10^{-14}$ ein!

Aber der eigentliche „Träger" der elektromagnetischen Wellen ist ja der leere Raum, und durch diesen bewegt sich die Erde auf ihrer Bahn um die Sonne mit der beträchtlichen Geschwindigkeit von $v = 30\,\mathrm{km\,s^{-1}}$. Ein Raum-Wind (oder, wie man sich in der Diskussion um 1900 ausdrückte[1]), ein „Äther-Wind") dieser Geschwindigkeit könnte sehr wohl meßbare Effekte erbringen. *A. A. Michelson* (1852–1931, amerikanischer Physiker, Nobelpreis 1907) führte erstmals 1881 ein Experiment aus, das den Ätherwind nachweisen müßte, wenn es ihn gäbe.

Bei Schall kann man Laufzeiten mit und ohne Wind messen und vergleichen. Bei Licht ist beides unmöglich: Die Laufzeiten sind auf irdischen Strecken extrem kurz, und der „Wind" – wenn es ihn gäbe – ließe sich nicht abstellen. Michelson ersetzt die Laufzeit*messung* durch den Laufzeit*vergleich* mittels Interferenz des Lichtes. Er nutzt aus, daß die Wind-Effekte parallel und senkrecht zur Lichtrichtung etwas verschieden sein müßten, wie *Gl. 158.2* und *Gl. 159.1* zeigen.

Das Prinzip des Michelson-Interferometers (Seite 132) zeigt *Abb. 159.2*. Die Lichtquelle beleuchtet einen schräggestellten Strahlenteiler. Das Licht wird an zwei zueinander senkrechten Spiegeln reflektiert. Es kommt am Schirm so an, als wäre es von zwei hinter dem oberen Spiegel gelegenen kohärenten „virtuellen" Lichtquellen ausgegangen. Wenn die beiden Spiegel verschiedene Abstände vom Strahlenteiler haben (in *Abb. 159.2* ist der rechte Spiegel etwas weiter entfernt als der obere), fallen die virtuellen Lichtquellen nicht zusammen. Man erhält dann die Interferenz zweier Kugelwellen in sogenannter Längsbeobachtung (vgl. den Glimmerblattversuch Seite 126). Auf dem Schirm erscheinen konzentrische helle und dunkle Ringe. Die interferierenden Lichtbündel durchlaufen zwischen Strahlenteiler und jeweiligem Spiegel verschieden lange und vor allem verschieden gerichtete Wege.

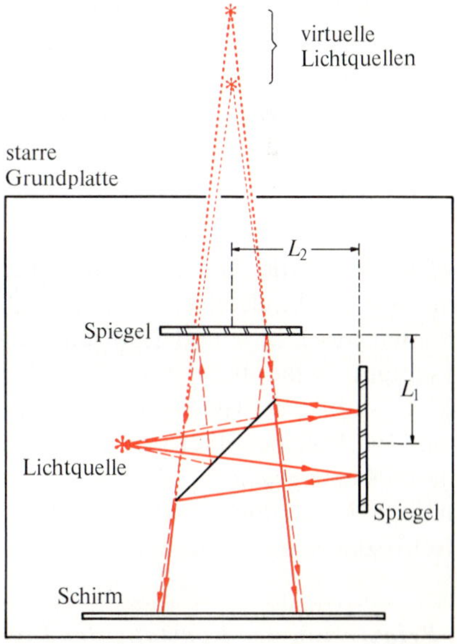

159.2 Prinzip des Michelson-Interferometers: Zweizentren-Interferenz, Längsbeobachtung

[1]) Solange man versuchte, sich die Lichtwellen als mechanische Wellen vorzustellen, nannte man den hypothetischen Träger dieser Wellen „Äther". Später verstand man darunter den Träger elektromagnetischer Felder (Band E Seite 59).

▼ Ein etwaiger Ätherwind von links würde nach *Gl. 158.2* und *Gl. 159.1* die Lichtlaufzeit in senkrechter und waagerechter Richtung etwas verschieden beeinflussen. Dreht man den Apparat, der auf einer starren Grundplatte montiert ist, um 45° im Uhrzeigersinn, so müßte dieser Unterschied der Einflüsse auf die Lichtbündel verschwinden. Sie bekämen daher einen anderen Gangunterschied, und das Interferenzbild müßte sich ändern. Nach einer weiteren Drehung um 45° haben wir wieder den Fall von *Abb. 159.2*, nur mit vertauschten Rollen der beiden Spiegel, usw.

Michelson suchte in seinem Experiment nach einer solchen Änderung des Interferenzbildes bei Drehung des Interferometers. Er konnte dabei sicher sein, auch einen kleinen Bruchteil des mit der Erdbahngeschwindigkeit zu erwartenden Effekts noch nachzuweisen (siehe Aufgabe 4). Das Versuchsergebnis war aber *völlig negativ*, zur großen Überraschung der Fachleute.

Die einfachste Deutung dieses berühmten und später mehrmals mit großem Aufwand und immer gleichem Resultat wiederholten Experimentes ist diese: *Es gibt keinen Ätherwind.* Das Lichtwellenfeld hat bei jeder Stellung des Interferometers das gleiche Aussehen, es wird nicht „verweht". Beispielsweise befinden sich zwischen der Lichtquelle und der Mitte des Strahlteilers immer gleich viele Wellenberge. Diese Anzahl der Wellenberge ist gleich der Anzahl von Schwingungsdauern, die das Licht für den Weg von der Quelle bis zum Strahlteiler benötigt. Somit braucht das Licht für diese Strecke immer die gleiche Zeit[1]). Wir verallgemeinern diese Erkenntnis und stellen fest:

Das Licht braucht zum Zurücklegen einer Strecke, die durch zwei Punkte an einem starren Körper vorgegeben ist, immer die gleiche Zeit, unabhängig davon, welche Lage dieser Körper einnimmt oder wie er sich bewegt. (160.1)

Die Aussage *160.1* ist nicht nur am Michelson-Versuch geprüft worden. Man hat auch Experimente angestellt, bei denen sich die Lichtquelle mit hoher Geschwindigkeit bewegte, während die Meßstrecke und der an ihrem einen Ende angebrachte Licht-Empfänger relativ zur Erde ruhte. Die Laufzeit des Lichtes war die gleiche wie bei ruhender Lichtquelle.

Denken wir uns irgendeinen Apparat zur direkten Messung der Lichtgeschwindigkeit aufgebaut! Er muß einen starren Körper enthalten, auf dem eine Meßstrecke abgesteckt ist. Außerdem muß eine Uhr zur Laufzeitmessung angebracht sein. Der Apparat ruhe zunächst relativ zur Erde. Wir bestimmen die Länge der Meßstrecke durch Anlegen eines Meterstabes, messen die Laufzeit eines Lichtsignals und berechnen die Lichtgeschwindigkeit als den Quotienten aus Länge und Laufzeit. Nun werde der Apparat in Bewegung gesetzt und erneut die Lichtgeschwindigkeit gemessen. Für die Längenmessung benutzen wir einen mitbewegten Meterstab. Erfahrungsgemäß erhalten wir den gleichen Wert für die Länge wie zuvor. Nach *Satz 160.1* bleiben die Lichtlaufzeit und somit die Lichtgeschwindigkeit unverändert. Wir müssen dies als eine *grundlegende Eigenschaft* der starren Körper, der Uhren und des Lichts betrachten und als Erfahrungstatsache anerkennen, von der alle weiteren Überlegungen auszugehen haben. In diesem Sinne formulieren wir das

Prinzip von der Konstanz der Lichtgeschwindigkeit:
Ein Apparat, der mit Hilfe von Uhren und starren Körpern die Lichtgeschwindigkeit mißt, liefert unabhängig von seinem Bewegungszustand immer denselben Wert. (160.2)

▲ [1]) Wir sehen hier die Lichtquelle als Uhr an. Sie „tickt" mit der Frequenz des ausgesandten Lichtes.

3. Zeitmessung und Synchronisation von ruhenden Uhren

Das Resultat von *Michelson* läßt es sinnvoll erscheinen, die Längenmessung mit Hilfe der Radar-Methode völlig auf die Zeitmessung zurückzuführen. Das Licht- oder Mikrowellen-Radar kann (jedenfalls im Vakuum) keine durch „Äther-Wind" verfälschten Werte liefern. Die *Uhr* wird zum Universal-Meßgerät für Zeiten und Längen.

Zu einer Uhr gehören immer 2 wesentliche Teile: Ein *periodischer Vorgang* (z.B. eine Pendelschwingung) und ein *Zählgerät*, das angibt, wie oft dieser Vorgang zwischen 2 Ereignissen abgelaufen ist (z.B. Zeiger und Zifferblatt). Bei den genauesten heute bekannten Uhren ist der periodische Vorgang eine bestimmte hochfrequente innere Schwingung von Caesium-Atomen; das Zählen der Schwingungen übernimmt ein elektronisches Zählgerät, wie wir es aus Experimenten zur Radioaktivität kennen (Mittelstufenband, Seite 411). Nach der gesetzlichen Definition ist eine Sekunde diejenige Zeit, in der Cs-Atome 9192631770 Schwingungen der betrachteten Art ausführen.

Wie beurteilt man die Güte einer Uhr? In welchem Sinne sind Atomuhren „besser" als Pendeluhren? Maßgebend ist die Gleichmäßigkeit des Ganges. Zwei Cs-Uhren, deren Zähler gleichzeitig gestartet werden, zeigen über einen langen Zeitraum hinweg in jedem Augenblick das Gleiche an. Zwei Pendeluhren werden auch bei sorgfältigster Justierung auf Gleichlauf bald Abweichungen zeigen, die unregelmäßig anwachsen. Mit gutem Grund nimmt man daher an, daß die schwingenden Atome weniger von äußeren Störungen beeinflußt werden als die schwingenden Pendel und daß sie deshalb dem Ideal der Zeitmessung besser entsprechen. Selbst der Umlauf der Erde um die Sonne zeigt gegenüber einer Serie von Cs-Uhren Unregelmäßigkeiten, weshalb man die frühere astronomische Zeitdefinition aufgegeben hat.

Wenn in einem Punkt O des Raumes eine Uhr steht und überall im Raum Reflektoren für Radarsignale angebracht sind, läßt sich durch eine Messung gemäß *Gl. 158.1* die Entfernung $\overline{OP}$ zu einem entfernten Reflektor P bestimmen. Durch wiederholte Messung läßt sich auch prüfen, ob sich $\overline{OP}$ im Laufe der Zeit ändert oder nicht. Man kann sogar die Entfernung zweier ganz beliebiger Reflektoren P und Q bestimmen, wenn man ein Signal von O nach P und über Q zurück nach O lenkt (siehe Aufgabe 5). Mit Hilfe der einen Uhr läßt sich so der ganze Raum ausmessen. Sind die Entfernungen je zweier Reflektoren zeitlich konstant, so kann man jeden Reflektor durch 3 **Ortskoordinaten** kennzeichnen, wie dies aus der Geometrie bekannt ist.

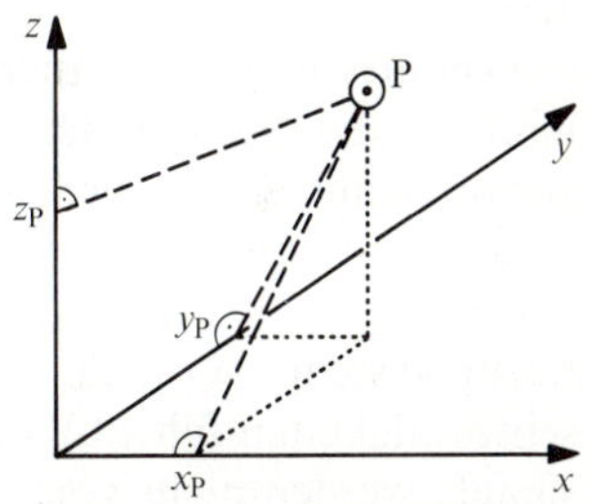

161.1 Kartesische Koordinaten x_P, y_P und z_P des Punktes P

Kartesische Koordinaten sind am gebräuchlichsten. Man benötigt hierzu 3 paarweise zueinander senkrechte Geraden durch O, die Koordinatenachsen. Die Koordinaten x_P, y_P und z_P eines beliebigen Punktes P kann man dann z.B. gemäß *Abb. 161.1* durch Fällen von Loten auf die Achsen bestimmen. Es ist möglich, das Abstecken von geraden Linien und das Fällen von Loten allein mit Hilfe von Entfernungsmessungen auszuführen. Wir wollen darauf jedoch nicht näher eingehen.

Von irgendeinem Ereignis, wie z.B. dem Aufleuchten einer Lampe, kann man dann angeben, an welchem *Ort* es stattfindet (gemessen in dem festgelegten Koordinatensystem). Man kann aber noch nicht sagen, zu welcher *Zeit* es passiert, wenn es sich nicht um ein Ereignis in O handelt. Um das Koordinatensystem zu einem **zeitlich-räumlichen Bezugssystem** zu ergänzen, muß man an allen Orten im Raum eine Zeitmessung ermöglichen.

Man kann natürlich an beliebigen Raumpunkten Uhren aufstellen. Sie können von der gleichen Bauart wie die Uhr in O oder davon verschieden sein. In jedem Falle müssen sie richtig gestellt, „synchronisiert" werden. Bekanntlich werden heute allgemein Uhren durch elektromagnetische Signale synchronisiert. Jedermann kennt das Zeitzeichen des Rundfunks.

▼ Bei hohen Genauigkeitsanforderungen muß man dabei die Laufzeit der Synchronisierungssignale berücksichtigen. Das Prinzip von der Konstanz der Lichtgeschwindigkeit schreibt zwingend vor, wie zu verfahren ist:

Von O, dem Ursprung des räumlichen Koordinatensystems, gehe ein Lichtsignal aus, wenn die in O aufgestellte Uhr die Zeit t anzeigt. Es werde als Zeitzeichen im Punkt P empfangen und reflektiert. Bei der Rückkunft in O zeige die dortige Uhr die Zeit T an. Nach dem Prinzip von der Konstanz der Lichtgeschwindigkeit braucht das Licht für Hin- und Rückweg die gleiche Zeit. Also muß die Zeitanzeige t_r der Uhr in P im Moment der Reflexion in der Mitte zwischen t und T liegen:

$$t_r = \tfrac{1}{2}(T+t). \qquad (162.1)$$

Sollte sich dies bei einer anschließenden Nachprüfung nicht als richtig erweisen, so muß die Uhr in P entsprechend reguliert werden. *Abb. 162.1* veranschaulicht noch einmal den Synchronisationsvorgang. Er kann auf jede Uhr im Raum angewandt werden.

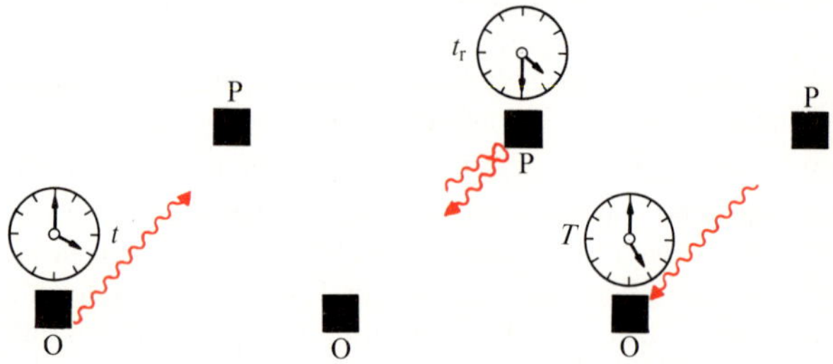

162.1 Zeitübertragung von O nach P gemäß *Gl. 162.1*

4. Rückblick

Man kann allein mit Uhren und Lichtsignalen, also ohne Maßstäbe, ein zeitlich-räumliches Bezugssystem errichten. Längen- und Zeitmessung sind dabei durch die Erfahrung bestimmt, daß sich das Licht „isotrop", d.h. nach allen Richtungen mit der gleichen Geschwindigkeit, ausbreitet. Die neue Art der Längenmessung ergibt keine Widersprüche zur gewöhnlichen Längenmessung mit Stäben oder Drähten. Wir alle benutzen täglich ein solches Bezugssystem, nämlich die Punkte der Erdoberfläche mit den dort aufgestellten Uhren. Wir sind daran gewöhnt und finden nichts Bemerkenswertes daran, daß es ein solches Bezugssystem gibt. Die Erde kreist aber um die Sonne. Das Bezugssystem, das wir in einem halben Jahr benutzen, bewegt sich mit der ungeheuren Geschwindigkeit von $60\,\mathrm{km\,s^{-1}}$ relativ zu unserem heutigen Bezugssystem! (Von der Erdrotation kann man hier absehen, da sie zu viel kleineren Geschwindigkeiten führt.) Und doch haben wir auch in ihm isotrope Lichtausbreitung. Die Lichtsignale werden nicht von einem Ätherwind verweht. Diese Tatsache hat durchaus ungewohnte Konsequenzen. Wir werden dies im folgenden sehen, wenn wir zu dem Bezugssystem mit dem Ursprung O ein zweites hinzunehmen, dessen Ursprung sich gegenüber O bewegt.

Eine wichtige Eigenschaft des Bezugssystems „Erde" soll noch erwähnt werden, auf die wir später ausdrücklich zurückgreifen werden: Es ist ein **Inertialsystem,** d.h. in ihm gilt der Trägheitssatz (Band MS Seite 33). Wegen der Rotation der Erde und wegen ihres Umlaufs um die Sonne ist dies allerdings nur näherungsweise für kleine räumliche Bereiche und Zeitdauern richtig. Könnten wir von einem Körper alle Kräfte (auch die Schwerkraft) fernhalten, so würde er sich relativ zur Erde auf einer gekrümmten Bahn mit veränderlicher Geschwindigkeit bewegen. – Ein ideales Inertialsystem würde von Uhren gebildet, die sich relativ zur Gesamtheit der Fixsterne dauernd geradlinig mit konstanter Geschwindigkeit bewegen. Wir stellen uns in der Speziellen Relativitätstheorie unter einem Bezugssystem immer ein solches ideales ▲ Inertialsystem vor.

Aufgaben:

1. *Der Radius der Erdbahn beträgt ca.* $150 \cdot 10^6$ km. *Wie groß ist die Bahngeschwindigkeit der Erde?*

2. *Ein Elektron „durchfällt" in einer Fernsehröhre die Spannung* 15000 V. *Welche Geschwindigkeit erhält es theoretisch aufgrund der Newton-Mechanik?*

3. *Weht ein Wind der Geschwindigkeit v unter dem Winkel φ zur Strecke* $\overline{\mathrm{AB}}$, *so beträgt die Zeit bis zur Rückkehr des Schallechos*

$$\Delta_\varphi t = \Delta t \cdot \frac{\sqrt{1-\beta^2 \sin^2 \varphi}}{1-\beta^2} \quad \text{mit} \quad \beta = \frac{v}{c}.$$

(Δt: *Zeit ohne Wind; Beweis der Gleichung nicht verlangt.*)

a) Zeigen Sie, daß Gl. 158.2 und Gl. 159.1 Sonderfälle dieser Gleichung sind!
b) Um den Mittelpunkt A *stehen Reflektoren* $B_1, \ldots, B_{12}$ *regelmäßig auf einem Kreis mit dem Radius* 100 m *angeordnet. Ein Wind weht mit halber Schallgeschwindigkeit von* A *nach* B_1. *Zeichnen Sie die Figur, die man statt des Kreises erhält, wenn man die Echomessungen von* A *aus für unverfälscht hält (Maßstab* 1:1000)!

4. *In Abb. 159.2 habe der obere Spiegel den Abstand* L_1, *der rechte den Abstand* L_2 *vom Strahlteiler. Um wieviel unterscheiden sich die Laufzeiten der beiden Teilbündel bis zum Schirm, wenn man Gl. 158.2 und 159.1 heranzieht? Wie groß ist der Unterschied nach einer Drehung um 90°? Wie stark müßte sich der Laufzeitunterschied ändern, damit im Interferenzbild helle und dunkle Streifen vertauscht werden? Vergleichen Sie mit dem, was ein Ätherwind von links mit der Geschwindigkeit* $30\ \mathrm{km\,s^{-1}}$ *bewirken müßte! – Die Lichtwellenlänge sei gleich* 600 nm *und* $L_1 = L_2 = 50$ m.

5. *In* O *stehe eine Uhr. Die Entfernungen* $\overline{\mathrm{OP}}$ *und* $\overline{\mathrm{OQ}}$ *seien bekannt und unveränderlich. Man sendet ein Signal von* O *nach* P *und über* Q *zurück nach* O. *Wie kann man damit* $\overline{\mathrm{PQ}}$ *messen?*

6. *Gegeben seien im Raum vier Punkte* O, X, Y, Z. *Wie kann man nur durch durch Entfernungsmessungen zwischen diesen Punkten nachprüfen, ob die Geraden* OX, OY *und* OZ *paarweise zueinander senkrecht sind?*

7. *In* O *stehe eine Uhr und ein Sender, überall im Raum Reflektoren und Empfänger. Schildern Sie mit wenigen Worten, wie man mit diesen Geräten allein ein Bezugssystem aufbauen kann, ohne noch weitere Uhren zu benötigen!*

§ 33 Die relativistische Zeitdehnung

1. Zeit-Ort-Diagramme

Der Einfachheit halber betrachten wir bis auf weiteres nur Bewegungen von Körpern auf einer einzigen Geraden. Für ein Bezugssystem wählt man einen Punkt O auf der Geraden aus, stellt dort eine Uhr auf, bestimmt für beliebige andere Geradenpunkte P die Entfernung von O gemäß *Gl. 158.1* zu $\overline{\mathrm{OP}} = \frac{1}{2}c(T-t)$ und die Anzeige der dort aufzustellenden Uhren nach *Gl. 162.1* zu $t_r = \frac{1}{2}(T+t)$. Der Punkt O teilt die Gerade in 2 Halbgeraden; auf der einen werden die Ortskoordinaten negativ, auf der anderen positiv gezählt. Die Bewegung eines Punkts relativ zum Bezugssystem läßt sich in einem *Zeit-Ort-Diagramm* („graphischer Fahrplan") veranschaulichen. Zu den Bewegungen mit konstanter Geschwindigkeit gehören im Diagramm gerade Linien.

Abb. 164.1 zeigt ein Beispiel. Weil die Lichtgeschwindigkeit in unseren Überlegungen eine zentrale Rolle spielt, sind die Einheiten auf den Achsen des Diagramms so gewählt, daß zu einer Bewegung mit Lichtgeschwindigkeit der Neigungswinkel $\pm 45°$ der Geraden gehört.

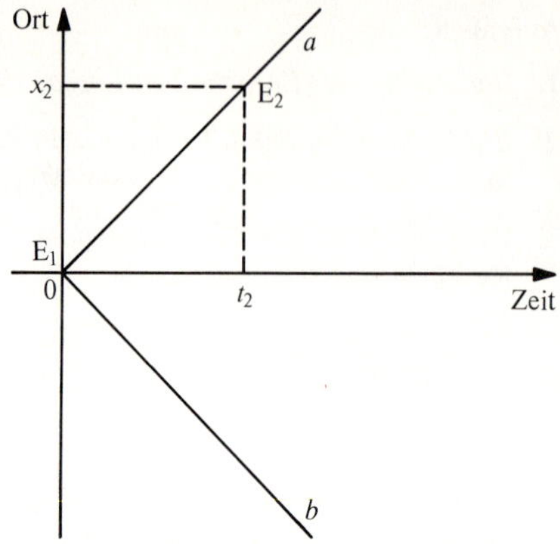

164.1 „Lichtlinien" als 45°-Geraden

Geht in *Abb. 164.1* ein Lichtsignal zur Zeit $t_1 = 0$ vom Punkt $x_1 = 0$ in $+x$-Richtung weg (Ereignis E_1), so wird seine Bewegung durch die Gerade a dargestellt. Trifft es zur Zeit t_2 in x_2 ein, so entspricht diesem Ereignis der Punkt E_2 auf der Linie a. Entsprechend wird ein Lichtsignal, das zur Zeit Null vom Nullpunkt in $-x$-Richtung abgeht, durch die Linie b dargestellt. Im graphischen Fahrplan entsprechen also z.B. der Zeit 1 Jahr und der Länge 1 Lichtjahr[1]) $\approx 10^{13}$ km gleichlange Strecken, ebenso der Zeit 1 µs und der Länge 1 „Lichtmikrosekunde" $= c \cdot 1$ µs ≈ 300 m.

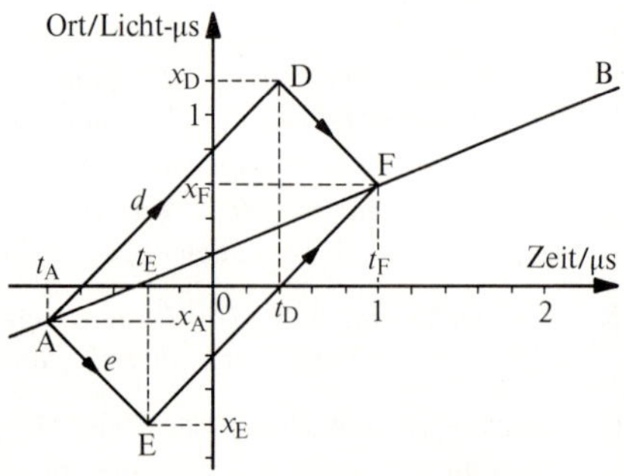

164.2 Zeit-Ort-Diagramm (graphischer Fahrplan). E und D finden für B gleichzeitig, für O nacheinander statt.

In *Abb. 164.2* bewegt sich nun ein Körper B mit der Geschwindigkeit 0,4 c in positiver Richtung. Von dem an dem Punkt x_A zur Zeit t_A eben vorbeifliegenden Körper B werden zwei Lichtsignale ausgesandt, eines nach vorne in $+x$-Richtung (Gerade d) und eines nach hinten (Gerade e). Dies sei das „Ereignis" A. Es gilt: $x_A = -0{,}2$ Licht-µs und $t_A = -1$ µs. Die Lichtsignale werden an bestimmten Stellen im Raum – der „Raum" ist unsere Gerade, auf der sich alles abspielt – reflektiert. Die Reflexionen sind die Ereignisse D und E zu den Zeiten t_D und t_E. Die Reflexionsstellen sind so ausgewählt, daß beide reflektierten Signale gleichzeitig wieder beim Körper B eintreffen, der natürlich inzwischen weiter auf der Geraden vorangekommen ist. Dies geschieht zur Zeit $t_F = +1$ µs am Ort $x_F = +0{,}6$ Licht-µs (Ereignis F).

2. Die Relativität der Gleichzeitigkeit

Wir betrachten weiter *Abb. 164.2*. Im Punkte $x = 0$ der Bahn stehe ein Beobachter O, der von allem, was vorgeht, durch ein Nachrichtensystem Kunde erhält. Insbesondere erhält er genaue Zeitangaben aufgrund von Uhren, die längs der Bahn aufgestellt und zuvor von seiner eigenen Uhr aus, wie auf Seite 161 beschrieben, synchronisiert worden sind. Er wird feststellen: Die beiden Lichtreflexionen haben *nacheinander* stattgefunden, nämlich E zur Zeit t_E und D 0,8 µs später zur Zeit t_D.

Auch auf dem Körper B (vielleicht ein utopisches Raumschiff) denken wir uns einen Beobachter. Er sieht die beiden Lichtsignale abgehen (Ereignis A) und etwas später beide zugleich wieder ankommen (Ereignis F). B führe eine Uhr mit sich. Wie wir uns auf Seite 161 überlegt haben, genügt für ihn diese eine Uhr, um auf der Geraden seinerseits ein Bezugssystem zu

[1]) Mit 1 Lichtjahr wird in der Astronomie die Länge des Weges bezeichnet, den das Licht in 1 Jahr zurücklegt.

errichten, d.h. allen Ereignissen Orte und Zeiten zuzuweisen. Er hat nach den in *Gl. 158.1* und *Gl. 162.1* niedergelegten Vereinbarungen zu verfahren. Besitzt er noch weitere mitbewegte Uhren, so kann er sie auf der Geraden verteilen und nach *Gl. 162.1* mit der an seinem eigenen Ort befindlichen Uhr synchronisieren.

Welche Orte und welche Zeitpunkte wird B in seinem Bezugssystem für die Ereignisse D und E feststellen? Zwei Aussagen können wir schon jetzt machen:

1. Im Bezugssystem des Beobachters B haben die Ereignisse D und E in *gleicher Entfernung* von B stattgefunden, denn die Lichtsignale zur Entfernungsmessung haben die gleiche Zeit benötigt, da sie gleichzeitig von B abgegangen und gleichzeitig wieder angekommen sind.
2. Im Bezugssystem des Beobachters B haben die Ereignisse D und E *gleichzeitig* stattgefunden, nämlich nach *Gl. 162.1* in der Zeitmitte zwischen Absendung und Rückkehr der Lichtsignale, nach B's Uhr beurteilt.

Die Aussagen von O und B widersprechen sich also entscheidend, was die Gleichzeitigkeit der Ergebnisse D und E anlangt. Wir erkennen:

Der Zeitunterschied zwischen zwei Ereignissen ist keine absolut bestimmbare Größe. Er hängt davon ab, von welchem Bezugssystem aus die Zeitpunkte der Ereignisse bestimmt werden. Es kann vorkommen, daß dieselben zwei Ereignisse von einem Bezugssystem aus beurteilt nacheinander stattfinden, während sie in einem relativ dazu bewegten Bezugssystem gleichzeitig stattfinden.

Diese **Relativität der Gleichzeitigkeit** ist eine zentrale Aussage der Relativitätstheorie. Sie ist mit unserer vertrauten Vorstellung von „Zeit" nicht vereinbar. Wir glauben unwillkürlich an die absolute Zeit, die Zeit „an sich". Wir sind in dem Beispiel der *Abb. 164.2* geneigt, das Uhrensystem des Beobachters O, von dessen Standpunkt aus auch das Zeit-Ort-Diagramm gezeichnet ist, als das allgemeingültige anzusehen und zu glauben, daß der Beobachter B in seinem Uhrensystem zumindest die gleiche Zeit*differenz* zwischen den Ereignissen D und E feststellen würde wie der Beobachter O. Dies kann aber nicht der Fall sein, wenn das Prinzip von der Konstanz der Lichtgeschwindigkeit gelten soll.

War es nicht etwa doch voreilig, jenes Prinzip bei allen Zeit- und Längenmessungen zugrunde zu legen, nachdem sich nun solche absurd scheinenden Folgerungen daraus ergeben? Es ist nötig, weitere Schlüsse aus dem Prinzip zu ziehen und sie an Kontrollexperimenten zu prüfen. Wenn sich zeigt, daß die verschiedenartigsten Erfahrungen mit dem Prinzip von der Konstanz der Lichtgeschwindigkeit erklärt werden können, dann wird man die Vorstellung von der absoluten Zeit endgültig aufgeben müssen. Im Alltag können wir übrigens nichts von der Relativität der Gleichzeitigkeit bemerken, weil die Geschwindigkeiten makroskopischer Körper im Vergleich zur Lichtgeschwindigkeit viel zu klein sind, um meßbare Effekte zu ergeben (siehe Aufgabe 3).

Hätte das Licht eine Geschwindigkeit, der man schon mit Fahrzeugen nahe kommen kann, so wären die „relativistischen" Erscheinungen, die wir noch kennenlernen werden, auch im täglichen Leben beobachtbar. Sicherlich hätten die Menschen dann von Anfang an eine Anschauung von der Zeit entwickelt, in der es keine absolute Gleichzeitigkeit gibt. Die Relativitätstheorie wäre im Laufe der Jahrtausende zusammen mit der übrigen Physik entstanden und hätte keine Revolution der Begriffe verursacht.

▼

3. Der Doppler-Effekt

Der Beobachter B führe eine Uhr mit sich. Dann kann er ein Bezugssystem errichten und allen Ereignissen Orte und Zeitpunkte zuweisen, genau wie der Beobachter O. Wegen der in Ziffer 2 erkannten Relativität der Gleichzeitigkeit wird B aber nicht allen Ereignissen die gleiche Zeit zuweisen können wie O. So stellt sich die Frage: Welcher Zusammenhang besteht zwischen den Zeit- und Ortsangaben, die der Beobachter O und der relativ zu ihm bewegte Beobachter B, jeder in seinem eigenen Bezugssystem, für ein und dasselbe Ereignis machen?

In voller Allgemeinheit soll die Frage erst später beantwortet werden. Zunächst führen wir folgenden Gedankenversuch aus *(Abb. 166.1)*: O sendet Lichtsignale in den gleich großen Zeitabständen τ hinter B her. Von O's Bezugssystem aus beurteilt kommen sie bei B auch in gleichen Abständen an. Wie groß die Zeitabstände sind, die B an seiner Uhr abliest, ist noch unbekannt. Wir versuchen, aus Experimenten etwas über sie zu erschließen.

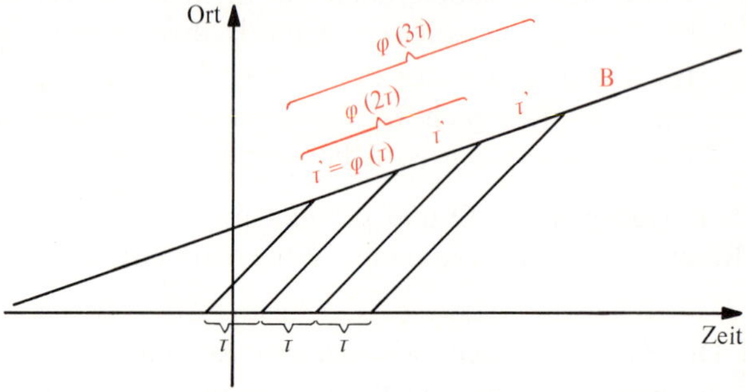

166.1 Zeitintervalle, die der relativ zu O bewegte Beobachter B an seiner Uhr abliest. Dabei haben aber $\varphi(\tau)$ usw. nichts mit der Länge der Strecken zu tun, an denen diese Bezeichnungen stehen.

Für Schallsignale kennen wir die Antwort aus dem Alltag: Wenn wir uns (gleichsam als Beobachter B) mit konstanter Geschwindigkeit von einer Tonquelle entfernen, hören wir einen *tieferen* Ton als wenn wir relativ zu ihr konstante Entfernung haben – es handelt sich um den *Doppler-Effekt* (Seite 19f.). Wir hören aber immer noch einen reinen Ton gleichbleibender Tonhöhe: Zeitlich periodische Signale werden als ebensolche empfangen, nur mit veränderter Periodendauer.

Für Licht macht man entsprechende Beobachtungen an schnell bewegten leuchtenden Atomen in stromdurchflossenen Gasen, an den sogenannten Kanalstrahlen (Band E Seite 128), und außerdem in der Astronomie an weit entfernten Galaxien (Galaxis, griech.; Milchstraße). Die typischen Spektrallinien der Elemente sind erkennbar – aus periodischen Lichtsignalen werden wieder ebensolche –, aber die Wellenlängen, also auch die Frequenzen, sind durch Doppler-Effekt verändert. Bei den Galaxien sind die Frequenzen fast durchweg stark erniedrigt *(Abb. 166.2*, „Rotverschiebung"), was eine ungeheuer schnelle Bewegung von der Erde weg vermuten läßt („Expansion des Weltalls").

Die beiden Fotos der *Abb. 166.2* zeigen in der Mitte das Spektrum der Galaxie, daneben Spektrallinien einer künstlichen Lichtquelle als Wellenlängenskala. Die Sternspektren sind kontinuierlich und nur durch 2 Absorptionslinien unterbrochen (Pfeilspitze), die als zum ionisierten Calcium gehörig identifiziert werden konnten. Auf der Erde haben diese Linien eine Wellenlänge von ca. 394 nm, in den Aufnahmen liegen sie um so viel weiter nach dem Roten verschoben, wie der eingezeichnete Pfeil angibt.

▲

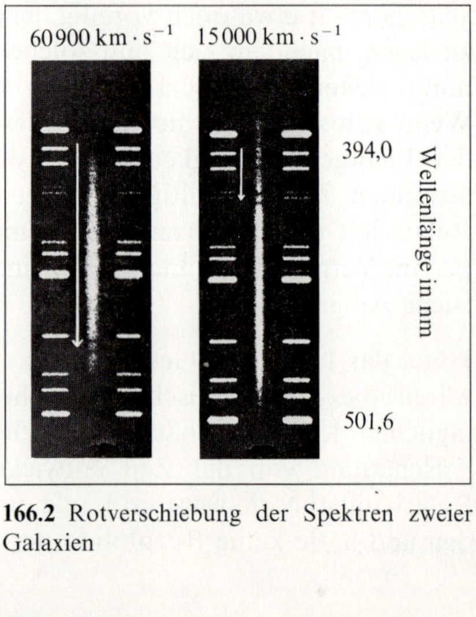

166.2 Rotverschiebung der Spektren zweier Galaxien

Zwei Lichtsignale, die O irgendwann im Zeitabstand τ absendet, kommen also bei B – nach dessen Uhr beurteilt! – in einem ganz bestimmten, nur von τ abhängigen Zeitabstand τ' an: $\tau'=\varphi(\tau)$. Die Experimente ergeben, daß $\tau'>\tau$ gilt, wenn sich O und B voneinander entfernen.

Wir wollen nun einen theoretischen Ansatz für die Funktion φ finden. Zunächst lesen wir aus *Abb. 166.1* ab: Ist das Sende-Intervall $2, 3, \ldots, n$-mal so groß, so gilt das gleiche für das Empfangsintervall: $\varphi(2\tau)=2\varphi(\tau)$, $\varphi(3\tau)=3\varphi(\tau)$ usw. Daraus folgt, daß φ eine Proportionalität ist:

$$\tau'=\varphi(\tau)=k\cdot\tau. \qquad (167.1)$$

Der Proportionalitätsfaktor k hängt von der Geschwindigkeit v des Beobachters B ab. Wir vermuten, daß er für positives v größer als 1 ist und mit v wächst.

Man darf aber k nicht aus der Länge der Strecken ablesen, die die Lichtsignale aus der Zeit-Weg-Linie des Beobachters B in *Abb. 166.1* herausschneiden. Die Beschriftung dieser Strecken mit $\varphi(\tau)$ dient nur als Gedächtnisstütze! Wir werden dagegen zur Bestimmung von k die wichtige Tatsache heranziehen, daß die Beobachter O und B und ihre Uhren „physikalisch gleichartig" sind.

4. Das Relativitätsprinzip

Die Aussagen der Beobachter O und B stimmen in vielen Punkten überein. In beiden Bezugssystemen ist die Lichtgeschwindigkeit konstant und gleich groß; periodische Lichtsignale, die der eine Beobachter aussendet, kommen beim anderen auch periodisch an. In O's Bezugssystem hat B die konstante Geschwindigkeit v. B kann in seinem Bezugssystem die Geschwindigkeit von O messen. Es läßt sich nachweisen, daß er ebenfalls den Betrag v erhält.

Wir überlegen uns dies anhand von *Abb. 167.1*. Zwischen O und B gehen Signale hin und her, wie es die Abbildung zeigt. Die an der Zeit-Ort-Linie von B stehenden Größen t' und τ' bedeuten Zeitintervalle, wie sie auf B's Uhr abgelesen werden. (Sie haben nichts mit der Länge der entsprechenden Strecken im Diagramm zu tun!) Beobachter O kann Signal ① und ② benutzen, um die Geschwindigkeit von B zu messen. Die Ankunft von Signal ① bei B findet für O zur Zeit $t+\frac{1}{2}\tau$ statt. B hat für ihn in diesem Augenblick die Entfernung $x=c\cdot\frac{1}{2}\tau$ vom Ursprung. Zur O-Zeit Null sind sich O und B begegnet. Also gilt für die Geschwindigkeit von B relativ zu O:

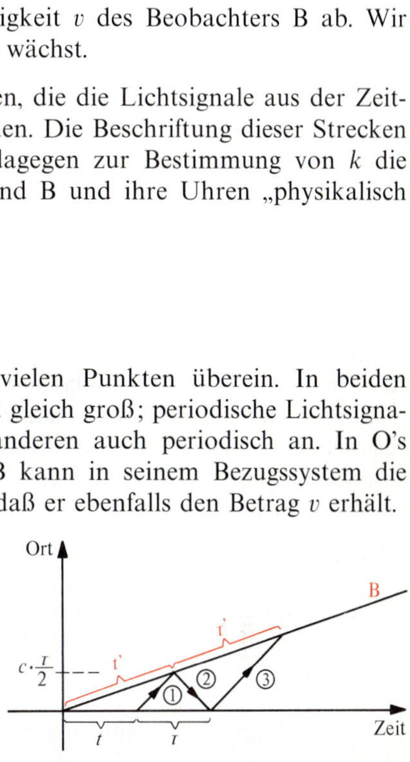

167.1 Symmetrie der Relativgeschwindigkeit. Der graphische Fahrplan gilt für das Bezugssystem von O.

$$v=\frac{x}{t+\frac{1}{2}\tau}=c\cdot\frac{\tau}{2t+\tau}.$$

Ganz entsprechend verwendet Beobachter B die Signale ② und ③. Sie brauchen von B zu O und zurück die Zeit τ' nach der Uhr von B. Also hat O von B bei Reflexion des Signals die Entfernung $x'=\frac{1}{2}c\tau'$, und zwar im Zeitpunkt $t'+\frac{1}{2}\tau'$. Es folgt für die Geschwindigkeit v' von O relativ zum Bezugssystem von B:

$$v'=\frac{x'}{t'+\frac{1}{2}\tau'} \quad \text{mit} \quad x'=c\cdot\tfrac{1}{2}\tau', \quad \text{also} \quad v'=c\cdot\frac{\tau'}{2t'+\tau'}.$$

Nun gilt aber

$$t'=\varphi(t)=k\cdot t \quad \text{und} \quad \tau'=\varphi(\tau)=k\cdot\tau.$$

Setzt man dies in die Gleichung für v' ein, so kürzt sich k heraus und es folgt $v'=v$.

Auch in der Mechanik sind Bezugssysteme mit konstanter Relativgeschwindigkeit physikalisch völlig gleichberechtigt (Band MS Seite 33). Man bleibt mit aller Erfahrung in Übereinstimmung, wenn man diese Gleichberechtigung für die gesamte Physik zum Prinzip erhebt. Gleichartige Vorgänge müssen in solchen Bezugssystemen nach den gleichen Gesetzmäßigkeiten ablaufen.

Relativitätsprinzip:

In Bezugssystemen, die sich relativ zueinander mit konstanter Geschwindigkeit bewegen, gelten die gleichen Naturgesetze. Keines ist vor dem anderen ausgezeichnet. (168.1)

5. Der Dopplerfaktor für Licht

Wir wenden nun das Relativitätsprinzip auf unser Problem des Doppler-Effekts für Licht an: Für die Signalübermittlung von O nach B gilt das Gesetz *167.1* mit dem **„Doppler-Faktor“ *k*.** In umgekehrter Richtung soll das gleiche Gesetz gelten.

Sendet also B zwei Signale im B-Zeitabstand τ' aus, so kommen sie bei O im O-Zeitabstand $\varphi(\tau')=k\cdot\tau'$ an. *Abb. 168.1* zeigt ein Paar hinlaufender Signale ① und ② sowie ein Paar zurücklaufender Signale ①' und ②'. Die letzteren kommen im O-Zeitabstand T bei O an. Es muß also gelten

$$T=k\cdot\tau'=k\cdot(k\cdot\tau)=k^2\,\tau. \qquad (168.2)$$

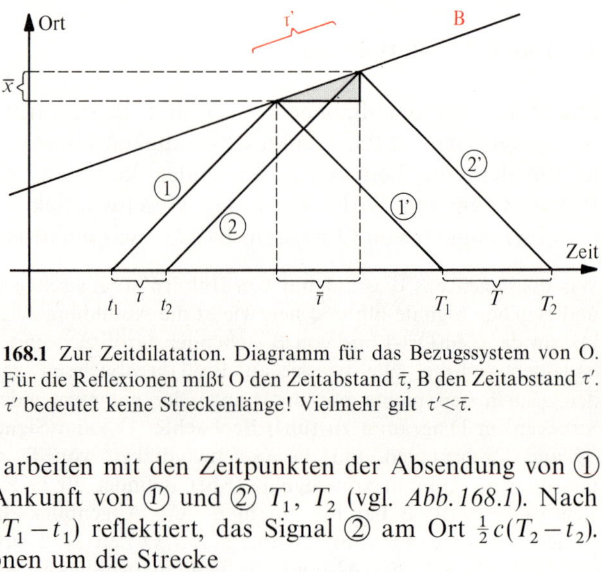

168.1 Zur Zeitdilatation. Diagramm für das Bezugssystem von O. Für die Reflexionen mißt O den Zeitabstand $\bar{\tau}$, B den Zeitabstand τ'. τ' bedeutet keine Streckenlänge! Vielmehr gilt $\tau'<\bar{\tau}$.

Nun sind aber τ und T Zeitintervalle, die beide im Bezugssystem von O gemessen werden, und deren Zusammenhang sich allein durch eine Rechnung in diesem Bezugssystem finden läßt. Wir arbeiten mit den Zeitpunkten der Absendung von ① und ② t_1, t_2 und den Zeitpunkten der Ankunft von ①' und ②' T_1, T_2 (vgl. *Abb. 168.1*). Nach *Gl. 158.1* wird das Signal ① am Ort $\frac{1}{2}c(T_1-t_1)$ reflektiert, das Signal ② am Ort $\frac{1}{2}c(T_2-t_2)$. B bewegt sich also zwischen den Reflexionen um die Strecke

$$\bar{x}=\tfrac{1}{2}c[(T_2-t_2)-(T_1-t_1)]=\tfrac{1}{2}c(T-\tau).$$

Nach *Gl. 162.1* erfolgen die Reflexionen zu den Zeitpunkten $\frac{1}{2}(T_1+t_1)$ und $\frac{1}{2}(T_2+t_2)$ des O-Systems. B benötigt also für den Weg $\bar{x}$ die Zeit

$$\bar{\tau}=\tfrac{1}{2}(T_2+t_2-(T_1+t_1))=\tfrac{1}{2}(T+\tau). \qquad (168.3)$$

Daraus folgt für die Geschwindigkeit v von B relativ zu O: $v=\dfrac{\bar{x}}{\bar{\tau}}=c\cdot\dfrac{T-\tau}{T+\tau}$

und hieraus durch Auflösen nach T: $T=\dfrac{1+\beta}{1-\beta}\cdot\tau$ mit $\beta=\dfrac{v}{c}$.

Setzen wir nun T aus *Gl. 168.2* ein, so folgt $k^2=\dfrac{1+\beta}{1-\beta}$ oder, da k positiv ist, der

Doppler-Faktor für Licht: $k=\sqrt{\dfrac{1+\beta}{1-\beta}}$ **mit** $\beta=\dfrac{v}{c}$. **(169.1)**
Lichtsignale, die im Zeitabstand τ abgesandt werden, kommen im Zeitabstand $\tau'=k\cdot\tau$ an.

Wenn O und B sich voneinander entfernen, ist $k>1$. Die Gleichung für k gilt aber auch für Annäherung von B an O. Für v ist dann ein negativer Wert einzusetzen, k wird kleiner als 1. (Wir übergehen den Beweis.)

Ist der Signalabstand τ gleich dem zeitlichen Abstand, in dem zwei Licht-Wellenberge ausgesandt werden, also gleich der Schwingungsdauer des Lichtes, so ist die Wellenlänge $\lambda=c\cdot\tau$. Durch den Doppler-Effekt multiplizieren sich also die Wellenlängen mit dem gleichen Faktor k wie die Zeitdauern. An Kanalstrahlen (Seite 166) konnte man sowohl die Geschwindigkeit v als auch die Lichtwellenlänge sehr genau messen, damit *Gl. 169.1* nachprüfen und bestens bestätigen. Bei den fernen Galaxien kann man mit *Gl. 169.1* aus der Rotverschiebung ihre Geschwindigkeit berechnen. Es ergeben sich erstaunlich hohe Werte (siehe Aufgabe 7).

6. Die Anzeige der bewegten Uhr

Der Beobachter B kann während seiner Reise die Uhren des Bezugssystems von O, an denen er vorbeikommt, ablesen und mit seiner Uhr vergleichen. *Abb. 168.1* lehrt: Wenn er an den O-Uhren beobachtet, daß eine O-Zeit $\bar{\tau}$ vergangen ist, so ist währenddessen seine eigene Uhr um $\tau'=k\tau$ weitergerückt.

Der „gesunde Menschenverstand" würde die Vermutung nahelegen, daß die Zeitintervalle $\bar{\tau}$ und τ' gleich groß seien. Wenn wir auf einer Reise unsere Armbanduhr mit den öffentlichen Uhren vergleichen, an denen wir unterwegs vorbeikommen, so erwarten wir übereinstimmende Anzeigen, wenn alle Uhren in Ordnung sind. Nun läßt sich das Verhältnis von τ' und $\bar{\tau}$ aber aus *Gl. 168.2*, *168.3* und *169.1* berechnen, und der gesunde Menschenverstand wird enttäuscht:

$$\bar{\tau}=\tfrac{1}{2}(k^2\tau+\tau),\quad \text{d.h. } \tau=\bar{\tau}\cdot\frac{2}{k^2+1};\quad \tau'=k\tau;\quad \text{also}\quad \tau'=\bar{\tau}\,\frac{2k}{k^2+1}=\bar{\tau}\sqrt{\frac{1+\beta}{1-\beta}}\cdot(1-\beta)\quad \text{oder}$$

$$\tau'=\bar{\tau}\sqrt{1-\beta^2}\quad \text{mit}\quad \beta=\frac{v}{c}. \qquad (169.2)$$

(Die Bezeichnungen wurden so gewählt wie in *Abb. 168.1.*)

τ' ist also stets kleiner als $\bar{\tau}$, unabhängig davon, ob sich O oder B voneinander entfernen oder sich näherkommen.

Wir sehen hier nochmals deutlich, daß man in *Abb. 168.1* τ' nicht aus der Länge der schrägen Strecke zwischen den Reflexionen entnehmen darf. Diese Strecke ist ja länger als $\bar{\tau}$, während in Wirklichkeit τ' kleiner als $\bar{\tau}$ ist.

Eine relativ zu einem Bezugssystem bewegte Uhr geht langsamer im Vergleich zu den ruhenden Uhren des Bezugssystems, an denen sie vorbeikommt.

Dieses merkwürdige Ergebnis wird als *relativistische Zeitdehnung* **(Zeitdilatation)** bezeichnet.

▼ Man darf die Zeitdilatation nicht in dem Sinne mißverstehen, als ginge die bewegte Uhr des B „an sich" langsamer als irgendeine bestimmte der ruhenden Uhren des O. Sonst könnte man ja wegen der Symmetrie der Bezugssysteme mit dem gleichen Recht sagen, diese bestimmte ruhende O-Uhr gehe „an sich" langsamer als die bewegte B-Uhr. Es ist im Gegenteil vorausgesetzt, daß alle Uhren beider Bezugssysteme physikalisch völlig gleich sind. Entscheidend ist, daß man die *eine* Uhr des B stets nur mit der Uhr aus der langen Reihe der O-Uhren vergleicht, an der sie jeweils gerade vorüberzieht. Man muß dann keine Laufzeit des Lichtes beim Ablesen berücksichtigen. Man könnte z.B. die beiden aneinander vorbeifliegenden Uhren fotografieren und die Aufnahme anschließend auswerten. Wenn umgekehrt B in seinem Bezugssystem viele Uhren aufstellt und O diese im Vorbeifliegen mit nur *einer bestimmten* seiner Uhren vergleicht, so wird er ebenfalls die Zeitdilatation feststellen, d.h. diese seine eine Uhr wird weniger anzeigen als die vielen B-Uhren, an denen sie jeweils gerade vorbeikommt. Die Symmetrie der Bezugssysteme ist also voll gewahrt.

7. Der Myonenzerfall

Die Zeitdilatation ist an schnell bewegten Myonen (auch μ-Mesonen genannt) experimentell nachgewiesen worden. Diese Elementarteilchen sind instabil; man kann sie daher als Uhr gebrauchen. Die Zeit, in der von einer großen Anzahl Teilchen ein bestimmter Bruchteil zerfallen ist, ist unabhängig von äußeren Einflüssen. Myonen entstehen beim Eindringen der kosmischen Strahlung in die Erdatmosphäre, und zwar nur in großer Höhe (16 bis 25 km). In einem geeigneten Kunststoffkörper kann ein Myon beim Aufschlag einen schwachen Lichtblitz erzeugen, entsprechend dem Röntgenblitz beim Aufprall eines Elektrons auf Metall. Dabei wird es so stark abgebremst, daß es praktisch zur Ruhe kommt. Das merkt man daran, daß die Lichtblitze vorwiegend paarweise in einem Zeitabstand von wenigen Mikrosekunden auftreten. Man deutet den jeweils zweiten Blitz als Anzeige für den Zerfall des Myons.

Wenn man für hinreichend viele Teilchen den Zeitabstand τ zwischen Abbremsung und Zerfall gemessen hat, besitzt man eine geeichte ruhende Myonen-Uhr. *Tabelle 170.1* zeigt ein Versuchsergebnis, das während 1 Stunde in 2000 m Höhe über dem Meer gewonnen wurde. Es wurden insgesamt 568 Myonen abgebremst. Davon zerfielen 373 erst später als 1 μs nach der Abbremsung, 229 erst später als 2 μs nach der Abbremsung usw.

Tabelle 170.1 Lebensdauer von 568 ruhenden Myonen

t in μs	0	1	2	3	4	5	6	7	8
Zahl der Myonen mit Lebensdauer $\tau > t$	568	373	229	145	99	62	36	17	6

Myonen bewegen sich – wie alle bisher beobachteten Teilchen – nicht schneller als das Licht. Sie brauchen also für 2000 m Weg mindestens die Zeit $2000\,\text{m} \cdot \frac{1}{c} \approx 7\,\mu\text{s}$. Nach 7 μs sind gemäß *Tabelle 170.1* von 568 Myonen nur noch etwa 17 vorhanden. Man fand aber in Meereshöhe in 1 Stunde mit dem gleichen Zählgerät viel mehr, nämlich 412 Myonen!

Offensichtlich ist auf der bewegten Myonen-Uhr während des 2000 m langen Fluges eine Zeit von weniger als 1 μs vergangen. (Nach 1 μs dürften gemäß *Tabelle 170.1* nur noch etwa 373 Myonen vorhanden sein.) Dabei nehmen wir im Sinne des Relativitätsprinzips natürlich an, daß frei fliegende Myonen physikalisch von gleicher Art wie ruhende Myonen sind, also ebenfalls die *Tabelle 170.1* befolgen. Während also die Myonenuhr an den im System der Erde aufgestellten Uhren vorbeifliegt, rücken diese um mindestens 7 μs ▲ vor, wogegen sie selbst um nicht ganz 1 μs weiterläuft.

Aufgaben:

1. *Bestimmen Sie aus Abb. 164.2: Wo und zu welcher Zeit finden die Reflexionen statt? Wann kehren die Signale zu* B *zurück?*
(Alle Angaben sind für das Bezugssystem von O *zu machen.)*

2. *Zeichnen Sie einen graphischen Fahrplan für folgende Ereignisse: In* O *kommt ein Raumschiff* B *zur Zeit* $t=0$ *vorbei. Es fliegt in Plus-Richtung mit halber Lichtgeschwindigkeit und sendet beim Vorbeifliegen nach beiden Seiten Lichtsignale aus. Das eine wird an der Stelle* $x=3$ Licht-µs *des* O*-Bezugssystems reflektiert, das andere wird ebenfalls reflektiert. Beide kommen gleichzeitig wieder bei* B *an.*

3. *In der Situation der Aufgabe 2 sei die Geschwindigkeit von* B *allgemein gleich* v, *der eine Reflexionsort allgemein gleich* x. *Ermitteln Sie die Formeln*
a) für den anderen Reflexionsort $\bar{x}$ *im* O*-System,*
b) für den Zeitunterschied τ *im* O*-System zwischen den Reflexionen!*
Erläutern Sie, inwiefern die Relativität der Gleichzeitigkeit erst bei hohen Geschwindigkeiten und großen Entfernungen merklich wird!

4. *Beobachter* B *bewege sich in „unserem" Bezugssystem gemäß der Gleichung* $x=c(-3\,\text{s}+\frac{3}{4}t)$. *Zeichnen Sie das Zeit-Ort-Diagramm! Zur Zeit* $t_1=1$ s *(in unserem System) sendet er nach beiden Seiten ein Lichtsignal aus. Beide Signale werden* 2 s *später (also für uns gleichzeitig) reflektiert. Zeigen Sie, daß von* B*'s Bezugssystem aus beurteilt die Reflexionen nacheinander stattfinden! Berechnen Sie die Orte der Reflexionen in unserem Bezugssystem!*

5. *Beweisen Sie: Bei der Einheitenwahl von Abb. 164.1 gehört zu einer Bewegung mit der Geschwindigkeit* v *eine Bildgerade mit der Neigung* α *zur Zeitachse, für die gilt:* $\tan\alpha=\beta=\frac{v}{c}$.

6. *Die Relativität der Gleichzeitigkeit widerstrebt unseren Denkgewohnheiten, eine „Relativität der Gleich-Ortigkeit" jedoch keineswegs. Geben Sie hierzu ein einfaches Beispiel an!*

7. *Welche Geschwindigkeiten haben die Spiralnebel, deren Spektren in Abb. 166.2 gezeigt sind?*

8. *Das Geschwindigkeitsradar zur Verkehrsüberwachung.*
Radiosignale werden mit der genau bekannten Frequenz f_0 *ausgesandt und kommen vom Reflektor mit der Frequenz* f *zurück. Man überlagert beide und bestimmt die Schwebungsfrequenz* $f-f_0$. *(Wenn der Reflektor sich entfernt, gilt* $f<f_0$.*) Wie berechnet man daraus die Geschwindigkeit* v? *Es genügt eine für* $v\ll c$ *gültige Näherungsformel. Prüfen Sie durch Rechnung, ob man bei* $f_0=10$ GHz *eine Geschwindigkeit von* 100 km/h *als Ton der Frequenz* f_0-f *hören könnte!*

9. *Zeichnen Sie gemäß Gl. 169.2 die Zeitdehnung* $\frac{\tau'}{\bar{\tau}}$ *als Funktion von* $\beta=\frac{v}{c}$ *(Einheit* 10 cm *auf beiden Achsen)! Welche Kurve ergibt sich?*

10. *Skizzieren Sie ein Zeit-Ort-Diagramm für die Bewegung von* B *im Bezugssystem von* O *bei Annäherung der Beobachter! Unterscheiden Sie 2 Fälle, je nach dem Vorzeichen von* v! *Zeigen Sie:*
a) Zwei Lichtsignale in Plus-Richtung mögen O *im Zeitabstand* τ *(nach der* O*-Uhr),* B *im Zeitabstand* τ' *(nach der* B*-Uhr) passieren. Dann gilt in allen Fällen* $\tau'=\tau\sqrt{\frac{1+\beta}{1-\beta}}$, *wobei* $\beta=\frac{v}{c}$ *und* v *mit seinem zutreffenden Vorzeichen einzusetzen ist. Was gilt für zwei Lichtsignale in Minus-Richtung?*

b) Zwei Lichtsignale werden von O *im* O*-Zeit-Abstand* τ *abgesandt und von* B *im* B*-Zeit-Abstand* τ' *empfangen. Dann gilt in allen Fällen* $\tau'=\tau\sqrt{\frac{1+\beta}{1-\beta}}$, *wobei (für Annäherung!)* $\beta=-\frac{|v|}{c}$ *einzusetzen ist.*
– Was gilt für Annäherung bzw. Entfernung der Beobachter, wenn B *die Signale absendet und* O *sie empfängt?*

11. *Berechnen Sie mit Gl. 169.2 die Myonengeschwindigkeit* v, *indem Sie* $\tau'=1$ µs *und* $\bar{\tau}=\frac{2000\text{ m}}{v}$ *einsetzen!*

§ 34 Sogenannte Paradoxa der Relativitätstheorie

1. Die Längenkontraktion

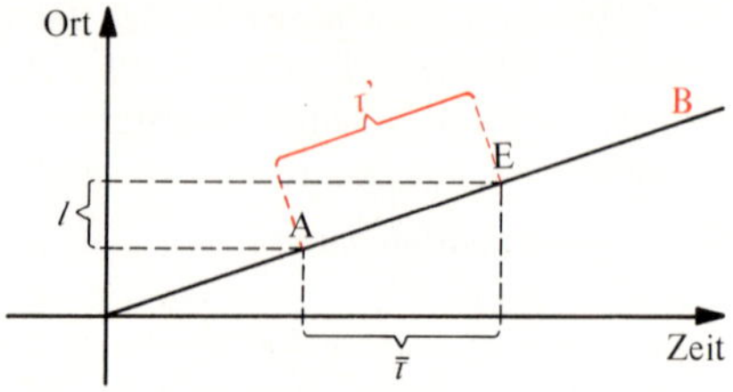

172.1 Längenkontraktion. τ' hat wieder nichts mit der Länge der Strecke AE zu tun!

Wir stecken im Bezugssystem von O eine Strecke l ab. Der Beobachter B fährt an ihr mit der Geschwindigkeit v entlang. Der graphische Fahrplan von *Abb. 172.1* ist (wie bisher immer) für das Bezugssystem von O gezeichnet. In ihm bedeutet A das Ereignis des Vorbeifluges von B an dem Anfangspunkt der Strecke l und E entsprechend die Koinzidenz (das zeitlich-räumliche Zusammenfallen) von B mit dem Ende der Strecke. Zwischen den beiden Ereignissen liegt für das Bezugssystem von O die Zeitspanne $\bar{\tau}$, und es gilt $v=\frac{l}{\bar{\tau}}$. Man beachte, daß zur Bestimmung von $\bar{\tau}$ *zwei* verschiedene Uhren des O-Systems, die an den Enden der abgesteckten Strecke stehen, abgelesen werden müssen.

B sieht die Strecke an sich vorbeifliegen. Jeder Punkt der Strecke bewegt sich dabei relativ zu ihm ebenfalls mit der Geschwindigkeit v (Symmetrie der Relativgeschwindigkeit, Seite 168). Der Vorgang dauert an seiner *einen* Uhr abgelesen aber kürzer als $\bar{\tau}$, nämlich nach *Gl. 169.2* nur $\tau'=\bar{\tau}\sqrt{1-\beta^2}$. Also schreibt B der (für ihn) bewegten Strecke die Länge

$$l'=\tau'\cdot v=\bar{\tau}\sqrt{1-\beta^2}\cdot v=l\sqrt{1-\beta^2}$$

zu, wobei wieder $\beta=\frac{v}{c}$ gilt. In diesem Sinne kann man sagen:

Ein mit der Geschwindigkeit v in Längsrichtung bewegter Stab wird um den Faktor $\sqrt{1-\beta^2}$ verkürzt gemessen $\left(\beta=\frac{v}{c}\right)$. (172.1)

Wir lernen hieraus: Nicht nur die Dauer einer Zeitspanne zwischen 2 Ereignissen, sondern auch die Länge einer Strecke ist ein relativer Begriff.

Hinweis: Die Beziehung *172.1* sagt nicht unmittelbar etwas darüber aus, wie man einen schnell bewegten Stab *sieht*, oder wie er auf einer Fotografie erscheint, weil dabei die Licht-Laufzeit noch eine wesentliche Rolle spielt. Blickt man in die Bewegungsrichtung des Stabes, so ist seine scheinbare Länge auf jeden Fall gleich Null. Für die Blickrichtung quer dazu besitzen wir keine Theorie, da wir nur 1 Raumdimension berücksichtigt haben. Man kann sich aber leicht überlegen, daß ein schnell bewegter Gegenstand von der Seite gesehen gleichsam gedreht erscheinen muß *(Abb. 172.2)*: Die Seitenfläche S ist sichtbar, weil beim Betrachter gleichzeitig Licht ankommt, das von der nahegelegenen Kante zur Zeit t_2, von der ferner gelegenen zur früheren Zeit t_1 ausgesandt worden ist. In welcher Weise der Gegenstand außerdem noch verzerrt erscheint, können wir mit unseren Gleichungen aber nicht entscheiden.

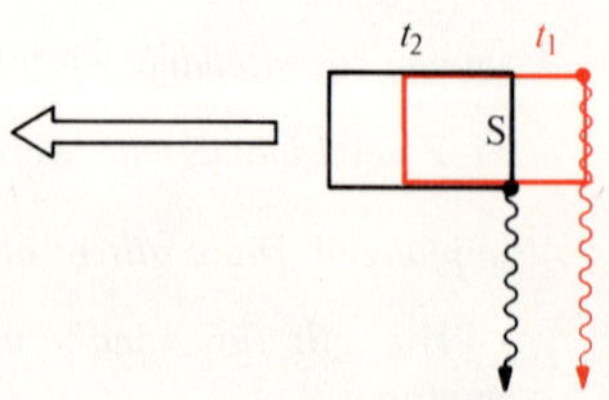

172.2 Zum Aussehen eines schnell bewegten Quaders

2. Lorentzkraft und Längenkontraktion

Ein Beobachter befinde sich in einem elektromagnetischen Feld. Aus der Bewegung eines Teilchens mit der Ladung q kann er auf die elektrische Feldstärke E und die magnetische Flußdichte B schließen. Bewegt sich das Teilchen mit der Geschwindigkeit $\vec{v}$, so erfährt es die Kraft $\vec{F}=q(\vec{E}+\vec{v}\times\vec{B})$ (Band E Seite 95). Begibt sich der Beobachter in ein Bezugssystem, das mit dem Teilchen mitfliegt, in dem dieses also ruht, so verschwindet für ihn der magnetische Anteil der Kraft, denn für ihn ist dann $v=0$.

Betrachtet man ein Teilchen, das sich parallel zu einem ungeladenen, stromdurchflossenen Draht bewegt, dann fehlt im Bezugssystem des Drahtes das elektrische Feld. Ist das Teilchen negativ geladen und bewegt es sich gegen die (technische) Stromrichtung, dann wird es vom Draht mit einer Kraft $\vec{F}=\vec{v}\times\vec{B}$ angezogen (*Abb. 173.1*). Sollte für einen mit dem Teilchen bewegten Beobachter die Anziehung verschwunden sein? Sicher nicht, denn auch für diesen Beobachter nähert sich das Teilchen dem Draht. Woher kommt dann aber die Anziehungskraft? Ruhende Teilchen werden nur von elektrischen Feldern, nicht aber von magnetischen beeinflußt.

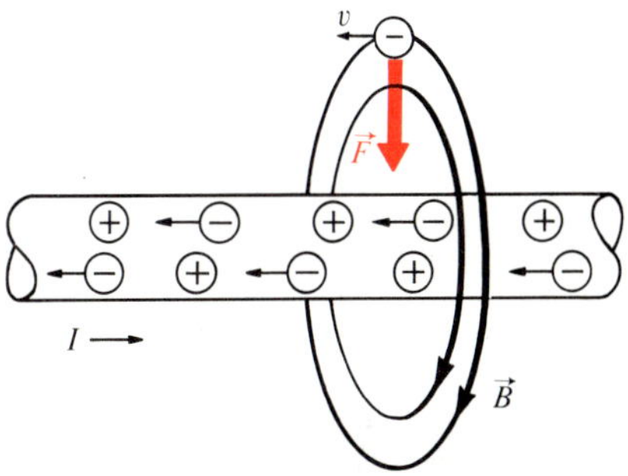

173.1 Bewegtes Teilchen im Magnetfeld eines stromdurchflossenen Drahtes

Hier haben wir ein „Paradoxon" der klassischen Elektrodynamik; aufgelöst wird es durch die Relativitätstheorie. Im Draht fließen Minusladungen entgegengesetzt zur technischen Stromrichtung I, während die kompensierenden Plusladungen ruhen. Der Einfachheit halber sei auch die Ladungsgeschwindigkeit im Draht gleich v angenommen. Dann sieht der bewegte Beobachter im Draht ruhende Minusladungen und in Richtung des technischen Stromes mit $-v$ bewegte Plusladungen (Atomrümpfe), also insgesamt ebenfalls einen Strom. Dieser erzeugt auch ein Magnetfeld, das aber dem vom Beobachter aus als ruhend gesehenen Teilchen nichts tun kann ($v=0$). Die Relativitätstheorie läßt aber noch eine weitere Folgerung zu: Im ursprünglichen Bezugssystem saßen die Ladungen beiderlei Vorzeichens auch bei Stromfluß gleich dicht, denn der Draht war voraussetzungsgemäß ungeladen. Bei einem Wechsel des Bezugssystems ändern sich Ladungen nicht – dafür gibt es gute Gründe[1]. Aber die relativ zum Beobachter bewegten Plusladungen sind wegen der Längenkontraktion enger zusammengerückt, die nun relativ zum Beobachter ruhenden Minusladungen aus dem gleichen Grunde weiter voneinander entfernt als zuvor, da sie sich relativ zum Beobachter bewegten. Es ergibt sich ein Ladungsüberschuß! Der Draht erscheint positiv geladen und zieht deshalb das Probeteilchen an. Das ursprüngliche B-Feld hat sich durch den Wechsel des Bezugssystems teilweise in ein E-Feld verwandelt.

Wir lernen aus diesem Beispiel zweierlei:

1. In der Elektrik kommt die Relativitätstheorie schon bei kleinen Geschwindigkeiten v zum Tragen. Etwas überspitzt könnte man sagen: Magnetfelder folgen aus der Elektrostatik als relativistischer Effekt.

[1]) Z. B. müßte ein ungeladener Körper beim Aufheizen geladen erscheinen, weil die Elektronen in ihm eine viel größere mittlere Geschwindigkeit erhalten als die Atomkerne.

▼ 2. Elektrisches und magnetisches Feld sind für sich allein keine absoluten Begriffe, da sie bei einem Wechsel des Bezugssystems ineinander übergehen können. Nur das elektromagnetische Feld insgesamt ist eine vom Bezugssystem unabhängige Größe.

Es ist reizvoll, im Beispiel der *Abb. 173.1* zu prüfen, ob auch quantitativ in beiden Bezugssystemen die gleiche Kraft herauskommt. Wir bezeichnen mit λ_+ bzw. λ_- die Beträge der Längen-Ladungsdichten im Draht, d.h. die Quotienten Ladung/Länge. Dann gilt für die Stromstärke: $I=\lambda_+\cdot v_+ - \lambda_-\cdot v_-$, wenn sich die Ladungen mit den Geschwindigkeiten v_+ bzw. v_- bewegen (Band E Seite 75).

Ursprüngliches Bezugssystem:

$$v_+=0, \qquad v_-=v, \qquad \lambda_+=\lambda_-=\lambda.$$

Magnetische Kraft auf das Teilchen

$$F=q\cdot v\cdot B \quad \text{mit} \quad B=\frac{I}{2\pi r}\cdot\mu_0 \quad \text{(langer gerader Draht, Band E Seite 90), also}$$

$$F=q\cdot v^2\cdot\frac{\lambda\cdot\mu_0}{2\pi r}.$$

Neues Bezugssystem $\left(\text{mit } \beta=\frac{v}{c}\right)$:

$\lambda_+=\frac{\lambda}{\sqrt{1-\beta^2}}$ (Längenkontraktion; der Drahtquerschnitt bleibt erhalten – dies ohne Beweis);

$\lambda_-=\lambda\sqrt{1-\beta^2}$ (Aufhebung der zuvor vorhandenen Längenkontraktion für die Minusladungen).

Gesamte Längen-Ladungsdichte: $\lambda'=\lambda_+-\lambda_-=\lambda\cdot\frac{\beta^2}{\sqrt{1-\beta^2}}\approx\lambda\cdot\beta^2$ für kleine Geschwindigkeiten $v\ll c$.

Das *E*-Feld eines homogen geladenen Drahtes ist radial gerichtet und hat den Betrag

$$E=\frac{1}{\varepsilon_0}\cdot\frac{\text{Ladung}}{\text{Mantelfläche}}=\frac{1}{\varepsilon_0}\cdot\frac{\lambda'}{2\pi r}. \quad \text{(Band E Seite 54).}$$

Also ist die Kraft gleich

$$F'\approx q\cdot\frac{1}{\varepsilon_0}\cdot\frac{\beta^2}{2\pi r}\cdot\lambda=q\cdot v^2\cdot\frac{\lambda}{\varepsilon_0\cdot 2\pi r}.$$

Berücksichtigt man noch die Gleichung $\varepsilon_0\cdot\mu_0=c^{-2}$, so kommt tatsächlich $F=F'$ heraus.

3. Das Zwillingsparadoxon

Das Myonenexperiment von Seite 170 zeigte: Infolge der Zeitdilatation leben bewegte Teilchen länger als ruhende[1]). Es besteht kein Anlaß, daran zu zweifeln, daß die relativistischen Gesetze auch für biologische Uhren wie z.B. den Alterungsprozeß eines Menschen gelten. Man nehme also zwei physikalisch gleichartige Menschen (eineiige Zwillinge), belasse den einen auf der Erde und schicke den anderen auf eine lange Reise mit hoher Geschwindigkeit; er wird am Reiseziel jünger sein als sein Bruder auf der Erde! Wegen der großen Entfernung, die beide Brüder dann voneinander haben, tritt das scheinbare Paradoxe noch nicht unmittelbar vor

[1]) Wir müssen hier betonen, daß die Herleitung dieser Tatsache auch für Annäherung des bewegten Beobachters an den ruhenden und für jede Bewegungsrichtung gilt, wie man schon aus dem alleinigen Auftreten von v^2 statt v in *Gl. 169.2* vermuten kann. ▲

Augen. Also lassen wir den Reisenden auf einem fernen Stern landen und wieder zur Erde zurückkehren. Der Verjüngungseffekt wird sich dann sogar verdoppeln.

Zwei Einwände sind gegen diesen Gedankenversuch immer wieder vorgebracht worden. Wir werden sie aber beide widerlegen können.

1. Einwand: Es gilt doch das Relativitätsprinzip. Also kann man auch sagen: Die Erde mit dem darauf verbleibenden Zwillingsbruder entfernt sich mit hoher Geschwindigkeit von dem Reisenden, bleibt dabei jünger als er und kehrt verjüngt zurück, im Widerspruch zum ersten Ergebnis.

Dieser Einwand ist nicht berechtigt, denn der Bruder auf der Erde bleibt ständig in ein und demselben Inertialsystem. Der Reisende fährt zwar auch in einem solchen weg, wechselt aber bei der Rückkehr in ein anderes über, das sich gegenüber dem ersten mit großer Geschwindigkeit bewegt. Wir können uns vorstellen, daß er während Hin- und Rückreise an der Uhrenreihe des Erdsystems vorbeifährt, die Uhren mit seiner eigenen Uhr vergleicht und feststellt, daß diese zurückbleibt, er also weniger altert. Würden beide Brüder symmetrisch nach entgegengesetzten Richtungen reisen und wieder zusammenkommen, ergäbe sich in der Tat kein Altersunterschied.

2. Einwand: Während der Beschleunigungsphasen ist das Bezugssystem, in dem der Reisende ruht, kein Inertialsystem. Der Reisende verspürt Brems- und Beschleunigungskräfte. Wir haben hier keine Theorie für solche Situationen entwickelt. Es könnte sein, daß der Reisende infolge der Anstrengungen bei der Umkehr biologisch um viele Jahre altert und so der Verjüngungseffekt der Reise mit konstanter Geschwindigkeit durch die Beschleunigungseffekte wieder zunichte gemacht wird.

Wir begegnen diesem Einwand durch genaue Analyse eines *Beispiels*, siehe *Abb. 175.1*. Das Diagramm gilt für das Bezugssystem „Erde“. Die konstante Reisegeschwindigkeit sei 0,8 *c*. Die Effekte bei Start und Landung auf der Erde sind von gleicher Art wie die beim Umkehren; wir lassen sie daher der Einfachheit halber weg. Am gemeinsamen 20. Geburtstag der Brüder beginnt die Reise. Jedes Jahr senden sie an ihrem Geburtstag einander ein Glückwunschtelegramm per Funk (Lichtsignale in *Abb. 175.1*, im Diagramm nach rechts oben verlaufend vom Erdbeobachter, nach rechts unten vom Reisenden).

Die gestrichenen Zahlen im Diagramm bezeichnen die Ereignisse „Geburtstag des Reisenden“. Die zugehörigen Punkte errechnen sich nach *Gl. 169.2* aus $\tau' = \bar{\tau}\sqrt{1-0{,}8^2} = \bar{\tau}\cdot 0{,}6$. Nach 5

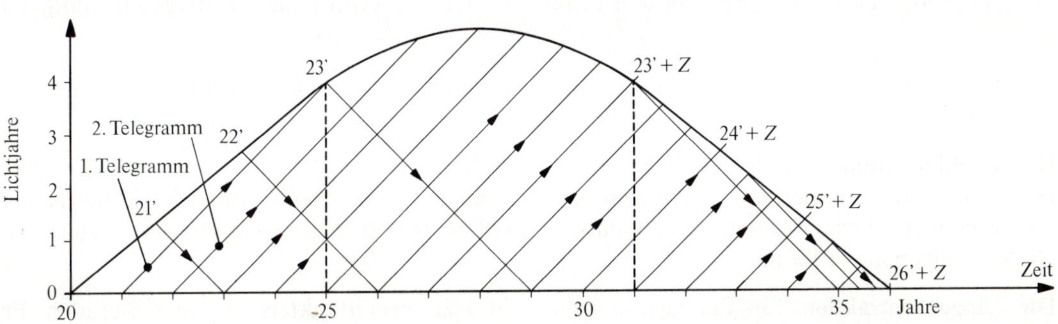

175.1 Das Zwillingsparadoxon. Das Diagramm gilt für das Bezugssystem „Erde“. Die gestrichenen Zahlen bedeuten die Zeitangaben des Reisenden in Jahren. ↗ Signale von der Erde zum Raumschiff; ↘ Signale vom Raumschiff zur Erde.

Jahren Erdenzeit beginnt die Umkehr und dauert zur Schonung des Reisenden 6 Jahre. Während des Umkehrens altert der Reisende in seinem System um eine unbekannte Anzahl Z von Jahren. Wir nehmen Z im Beispiel als ganze Zahl an. Der Reisende erhält unterwegs 15 Telegramme; das erste infolge des Doppler-Effekts erst an seinem 23. Geburtstag, auf der Rückreise dafür 3 Stück von einem Geburtstag zum anderen. Auf der Erde kommen in den ersten 9 Jahren nur 3 Telegramme an, dafür allein im letzten Wartejahr ebenfalls 3. Die restlichen $Z-1$ Telegramme fallen in die Zwischenzeit und sind nicht eingezeichnet. Bei der Rückkehr ist der Reisende $26+Z$ Jahre, sein Bruder 36 Jahre alt. Für $Z \geqq 10$ hätten wir keinen Verjüngungseffekt mehr. Nun hängt aber die Zahl Z nur von den Umständen während des Umkehrens ab. Die Dauer der Reise davor und danach kann keinen Einfluß haben. Sollte also z. B. $Z=11$ sein, so braucht man nur die Reise um 4 Lichtjahre zu verlängern. Dann ist bei der Rückkehr der Reisende 43, sein Bruder 46 Jahre alt. Ein eventuelles Altern durch Beschleunigung läßt sich also durch Verlängern der Reise stets ausgleichen.

Die Zeitdilatation läßt es aussichtsreich erscheinen, in einer Zeit, die wesentlich kürzer als ein Menschenleben ist, sogar zu einer benachbarten Galaxie zu gelangen. Man muß nur ein genügend schnelles Raumschiff haben. Aber abgesehen davon, daß die Raumfahrer bei ihrer Rückkehr die Menschheit vielleicht gar nicht mehr vorfinden würden (siehe Aufgabe 3), ist die Weltraumreise vom energetischen Standpunkt gesehen völlig utopisch (siehe Seite 194). Wir sehen heute klarer denn je, daß der Bewegungsspielraum des Menschen auf den Bereich des Sonnensystems, ja im Grunde auf den Planeten Erde allein ein für allemal beschränkt ist. Im Reich der Mikroteilchen dagegen, z. B. in den großen Beschleunigungsmaschinen, ist das Zwillingsparadoxon längst kein Paradoxon mehr, sondern eine für die dort arbeitenden Physiker und Ingenieure ganz alltägliche Erscheinung.

4. Zusammenfassung

Drei scheinbare Paradoxa der Relativitätstheorie sind besonders bekannt geworden. Wir stellen sie hier nochmals zusammen.

Die Zeitdilatation. Am Ort eines Beobachters, der sich mit konstanter Geschwindigkeit relativ zur Erde auf einer Geraden bewegt, passieren nacheinander zwei Ereignisse. Mit seiner Uhr mißt er den zeitlichen Abstand τ' der Ereignisse. Ein Beobachter mit einer anderen konstanten Geschwindigkeit mißt in seinem Bezugssystem einen anderen Zeitabstand $\bar{\tau}$ für die Ereignisse. $\bar{\tau}$ ist stets größer als τ', und zwar um den Faktor $\frac{1}{\sqrt{1-\left(\frac{v}{c}\right)^2}}$, wenn v die Relativgeschwindigkeit der beiden Beobachter ist *(Gl. 169.2). Das Zeitintervall zwischen zwei Ereignissen ist für denjenigen Beobachter am kürzesten, für den die Ereignisse am gleichen Ort stattfinden.*

Das Zwillingsparadoxon. Von zwei Beobachtern ruhe der eine relativ zur Erde, während der andere sich mit veränderlicher Geschwindigkeit bewegen kann. Dann läßt sich die Bewegung des zweiten Beobachters so einrichten, daß er zwischen zwei Begegnungen mit dem ersten eine *kürzere* Zeitspanne mißt als dieser.

Die Längenkontraktion. Ein Beobachter ruhe relativ zu zwei Punkten auf einer Geraden. Er bestimme ihre Entfernung zu l. Ein anderer Beobachter, der sich relativ zu ihm mit konstanter Geschwindigkeit längs der Geraden bewegt, mißt in seinem Bezugssystem eine andere Entfernung l' derselben Punkte. Die Länge l' ist stets kleiner als l, und zwar um den Faktor

$\sqrt{1-\left(\frac{v}{c}\right)^2}$, wenn v die Relativgeschwindigkeit der beiden Beobachter ist *(Satz 172.1). Ein Stab ist für denjenigen Beobachter am längsten, der relativ zu ihm ruht.*

Die „Paradoxa" der Relativitätstheorie enthalten nichts logisch Widerspruchsvolles. Sie widersprechen nur unseren eingewurzelten Vorstellungen von Raum und Zeit, die sich eben unter extremen Umständen, bei hohen Geschwindigkeiten, wie sie im Alltag nie vorkommen, als unrichtige Vorurteile erweisen.

Aufgaben

1. *Erklären Sie die unerwartet lange Lebensdauer der bewegten Myonen in § 2 Ziffer 6. mit der Längenkontraktion des Laufweges!*
2. *In einem Kupferdraht von* 1 mm² *Querschnitt fließt ein Strom von* 10 A. *Wie groß ist die mittlere Elektronengeschwindigkeit („Driftgeschwindigkeit"), wenn auf jedes Kupferatom* 1 *frei bewegliches Elektron kommt? Welchen Wert hat bei dieser Geschwindigkeit der Faktor* $\sqrt{1-\beta^2}$ *für Zeitdehnung und Längenkontraktion?*
3. *Bei der Reise rund um die Milchstraße (Weg:* 200000 Lichtjahre*) mögen die Beschleunigungseffekte vernachlässigt werden. Die Reise soll für die Raumfahrer* 20 *Jahre dauern. Wie schnell muß die Rakete sein und wie viele Jahre vergehen während der Reise auf der Erde?*
4. *Fliegen der Familie Drosophila (Taufliege) haben eine rasche Generationenfolge. Nehmen wir an, daß jeden Tag eine neue Generation entsteht. Ein Raumschiff mit Drosophila-Kulturen fliegt mit der konstanten Geschwindigkeit* $\frac{1}{4}c$ *an der Erde vorbei und zähle von da an die Generationen. Wenn gerade die* 1000. *Generation erschienen ist, begegne ihm ein zweites Raumschiff, in dem ebenfalls Fliegen gezüchtet werden. Es fliegt mit der Geschwindigkeit* $\frac{1}{4}c$ *auf die Erde zu und zählt die Generationen von der Begegnung mit dem ersten Raumschiff an weiter, nachdem ihm die Zahl* 1000 *von diesem per Funk mitgeteilt worden ist. Beim Vorbeiflug an der Erde wird man im zweiten Raumschiff also gerade bei der Zahl* 2000 *angekommen sein. Wie viele Generationen hat ein Fliegenzüchter auf der Erde zwischen den Vorbeiflügen der beiden Raumschiffe gezählt? – In dieser Aufgabe tritt das Zwillingsparadoxon auf, ohne daß dabei Uhren beschleunigt oder abgebremst werden.*
5. *Welches Alter hat für den Reisenden von Abb. 175.1 der Bruder auf der Erde, wenn er selbst gerade* 23 *bzw.* $23+Z$ *Jahre alt ist? Welchen merkwürdigen Effekt beobachtet er deshalb während seiner Umkehr, falls* $Z \leq 12$?

§ 35 Die Lorentztransformation

Alle unsere Erkenntnisse über die *relativistische Kinematik* lassen sich in zwei übersichtlichen Gleichungen zusammenfassen. Bevor wir diese Gleichungen aufstellen, wollen wir uns nochmals klarmachen, auf welchen Voraussetzungen die Theorie beruht, und wie einfach und leicht überschaubar diese sind:

1. *Die Lichtgeschwindigkeit ist konstant (Satz 160.2).* In jedem Inertialsystem lassen sich damit die Längen durch Lichtlaufzeiten messen. Als einzige Meßgeräte werden Uhren benötigt.
2. In Inertialsystemen mit konstanter Relativgeschwindigkeit und physikalisch gleichartigen Uhren gelten die gleichen Naturgesetze *(Relativitätsprinzip, Satz 168.1).*

1. Die Transformationsgleichungen

Zwei Beobachter O und B bewegen sich relativ zueinander auf einer Geraden. Sie besitzen gleichartige Uhren, mit denen sie ihr Bezugssystem errichten. Beide setzen dabei die Lichtgeschwindigkeit konstant gleich $c \approx 300\,000 \text{ km s}^{-1}$. In seinem Bezugssystem stellt jeder Beobachter vom anderen fest, daß dieser sich mit der konstanten Geschwindigkeit v bewegt. Irgendeinem Ereignis, das auf der Geraden stattfindet, schreibt der Beobachter O die Zeit t und den Ort x zu, der Beobachter B entsprechend t' und x'. Im allgemeinen sind t und t' sowie x und x' verschieden. Die ungestrichenen Größen sind aber eindeutig durch die gestrichenen bestimmt. Wir wollen die Umrechnungsbeziehungen, die sogenannten *Transformationsgleichungen*, aufstellen. Zur Vereinfachung der Formeln sollen noch zwei Vereinbarungen getroffen werden:

1. Jeder Beobachter stellt seine Uhr so, daß sie bei der Begegnung Null anzeigt. Durch diese Maßnahme ändert sich an den Zeit*intervallen* zwischen zwei Ereignissen, auf die es physikalisch allein ankommt, nichts. Es wird aber erreicht, daß die Zeit-Ort-Linie jedes Beobachters im Bezugssystem des anderen eine Nullpunktsgerade wird. Siehe *Abb. 178.1*, die vom Standpunkt des Beobachters O aus gezeichnet ist, den wir auch gelegentlich den *ruhenden* nennen wollen.

2. Die Bewegung eines Lichtsignals wird von jedem Beobachter entweder als positiv oder als negativ gerichtet angesehen. In dieser Beurteilung sollen sich die Beobachter stets *einig* sein.

Gegeben sei ein Ereignis C, z.B. die Explosion einer Sprengladung. Sie werde durch ein Lichtsignal ausgelöst (in *Abb. 178.1* ist es das Signal ① in $+x$-Richtung). Bei der Explosion gehe ein Signal in der Gegenrichtung ab (② in *Abb. 178.1*). Das positiv gerichtete Signal ① komme beim Beobachter O ($x=0$) zur Zeit t_1 vorbei; die Explosion finde für ihn zur Zeit t statt, und das negativ gerichtete Signal treffe ihn zur Zeit t_2 (*Abb. 178.1*). Dann gilt nach *Gl. 162.1*

$$t = \tfrac{1}{2}(t_2 + t_1). \tag{178.1}$$

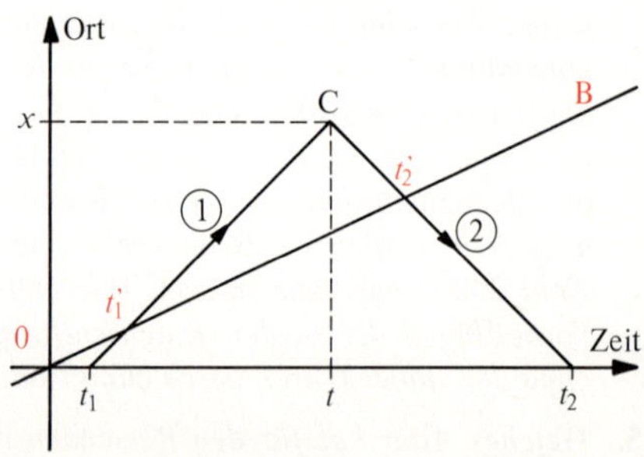

178.1 Zur Herleitung der Lorentz-Transformation. Gestrichene Größen: Anzeigen der B-Uhr. Sie haben nichts mit den Längen auf der Zeit-Ort-Linie von B zu tun.

Aus den Zeitangaben t_1 und t_2 entnimmt O aber auch, welche Ortskoordinate x er dem Ereignis C zuweisen muß. Nach *Gl. 158.1* gilt

$$x = \tfrac{1}{2}c(t_2 - t_1). \tag{178.2}$$

Ganz entsprechend verfährt der Beobachter B. Bei ihm kommen die Signale vorbei, wenn seine Uhr gerade t'_1 bzw. t'_2 anzeigt, und er weist dem Ereignis C demgemäß die Zeit

$$t' = \tfrac{1}{2}(t'_2 + t'_1) \tag{178.3}$$

und den Ort

$$x' = \tfrac{1}{2}c(t'_2 - t'_1) \quad \text{zu.} \tag{178.4}$$

Gl. 178.1 bis *Gl. 178.4* zeigen, wie in beiden Bezugssystemen völlig gleichartig verfahren wird.

Die Verbindung zwischen den Bezugssystemen wird durch die Zeitbeziehung *167.1* hergestellt (Lichtsignale, die im Abstand τ abgesandt werden, kommen im Abstand $\tau' = k\tau$ an):

$$t'_1 = k \cdot t_1; \quad t_2 = k \cdot t'_2 \quad \text{mit} \quad k = \sqrt{\frac{1+\beta}{1-\beta}} \quad \text{und} \quad \beta = \frac{v}{c}. \tag{178.5}$$

Wir haben 6 Gleichungen, aus denen wir die 4 Hilfsgrößen t_1, t'_1, t_2 und t'_2 eliminieren können. Es bleiben dann 2 Gleichungen übrig, die nur noch x, x', t und t' (neben v und c) enthalten und die gesuchte Umrechnungsbeziehung für die Zeit-Ort-Koordinaten des Ereignisses C vermitteln.

Im einzelnen rechnet man zweckmäßig wie folgt:

Auflösen von *Gl. 178.3* und *Gl. 178.4* nach t'_1 und t'_2:

$$t'_1 = t' - \frac{x'}{c}, \qquad t'_2 = t' + \frac{x'}{c}.$$

Einsetzen von *Gl. 179.1*:

$$t_1 = \frac{1}{k}\left(t' - \frac{x'}{c}\right); \qquad t_2 = k\left(t' + \frac{x'}{c}\right).$$

Einsetzen in *Gl. 178.1* und *Gl. 178.2*:

$$t = \tfrac{1}{2}\left(k + \frac{1}{k}\right) t' + \tfrac{1}{2}\left(k - \frac{1}{k}\right)\frac{x'}{c}; \qquad x = \frac{c}{2}\left(k - \frac{1}{k}\right) t' + \frac{c}{2}\left(k + \frac{1}{k}\right)\frac{x'}{c}.$$

Oder mit

$$k + \frac{1}{k} = \frac{2}{\sqrt{1-\beta^2}} \quad \text{und} \quad k - \frac{1}{k} = \frac{2\beta}{\sqrt{1-\beta^2}}:$$

Lorentz-Transformation:

$$\boldsymbol{t = \frac{1}{\sqrt{1-\frac{v^2}{c^2}}}\left(t' + \frac{v}{c^2}x'\right); \qquad x = \frac{1}{\sqrt{1-\frac{v^2}{c^2}}}(v \cdot t' + x').} \qquad \textbf{(179.1)}$$

Die Transformation *179.1* war schon vor der Relativitätstheorie von *H. A. Lorentz* (1853 bis 1929, niederländischer Physiker, Nobelpreis 1902) im Zusammenhang mit seiner Elektronentheorie aufgestellt worden, aber erst *A. Einstein* gab ihr die heutige einfache Deutung.

2. Diskussion der Gleichungen

Die Ausdrücke in *Gl. 179.1* sehen kompliziert aus. Wir wollen durch einige Bemerkungen die Einfachheit ihrer Struktur zeigen.

Die Gleichung für x lautet bei kleinen Geschwindigkeiten $v \ll c$ näherungsweise: $x = v \cdot t' + x'$.

Diese Umrechnung folgt aber auch schon aus der Kinematik des Alltags: Von O aus gesehen befindet sich der Beobachter B zur Zeit t an der Stelle $v \cdot t$ (*Abb. 179.1*). Hat das fragliche Ereignis für ihn den Ort x', so hat es für O die um $v \cdot t$ vermehrte Ortskoordinate: $x = x' + v \cdot t$.

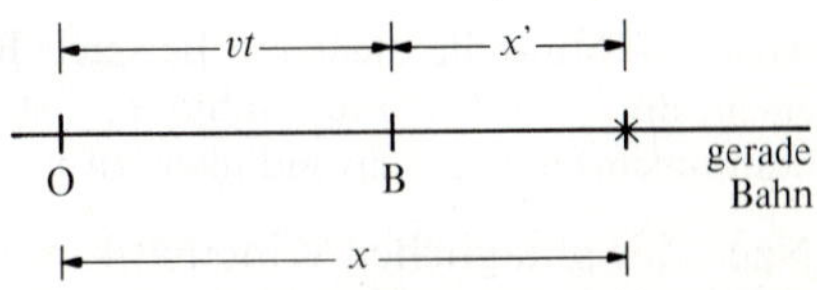

179.1 Zur Galilei-Transformation

Nun ist bei Annahme einer absoluten Zeit t gleich t', und es folgt

$$x = v \cdot t + x' \quad \text{(nichtrelativistisch)}, \qquad (179.2)$$

die sogenannte *Galilei-Transformation*.

▼

Der relativistisch exakte Ausdruck für die Ortskoordinate x in Gl. 179.1 ergibt sich aus der „naiven" Galilei-Transformation durch Multiplikation mit dem typischen „relativistischen" Faktor

$$\frac{1}{\sqrt{1-\beta^2}}$$

und Einsetzen von t' statt t.

Gl. 179.1 für die Zeitkoordinate t kann man leicht mit folgender Gedächtnisstütze aufstellen:

1. Vertausche in der Gleichung für x die Größe t' mit x' sowie t mit x!
2. Ersetze v durch $\frac{v}{c^2}$, so daß die Größenarten („Dimensionen") richtig werden! (Weil $v \cdot x'$ von der Größenart Geschwindigkeit mal Länge ist, erhält man bei der Division durch c^2 eine Zeit.)

Die Gleichung für t widerspricht dem „gesunden Menschenverstand": Aus ihr folgt die Zeitdilatation und die Relativität der Gleichzeitigkeit (siehe Aufgabe 2). Man kann natürlich alle relativistischen Effekte, die wir kennengelernt haben, aus *Gl. 179.1* wiedergewinnen. Wir zeigen dies beispielsweise an der Längenkontraktion:

Ein Stab ruhe im System von O. Seine Enden mögen die Koordinaten 0 und l haben (zu allen Zeiten t). Beobachter B mißt die Länge des (für ihn bewegten) Stabes. Er muß dazu in seinem Bezugssystem gleichzeitig (also für ein und dieselbe Zeit t'!) die Koordinaten x' und $\bar{x}'$ seiner Enden bestimmen. Aus der zweiten *Gl. 179.1* folgt:

$$0=\frac{1}{\sqrt{1-\beta^2}}(v\cdot t'+x') \quad \text{und} \quad l=\frac{1}{\sqrt{1-\beta^2}}(v\cdot t'+\bar{x}'), \quad \text{also} \quad \bar{x}'-x'=l\cdot\sqrt{1-\beta^2} \quad \left(\beta=\frac{v}{c}\right).$$

B mißt eine geringere Länge für den Stab, wie wir schon in *Gl. 172.1* gefunden haben.

3. Die Einstein-Addition der Geschwindigkeiten

Die zwei Beobachter O (Nr. 1) und B (Nr. 2) messen die Geschwindigkeit eines bewegten Gegenstandes Nr. 3. Sie werden verschiedene Werte erhalten.

Beobachter Nr. 1 mißt am Gegenstand Nr. 3 die Geschwindigkeit v_{13},
Beobachter Nr. 2 mißt am Gegenstand Nr. 3 die Geschwindigkeit v_{23},
Beobachter Nr. 1 mißt am Beobachter Nr. 2 die Geschwindigkeit $v=v_{12}$.

Als Gedächtnishilfe diene ein Beispiel: Beobachter 1 steht am Ufer eines Flusses, Beobachter 2 treibt in einem Boot auf dem Fluß dahin. v_{12} ist die Flußgeschwindigkeit. Beide beobachten ein Motorschiff und bestimmen seine Geschwindigkeit zu v_{13} bzw. v_{23}.

Nach der alltäglichen Kinematik müßte dann gelten (Band MS Seite 67):

$$v_{13}=v_{12}+v_{23} \quad \text{(nichtrelativistisch).} \tag{180.1}$$

In der Relativitätstheorie kann dies nicht richtig sein. Denn falls der „Gegenstand" ein Lichtsignal ist, muß ja $v_{13}=v_{23}=c$ gelten (wegen der Konstanz der Lichtgeschwindigkeit). Dann könnte aber nach *Gl. 180.1* v_{12} nur gleich Null sein. Wie in der Relativitätstheorie Geschwindigkeiten umzurechnen sind, folgt aus der Lorentz-Transformation *(179.1)*. Beobach-

▲

ter 2 (sein Bezugssystem sei das „gestrichene") muß den Gegenstand 3 zweimal beobachten, um seine Geschwindigkeit zu messen. Er erhält die Zeit-Ort-Angaben $(t'_1|x'_1)$ bzw. $(t'_2|x'_2)$ und errechnet

$$v_{23} = \frac{x'_2 - x'_1}{t'_2 - t'_1}. \tag{181.1}$$

Beobachter 1 im ungestrichenen System kann daraus ermitteln, welche Geschwindigkeit v_{13} er erhalten würde; er setzt in der Gleichung

$$v_{13} = \frac{x_2 - x_1}{t_2 - t_1}$$

für die Orts- und Zeitkoordinaten die rechten Seiten von *Gl. 179.1* ein. v ist dabei die Geschwindigkeit v_{12} des Beobachters 2 in seinem System:

$$v_{13} = \frac{v_{12}t'_2 + x'_2 - (v_{12}t'_1 + x'_1)}{t'_2 + \frac{v_{12}}{c^2}x'_2 - \left(t'_1 + \frac{v_{12}}{c^2}x'_1\right)} = \frac{v_{12}(t'_2 - t'_1) + x'_2 - x'_1}{t'_2 - t'_1 + \frac{v_{12}}{c^2}(x'_2 - x'_1)};$$

nach Division des Zählers und Nenners durch $t'_2 - t'_1$ und Einsetzen von *Gl. 181.1* ergibt sich:

„Einstein-Addition" der Geschwindigkeiten: $$\boldsymbol{v_{13} = \frac{v_{12} + v_{23}}{1 + \frac{v_{12}v_{23}}{c^2}}} \tag{181.2}$$

Diese Umrechnungsgleichung für die Geschwindigkeiten unterscheidet sich zwar wesentlich von *Gl. 180.1*; bei positiven Geschwindigkeiten ist die „Einstein-Summe" kleiner als die gewöhnliche Summe. Für Geschwindigkeiten, die gegenüber c vernachlässigbar klein sind, ergibt sich aber aus *Gl. 181.2* näherungsweise wieder *Gl. 180.1*. *Gl. 181.2* sorgt auch für die Konstanz der Lichtgeschwindigkeit, wie es ja sein muß: Aus $v_{23} = c$ folgt

$$v_{13} = \frac{v_{12} + c}{1 + \frac{v_{12}}{c}} = c,$$

unabhängig von der Relativgeschwindigkeit v_{12} der Bezugssysteme.

Aufgaben

1. *Bei der Aufstellung von Gl. 179.1 wurde stillschweigend angenommen, daß das Plus-Lichtsignal von* O *nach* B *läuft, entsprechend das Minus-Signal von* B *nach* O. *Solange* B *sich aber an negativen Stellen x befindet, trifft dies nicht zu. Erläutern Sie, warum Gl. 178.5 und damit Gl. 179.1 trotzdem gültig bleiben!*
2. *Zeigen Sie: In Gl. 179.1 für t liefert der Nenner* $\sqrt{1 - \frac{v^2}{c^2}}$ *die Zeitdilatation, der Term* $\frac{v}{c^2} \cdot x'$ *die Relativität der Gleichzeitigkeit!*
3. *Zeigen Sie, daß die Auflösung des Gleichungssystems 179.1 nach den gestrichenen Größen folgendes Ergebnis hat: In den Gleichungen 179.1 sind gestrichene und ungestrichene Größen vertauscht und v durch* $-v$ *ersetzt. Deuten Sie dies mit dem Relativitätsprinzip und den Vereinbarungen auf Seite 178!*
4. *Eine Bewegung mit Unterlichtgeschwindigkeit kann von einem anderen Bezugssystem aus gesehen niemals mit Überlichtgeschwindigkeit ablaufen. Zeigen Sie dies mit Gl. 181.2! Anleitung: Bilden Sie* $1 - \frac{v_{13}}{c}$*!*
5. *Beobachter 2 fliege mit halber Lichtgeschwindigkeit. Stellen Sie* v_{13} *als Funktion von* v_{23} *graphisch dar* ($c \mathrel{\hat{=}} 5$ cm)*! Wie müßte das Schaubild bei „Galilei-Addition" der Geschwindigkeiten aussehen?*

6. *In Abb. 182.1 bedeute* B *die Zeit-Orts-Linie des Beobachters 2 und* C *die des Gegenstandes 3, gezeichnet im Bezugssystem von Beobachter 1. Die eingetragenen Terme mit* τ *bedeuten Zeiten zwischen 2 Lichtsignalen, wie sie in den betreffenden Bezugssystemen gemessen werden. Es gilt* $k_{12}=\sqrt{\frac{c+v_{12}}{c-v_{12}}}$ *usw. Welchen Wert hat die (sinngemäß zu definierende) Größe* k_{23}*? Leiten Sie daraus von neuem (und ohne die Lorentztransformation zu benutzen) Gl. 181.2 ab!*

Hinweis: Es empfiehlt sich, mit $\beta_{12}=\frac{v_{12}}{c}$ *usw. zu arbeiten!*

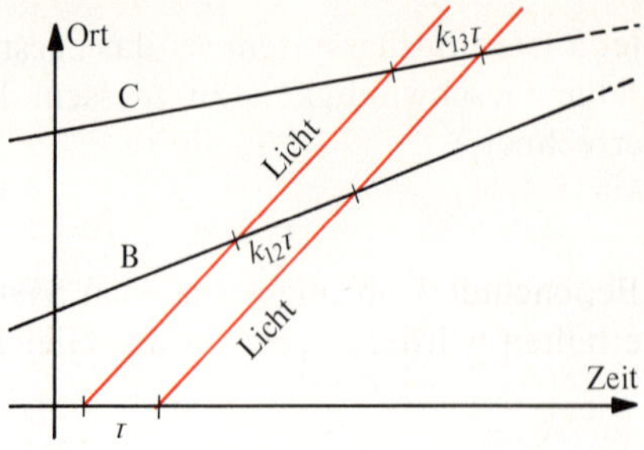

182.1 Neue Herleitung der Einstein-Addition

§ 36 Zeit und Kausalität

1. Linien gleichen Ortes und gleicher Zeit

Beobachter O stellt sich folgende Frage: Wo liegen im graphischen Fahrplan alle Punkte $(t|x)$, für die Beobachter B den gleichen Ort x' ermittelt?

Für $x'=0$ erhält man offenbar die Zeit-Orts-Linie $x=v\cdot t$ von B selbst. Andere Linien gleichen B-Ortes ergeben sich sofort aus *Gl. 179.1*: Bei festgehaltenem x' und beliebigem t' hängt x von t ab. Durch Elimination von t' findet man

$$x=v\cdot t+x'\sqrt{1-\frac{v^2}{c^2}}. \qquad (182.1)$$

Die Linien gleichen B-Ortes sind also parallele Geraden der Steigung v. Ihr Abstand von der B-Linie $x=v\cdot t$ ist proportional zur B-Ortskoordinate x' (wie *Abb. 182.2* zeigt). Entsprechend ergibt *Gl. 179.1* durch Elimination von x' die Linien gleicher B-Zeit:

$$x=\frac{c^2}{v}\,t-\frac{c^2}{v}\,t'\sqrt{1-\frac{v^2}{c^2}}.$$

Dies sind ebenfalls parallele Geraden. Ihre Steigung ist $\frac{c^2}{v}$. Wählt man die Einheiten auf den Achsen des graphischen Fahrplans so wie auf Seite 164, dann schließen sie mit der x-Achse den gleichen Winkel ein, wie die Linien gleichen B-Ortes mit der t-Achse.

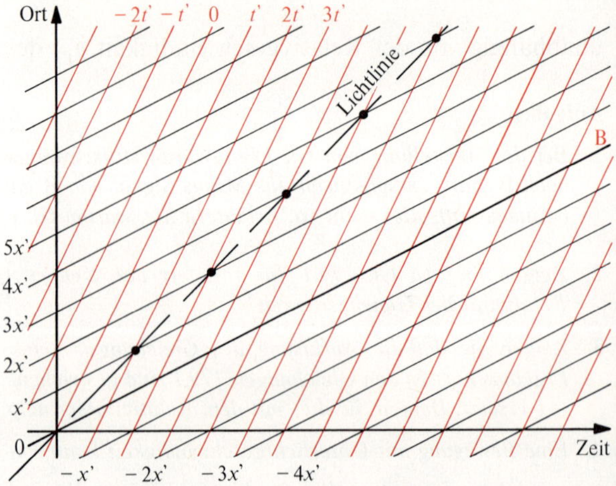

182.2 Schwarze schräge Linien: Linien gleichen B-Ortes; Rot: Linien gleicher B-Zeit

2. Vergangenheit und Zukunft

Schon in § 2 ergab sich, daß der Begriff der Gleichzeitigkeit zweier Ereignisse relativ ist: Zwei Ereignisse können für den einen Beobachter gleichzeitig und für den anderen nacheinander stattfinden. Noch weitergehend: Man kann Ereignisse finden, die für verschiedene Beobachter in verschiedener Reihenfolge stattfinden (siehe Aufgabe 5)! Die Begriffe Vergangenheit, Gegenwart und Zukunft sind also in gewissem Grade relativ. Werden damit aber nicht auch die Begriffe Ursache und Wirkung sinnlos? Wäre es nach der Relativitätstheorie möglich, daß die Wirkung vor der Ursache kommt, daß z.B. ein Mensch – von einem geeigneten Bezugssystem aus betrachtet – vor seiner eigenen Geburt stirbt? Wir werden sehen, daß diese Frage mit Nein zu beantworten ist, müssen dazu aber eine Erfahrungstatsache heranziehen, die bisher nur eine untergeordnete Rolle gespielt hat:

Es gibt kein Signal, keine Bewegung eines Körpers und keine sonstige Wirkung, die sich schneller als mit Lichtgeschwindigkeit ausbreitet. (183.1)

Man kennt bis heute keine einzige Ausnahme zu diesem Satz, obwohl man nach „Tachyonen" (Teilchen mit Überlichtgeschwindigkeit) schon gesucht hat. Für $v > c$ ist auch die in der Lorentztransformation *179.1* vorkommende Wurzel keine reelle Zahl mehr, und man müßte für diesen Fall die ganze bisherige Theorie neu überdenken und abändern. Ereignisse, von denen das erste die Ursache des zweiten ist, wie die Geburt und der Tod ein und desselben Menschen, müssen durch ein Signal oder eine Wirkung miteinander verbunden sein. Das ist die Definition des Wortes „Ursache".

Zeichnen wir im graphischen Fahrplan zu einem Ereignis P in Gedanken alle Zeit-Orts-Linien, die durch P gehen und auf denen nie die Lichtgeschwindigkeit überschritten wird, so füllen die Linien die beiden in *Abb. 183.1* nicht getönten Viertelebenen aus, die in P aneinanderstoßen. In der linken Viertelebene liegen genau alle Ereignisse, die sich irgendwie auf P auswirken könnten, in der rechten Viertelebene alle diejenigen, auf die sich das Ereignis P dann seinerseits auswirken könnte. Die linke Viertelebene stellt also bezüglich P *die Vergangenheit* im kausalen Sinn, die rechte *die Zukunft* dar. Es bleiben noch die zwei graugetönten Viertelebenen übrig. Ereignisse, die dort passieren, können keinen Einfluß auf P haben und auch nicht umgekehrt durch P beeinflußt werden, weil dazu Signale oder Wirkungen mit Überlichtgeschwindigkeit nötig wären. Im kausalen Sinn gehören diese Ereignisse also weder zur Vergangenheit noch zur Zukunft.

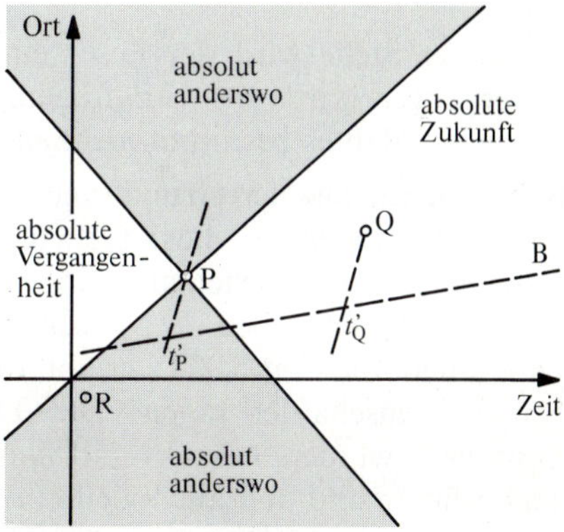

183.1 Absolute Vergangenheit und absolute Zukunft des Ereignisses P. Für jeden mit Unterlichtgeschwindigkeit bewegten Beobachter gilt: $t'_P < t'_Q$. Für keinen Beobachter finden P und R am gleichen Ort statt.

Wie beurteilt nun ein beliebig (aber natürlich langsamer als mit Lichtgeschwindigkeit) bewegter Beobachter B die Situation? Das Ereignis Q liege bezüglich P in der (kausalen) Zukunft. Die zum System des Beobachters B gehörenden Gleichzeitigkeitsgeraden verlaufen steiler als 45°. Daraus folgt nach *Abb. 183.1*, daß Q auch für den Beobachter B später als P stattfindet, wie auch immer er sich bewegen möge. Dies rechtfertigt den Namen **absolute Zukunft** für die rechte Viertelebene, und entsprechend für die linke den Namen **absolute Vergangenheit**[1]). Betrachten wir nun das Ereignis R in einer der getönten Viertelebenen! Es läßt sich leicht ein Beobachter finden, für den R gleichzeitig mit P stattfindet. Für wieder andere Beobachter findet R später oder früher als P statt (siehe Aufgabe 5). Aber für keinen Beobachter können P und R am gleichen Ort stattfinden. Denn dazu müßte der Beobachter sich z.B. von P nach R bewegen, was nur mit Überlichtgeschwindigkeit möglich wäre. Die getönten Viertelebenen kann man also sinnvoll mit **absolut anderswo** benennen. (Absolute Vergangenheit und Zukunft hätte man auch zu „absolut anderswann" zusammenfassen können.)

3. Zusammenfassung

Es gibt erfahrungsgemäß weder Beobachter noch Signale oder Wirkungen, die sich mit Überlichtgeschwindigkeit bewegen. Dies hat zur Folge, daß die Beziehungen „vorher" und „nachher" für solche Ereignisse einen absoluten Sinn behalten, die kausal durch ein Signal oder eine Wirkung miteinander verbunden werden können. Für Paare von Ereignissen, bei denen dies nicht der Fall ist, steht auch die zeitliche Reihenfolge nicht absolut fest, sondern hängt vom Bezugssystem ab. Dafür hat für solche Ereignisse die Beziehung der Verschiedenheit des Ortes einen absoluten Sinn. Unsere Alltagsbegriffe von Kausalität und zeitlicher Abfolge werden durch die Relativitätstheorie nicht aufgehoben. Sie werden nur eingeschränkt auf die Fälle, in denen es wirklich Kausalität geben kann.

4. Rückblick auf die relativistische Kinematik

An dieser Stelle wird der Leser einhalten und sich fragen, ob er nun nicht doch irgendwie hintergangen wird. Er wird fragen, ob all dieses noch *richtig* sei, ob es *logisch* sei. Er ist überzeugt, daß es bestimmt *nicht einfach* ist.

Beginnen wir mit der Grundfrage, ob unsere Theorie *richtig* ist *oder nicht*. Für den Naturwissenschaftler bedeutet dies: Geben seine Gedanken das wieder, was in der Natur wirklich geschieht? Das Geschehen kann er in unserem Fall an präzise arbeitenden Meßgeräten – Uhren und Meßstäben – ablesen. Würde die Theorie fordern, daß sich in einem bestimmten Experiment die Zeit 5,000 s ergibt, die einwandfreie Messung aber 5,038 s liefern, so würde der Naturwissenschaftler sagen: Die Theorie ist falsch. Da die Relativitätstheorie bewußt so formuliert wurde, daß sie nur Aussagen über die Anzeigen wirklicher Uhren macht, die nachprüfbar sind und auch vielfältig und mit Erfolg nachgeprüft wurden, so müssen wir sie als *richtig* bezeichnen. Dies gilt jedenfalls im Rahmen der zur Zeit erreichten Meßgenauigkeit. Bei noch genaueren späteren Messungen könnten noch kleine Änderungen notwendig werden. Eine Rückkehr zur vor-relativistischen Kinematik würde aber eindeutig zu Abweichungen führen, die außerhalb der heute klar erkannten Meßfehler liegen. Ein ernsthafter Naturforscher kann nur das als wahr bezeichnen, was nicht im Widerspruch zu Messungen steht. Er müßte eine solche Rückkehr entschieden ablehnen.

Man wird sagen, daß die Abkehr von dem absoluten Begriff der Gleichzeitigkeit *unlogisch* sei. Die ganzen Gedankengänge und Rechnungen übersehe man ohnehin nicht mehr auf anschauliche Weise. Nun beruhen aber unsere Rechnungen auf einfachen mathematischen Schlüssen,

---

[1]) Ohne weiteres ist es möglich, daß P und Q für einen Beobachter am gleichen Ort stattfinden: Seine Zeit-Orts-Linie braucht dazu nur durch P und Q zu gehen.

deren Zulässigkeit anderswo nie angezweifelt worden ist. Daß man Mathematik überhaupt heranziehen muß, beruht ganz einfach darauf, daß die Meßgeräte Zahlenwerte liefern. Die Buchstaben in den aufgestellten Gleichungen sind nichts als Einsetzstellen (Platzhalter) für Meßwerte; der einzige abgeleitete Begriff ist der der Geschwindigkeit, in bekannter Weise als Quotient Weg durch Zeit definiert. Wenn man von Geschwindigkeit „im System des O (oder B)" spricht, so meint man damit nur, daß mit den Werten zu rechnen ist, die der Beobachter O (oder B) an seinen sorgfältig eingestellten Uhren abliest. Irgendeine weitere Hypothese wird nicht mit eingeschmuggelt.

Es bleibt als Haupteinwand übrig: Die Theorie, wie sie sich in *Gl. 179.1* der Lorentztransformation ausdrückt, ist zu kompliziert; man sollte sie doch einfacher machen. Freilich sind die Umformungen manchmal etwas mühsam. Aber die Voraussetzungen, auf denen alles aufgebaut ist, sind in ihrer Art so einfach, wie man nur wünschen kann. Auf Seite 177 sind sie zusammengestellt. Die Konstanz der Lichtgeschwindigkeit ist ein sehr viel einfacherer Sachverhalt, als wenn man auf einen Äther mit seinen Strömungen und Wirbeln Rücksicht nehmen müßte. Auch die Gleichberechtigung verschiedener Bezugssysteme erleichtert den Überblick, weil man physikalische Gesetze nur einmal und nicht für jedes dieser Systeme von neuem formulieren muß.

Nun wird man den letzten Trumpf ausspielen und sagen: Die Theorie sei *unanschaulich*, denn man könne einfach nicht einsehen, daß eine bewegte Uhr gegenüber einer Kette ihr völlig gleichender Uhren, an denen sie vorbeizieht, in der Anzeige zurückbleibt. Hier müssen wir erwidern: Es handelt sich um eine experimentell erhärtete Tatsache, an der man nicht vorbeikommt. Wollte man sie leugnen, so käme man mit anderen ebenso gut verbürgten Tatsachen in Konflikt, z.B. mit dem Ergebnis des Michelson-Versuchs. Es bleibt nichts anderes übrig, als sich von gewohnten Vorstellungen zu trennen in der Erkenntnis, daß sie in einer Welt der kleinen Geschwindigkeiten entstanden sind und anhand der Erfahrungen mit großen Geschwindigkeiten geändert werden müssen.

Aufgaben:

1. *Aus Gl. 182.1 läßt sich von neuem die Längenkontraktion ablesen. Erläutern Sie dies!*

2. *Zeigen Sie: Wenn die Lichtlinien im graphischen Fahrplan unter* 45° *geneigt sind, hat die t entsprechende Strecke die Länge* $c \cdot t$. *Zeigen Sie weiter, daß dann für die Neigungswinkel* α *bzw.* $\bar{\alpha}$ *der Linien gleichen* B-*Ortes bzw. gleicher* B-*Zeit gilt:* $\tan \alpha = \frac{v}{c}$; $\tan \bar{\alpha} = \frac{c}{v}$.

3. *In Abb. 182.2 sollen die auf der Lichtlinie gekennzeichneten Punkte den* O-*Zeit-Abstand* 1 µs *haben. Zu welchen* B-*Zeiten gehören dann die gezeichneten Linien gleicher* B-*Zeit?* B *fliege dabei mit* $\frac{1}{2}c$.

Ergebnis: $0, \pm\frac{1}{\sqrt{3}}\,\mu s,\ \pm\frac{2}{\sqrt{3}}\,\mu s, \ldots$

4. *Stellen Sie einen Zusammenhang zwischen Abb. 164.2 und Abb. 182.2 her!*

5. *Suchen Sie in Abb. 182.2 zu dem Ereignis* (0|0) *ein zweites auf, das für* O *zur Zeit* $t = 1$ µs, *also später, für* B *aber zu einer negativen Zeit* t', *also früher, stattfindet.*

6. *Kopieren Sie Abb. 183.1 auf durchsichtiges Papier! Zeichnen Sie dann Zeit-Orts-Linien für Beobachter* B_2 *bis* B_5 *ein gemäß den folgenden Bedingungen:*

Für B_2 *finden* P *und* Q *am gleichen Ort statt.*

Für B_3 (B_4) *findet* R *später (früher) als* P *statt.*

Für B_5 *findet* R *gleichzeitig mit* P *statt.*

7. *Laplace stellte sich einen „Dämon" vor, dem der Zustand der Welt in einem bestimmten Augenblick völlig bekannt wäre. Nach den Gesetzen der Physik müßte ein solcher Dämon im Prinzip alles vorhersagen können, was künftig in der Welt passiert. Erläutern Sie, warum der Laplace-Dämon aufgrund der Relativitätstheorie die geforderten Anfangskenntnisse prinzipiell nie erlangen kann!*

8. *There was a young lady named Bright,*
Whose speed was far faster than light.
She went out one day
In a relative way
And returned on the previous night.

Die Lady reise mit der Geschwindigkeit $4c$. *Zeigen Sie (etwa anhand der Abb. 183.1), daß der Limerick übertreibt! Die Dame kommt zwar, vom Beobachter* B *aus gesehen, früher am fernen Reiseziel an, als sie abgereist ist, verliert aber auf der Rückreise diesen Vorsprung wieder.*

§ 37 Der relativistische Impuls

1. c als Grenzgeschwindigkeit

Nach Newtons Gesetzen der Mechanik müßte man einem Körper beliebig hohe Geschwindigkeiten verleihen können. So wäre es z.B. mit vergleichsweise bescheidenen technischen Mitteln möglich, Elektronen auf Überlichtgeschwindigkeit zu beschleunigen (siehe Aufgabe 1). Wenn man solche Geschwindigkeiten dennoch nicht erzielt, so folgt daraus, daß die uns bekannten Gesetze der Mechanik für hohe Geschwindigkeiten nicht mehr gelten. Wir müssen neue Gesetze finden.

Man kann bei Elektronen wegen ihrer geringen Masse die Verhältnisse sehr direkt untersuchen. So hat man in einem Linearbeschleuniger (Band E Seite 134) die Laufzeit und damit die Geschwindigkeit v einer stoßweise erzeugten Elektronenwolke gemessen. *Abb. 186.1* zeigt die Resultate für die verschiedenen erreichten kinetischen Energien. Es scheint kein Zweifel daran möglich, daß für beliebig wachsende Energie die Elektronengeschwindigkeit sich asymptotisch der Lichtgeschwindigkeit nähert. Es gibt also nicht nur für Signale, sondern auch für materielle Teilchen eine Grenzgeschwindigkeit, und diese ist ebenfalls gleich c. Die in *Abb. 186.1* als Rechtswert aufgetragene kinetische Energie ist gleich der Beschleunigungsarbeit im elektrischen Feld gesetzt, also gleich $e \cdot U$. Sie ist aber *nicht proportional* zu dem aus der Laufzeit bestimmten Geschwindigkeitsquadrat v^2, wie man es nach der Gleichung $e \cdot U = \frac{1}{2} m \cdot v^2$ der Newton-Mechanik erwarten würde. Sonst müßten die Meßpunkte auf einer Ursprungsgeraden liegen. (Man beachte, daß in *Abb. 186.1* als Hochwert v^2 und nicht v aufgetragen worden ist!)

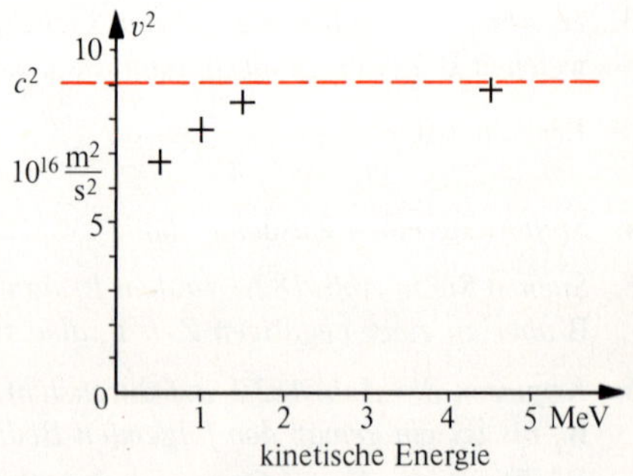

186.1 Zusammenhang zwischen der Geschwindigkeit und der kinetischen Energie von Elektronen bei hohen Energien

Die Gleichung $W_{\text{kin}} = \frac{1}{2} m \cdot v^2$ ist also im relativistischen Bereich nicht mehr gültig. Der Energie-Erhaltungssatz ist aber nach wie vor erfüllt, wie man in einem Kontrollversuch gezeigt hat: Die Elektronen wurden am Ende der Beschleunigungsstrecke in einem Faraday-Becher (Mittelstufenband Seite 306) aufgefangen und abgebremst. Die dabei erzeugte Wärme war gleich dem Produkt $e \cdot U$. *Der Energiebegriff ist also weiterhin sinnvoll; nur die Formel für die kinetische Energie muß gemäß Abb. 186.1 korrigiert werden.*

Ähnliche Beobachtungen kann man immer machen, wenn atomare Teilchen extrem hohe Energien besitzen. In der kosmischen Strahlung und in den großen irdischen Beschleunigungsmaschinen haben alle Teilchen praktisch die gleiche Geschwindigkeit, nämlich nahezu c. Man hat den Eindruck, daß es bei hohen Geschwindigkeiten immer schwieriger wird, die Teilchen zu beschleunigen. Ihre Trägheit wächst sehr stark mit der Geschwindigkeit. In diesem Sinne spricht man auch von einem **relativistischen Massenzuwachs.**

2. Die Rettung des Impulserhaltungssatzes

Wir sahen soeben, daß der Erhaltungssatz für die Energie auch bei Annäherung an die Lichtgeschwindigkeit gültig bleibt. Nur ist der Term $\frac{1}{2} m \cdot v^2$ für die kinetische Energie nicht mehr verwendbar. Ähnlich ist es mit dem Impulserhaltungssatz. Man hat den Eindruck, daß derartige Erhaltungssätze in der Physik so tief verankert sind, daß man sie nicht ohne Not aufgeben sollte. Man wird stattdessen versuchen, einen Erhaltungssatz für einen neuen Bereich, in dem er zunächst nicht gilt, durch Abänderung der in ihm vorkommenden Terme zu „retten". Wir werden sehen, daß dieser Versuch beim Impulssatz Erfolg hat und uns auch zu neuen Erkenntnissen über die Energie führt.

Zunächst zeigen wir an einem einfachen Beispiel, daß der „Newton-Impuls" $\vec{p} = \sum_i m_i \cdot \vec{v}_i$ (Band MS *Gl. 101.3*) in einem abgeschlossenen System von Körpern bei hohen Geschwindigkeiten nicht mehr ausnahmslos erhalten bleibt.

Gedankenversuch *(Abb. 187.1)*: Zwei völlig gleichartige Teilchen stoßen mit gegengleichen Geschwindigkeiten zusammen. Nachdem sie sich gegenseitig abgebremst haben, sind beide (beim elastischen Stoß für einen Augenblick, beim total unelastischen Stoß für dauernd) in Ruhe. Der gesamte Newton-Impuls bleibt ersichtlich erhalten. Er ist vorher und nachher gleich Null. Der Schwerpunkt der Teilchen ist dauernd in Ruhe. (Daher der Name „Schwerpunktsystem" für das gewählte Bezugssystem.)

		vor dem Stoß		nach d. Stoß
Schwerpunkt-system	Geschwindigkeit:	v_0	$-v_0$	0
	Newton-Impuls:	$m_0 v_0$	$-m_0 v_0$	0
Ruhsystem	Geschwindigkeit:	v'	0	v_0
	Newton-Impuls:	$m_0 v'$	0	$2 m_0 v_0$
System I	Geschwindigkeit:	v_1	v_2	v
	Impuls:	$m(\lvert v_1 \rvert)\, v_1$	$m(\lvert v_2 \rvert)\, v_2$	$2\overline{m}(\lvert v \rvert)\, v$

187.1 Stoß zweier gleicher Teilchen, von verschiedenen Bezugssystemen aus betrachtet

Nun begeben wir uns in ein Bezugssystem, das mit dem rechten Teilchen fliegt, in dem dieses also vor dem Stoß ruht („Ruhsystem" in *Abb. 187.1*). Relativ dazu bewegt sich das linke Teilchen dann nach *Gl. 181.2* mit der „relativistisch doppelten" Geschwindigkeit

$$v' = \frac{2v_0}{1+\beta_0^2} \quad \text{mit} \quad \beta_0 = \frac{v_0}{c}. \tag{188.1}$$

v' ist kleiner als $2v_0$. Der Newton-Gesamtimpuls ist vor dem Stoß $m \cdot v'$ und danach $2m \cdot v_0$. *Er bleibt nicht erhalten*, weil v' nicht gleich $2v_0$ ist.

Wir fragen nun: Gibt es eine andere vektorielle physikalische Größe, die ebenfalls aus Masse und Geschwindigkeit gebildet wird und deren Gesamtwert für unser Stoßbeispiel in jedem Bezugssystem komponentenweise erhalten bleibt? Wir versuchen also, den Impulssatz für hohe Geschwindigkeiten dadurch zu retten, daß wir einen neuen „Einstein-Impuls" einführen. Die Abänderung gegenüber dem Newton-Impuls soll dabei möglichst geringfügig sein.

Der neue Impulsvektor soll ebenfalls die Richtung des Geschwindigkeitsvektors haben. Wir setzen an:

$$\text{Impulsvektor } \vec{p} = m(|\vec{v}|) \cdot \vec{v}.$$

Die Funktion m soll für das betrachtete Teilchen typisch sein. Bei kleinen Geschwindigkeiten soll ihr Wert in die Masse m_0 des Teilchens im Sinne von Newton übergehen:

$$m(|\vec{v}|) \to m_0 \qquad \text{für } |\vec{v}| \to 0.$$

Im Schwerpunktsystem der *Abb. 187.1* gilt mit dem neuen Ansatz der Impulssatz wieder von selbst. Jede Komponente des Gesamtimpulses ist wieder gleich Null. In einem allgemeineren Inertialsystem I mögen sich vor dem Stoß die Teilchen längs ihrer Verbindungsgeraden mit den Geschwindigkeiten v_1 und v_2 bewegen und danach gemeinsam mit der Geschwindigkeit v *(Abb. 187.1)*. Der Gesamtimpuls in Bewegungsrichtung ist dann vor dem Stoß gleich

$$m(|v_1|) \cdot v_1 + m(|v_2|) \cdot v_2.$$

Nach dem Stoß würden wir zunächst $2m(|v|) \cdot v$ schreiben. Wir wollen aber vorsichtshalber die Möglichkeit offen lassen, daß sich die Teilchen durch den Stoßvorgang infolge Erwärmung oder innerer Anregung so grundlegend ändern, daß für sie eine neue Funktion $\overline{m}$ im Impulsausdruck zuständig wird. (Später wird sich zeigen, daß man ohne diese Annahme zu Widersprüchen käme.) Also schreiben wir als Gleichung der Impulserhaltung in Richtung der Verbindungsgeraden:

$$m(|v_1|) \cdot v_1 + m(|v_2|) \cdot v_2 = 2\overline{m}(|v|) \cdot v. \tag{188.2}$$

Nun soll die Impulserhaltung in *jedem* Inertialsystem gelten, z.B. auch in einem, das sich vom System I aus beurteilt senkrecht zur Verbindungsgeraden der Teilchen bewegt. Wir haben die relativistische Kinematik nicht für allgemeine räumliche Bewegung entwickelt, werden aber doch vermuten, daß ein Beobachter in diesem neuen Bezugssystem folgendes feststellt:

1. Der Ursprung des Systems I bewegt sich mit konstanter Geschwindigkeit w längs einer Geraden g.
2. Für jedes der stoßenden Teilchen ist die Geschwindigkeitskomponente parallel zur Geraden g ebenfalls gleich w, und zwar vor und nach dem Stoß *(Abb. 188.1)*.

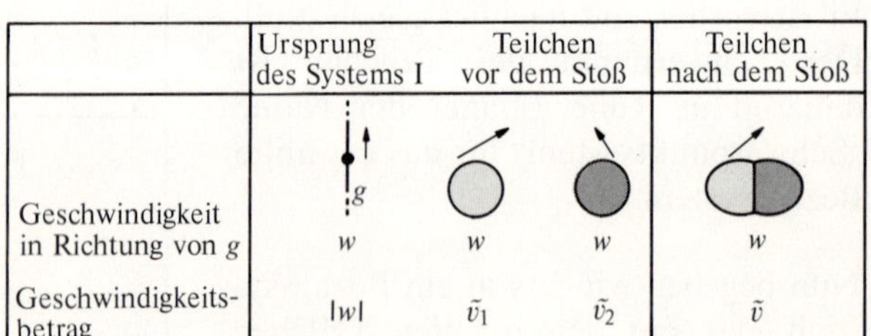

188.1 Stoß zweier gleicher Teilchen von einem allgemeinen Bezugssystem aus betrachtet

Der Impulssatz lautet daher im neuen System für die Komponente in Richtung der Geraden g:

$$m(\tilde{v}_1) \cdot w + m(\tilde{v}_2) \cdot w = 2\,\overline{m}(\tilde{v}) \cdot w. \tag{189.1}$$

$\tilde{v}_1$, $\tilde{v}_2$ und $\tilde{v}$ sind aus w und den Geschwindigkeitskomponenten in Richtung der Verbindungsgeraden der Teilchen nach dem Satz des Pythagoras zu berechnen. Für sehr kleine w, also wenn der Beobachter sich praktisch nicht mehr relativ zum Inertialsystem I bewegt, gilt

$$\tilde{v}_1 \approx |v_1|, \quad \tilde{v}_2 \approx |v_2| \quad \text{und} \quad \tilde{v} \approx |v|.$$

Damit folgt aus *Gl. 189.1* nach Division durch w und nach anschließendem Grenzübergang $w \to 0$:

$$m(|v_1|) + m(|v_2|) = 2\overline{m}(|v|). \tag{189.2}$$

Gl. 188.2 und *Gl. 189.2* gelten im allgemeinen Inertialsystem I, also speziell auch in dem Ruhsystem der *Abb. 187.1*. Sie lauten dort:

$$m(v') \cdot v' + 0 = 2\overline{m}(v_0) \cdot v_0 \quad \text{und} \tag{189.3}$$

$$m(v') + m_0 = 2\overline{m}(v_0). \tag{189.4}$$

Aus *Gl. 189.3* und *Gl. 189.4* können wir die eine der beiden unbekannten Funktionen, $\overline{m}$, eliminieren. Wir erhalten

$$m(v') + m_0 = m(v') \cdot \frac{v'}{v_0} \quad \text{oder}$$

$$m(v') = \frac{m_0}{\frac{v'}{v_0} - 1} \tag{189.5}$$

für alle v_0 und jeweils v' aus *Gl. 188.1*.

Wir brauchen hier nur noch v_0 durch v' auszudrücken; dann haben wir den Term für m gefunden.

Dazu schreiben wir *Gl. 188.1* in der Form $\beta' = \frac{2\beta_0}{1+\beta_0^2}$ mit $\beta_0 = \frac{v_0}{c}$ und $\beta' = \frac{v'}{c}$ und erhalten durch Auflösen nach β_0:

$$\beta_0 = \frac{1}{\beta'}\left(1 \overset{(+)}{-} \sqrt{1-\beta'^2}\right).$$

(Das Pluszeichen vor der Wurzel scheidet aus wegen $\beta_0 < 1$ und $\beta' < 1$.)

Daher lautet der Nenner in *Gl. 189.5*: $\frac{v'}{v_0} - 1 = \frac{\beta'}{\beta_0} - 1 = \frac{\beta'^2}{1-\sqrt{1-\beta'^2}} - 1 = \sqrt{1-\beta'^2}$ und es folgt

$$m(v') = \frac{m_0}{\sqrt{1-\beta'^2}}. \tag{189.6}$$

Wir schreiben zum Schluß statt v' einfach v und erhalten mit $\vec{p} = m(v) \cdot \vec{v}$ die berühmte Gleichung für den relativistischen Impuls.

Für den relativistischen Impuls gilt: $\vec{p} = \dfrac{m_0}{\sqrt{1-\frac{v^2}{c^2}}} \cdot \vec{v}$. **(189.7)**

Die Gleichung hat sich aus allgemeinen Annahmen völlig zwangsläufig ergeben. Wenn also der Impulssatz überhaupt für hohe Geschwindigkeiten gilt, dann muß für den Impuls dabei der Term *189.7* verwendet werden. Tatsächlich bewährt sich nun dieser Term bestens im Experiment. Will man ihn wie früher als „Masse mal Geschwindigkeit" deuten, so muß man sagen:

Die (bewegte) Masse ist geschwindigkeitsabhängig gemäß $m_{rel} = m(v) = \frac{m_0}{\sqrt{1-\frac{v^2}{c^2}}}$.

m_{rel} **heißt die relativistische oder Impulsmasse. Dabei ist** m_0 **die für kleine Geschwindigkeiten gültige „Ruhmasse".** **(190.1)**

Aufgaben

1. *Welche Beschleunigungsspannung würde einem Elektron nach der Newton-Mechanik die doppelte Lichtgeschwindigkeit verleihen?*

2. *Ein Atomkern stößt mit der Geschwindigkeit* $\frac{1}{2}c$ *auf einen ihm gleichen ruhenden Kern und verschmilzt mit ihm zu einem neuen Teilchen. Welche Geschwindigkeit hat dieses nach Gl. 189.4 und nach dem Satz von der Erhaltung des relativistischen Impulses? Was ergäbe sich nach der Newton-Mechanik?*

§ 38 Die relativistische Energie

1. Massenänderung beim Stoß

Daß in *Gl. 188.2* auf der rechten Seite $\bar{m}$ statt m steht, war eine Vorsichtsmaßnahme. An sich wird man ja erwarten, daß ein Teilchen in einem Stoß seine Eigenschaften, insbesondere also seine Ruhmasse und damit die Funktion m, behält. Andererseits kennen wir bei Elementarteilchen auch Umwandlungsprozesse bei Stößen, und zwar gerade bei hohen Geschwindigkeiten, wobei ganz neue Teilchen mit anderer Ruhmasse entstehen. Im Beispiel der *Abb. 187.1* erweist sich nun tatsächlich die Einführung vom $\bar{m}$ hinterher als notwendig. Wir sehen dies am einfachsten, wenn wir *Gl. 189.2* speziell für das Schwerpunktsystem der *Abb. 187.1* aufschreiben. Sie lautet dort:

$$m(v_0) + m(|-v_0|) = 2\,\bar{m}(0) \quad \text{oder mit } Gl.\ 190.1$$
$$\frac{m_0}{\sqrt{1-\beta_0^2}} = \bar{m}(0) = \bar{m}_0. \qquad (190.2)$$

$\bar{m}_0$ ist nicht gleich $m(0) = m_0$, sondern größer. Wenn der betrachtete Stoß völlig unelastisch war, so daß die Teilchen hinterher nicht wieder auseinanderfliegen, dann ist *eine gewisse Ruhmasse neu entstanden.*

Wir können die Gleichungen auch von rechts nach links lesen: Explodiert ein ruhendes Teilchen spontan, d.h. ohne äußere Einwirkung, so müssen nach der Relativitätstheorie die auseinanderfliegenden Bruchstücke zusammen eine kleinere Ruhmasse haben als das ursprüngliche Teilchen. Wir können diese Vorhersage am Zerfall radioaktiver Atome prüfen. Z.B. hat ein Atom des Uranisotops ${}^{238}_{92}U$ die Masse 238,04 u. Es zerfällt schrittweise unter Aussendung von insgesamt 8 Atomen ${}^{4}_{2}He$ der Masse 4,0026 u, bis dann schließlich das stabile Atom ${}^{206}_{82}Pb$ mit der Masse 205,97 u entsteht [1]). Dabei verringert sich tatsächlich die gesamte Ruhmasse um $(238{,}04 - 8 \cdot 4{,}0026 - 205{,}97)\,\text{u} = 0{,}05\,\text{u}$. Gewissermaßen als Ausgleich für die verschwundene Masse entsteht Bewegung, also kinetische Energie. Die Umrechnung wird dabei in unserem einfachen Beispiel der *Abb. 187.1* durch *Gl. 190.2* gegeben:

„*Massendefekt*" eines Teilchens: $\Delta m = \overline{m}_0 - m_0 = m_0 \cdot \frac{1 - \sqrt{1 - \beta_0^2}}{\sqrt{1 - \beta_0^2}}$.

Durch Erweitern mit $1 + \sqrt{1 - \beta_0^2}$ folgt: $\Delta m = m_0 \cdot \beta_0^2 \frac{1}{\sqrt{1 - \beta_0^2}\,(1 + \sqrt{1 - \beta_0^2})}$,
wobei wieder $\beta_0 = \frac{v_0}{c}$ gesetzt wurde.

Für kleine Geschwindigkeiten, bei denen die Newton-Mechanik gilt, ist der Bruch im letzten Term sehr genau gleich $\frac{1}{2}$. Es gilt dann

$$\Delta m \approx \frac{1}{c^2} \cdot \frac{m_0}{2} \cdot v_0^2 \qquad \text{für } v_0 \ll c.$$

Der Massendefekt ist also gleich der kinetischen Energie der Newton-Mechanik, dividiert durch c^2.

Folgende Annahme liegt nahe: Nicht nur bei kleinen Geschwindigkeiten, und nicht nur dann, wenn bei einem unelastischen Stoß sich die Ruhmassen ändern, ist die Größe

$$W_{\text{kin}} = \left(\frac{m_0}{\sqrt{1 - \frac{v^2}{c^2}}} - m_0 \right) c^2 = m_{\text{rel}} \cdot c^2 - m_0 \cdot c^2 \tag{191.1}$$

gleich der (relativistisch korrekten) kinetischen Energie eines Körpers der Ruhmasse m_0 bei der Geschwindigkeit v. Bremst man den Körper bis zur Ruhe ab, *ohne* daß sich seine Ruhmasse ändert, so müßte diese Energie frei werden. In dem auf Seite 186 beschriebenen Experiment wurden die Elektronen im Faraday-Becher abgebremst, ohne daß dabei Teilchen neuer Art und anderer Ruhmasse entstanden. Die gemessene kinetische Energie (Rechtswert in *Abb. 186.1*) und die gemessene Geschwindigkeit (deren Quadrat der Hochwert in *Abb. 186.1* ist) müßten also nach *Gl. 191.1* miteinander zusammenhängen. Dies trifft auch zu (siehe Aufgabe 1).

Ganz allgemein stellt offenbar die Größe

$$m_{\text{rel}} \cdot c^2 = \frac{m_0 \cdot c^2}{\sqrt{1 - \frac{v^2}{c^2}}} \tag{191.2}$$

einen maximalen Energievorrat eines Körpers mit der Ruhmasse m_0 und der Geschwindigkeit v dar. Dieser würde frei, wenn es gelänge, den Körper sich völlig „zerstrahlen" zu lassen, d.h. ihn in Energie (z.B. elektromagnetische Strahlungsenergie) umzuwandeln, ohne daß auch noch Materie mit positiver Ruhmasse übrigbleibt. In der Welt der Elementarteilchen findet die

---

[1]) In Wirklichkeit fliegen natürlich aus dem Uran-Kern Helium-Kerne (α-Teilchen) sowie aus der Hülle des Uranatoms Elektronen heraus. An der Massenbilanz ändert sich dadurch aber nichts.

Zerstrahlung tatsächlich statt: Beim Zusammenstoß eines Elektrons mit einem Positron verschwinden beide, und es entsteht nur γ-Strahlung. Die Strahlungsenergie ist dabei gleich der Summe der sich nach *Gl. 191.2* ergebenden Energieanteile der beiden Teilchen.

Der relativistische Ausdruck für die Energie eines sich frei mit der Geschwindigkeit v bewegenden Körpers lautet:

$$W = \frac{m_0 \cdot c^2}{\sqrt{1 - \frac{v^2}{c^2}}} = m_{\text{rel}} \cdot c^2. \qquad (192.1)$$

Nach dieser berühmten Formel von *Einstein* stecken auch in einem ruhenden Teilchen noch ungeheure Mengen an **Ruhe-Energie.** Wenn 1 g Materie verschwindet, so werden dadurch $10^{-3} \cdot 9 \cdot 10^{16}\,\text{kg}\,\text{m}^2\,\text{s}^{-2} \approx 10^{11}\,\text{kJ}$ Energie in anderer Form frei. Die Energie der Kernkraftwerke und auch der Atombomben stammt aus Prozessen mit „Massendefekt" und gehorcht *Gl. 192.1.*

Einem in Ruhe befindlichen Körper können wir eine Energie ΔW zuführen, ohne ihn dabei in Bewegung zu setzen. Z.B. können wir ihn aufheizen oder seine elastische Energie durch Verformung erhöhen. Nach der Relativitätstheorie nimmt dann die Ruhmasse des Körpers zu, und zwar um $\Delta m_0 = \Delta W/c^2$. Ein Gegenstand wird also durch Erhitzen, eine Feder durch Spannen etwas „träger" und (wie wir ohne nähere Erörterung hinzufügen) auch etwas schwerer. Die Unterschiede sind allerdings bei den an makroskopischen Körpern durchführbaren Energie-Umsetzungen unmeßbar klein (siehe Aufgabe 4). Wir stellen zusammenfassend fest:

Energie W und relativistische Masse m_{rel} eines beliebigen physikalischen Systems sind einander äquivalent. Der Umrechnungsfaktor zwischen den beiden Größen ist das Quadrat der Lichtgeschwindigkeit: $W = m_{\text{rel}} \cdot c^2$.

Betrachten wir nun noch einmal *Gl. 189.2!* Sie hatte sich als eine Folgerung aus dem Impuls-Erhaltungssatz ergeben. Mit den neuen Begriffen können wir sie auch anders deuten:

1. $m(|v_1|)$ usw. sind die relativistischen Massen der Teilchen. Die Gleichung besagt, daß *die relativistische Gesamtmasse beim Stoß erhalten bleibt* (nicht dagegen die gesamte Ruhmasse; sie nimmt beim unelastischen Stoß zu).
2. Nach Multiplikation mit c^2 stellt die Gleichung die Bilanz der relativistischen Gesamtenergie dar. Diese bleibt beim Stoß erhalten, während sich die kinetische Energie ändern kann.

Es ist bemerkenswert, daß in der relativistischen Mechanik der Energie-Erhaltungssatz auch für unelastische Stöße gilt, während er in der Newton-Mechanik (ohne Einbeziehung der ungeordneten Teilchenenergie) auf die elastischen beschränkt ist. Die Umwandlung von kinetischer in innere Energie wird über die Ruhe-Energie in der relativistischen Energiebilanz mit erfaßt.

2. Energie, Impuls und Kraft

In der Newton-Mechanik besteht ein einfacher Zusammenhang zwischen Impuls $\vec{p}$ und kinetischer Energie:

$$W_{\text{kin}} = \tfrac{1}{2} m_0 \cdot v^2 = \frac{1}{2\,m_0} \cdot p^2 \quad \text{(Newton-Mechanik).}$$

In der Relativitätstheorie besteht ein entsprechender Zusammenhang. Eine einfache Formel erhält man aber nur, wenn man statt der kinetischen Energie die relativistische Gesamtenergie nach *Gl. 192.1* nimmt. Aus *Gl. 189.7* und *Gl. 192.1* folgt zunächst

$$p^2 = \frac{m_0^2 \cdot c^2 \cdot \beta^2}{1-\beta^2} \quad \text{und} \quad W^2 = \frac{m_0^2 \cdot c^4}{1-\beta^2} \quad \text{mit } \beta = \frac{v}{c}$$

und dann durch Elimination von β

$$W^2 - c^2 \cdot p^2 = (m_0 \cdot c^2)^2,$$

oder mit der Ruhe-Energie $W_0 = m_0 \cdot c^2$:

$$W^2 = W_0^2 + c^2 \cdot p^2. \tag{193.1}$$

Wie lautet nun die relativistische Form von *Newtons* Gleichung „Kraft gleich Masse mal Beschleunigung"? Wenn wir bedenken, daß das Produkt aus Masse und Beschleunigung gleich der Zeitableitung des Newton-Impulses ist, so kommen wir zu der Vermutung, daß $F = \dot{p}$ auch relativistisch gelten könnte, wenn man etwa für die Kraft F im elektromagnetischen Feld den gleichen Term wie bisher und für p den relativistischen Impuls einsetzt. Wir prüfen die Vermutung an dem auf Seite 186 beschriebenen Experiment.

Wir haben schon gefunden, daß der Zuwachs an relativistischer Energie der Elektronen erfahrungsgemäß gleich der (als Produkt von Ladung und Spannung berechneten) elektrischen Arbeit an ihnen ist (siehe Aufgabe 1). Setzen wir voraus, daß dies nicht nur pauschal über den ganzen Beschleunigungsweg, sondern auch in jedem Teilstück Δx gilt, so können wir schreiben (F bedeute die elektrische Kraft $q \cdot E$):

$$\Delta W = F \cdot \Delta x \quad \text{oder} \quad \frac{\Delta W}{\Delta t} = F \cdot \frac{\Delta x}{\Delta t}, \quad \text{und nach dem Grenzübergang } \Delta t \to 0:$$

$$\text{Leistung } P = \dot{W} = F \cdot v, \tag{193.2}$$

in Worten: Leistung gleich Kraft mal Geschwindigkeit. Diese Gleichung können wir also als empirisch gesichert ansehen. Nun errechnen wir aus *Gl. 193.1* durch Differenzieren nach der Zeit:

$$W \cdot \dot{W} = c^2 \cdot p \cdot \dot{p}.$$

Aus *Gl. 189.7* und *Gl. 192.1* folgt ferner die allgemein gültige Gleichung

$$p = \frac{W}{c^2} \cdot v. \tag{193.3}$$

Daher gilt in der Relativitätstheorie allgemein $\dot{W} = v \cdot \dot{p}$. Aus *Gl. 193.2* folgt damit: $F = \dot{p}$, wie bei Newton. (Den Beweis für die vektorielle Gleichung $\vec{F} = \dot{\vec{p}}$ übergehen wir.) Wir brauchen somit erfreulicherweise nicht umzulernen.

Auch bei hohen Geschwindigkeiten gilt:

Kraft gleich Zeitableitung des Impulses $\quad \vec{F} = \dot{\vec{p}}$

Leistung gleich Kraft mal Geschwindigkeit $\quad P = \dot{W} = \vec{F} \cdot \vec{v}$.

Hierbei sind Impuls $\vec{p}$ und Energie W in der relativistischen Form *189.7* bzw. *192.1* zu verwenden. $\vec{F}$ ist für geladene Teilchen die elektromagnetische Kraft $q(\vec{E} + \vec{v} \times \vec{B})$.

3. Energieprobleme der Raumfahrt

Aus Anlaß des Zwillingsparadoxons (Seite 176) haben wir über Reisen zu fernen Sternen spekuliert. Die Antriebsfrage wurde dabei außer acht gelassen. Wir wollen nun abschätzen, was man mit einer idealen Rakete bestenfalls erreichen kann.

Das Raumschiff habe beim Start die Masse M_0, also die Energie $W_0 = M_0 c^2$ und den Impuls Null. Raketen werden durch Materieausstoß nach hinten beschleunigt. Dadurch verringert sich die (Ruhe-) Masse des Raumschiffes auf $M = f \cdot M_0$ $(0 < f < 1)$; seine Geschwindigkeit wächst auf $v = \beta \cdot c$, Energie und Impuls betragen dann

$$W = \frac{f \cdot M_0}{\sqrt{1-\beta^2}} \cdot c^2 \quad \text{und} \quad p = \frac{W}{c} \cdot \beta. \tag{194.1}$$

Nach den Erhaltungssätzen trägt die ausgestoßene Materie insgesamt die Energie $W_0 - W$ und den Impuls $-p$. Für Energie W_1 und Impuls p_1 eines einzelnen ausgestoßenen Teilchens gilt nach *Gl. 193.1:*

$$W_1 \geqq c\,|p_1|.$$

Dabei würde das Gleichheitszeichen zu dem Grenzfall eines Teilchens der Ruhmasse Null gehören. Aus dieser Ungleichung für jedes einzelne Teilchen folgt auch insgesamt:

$$W_0 - W \geqq c \cdot p.$$

Setzen wir hier *Gl. 194.1* ein, so erhalten wir eine Beziehung zwischen β, d.h. der Geschwindigkeit des Raumschiffs, und dem Faktor f, der seinen Massenverlust angibt. Zunächst folgt

$$W_0 - W \geqq W \cdot \beta \quad \text{und schließlich} \quad f \leqq \sqrt{\frac{1-\beta}{1+\beta}}.$$

In Worten: Der Bruchteil an Masse, der nach der Beschleunigung noch vorhanden ist, ist höchstens gleich dem Kehrwert des vom Doppler-Effekt her bekannten Faktors k (Seite 169). Sollen beispielsweise 99% der Lichtgeschwindigkeit erreicht werden, so gilt $f \leqq \sqrt{\frac{0{,}01}{1{,}99}} \approx 0{,}07$. Das Raumschiff muß also mindestens 93% seiner Masse bei der Beschleunigung verlieren. Für heute realisierbare Raketen ist f viel kleiner als die von uns gefundene Schranke. Außerdem gilt f nur für einmalige Beschleunigung. Bei einer Weltraumreise mit Rückkehr muß 2mal beschleunigt und 2mal gebremst werden. Jedesmal multipliziert sich die Raumschiffmasse mit f. Nach der Rückkehr wäre also nur noch der Bruchteil $f^4 \approx 2{,}5 \cdot 10^{-5}$ vorhanden. Soll eine Kapsel von $\frac{1}{2}$ Tonne Masse zurückkehren, so muß die Rakete beim Start weit mehr als 20000 t Masse besitzen. Man kann die Behauptung wagen, daß die Reise zum nächsten Fixstern dem Menschen ein für allemal verwehrt sein wird.

4. Rückblick auf die relativistische Mechanik

Die Erfahrung lehrt, daß man einem Körper zwar eine beliebig hohe Energie, aber keine beliebig große Geschwindigkeit verleihen kann. Daher kann *Newtons* Mechanik für große Geschwindigkeiten nicht gelten. Bei der Suche nach den Gleichungen einer relativistischen Mechanik zeigt sich, welche zentrale Rolle die Größen Energie und Impuls spielen: Ihre Definition läßt sich allgemeingültig so fassen, daß

1. *Energie- und Impulserhaltungssatz für jedes abgeschlossene physikalische System gelten;*
2. *im Grenzfall kleiner Geschwindigkeiten kinetische Energie und Impuls mit den entsprechenden Größen der Newton-Mechanik übereinstimmen.*

Die relativistische Mechanik setzt also die Newton-Mechanik nicht außer Kraft, sondern erweitert sie über ihren Gültigkeitsbereich hinaus. Außerdem verschafft sie uns auch ein tieferes Verständnis für die Bedeutung der Größe „Masse“: Die Masse m_0 eines Systems im Sinne *Newtons*, also die Ruhmasse, ist durch den universellen Faktor c^2 mit der inneren Energie W_0 des Systems verknüpft: $W_0 = m_0 c^2$. Masse und Energie sind also im Grunde nur verschiedene Namen für ein und dieselbe Eigenschaft eines Systems. So wird es auch verständlich, daß sich die Ruhmasse eines physikalischen Systems ändern kann. Sie muß sich sogar ändern, wenn z.B. dem ruhenden System Energie zugeführt wird, ohne daß es sich (als Ganzes) dadurch in Bewegung setzt.

5. Die Grundgedanken der Allgemeinen Relativitätstheorie

In einem Aufzug, der sich gerade nach unten in Bewegung setzt, fällt ein Gegenstand langsamer zu Boden als im Physiksaal. Auch auf dem Mond ist die Fallbeschleunigung geringer als auf der Erde. Ein Physiker, der sich in einem geschlossenen Kasten befindet und dort experimentieren kann, wird auf keine Weise herausbringen können, ob er sich in Ruhe auf dem Mond befindet oder auf der Erde in einem mit passender Beschleunigung fallenden Aufzug. Die „Trägheitskräfte“ im beschleunigten Aufzug wirken auf die Körper in genau der gleichen Weise wie ein Gravitationsfeld ein. Auch in einem rotierenden Karussell beobachtet man Trägheitskräfte (Zentrifugal- und Corioliskraft, Band MS Seite 124, 150). Es fragt sich, ob man auch diese komplizierteren Kräfte im Prinzip bei stehendem Karussell durch die Gravitationswirkung geeignet angeordneter und eventuell bewegter Massen imitieren könnte. *Ernst Mach* (österr. Physiker, 1838 bis 1916) forderte schon vor *A. Einstein*, daß dies möglich sein müsse. Denn – so argumentierte er – Rotation „an sich“ sei ein physikalisch ebenso leerer Begriff wie geradlinige Bewegung „an sich“. Wir können Bewegung immer nur relativ zu anderen Körpern feststellen. Angenommen, ein Karussell schwebe frei im Weltraum. Dann kann die Aussage „Das Karussell dreht sich“ nur bedeuten, daß es sich relativ zur Gesamtheit der Körper im Weltraum dreht. Wenn man auf einem solchen Karussell Trägheitskräfte verspürt – woran nach aller Erfahrung nicht zu zweifeln ist – so kommt als Ursache dafür nur die vom Karussell aus beobachtbare Drehung des gesamten Sternhimmels in Frage. Eine korrekte Gravitationstheorie müßte den Zusammenhang zwischen Trägheitskräften und Bewegung ferner Massen herzuleiten gestatten.

Newtons Gravitationsgesetz (Band MS Seite 142) leistet das Verlangte sicher nicht, da in ihm ja nur die Entfernungen und nicht die Geschwindigkeiten der Massen vorkommen. Durch *A. Einsteins* Gravitationstheorie, die **Allgemeine Relativitätstheorie,** konnte dagegen das Mach'sche Programm erfüllt werden.

Einstein übertrug zunächst die Zeit- und Längenmessung der Speziellen Relativitätstheorie sinngemäß auf Nicht-Inertialsysteme wie z.B. das rotierende Karussell. Es zeigte sich, daß in einem solchen Bezugssystem die Längenmessung durch Licht-Laufzeiten im allgemeinen zu einer „nichteuklidischen“ Geometrie führt, in der z.B. der Satz des Pythagoras nicht mehr gilt. Die Abweichungen von der „Euklidizität“ sind dabei um so stärker, je höher die Beschleunigung des Bezugssystems gegenüber einem Inertialsystem ist. Nach *Einstein* sollen nun gravitierende Massen die Struktur der Zeit-Raum-Beziehungen in analoger Weise ändern, wie eine Beschleunigung des Bezugssystems. Diese Forderung wird durch die von ihm aufgestellten Gleichungen für das Gravitationsfeld erfüllt. Die sehr komplizierten Gleichungen ergeben für schwache Gravitationsfelder näherungsweise das Gravitationsgesetz von *Newton*, sagen aber

▼ auch Störungen dieses Gesetzes voraus, die sich auf die Planetenbewegung auswirken müßten. Man hat diese winzigen Abweichungen bei Merkur, dem sonnennächsten Planeten, durch Präzisionsmessungen tatsächlich nachweisen können (Periheldrehung der Merkurbahn). Daneben folgt aus den Gravitationsgleichungen von *Einstein* auch eine Ablenkung des Lichtes in der Nähe großer Massen sowie der unterschiedliche Gang physikalisch gleicher Uhren, die an verschiedenen Stellen eines Gravitationsfeldes stehen und relativ zueinander ruhen. Auch diese beiden Effekte sind experimentell zweifelsfrei nachgewiesen worden (Band MS Seite 158).

Einsteins Allgemeine Relativitätstheorie gilt heute als die zuverlässigste Grundlage, um einer Lösung verschiedener schwieriger Probleme der Astronomie – sie seien durch die Schlagworte „Urknall", „Neutronensterne und schwarze Löcher", „Quasare" angedeutet – näherzukommen.

Aufgaben

1. *Berechnen Sie aus Gl. 191.1 v^2 als Funktion von W_{kin} für Elektronen, zeichnen Sie die Abhängigkeit auf Transparentpapier im Maßstab der Abb. 186.1 und prüfen Sie die Theorie am Experiment von Seite 186!*

2. *Energie W und Impuls p sind wie in der Newton-Mechanik Größen, deren Wert für ein und dasselbe Teilchen vom Bezugssystem abhängt. Zeigen Sie:*
a) Die Umrechnung des Paares $(W|c \cdot p)$ (nur eine Raumdimension!) auf ein bewegtes Bezugssystem erfolgt nach denselben Gleichungen wie die Umrechnung des Paares $(c \cdot t|x)$, wenn t und x Zeit und Ort eines Ereignisses sind.
b) Die Größe $W^2 - c^2 \cdot p^2$ bleibt bei der Umrechnung unverändert.

3. *Ein Raumschiff fliege gemäß folgender Gleichung (g sei die Fallbeschleunigung an der Erdoberfläche):*

$$x = \sqrt{\frac{c^4}{g^2} + c^2 \cdot t^2}.$$

a) Zeichnen Sie den graphischen Fahrplan für $t > 0$! Wie weit ist der Startpunkt vom Nullpunkt O entfernt?
b) Prüfen Sie, ob die Bewegung nach der Relativitätstheorie zulässig ist!
c) Zur Zeit $t = 0$ wird ein Lichtsignal von O aus dem Raumschiff hinterhergeschickt. Zeigen Sie, daß es dem Raumschiff beliebig nahe kommen, es aber nie erreichen wird!
d) Wie lange braucht das Raumschiff, um den halben Weg zum Sirius, d.h. 4,3 Lichtjahre, zurückzulegen?
e) Ein zweites Raumschiff fliegt mit der konstanten Geschwindigkeit v_0. Diese ist so gewählt, daß sie zur Zeit t_0 mit der Geschwindigkeit des ersten Schiffes übereinstimmt. Zeigen Sie: Vom zweiten Raumschiff aus beurteilt hat das erste zur beliebigen (irdischen) Zeit t die Geschwindigkeit

$$v' = \frac{c^2 \cdot (x_0 \cdot t - x \cdot t_0)}{x \cdot x_0 - c^2 \cdot t \cdot t_0}.$$

(x_0 bzw. x sind die Orte des ersten Raumschiffs zu den Zeiten t_0 bzw. t.)
f) v' sei wie in e) eingeführt. In der kurzen Zeitspanne zwischen t_0 und $t_0 + \Delta t$ wächst v' um $\Delta v'$. Im zweiten Raumschiff rückt währenddessen die Uhr um $\Delta t'$ vor. $\frac{\Delta v'}{\Delta t'}$ ist näherungsweise gleich der Beschleunigung, die das erste Raumschiff vom zweiten aus beurteilt zur Zeit t_0 hat. Zeigen Sie, daß diese Beschleunigung stets gleich g ist! Wie macht sich diese Tatsache für die Passagiere des ersten Raumschiffes bemerkbar?

4. *Um welchen Bruchteil nimmt die Masse eines Eisenstücks zu, wenn es geschmolzen wird? (Schmelzpunkt 1540 °C, spezifische Wärmekapazität für festes Eisen $0{,}45\,\text{J} \cdot \text{g}^{-1} \cdot \text{K}^{-1}$, spezifische Schmelzwärme*
▲ *$130\,\text{J} \cdot \text{g}^{-1}$.) Man gehe von 0 °C aus!*

Mathematische Ergänzungen

▽

§ 39 Die Differentialgleichung der harmonischen Schwingung

1. Die harmonische mechanische Schwingung; der Energieerhaltungssatz

Auf Seite 8 stellten wir für die harmonische mechanische Schwingung die *Differentialgleichung 8.1* auf:

$$\ddot{s}(t) = -\frac{D}{m} \cdot s(t).$$

Durch Multiplikation beider Seiten mit $m \neq 0$ und Addition von $-D \cdot s(t)$ erhalten wir die zu *Gl. 8.1* lösungsäquivalente Differentialgleichung

$$D \cdot s(t) + m \cdot \ddot{s}(t) = 0. \qquad (197.1)$$

Wir konnten zeigen, daß die Sinusfunktion $s(t) = \hat{s} \cdot \sin(\omega t + \varphi_0)$ mit $\omega = \sqrt{\frac{D}{m}}$ eine Lösung von *Gl. 8.1* und somit auch von *Gl. 197.1* darstellt.

Nun wollen wir beweisen, daß diese Lösung vollständig ist, d.h. daß es außer ihr keine anderen Lösungsfunktionen für die Differentialgleichung *8.1* gibt. Zuvor wollen wir jedoch aus der Differentialgleichung *197.1* eine Folgerung über die bei der Bewegung auftretenden Energien ziehen.

In der Form $D \cdot s(t) + m \cdot \ddot{s}(t) = 0$ können wir die physikalische Bedeutung der Differentialgleichung unmittelbar ablesen: Die Rückstellkraft $F = -D \cdot s(t)$ muß zu jedem Zeitpunkt t gleich der beschleunigenden Kraft $m \cdot a(t) = m \cdot \ddot{s}(t)$ sein. Die linke Seite der *Gl. 197.1* stellt also die Summe zweier Kräfte dar. Nun erhält man aus dem Produkt von Kraft mal Geschwindigkeit die Momentanleistung P; es gilt $P = F \cdot v$ (Band MS Seite 98). Multiplizieren wir also beide Seiten der *Gl. 197.1* mit $v(t) = \dot{s}(t)$, so steht auf ihrer linken Seite die Summe der Momentanleistungen des Schwingers zur Zeit t. Wir erhalten

$$D \cdot s(t) \cdot \dot{s}(t) + m \cdot \dot{s}(t) \cdot \ddot{s}(t) = 0. \qquad (197.2)$$

Für die Leistung gilt aber $P(t) = \dot{W}(t)$ (Band MS Seite 98). Die linke Seite der *Gl. 197.2* stellt demnach zu jedem Moment t die Ableitungsfunktion $\dot{W}(t)$ der im schwingenden System steckenden Gesamtenergie $W(t)$ dar; es gilt also für alle t

$$\dot{W}(t) = D \cdot s(t) \cdot \dot{s}(t) + m \cdot \dot{s}(t) \cdot \ddot{s}(t) = 0. \qquad (197.3)$$

Da wir die Gleichungen für die Spannungsenergie und die Bewegungsenergie schon kennen, finden wir für $\dot{W}(t)$ als eine Stammfunktion $W(t) = \frac{1}{2} D \cdot s^2(t) + \frac{1}{2} m \cdot \dot{s}^2(t)$. (Bilden Sie zur Probe die Ableitung von $W(t)$ nach t!) Nach *Gl. 197.3* gilt $\dot{W}(t) = 0$ für alle t. Dann hat nach einem wichtigen Satz der Differentialrechnung jede Stammfunktion $W(t)$ für alle t einen konstanten Wert K_s:

$$W(t) = \tfrac{1}{2} D \cdot s^2(t) + \tfrac{1}{2} m \cdot \dot{s}^2(t) = K_s. \qquad (197.4)$$

△

▽ Die Konstante K_s ist durch die Anfangsbedingungen der jeweiligen Lösungsfunktion s festgelegt. *Gl. 197.4* ist also der Energieerhaltungssatz, den wir hier aus der Differentialgleichung für jede ihrer Lösungsfunktionen hergeleitet haben. (Auf Seite 240 in Band MS wurde er für sinusförmige Lösungen bereits bestätigt.)

2. Eindeutigkeit der Lösung

Nun wenden wir uns der Frage zu, ob die Differentialgleichung *197.1* neben den sinusförmigen überhaupt noch weitere Lösungen hat. Dazu betrachten wir eine wichtige Eigenschaft der Lösungsmenge, die ja eine Menge von Funktionen ist, in der die sinusförmigen sicher enthalten sind. Für beliebige Lösungen von *Gl. 197.1* gilt nun folgender Satz:

***Satz:* Sind s_1 und s_2 Lösungsfunktionen von *Gl. 197.1*, so ist auch jede „Linearkombination" $s=k_1 s_1+k_2 s_2$ eine Lösungsfunktion. (198.1)**

Zum Beweis setzen wir s und $\ddot{s}$ in *Gl. 197.1* ein und erhalten nach entsprechendem Umordnen

$$k_1(Ds_1+m\ddot{s}_1)+k_2(Ds_2+m\ddot{s}_2)=k_1\cdot 0+k_2\cdot 0=0.$$

Insbesondere ist also mit zwei Lösungsfunktionen s_1 und s_2 auch deren Differenz $1\cdot s_2+(-1)\cdot s_2$ wieder Lösungsfunktion.

Jetzt betrachten wir zwei Lösungsfunktionen, die zunächst an einer Stelle t_0 denselben Funktionswert $s_1(t_0)=s_2(t_0)$ und denselben Ableitungswert $\dot{s}_1(t_0)=\dot{s}_2(t_0)$ haben. Wir behaupten, daß diese zwei Funktionen an *allen* Stellen in ihren Funktionswerten übereinstimmen:

***Satz:* Besitzen zwei Lösungsfunktionen s_1 und s_2 an irgendeiner Stelle t_0 denselben Funktionswert und denselben Wert der 1. Ableitung, so stimmen s_1 und s_2 für alle t überein, es gilt also $s_1(t)=s_2(t)$ für alle t, oder kurz $s_1=s_2$. (198.2)**

Beweis: Wir bilden die Differenzfunktion $f=s_1-s_2$. An der Stelle t_0 gilt nach Voraussetzung $f(t_0)=s_1(t_0)-s_2(t_0)=0$ sowie $\dot{f}(t_0)=\dot{s}_1(t_0)-\dot{s}_2(t_0)=0$.

Ferner ist nach *Satz 198.1* die Differenzfunktion f als Linearkombination zweier Lösungen selbst Lösung der Differentialgleichungen *197.1* und *197.2*. Demnach gilt für f

$$\tfrac{1}{2}Df^2+\tfrac{1}{2}m\dot{f}^2=K_f \quad \text{für alle } t.$$

Die zur Lösungsfunktion f gehörige Konstante K_f bestimmen wir, indem wir $t=t_0$ setzen und beachten, daß $f(t_0)=\dot{f}(t_0)=0$ ist:

$$\tfrac{1}{2}D\cdot f^2(t_0)+\tfrac{1}{2}m\cdot\dot{f}^2(t_0)=0+0=K_f.$$

Für f gilt an allen Stellen t also $\frac{1}{2}Df^2+\frac{1}{2}m\dot{f}^2=0$.

Da keiner der Summanden der linken Seite negativ werden kann und ihre Summe gleich Null ist, so muß jeder Summand die Nullfunktion sein. Daraus folgt aber, daß $f=s_1-s_2=0$ ist für alle t. Damit sind aber die Funktionen s_1 und s_2 gleich. Der soeben bewiesene *Satz 198.2* läßt sich auch so aussprechen: „Eine Lösungsfunktion s der Differentialgleichung *197.1* ist durch ihren Funktionswert $s(t_0)$ und ihren ersten Ableitungswert $\dot{s}(t_0)$ an einer Stelle t_0 eindeutig bestimmt." △

Jetzt sei y eine *beliebige* Lösungsfunktion der Differentialgleichung *197.1*. Wir behaupten, sie sei sinusförmig. Zum Beweis legen wir den Zeitnullpunkt in den Definitionsbereich von y und nennen kurz $y(0)=p$ und $\dot{y}(0)=q$. Dann läßt sich immer eine sinusförmige Funktion $s=\hat{s}\cdot\sin(\omega t+\varphi_0)$ mit $\omega=\sqrt{\frac{D}{m}}$ finden, für die $s(0)=\hat{s}\cdot\sin\varphi_0=p$ und $\dot{s}(0)=\hat{s}\cdot\omega\cdot\cos\varphi_0=q$ wird. Man braucht nur die Phasenkonstante φ_0 so zu wählen, daß $\tan\varphi_0=\frac{p\cdot\omega}{q}$ wird, was immer möglich ist, weil die Tangensfunktion jeden beliebigen reellen Wert annehmen kann. Ferner wählt man für die Amplitude $\hat{s}=\sqrt{p^2+\frac{q^2}{\omega^2}}$.

Die mit diesen „Anfangsbedingungen" festgelegte sinusförmige Lösung s stimmt mit der beliebigen Lösungsfunktion y nun bei $t=0$ im Funktionswert $s(0)=y(0)$ und im Ableitungswert $\dot{s}(0)=\dot{y}(0)$ überein. Nach *Satz 198.2* sind s und y daher dieselben Funktionen.

Jede Lösungsfunktion von *Gl. 197.1* ist also sinusförmig.

3. Übertragbarkeit

Die Schlüsse des vorigen Abschnitts lassen sich auf alle Vorgänge übertragen, die durch eine lineare homogene Differentialgleichung 2. Ordnung mit konstanten Koeffizienten beschrieben werden können. Wir geben als Beispiele die freie, ungedämpfte elektromagnetische Schwingung (Seite 26ff.) und die Drehschwingung des elastisch gehalterten Schwungrads (Seite 16f.).

Tabelle 199.1

Schwingung eines Massepunkts	**Elektromagnetische Schwingung**	**Drehschwingung**
Auslenkung $s(t)$	Momentane Ladung $Q(t)$	Winkelauslenkung $\delta(t)$
Momentangeschwindigkeit $v=\dot{s}$	Stromstärke $I=\dot{Q}$	Winkelgeschwindigkeit $\dot{\delta}$
Momentanbeschleunigung $a=\ddot{s}$	$\dot{I}=\ddot{Q}$	Winkelbeschleunigung $\alpha=\ddot{\delta}$
Rückstellkraft $F=-D\cdot s$	Kondensatorspannung $U=\frac{1}{C}\cdot Q$	Rücktreibendes Drehmoment $M=-k\cdot\delta$
Richtgröße D	Kehrwert der Kapazität $1/C$	Drehrichtgröße k
Grundgleichung der Mechanik $F=m\cdot a=m\cdot\ddot{s}$	Spannung bei Selbstinduktion $U=-L\cdot\dot{I}=-L\cdot\ddot{Q}$	Trägheitsgesetz bei Rotation $M=J\cdot\ddot{\delta}=J\cdot\alpha$
Masse m	Eigeninduktivität L	Trägheitsmoment J
Differentialgleichung $D\cdot s(t)+m\cdot\ddot{s}(t)=0$	$\frac{1}{C}\cdot Q(t)+L\cdot\ddot{Q}(t)=0$	$k\cdot\delta(t)+J\cdot\ddot{\delta}(t)=0$
Vollständige Lösung: $s(t)=\hat{s}\cdot\sin(\omega t+\varphi_0)$ mit Periodendauer $T=2\pi\sqrt{\frac{m}{D}}$	$Q(t)=\hat{Q}\cdot\sin(\omega t+\varphi_0)$ mit Periodendauer $T=2\pi\sqrt{LC}$	$\delta(t)=\hat{\delta}\cdot\sin(\omega t+\varphi_0)$ mit Periodendauer $T=2\pi\sqrt{\frac{J}{k}}$
Geschwindigkeit-Zeit-Funktion $v=\dot{s}(t)=\hat{s}\cdot\omega\cdot\cos(\omega t+\varphi_0)$	Stromstärke-Zeit-Funktion $I(t)=\dot{Q}(t)=\hat{I}\cdot\cos(\omega t+\varphi_0)$	Winkelgeschwindigkeit-Zeit-Funktion $\dot{\delta}(t)=\hat{\delta}\cdot\omega\cdot\cos(\omega t+\varphi_0)$

4. Die Lösungsfunktionen als Vektoren; das Zeigerdiagramm

Bekanntlich bilden alle reellen Funktionen f, g, ... einen Vektorraum V über dem Körper $\mathbb{R}$ der reellen Zahlen bezüglich der Addition $f+g$, die durch Überlagerung der Schaubilder an jeder Stelle erklärt ist, und bezüglich einer S-Multiplikation der Funktionswerte an jeder Stelle mit dem Skalarfaktor k (Streckung bzw. Stauchung des Schaubilds im Maßstab k). Wegen *Satz 198.1* bildet die Lösungsmenge L der Differentialgleichung *197.1* dann einen Untervektorraum L von V. Die Elemente von L sind also genau die Funktionen $s\colon t \mapsto \hat{s} \cdot \sin(\omega t + \varphi_0)$. Für die grafische Darstellung ist es bequem, $\varphi_0 = -\psi - \frac{\pi}{2}$ zu setzen, womit man die vollständige Lösung erhält in der Form

$$s\colon\ t \mapsto \hat{s} \cdot \cos(\omega t - \psi) = \hat{s} \cdot \cos\psi \cdot \mathbf{cos}\,\boldsymbol{\omega t} + \hat{s} \cdot \sin\psi \cdot \mathbf{sin}\,\boldsymbol{\omega t}.$$

Jede Lösung erweist sich als Linearkombination der speziellen „Basislösungen“, die wir mit $\mathbf{cos}\,\boldsymbol{\omega t}$ bzw. $\mathbf{sin}\,\boldsymbol{\omega t}$ bezeichnen wollen. Umgekehrt ist uns nach *Satz 198.1* bekannt, daß auch jede Linearkombination $A \cdot \mathbf{cos}\,\boldsymbol{\omega t} + B \cdot \mathbf{sin}\,\boldsymbol{\omega t}$ selbst Lösung von *Gl. 197.1* ist. Der Untervektorraum L hat also höchstens die Dimension 2.

Tatsächlich hat er *genau* die Dimension 2, denn die Vektoren $\mathbf{cos}\,\boldsymbol{\omega t}$ und $\mathbf{sin}\,\boldsymbol{\omega t}$ sind linear unabhängig. Die Gleichung $A \cdot \mathbf{cos}\,\boldsymbol{\omega t} + B \cdot \mathbf{sin}\,\boldsymbol{\omega t} = 0$ kann nämlich für alle t nur dann bestehen, wenn $A = B = 0$ ist. Damit können wir aus den Funktionen $\mathbf{cos}\,\boldsymbol{\omega t}$ und $\mathbf{sin}\,\boldsymbol{\omega t}$ eine Basis des Lösungsraumes L bilden, der jetzt nach einem bekannten Satz isomorph zum Vektorraum der Pfeile in der euklidischen Ebene ist. Wir dürfen daher alle Lösungsfunktionen als Pfeile (Zeiger) grafisch in der Ebene wiedergegeben. Zu diesem Zweck wählen wir für $\mathbf{cos}\,\boldsymbol{\omega t}$ den Einheitspfeil nach rechts, für $\mathbf{sin}\,\boldsymbol{\omega t}$ den dazu senkrechten Einheitspfeil nach oben *(Abb. 200.1)*. Für die beliebige Lösung $s = A \cdot \mathbf{cos}\,\boldsymbol{\omega t} + B \cdot \mathbf{sin}\,\boldsymbol{\omega t}$ setzen wir $\hat{s} = \sqrt{A^2 + B^2}$ als Betrag (Länge) des entsprechenden Pfeils. Ist $A = B = 0$, so haben wir die triviale Lösung der Nullfunktion. Ist $\hat{s} \neq 0$, so können wir weiter setzen: $A = \hat{s} \cdot \cos\psi$; $B = \hat{s} \cdot \sin\psi$ und erhalten als Lösung:

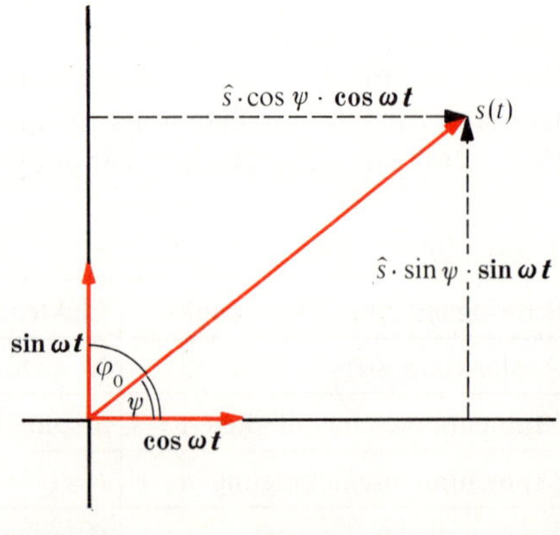

200.1 Zeigerdiagramm

$$s\colon\ t \mapsto \hat{s} \cdot (\cos\psi \cdot \mathbf{cos}\,\boldsymbol{\omega t} + \sin\psi \cdot \mathbf{sin}\,\boldsymbol{\omega t}) = \hat{s} \cdot \cos(\omega t - \psi) \text{ (Additionstheorem).} \tag{200.1}$$

Die Lösung s wird dann durch einen Pfeil der Länge $\hat{s}$ wiedergegeben, der mit dem Einheitspfeil $\mathbf{cos}\,\boldsymbol{\omega t}$ den Winkel ψ einschließt. Die Überlagerung zweier Lösungen erhält man im Bild durch vektorielle Addition ihrer Pfeile. Ihr Phasenunterschied ist $\psi_2 - \psi_1$. Damit ist das für Schwingungen oft angewandte Zeigerdiagramm für gleiche Frequenzen mathematisch begründet *(Abb. 200.1)*.

Aufgabe:

Gegeben sind die Funktionen 1,5 $\mathbf{cos}\,\boldsymbol{\omega t}$ *und* 0,9 $\mathbf{sin}\,\boldsymbol{\omega t}$. *Bestimmen Sie die Amplitude der Summe und deren Phasenunterschied gegen* $\mathbf{cos}\,\boldsymbol{\omega t}$! *Fertigen Sie das Zeigerdiagramm! Zeichnen Sie die 3 Schaubilder im Intervall* $0 \leqq \omega t \leqq 2\pi$ *in einem t-s-Koordinatensystem!*

§ 40 Beugungserscheinungen

1. Exakte Berechnung des Gangunterschiedes bei der Beugung am Doppelspalt

Von S_1 und S_2 sollen zwei gleichphasige Elementarwellen ausgehen *(Abb. 201.1)*. Sie treffen sich im Empfänger E mit dem Gangunterschied $\delta = x - y$. Während wir δ auf Seite 72f. nur näherungsweise bestimmt haben, wollen wir jetzt eine exakte Berechnung durchführen. Dazu wenden wir auf die Dreiecke MS_2E und MS_1E in *Abb. 201.1* den Kosinussatz an und erhalten

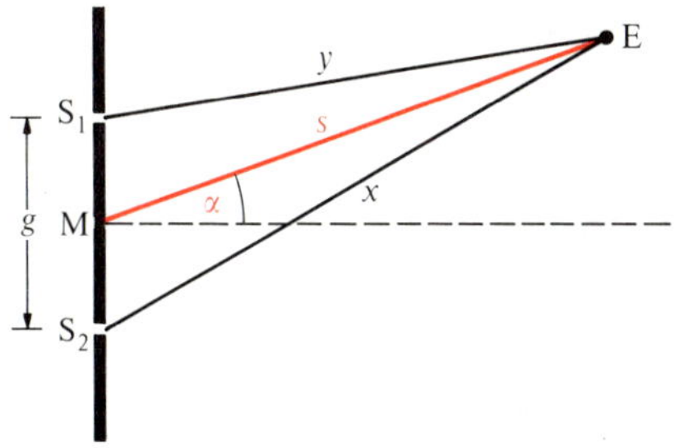

201.1 Die in S_1 und S_2 gleichphasigen Wellen besitzen in E den Gangunterschied $\delta = x - y$.

$$x^2 = \left(\frac{g}{2}\right)^2 + s^2 - g s \cdot \cos(90° + \alpha)$$

$$= \left(\frac{g}{2}\right)^2 + s^2 + g s \cdot \sin\alpha; \qquad (201.1)$$

$$y^2 = \left(\frac{g}{2}\right)^2 + s^2 - g s \cdot \cos(90° - \alpha) = \left(\frac{g}{2}\right)^2 + s^2 - g s \cdot \sin\alpha. \qquad (201.2)$$

Aus *Gl. 201.1* und *Gl. 201.2* folgt

$$x^2 - y^2 = 2 g s \cdot \sin\alpha \quad \text{oder} \quad (x-y)\cdot(x+y) = 2 g s \cdot \sin\alpha.$$

Damit beträgt der Gangunterschied $\delta = x - y = \frac{2 g s \cdot \sin\alpha}{x+y}$.

Zusammen mit *Gl. 201.1* und *201.2* ergibt sich nach einigen Umformungen

$$\delta = 2 \cdot \frac{g \cdot \sin\alpha}{\sqrt{1 + \frac{1}{4}\left(\frac{g}{s}\right)^2 + \frac{g}{s}\cdot\sin\alpha} + \sqrt{1 + \frac{1}{4}\left(\frac{g}{s}\right)^2 - \frac{g}{s}\cdot\sin\alpha}}. \qquad (201.3)$$

Im Zähler des Bruchs steht der Näherungswert $\delta_N = g \cdot \sin\alpha$, den wir auf Seite 73 dadurch erhielten, daß wir die zum Empfänger E führenden Wellenstrahlen wie Parallelen behandelten. Aus *Gl. 201.3* folgt für das Verhältnis des Näherungswerts δ_N zum exakten Gangunterschied δ

$$\frac{\delta_N}{\delta} = \frac{1}{2}\left(\sqrt{1 + \frac{1}{4}\left(\frac{g}{s}\right)^2 + \frac{g}{s}\cdot\sin\alpha} + \sqrt{1 + \frac{1}{4}\left(\frac{g}{s}\right)^2 - \frac{g}{s}\cdot\sin\alpha}\right). \qquad (201.4)$$

Setzen wir $\sqrt{1+v} = 1 + w$, so entsteht durch Quadrieren $1 + v = 1 + 2w + w^2$ und daraus $1 + v > 1 + 2w$, also $w < \frac{v}{2}$ und damit $\sqrt{1+v} < 1 + \frac{v}{2}$. Wenden wir diese Abschätzung auf die beiden Wurzelausdrücke in *Gl. 201.4* an, so erhalten wir

$$\frac{\delta_N}{\delta} < 1 + \frac{1}{8}\left(\frac{g}{s}\right)^2. \qquad (201.5)$$

Aus *Gl. 201.5* ergibt sich für den relativen Fehler $r = \frac{\delta_N - \delta}{\delta}$ die Beziehung

$$r < \frac{1}{8}\left(\frac{g}{s}\right)^2. \qquad (201.6)$$

▽ Betrachten wir die zum Empfänger E führenden Wellenstrahlen näherungsweise als Parallelen, so ist der relative Fehler, den wir dadurch bei der Berechnung des Gangunterschiedes δ begehen, kleiner als $\frac{1}{8}\left(\frac{g}{s}\right)^2$.

In Versuch 56 beträgt der Spaltabstand $g = 6$ cm. Bei einer Entfernung des Empfängers von $s = 60$ cm wird der relative Fehler $r < \frac{1}{800} = \frac{1}{8}\,\%$. Zur Berechnung der Gangunterschiede bei der Beugung von Licht am Einzelspalt haben wir Strahlen, die sich in einem Punkt des Schirms treffen, ebenfalls näherungsweise als Parallelen betrachtet. Z.B. beträgt in Versuch 75 die Spaltbreite 0,20 mm, die Entfernung zum Schirm 2,50 m. Nach *Gl. 201.6* erhalten wir bei dieser Näherung den Gangunterschied δ der Randstrahlen und damit auch die Wellenlänge λ mit dem relativen Fehler $r < \frac{1}{8}\left(\frac{0{,}2}{2500}\right)^2 = 8 \cdot 10^{-10}$.

2. Beugung am Gitter

Wir betrachten ein optisches Gitter mit n Spalten; seine Gitterkonstante sei g. Jede der aus einem einzelnen Gitterspalt kommenden kohärenten Elementarwellen besitze dieselbe Amplitude $\hat{E}$. Wir greifen nach *Abb. 202.1* ein unter dem Winkel α gebeugtes Bündel von Wellenstrahlen heraus. Der Punkt P, in dem sie sich überlagern, sei so weit entfernt, daß wir die Strahlen als parallel ansehen dürfen. Im Gegensatz zu den Überlegungen auf Seite 109 bezeichnen wir hier den Gangunterschied der *Randstrahlen* mit δ. Sie besitzen in P den Phasenunterschied $\varphi = \frac{2\pi}{\lambda}\delta$, da einem Gangunterschied von λ der Phasenunterschied 2π entspricht. Der Gangunterschied zweier *benachbarter* Wellenstrahlen beträgt dann $\frac{\delta}{n}$, ihr Phasenunterschied in P ist entsprechend $\frac{\varphi}{n}$. In P überlagern sich also n Wellen derselben Amplitude $\hat{E}$, die voneinander jeweils den gleichen Phasenunterschied $\frac{\varphi}{n}$ besitzen. Nun können wir die Amplitude $\hat{E}$ der einzelnen Wellen als Beträge von Vektoren auffassen (Seite 200). Der Betrag des Summenvektors liefert dann die bei der Überlagerung aller n Wellen entstehende Amplitude. Damit ergibt sich ein Zeigerdiagramm nach *Abb. 202.2*. Wegen der Gleichheit der Beträge $\hat{E}$ und der Winkel $\frac{\varphi}{n}$ treten n kongruente gleichschenklige Dreiecke auf, deren Winkel an der Spitze M jeweils gleich dem Phasenverschiebungswinkel $\frac{\varphi}{n}$ ist. (Beweisen Sie dies!) Die Schenkel der Dreiecke bekommen dann alle dieselbe Länge r; sie wird um so größer, je kleiner $\frac{\varphi}{n}$ ist. Zeichnen
△ wir in eines dieser gleichschenkligen Dreiecke die Mittel-

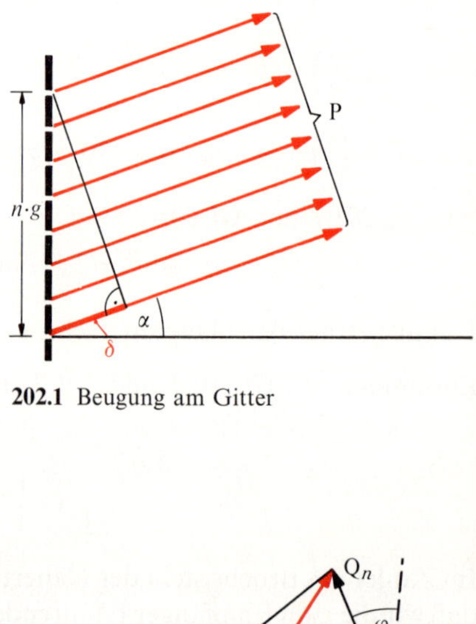

202.1 Beugung am Gitter

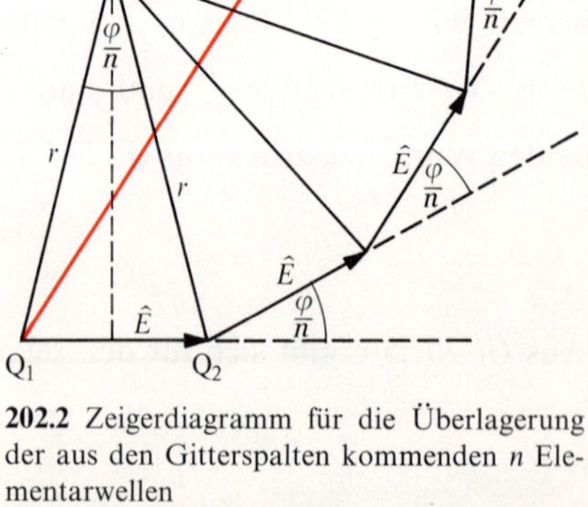

202.2 Zeigerdiagramm für die Überlagerung der aus den Gitterspalten kommenden n Elementarwellen

senkrechte ein, so finden wir $\sin\frac{\varphi}{2n}=\frac{\hat{E}}{2r}$, also $\hat{E}=2r\cdot\sin\frac{\varphi}{2n}$. (203.1)

Der Betrag $\hat{E}_P$ der in *Abb. 202.2* rot gezeichneten resultierenden Amplitude tritt als Grundseite des gleichschenkligen Dreiecks MQ_1Q_n auf. Der Winkel an dessen Spitze beträgt $n\cdot\frac{\varphi}{n}=\varphi$. Die gleiche Überlegung wie vorher führt zu

$$\hat{E}_P=2r\cdot\sin\frac{\varphi}{2}. \quad (203.2)$$

Ist die Phasenverschiebung der beiden Randstrahlen des Bündels größer als 2π, so „überschlägt" sich das Zeigerdiagramm. Infolge der Definition der Winkelfunktionen für $\varphi>2\pi$ gelten die Gleichungen *203.1* und *203.2* auch in diesem Fall. Eine Grenzlage tritt ein, wenn die Phasenverschiebung zweier benachbarter Wellenstrahlen $\frac{\varphi}{n}=0,\ 2\pi,\ 4\pi,\ \ldots$ beträgt. Bekanntlich verstärken sich dann alle Wellen bei ihrer Überlagerung und ergeben das Maximum, 0., 1., 2., ... Ordnung. In diesem Fall artet das Zeigerdiagramm zu n längs einer geraden Linie aneinandergereihten Vektoren aus. Die resultierende Amplitude $\hat{E}_M$ in einem solchen Maximum beträgt demnach

$$\hat{E}_M=n\cdot\hat{E}. \quad (203.3)$$

Wir bilden nun nach *Gl. 203.2*, *Gl. 203.3* und *Gl.203.1* das Verhältnis der Amplitude $\hat{E}_P$ in einem beliebigen Punkt des Schirms zur Amplitude $\hat{E}_M$ in einem Maximum

$$\frac{\hat{E}_P}{\hat{E}_M}=\frac{\sin\frac{\varphi}{2}}{n\cdot\sin\frac{\varphi}{2n}}. \quad (203.4)$$

Mit $\varphi=\frac{2\pi}{\lambda}\cdot\delta$ erhalten wir

$$\hat{E}_P=\hat{E}_M\cdot\frac{\sin\frac{\pi}{\lambda}\cdot\delta}{n\cdot\sin\frac{\pi}{n\lambda}\delta}. \quad (203.5)$$

Da die mittlere Bestrahlungsstärke $\overline{S}$ proportional zum Amplitudenquadrat der Welle ist (Seite 58), folgt für die Intensität des Beugungsbildes in einem Punkt P des Schirms

$$\overline{S}_P=\overline{S}_M\cdot\left(\frac{\sin\frac{\pi}{\lambda}\cdot\delta}{n\cdot\sin\frac{\pi}{n\lambda}\cdot\delta}\right)^2. \quad (203.6)$$

$\overline{S}_M$ ist die mittlere Bestrahlungsstärke im Maximum.

Anhand dieser Gleichung untersuchen wir zuerst die Nullstellen der Intensität zwischen dem Maximum 0. und 1. Ordnung, also im Bereich $0<\delta<n\lambda$. Der Zähler des Bruchs in *Gl. 203.6* wird Null für $\delta=\lambda, 2\lambda, 3\lambda, \ldots, (n-1)\cdot\lambda$. Allgemein erhält man zwischen dem Maximum k-ter und $(k+1)$-ter Ordnung Nullstellen für

$$\delta=(nk+1)\lambda,\ (nk+2)\lambda,\ \ldots,\ (nk+n-1)\cdot\lambda. \quad (203.7)$$

Der *Nenner* des Bruchs wird für diese Werte von δ nie Null. Daraus schließen wir: Zwischen zwei sogenannten Hauptmaxima liegen $(n-1)$ Minima. Je größer also die Anzahl n der Gitterspalte ist, desto mehr Dunkelstellen entstehen zwischen zwei solchen Hauptmaxima. Zwischen zwei Dunkelstellen liegt jeweils ein sogenannten *Nebenmaximum.* Nun steht im *Nenner* des Bruchs der *Gl. 203.6* der Faktor n. Demnach nimmt die Intensität der Nebenmaxima mit wachsender Zahl der Gitterspalte immer mehr ab.

Nach *Gl. 203.7* entsteht das 1. Minimum, das auf das Hauptmaximum k-ter Ordnung folgt, bei dem Gangunterschied $\delta=(nk+1)\cdot\lambda$. Für den Winkel α zu diesem 1. Minimum gilt nach *Abb. 202.1*

$$\sin\alpha=\frac{(nk+1)\cdot\lambda}{ng}. \qquad (204.1)$$

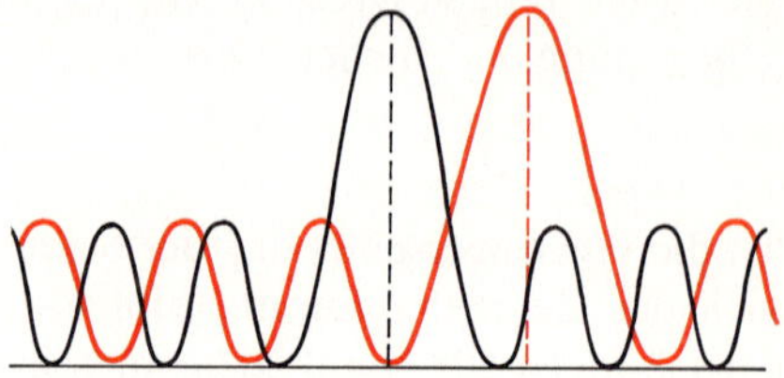

204.1 Das 1. Minimum der einen Beugungsfigur fällt auf das Maximum der anderen.

Zwei Spektrallinien mit den etwas voneinander verschiedenen Wellenlängen λ und $(\lambda+\Delta\lambda)$ können in der k-ten Ordnung vom Gitter gerade noch getrennt werden, wenn das 1. Minimum der einen auf das Maximum der anderen Beugungsfigur fällt *(Abb. 204.1)*. In diesem Grenzfall gilt

$$\frac{(nk+1)\cdot\lambda}{ng}=\frac{k\cdot(\lambda+\Delta\lambda)}{g}; \quad \text{daraus folgt } \Delta\lambda=\frac{\lambda}{n\cdot k}. \qquad (204.2)$$

Nach *Gl. 204.2* können zwei vom Gitter gerade noch auflösbare Spektrallinien um so dichter beieinander liegen, je höher die beobachtete Ordnung und je größer die Zahl n der Gitterspalte ist.

3. Beugung am Einzelspalt

Aus *Gl. 203.6* erhalten wir die Intensitätsverteilung am Einzelspalt, indem wir die Zahl n der Elementarzentren gegen Unendlich gehen lassen. Wir setzen $\frac{\pi\delta}{n\lambda}=z$; für $n\to\infty$ geht dann $z\to 0$. Damit erhalten wir für die Intensität im Punkt P der Beugungsfigur eines Einzelspalts

$$\bar{S}_P=\bar{S}_M\cdot\lim_{z\to 0}\left(\frac{\sin\frac{\pi}{\lambda}\cdot\delta}{n\cdot\sin z}\right)^2=\bar{S}_M\cdot\left(\frac{\sin\frac{\pi}{\lambda}\delta}{\frac{\pi\delta}{\lambda}}\right)^2\cdot\lim_{z\to 0}\left(\frac{z}{\sin z}\right)^2, \quad \text{also} \quad \bar{S}_P=\bar{S}_M\cdot\left(\frac{\sin\frac{\pi}{\lambda}\cdot\delta}{\frac{\pi}{\lambda}\cdot\delta}\right)^2. \qquad (204.3)$$

Dies gilt, da $\lim\limits_{z\to 0}\frac{z}{\sin z}=1$ ist. $\bar{S}_M$ bedeutet hier die Intensität der hellen Mitte der Beugungsfigur. Aus *Abb. 204.2* folgt für den x-Wert des Punktes P $\tan\gamma=\frac{x}{a}$. Ist l die Breite des Spalts und δ der Gangunterschied der beiden Randstrahlen, so gilt $\sin\gamma=\frac{\delta}{l}$. Für kleine Winkel kann man näherungsweise $\sin\gamma=\tan\gamma$ setzen; daraus folgt $\delta=\frac{l}{a}\cdot x$. Damit lautet *Gl. 204.3*

$$\bar{S}_P=\bar{S}_M\cdot\left(\frac{\sin kx}{kx}\right)^2 \quad \text{mit} \quad k=\frac{\pi l}{a\lambda}. \qquad (204.4)$$

Dies ist die Gleichung der Kurve, die wir in Versuch 74 *(Abb. 104.1)* aufgenommen haben.

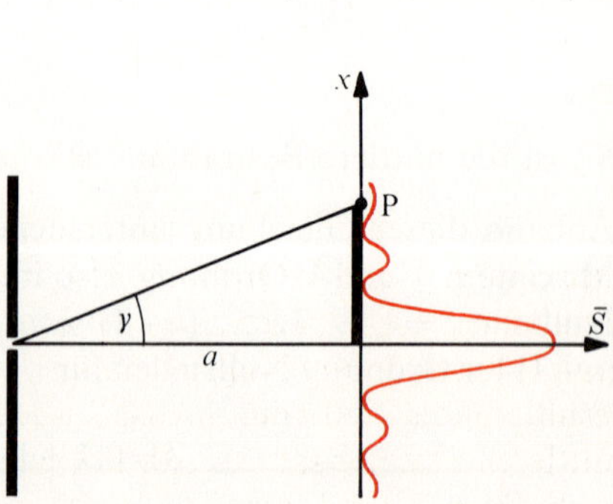

204.2 Zur Gleichung der Intensität der Beugungsfigur eines Einzelspalts

4. Beugung an einer kreisförmigen Öffnung

Wir greifen aus den Wellenstrahlen, die an einer kreisförmigen Öffnung mit dem Radius r gebeugt werden, nach *Abb. 205.1* ein unter dem Winkel α zur optischen Achse verlaufendes Parallelbündel heraus. Dabei denken wir uns in den Strahlengang nach der Öffnung eine *Sammellinse* gebracht. Sie vereinigt alle Strahlen dieses Parallelbündels in einem Punkt P ihrer Brennebene; dort befinde sich ein Schirm. Unser Ziel ist nun, die Intensität des nach P gebeugten Lichts zu bestimmen. Dazu teilen wir das röhrenförmige Bündel entsprechend ein: Seine Mittelachse spannt mit der optischen Achse eine Ebene aus; ihren Schnitt mit der Kreisebene der beugenden Öffnung bezeichnen wir als y-Achse. Nach *Abb. 205.2a* führen wir eine zu ihr rechtwinklige x-Achse ein und denken uns die Kreisöffnung näherungsweise aus einer Anzahl von $2N$ parallel zur y-Richtung verlaufender Einzelspalte mit gleichem Δx zusammengesetzt. In *Abb. 205.2a* ist der n-te Spalt (von 0 aus nach rechts gezählt) eingezeichnet. Sein Abstand von der Kreismitte beträgt $x = n \cdot \Delta x$; seine „Breite" ist

$$l = 2y_n = 2 \cdot \sqrt{r^2 - (n \cdot \Delta x)^2}. \qquad (205.1)$$

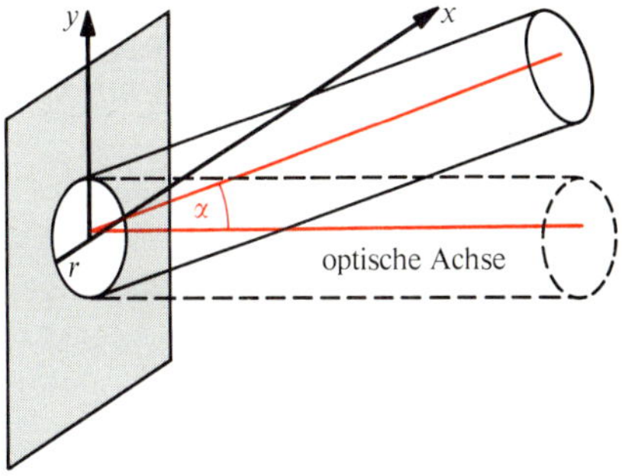

205.1 Aus den an der kreisförmigen Öffnung gebeugten Wellenstrahlen wird ein röhrenförmiges Parallelbündel herausgegriffen.

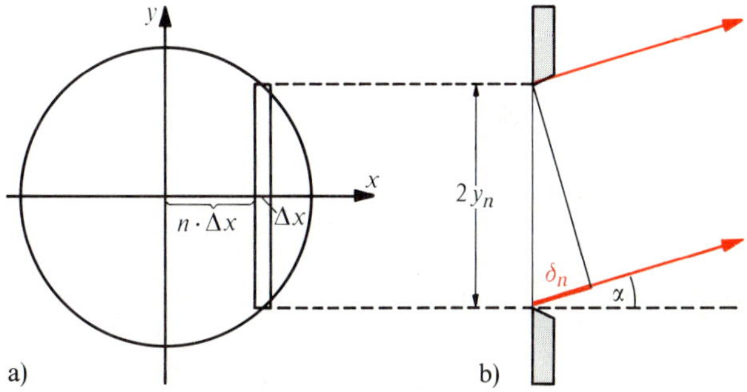

205.2 a) Die Kreisöffnung wird in Einzelspalte zerlegt. b) Beugung eines Teilbündels am Spalt der Breite $2y_n$

Abb. 205.2b zeigt in einem Schnitt senkrecht zur x-Achse den Anteil des Parallelbündels, der auf den n-ten Spalt entfällt. Wir entnehmen der Zeichnung

$$\sin\alpha = \frac{\delta_n}{2y_n} = q. \qquad (205.2)$$

Dabei ist $\sin\alpha = q$ für alle $2N$ Spalte dieselbe Konstante. Nach *Gl. 204.3* überlagern sich sämtliche Strahlen des an diesem n-ten Spalt gebeugten Teilbündels in P zu einer Welle mit der Amplitude

$$\hat{E}_{\mathrm{P}n} = \hat{E}_{\mathrm{M}n} \cdot \frac{\sin\frac{\pi}{\lambda}\delta_n}{\frac{\pi}{\lambda}\delta_n}. \qquad (205.3)$$

Dabei ist $\hat{E}_{\mathrm{M}n}$ die Amplitude der Welle, die aus dem ungebeugten Teilbündel in der Mitte M der Beugungsfigur entsteht. Eine einfache Winkelbetrachtung am Zeigerdiagramm *(Abb. 202.2)* ergibt für die Beugung am Spalt, daß die aus sämtlichen Strahlen eines Parallelbündels resultierende Welle denselben Phasenwinkel besitzt wie der mittlere Strahl. Nun kommen die mittleren Strahlen der $2N$ Teilbündel in P (und auch in M) jeweils phasengleich an, also trifft dies auch für die resultierenden Wellen aus jedem der Spalte zu. Wegen dieser Phasengleichheit erhalten wir die Gesamtamplitude $\hat{E}_{\mathrm{P}}$ in P einfach durch Addition der jeweils aus den $2N$ Einzelspalten resultierenden Amplituden $\hat{E}_{\mathrm{P}n}$. Das Entsprechende gilt für die Gesamtamplitude

$\hat{E}_M$ in der Mitte M der Beugungsfigur. Ein einzelner Spalt liefert demnach für $\hat{E}_M$ näherungsweise den zu seiner Fläche $2y_n \cdot \Delta x$ proportionalen Anteil $\hat{E}_{Mn} = \hat{E}_M \cdot \frac{2y_n \cdot \Delta x}{\pi r^2}$. Wir setzen dies in *Gl. 205.3* ein und erhalten zusammen mit *Gl. 205.1* und *Gl. 205.2*

$$\hat{E}_{Pn} = \hat{E}_M \cdot \frac{\lambda \cdot \Delta x}{\pi^2 r^2 \cdot q} \cdot \sin\left(\frac{2\pi q}{\lambda} \cdot \sqrt{r^2 - (n \cdot \Delta x)^2}\right). \qquad (206.1)$$

Nach unseren vorigen Überlegungen gilt für die Gesamtamplitude im Punkt P

$$\hat{E}_P = 2 \cdot \sum_{n=0}^{N} \hat{E}_{Pn}.$$

Wir setzen abkürzend $\frac{\Delta x}{r} = \Delta z$ sowie $\frac{2rq}{\lambda} = k$ und erhalten aus *Gl. 206.1*

$$\hat{E}_P = \frac{4\hat{E}_M}{\pi^2 \cdot k} \cdot \sum_{n=0}^{N} \sin\left(\pi k \cdot \sqrt{1 - (n \cdot \Delta z)^2}\right) \cdot \Delta z \quad \text{mit} \quad \Delta z = \frac{1}{N}. \qquad (206.2)$$

Gl. 206.2 stellt die Gesamtamplitude aller unter dem Winkel α gebeugter und sich in P überlagernder Wellenstrahlen als Funktion von k dar. Nach *Gl. 205.2* gilt

$$\sin \alpha = k \cdot \frac{\lambda}{2r}.$$

Da wir den Kreis durch eine Summe von Rechtecksflächen ersetzt haben, ist *Gl. 206.2* nur näherungsweise richtig. Je größer wir N wählen, desto genauer wird das Ergebnis. Die Berechnung der Summe erfolgt am besten mit Hilfe eines Computerprogramms. Für $N = 100$, also $\Delta z = 0{,}01$ erhält man die in *Tabelle 206.1* angegebenen Werte; das zugehörige Schaubild ist in *Abb. 206.1* dargestellt. Wir finden für die beiden ersten Nullstellen $k_1 = 1{,}22$ und $k_2 = 2{,}23$. Für die Richtungen zu den beiden ersten dunklen Interferenzringen der Beugungsfigur gilt also $\sin \alpha_1 = 1{,}22 \cdot \frac{\lambda}{2r}$; $\sin \alpha_2 = 2{,}23 \cdot \frac{\lambda}{2r}$.

Tabelle 206.1

k	$\frac{\hat{E}_P}{\hat{E}_M}$
0,10	0,99
0,30	0.90
0,50	0,73
0,60	0,62
0,80	0,39
1,00	0,18
1,20	0,01
1,21	0,005
1,22	−0,002
1,23	−0,01
1,40	−0,09
1,60	−0,13
1,80	−0,12
2,00	−0,07
2,20	−0,01
2,22	−0,003
2,23	−0,0006
2,24	0,002
2,40	0,04
2,60	0,06
2,80	0,06
3,00	0,04
3,20	0,005
3,23	0,0005
3,30	−0,01
3,40	−0,02

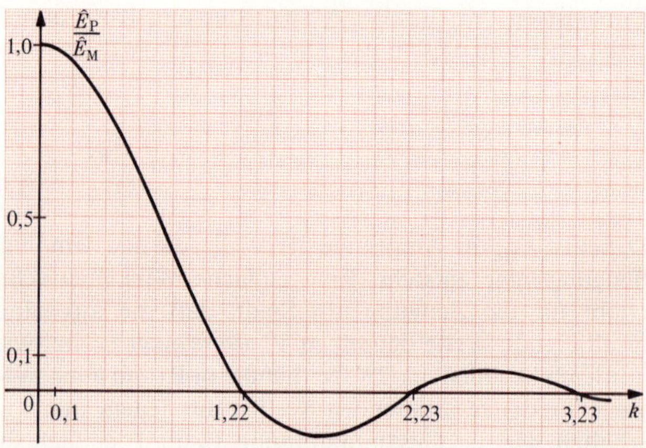

206.1 Amplituden bei der Beugung an einer kreisförmigen Öffnung

Anhang

Wellenlängen wichtiger Spektrallinien in nm

Ag	338,3
Al	394,4 396,1
Ba	455,4 553,6
Ca	396,8 445,5
Cd	326,1 361,1 361,3 480,0 643,8
Cs	455,5
Cu	324,8 327,4
Fe	358,1 372,0 430,8 438,3 527,0
H	δ 410,2 violett γ 434,0 indigo β 486,1 grün α 656,3 rot
He	447,1 471,3 501,6 587,6 667,8 706,5
Hg	312,6 365,0 366,3 404,7 435,8 491,6 546,1 577,0 579,1
K	404,4 404,7 691,1 766,5 769,9
Kr	605,6124 im Vakuum: **605,78021** (Meter-Definition!)
Li	323,3 610,4 670,8
Mg	279,6 383,8
Mn	403,1
N	410,0 411,0 566,7
Na	589,0 589,6
Ne	453,8 540,1 630,8 667,8
Ni	341,5 585,8
O	686,7 760,8 777,2 777,4 777,5
Pb	368,3 405,8
Pt	306,5
Rb	420,2 421,6 780,0
Si	251,6 288,2
Sr	407,8 460,7
Ti	334,9 365,3 498,2
Tl	351,9 535,0
Zn	334,5 468,0 472,2 481,1 636,2

Die Angaben sind bezogen auf trockene Luft von 15 °C und Normdruck (101325 Pa). Die Wellenlängen sind auch von den Erzeugungsbedingungen abhängig.

Physikalische Konstanten

Gravitationskonstante	$f = 6{,}670 \cdot 10^{-11}\ \mathrm{m^3\,kg^{-1}\,s^{-2}}$
Normfallbeschleunigung	$g_n = 9{,}80665\ \mathrm{ms^{-2}}$
Molvolumen idealer Gase bei NB	$V_0 = 22{,}414\ \mathrm{dm^3\,mol^{-1}}$
Absoluter Nullpunkt	$T_0 = -273{,}15\ {}^\circ\mathrm{C}$
Gaskonstante	$R_0 = 8{,}3143\ \mathrm{J\,mol^{-1}\,K^{-1}}$
Physikalischer Normdruck	$p_0 = 101\,325\ \mathrm{Pa} = 1013{,}25\ \mathrm{mbar}$
Avogadrosche Konstante	$N_A = 6{,}02252 \cdot 10^{23}\ \mathrm{mol^{-1}}$
Vakuumlichtgeschwindigkeit	$c_0 = 2{,}997924562 \cdot 10^{8}\ \mathrm{m\,s^{-1}}$
Elementarladung	$e = 1{,}602 \cdot 10^{-19}\ \mathrm{C}$
Spezifische Elektronenladung	$e/m_e = 1{,}7588 \cdot 10^{11}\ \mathrm{C\,kg^{-1}}$
Spezifische Protonenladung	$e/m_p = 9{,}5797 \cdot 10^{7}\ \mathrm{C\,kg^{-1}}$
Elektronenmasse	$m_e = 9{,}109 \cdot 10^{-31}\ \mathrm{kg} = 0{,}000549\ \mathrm{u}$
Neutronenmasse	$m_n = 1{,}6748 \cdot 10^{-27}\ \mathrm{kg} = 1{,}008665\ \mathrm{u}$
Protonenmasse	$m_p = 1{,}6725 \cdot 10^{-27}\ \mathrm{kg} = 1{,}007276\ \mathrm{u}$
Protonenmasse/Elektronenmasse	$m_p/m_e = 1836$
atomare Masseneinheit	$1\ \mathrm{u} = 1{,}660277 \cdot 10^{-27}\ \mathrm{kg}$
Boltzmannsche Konstante	$k = 1{,}381 \cdot 10^{-23}\ \mathrm{J\,K^{-1}}$
elektrische Feldkonstante	$\varepsilon_0 = 8{,}85419 \cdot 10^{-12}\ \mathrm{F\,m^{-1}}$
magnetische Feldkonstante	$\mu_0 = 1{,}2566 \cdot 10^{-6}\ \mathrm{T\,m\,A^{-1}} = 4\pi \cdot 10^{-7}\ \mathrm{H\,m^{-1}}$
Faraday-Konstante	$F = 96487\ \mathrm{C\,mol^{-1}}$
Plancksches Wirkungsquantum	$h = 6{,}625 \cdot 10^{-34}\ \mathrm{J\,s}$

Sach- und Namenverzeichnis